U0212996

油气生产复杂系统故障智能监测与溯源
理论、方法及应用

胡瑾秋　张来斌　周涛涛　著

石油工业出版社

内 容 提 要

  本书主要介绍了基于系统动力学的油气生产系统故障传播行为表征方法、基于时序特征的复杂系统过程故障监测、油气生产多模态系统模态识别与故障监测、复杂系统异常工况根原因溯源等方面的研究成果，同时提供了加氢装置异常工况识别与溯源典型案例、油气生产装备可信智能故障诊断典型案例。

  本书适合于从事油气生产安全管理与科研工作者和院校相关专业师生学习参考。

图书在版编目（CIP）数据

油气生产复杂系统故障智能监测与溯源理论、方法及
应用 / 胡瑾秋，张来斌，周涛涛著 . —北京：石油工
业出版社，2024.1

  ISBN 978-7-5183-6433-6

  Ⅰ.① 油… Ⅱ.① 胡… ② 张… ③ 周… Ⅲ.① 油气田
– 开发 – 含油气系统 – 故障监测 – 研究 Ⅳ.① P618.13

  中国国家版本馆 CIP 数据核字（2023）第 223517 号

出版发行：石油工业出版社
   （北京安定门外安华里 2 区 1 号　100011）
   网　　址：www.petropub.com
   编辑部：（010）64523553　　图书营销中心：（010）64523633
经　　销：全国新华书店
印　　刷：北京中石油彩色印刷有限责任公司

2024 年 1 月第 1 版　2024 年 1 月第 1 次印刷
787×1092 毫米　开本：1/16　印张：23.25
字数：550 千字

定价：186.00 元

前 言

PREFACE

　　石油天然气行业是涵盖勘探、开发、生产、储运与加工利用等诸多环节的工业体系，不仅产业链长、涉及面广、区域跨度大、环节关联性强，且易受地质、环境、气候、社会等复杂因素影响，兼具高温高压、易燃易爆、有毒有害等危险性特点，是国际上公认的高风险行业，具有重大事故高发、多发等特点。如我国"12·23"重庆开县特大井喷事故、"11·22"青岛东黄输油管道爆炸事故、蓬莱19-3油田井涌溢油事故，以及美国墨西哥湾"深水地平线"钻井平台井喷燃爆事故等，后果严重，损失巨大，社会影响极其恶劣。

　　当前我国油气生产已呈现"两深一非一网（深层、深水、非常规、油气管网）"特点，陆上石油勘探开发走向深井、超深井（高温、高压、高含硫）；海洋石油逐步走向深水、远海（最大作业水深3000m，钻井深度10000m）；非常规油气资源勘探开发（高压、大排量、长周期）已成为重要补充；油气管网总里程不断攀升，压力等级不断提高，管径不断扩大（总里程已达 16.9×10^4 km，最高压力12MPa，最大管径1.4m）。国务院安全生产委员会发布的《全国安全生产专项整治三年行动计划》中明确要求"强化油气增储扩能安全保障，重点管控高温高压、高含硫井井喷失控和硫化氢中毒风险，严防抢进度、抢产能、压成本造成事故。加强深海油气开采安全技术攻关，强化极端天气海洋石油安全风险管控措施"。中共中央办公厅、国务院办公厅《关于全面加强危险化学品安全生产工作的意见》（国务院公报2020年第8号）中明确指出，要加强油气输送管道高后果区等重点环节安全管控。因此，对油气生产复杂系统进行安全监测、异常工况识别及风险溯源，对及时捕捉油气生产过程及装备运行中的风险因素，消除事故根源，实现系统安全，具有十分重要的意义。

　　油气生产复杂系统具有层次性、非线性、开放性及脆性等特点。正所谓"千里长堤，溃于蚁穴"，重大灾难性事故的发生、发展、加剧及衍生、次生过程与复杂系统的上述特点密不可分。油气装备结构的复杂性和操作工况的多样性，不同装备在不同环境下事故致因因素的时空关联作用的表象各有所不同，但机理却有规律可循。油气生产复杂系统的故障监测与溯源分析，可对系统异常工况进行监测及诊断，并深入、快速、准确推理其各层级原因及根原因，对异常工况进行"标本兼治"，实现见微知著，防微杜渐。

本书面向油气生产复杂系统安全运行的工程需求，结合笔者团队在故障智能监测与溯源方面积累的十余年研究成果与最新研究进展，深入浅出地讲解了油气生产复杂系统建模、事故致因机理表征、油气生产过程故障监测、异常工况根原因溯源等理论、方法与技术。在编写过程中，针对石油炼化系统、非常规油气压裂系统及油气生产装备等典型油气生产复杂系统，提供了实际案例应用，有助于读者在实际安全管理与科研工作中举一反三、触类旁通。

全书共9章，其中，第1~2章由张来斌院士撰写；第3~8章由胡瑾秋教授撰写；第9章由周涛涛副教授撰写。本校博士研究生吴婧、马曦、王倩琳、蔡爽、张鑫、刘慧舟和硕士研究生王宇、王安琪、伊岩、田彬、曹雅琴、罗静、田斯赟、郭放、万芳杏、李思洋、张立强等整理了在校期间的研究资料和成果，为本书的顺利完成奠定了基础。博士研究生吴明远、陈怡玥、肖尚蕊等参与了资料收集与书稿校对等工作，在此一并表示衷心感谢。在本书出版之际，感谢国家自然科学基金项目"过程安全跨尺度风险表征与危机预警理论研究（编号：51574263）""信息安全威胁下油气智慧管道系统失效新型致灾机理与早期预警（编号：52074323）"，以及国家万人计划青年拔尖人才项目的资助，感谢石油工业出版社为本书出版所付出的辛勤劳动。

由于笔者水平有限，书中难免会存在不妥之处，衷心期望各位读者提出宝贵意见和建议。

作　者

2023 年 10 月

目 录

CONTENTS

第 1 章

绪　论

1.1　引言

油气生产复杂系统正在朝着大型化、自动化、智能化方向发展，具有结构复杂、作业周期长、运行工况恶劣、事故危害性高等特点。在复杂的油气生产系统中，任何子系统或部件一旦出现故障，都将不可避免地造成巨大的生产损失，甚至引发灾难性的安全事故。近年来，我国油气生产安全事故频发，新的风险点不断涌现，对油气生产复杂系统的安全运营提出了严峻挑战。因此，开展融合实时数据处理、分析和决策的系统故障智能监测研究，对保障油气生产安全具有重要意义。

传统的系统故障监测主要是通过信号处理算法提取和选择故障特征，对系统故障进行监测、诊断和预警。上述过程往往依赖于专家的丰富经验，需要其根据目标系统的特点构建故障敏感特征和算法设计，形成方法的普适性较差。另一方面，随着工业互联网和人工智能技术的快速发展，结合监测数据和人工智能技术的系统安全保障技术的可用性和灵活性更高，得到了越来越广泛的研究与实践。2021 年，国务院印发的《"十四五"国家应急体系规划》（国发〔2021〕36 号）进一步强调新一代信息技术与安全生产保障的集成创新和工程应用，提升应急管理体系的现代化水平。在此背景下，油气生产复杂系统故障监测的智能化将成为未来发展的主要趋势。

油气生产复杂系统故障智能监测涉及机械、化工、材料、信息等多学科的交叉与融合。其重要性和潜在价值已得到学术界和工业界的普遍认可。近年来，国内外高校和研究机构致力于推动信息技术与油气生产保障的深度融合，围绕不同方面开展研究，包括系统状态监测技术、故障智能监测算法、智能决策方法等。总体而言，油气生产复杂系统故障智能监测尚未形成完整的方法体系，也面临着一系列的挑战，未来的发展方向将是一个非常迫切需要深入探讨的问题。

1.2　研究现状

1.2.1　复杂系统故障监测研究进展

近年来，国内外学者在复杂系统故障监测相关领域的基础研究和工程应用方面取得了一些突出进展，可从以下三方面进行总结。

1. 系统故障智能监测和预警技术研究

美国马里兰大学帕克分校计算机辅助生命周期工程中心（CALCE）、风险与可靠性研究中心（CRR）长期致力于复杂系统可靠性、故障预测与健康管理方面的研究。建立故障物理机理和数据混合驱动的建模方法，通过平衡故障数据稀缺性和先验知识准确性两大挑战，实现更准确的系统故障智能监测和预警，应用于电子和机械设备的全生命周期管理，支撑生产系统的安全和稳定运行。

美国辛辛那提大学、密歇根大学安娜堡分校、密苏里科学技术大学、得克萨斯大学奥斯汀分校共建的智能维护系统中心（IMS）长期致力于推动系统故障监测和预警技术应用于工业生产中。通过深度挖掘实际生产系统设备和工艺相关的故障监测数据，确定系统性能的退化程度，识别潜在的故障或失效模式，为生产稳定运行提供预防性维护及控制决策支持。

美国宇航局艾姆斯研究中心（Ames Research Center）、意大利米兰理工大学 Enrico Zio 教授领导的研究团队长期从事基于数据驱动的故障智能监测相关研究。通过深化机器学习等先进算法在系统故障监测中的应用，更精准地评估和预测系统故障的演变，从而达到改善系统可靠性和安全性的目的。

2. 复杂系统故障监测与生产控制系统集成技术研究

美国太平洋西北国家实验室（PNNL）Pradeep Ramuhalli 博士领导的研究团队主要从事复杂系统故障智能监测和动态风险评估方面的研究工作，从系统工程角度出发，通过对关键部件或过程的故障进行实时监测，并将这些实时监测信息和传统系统风险评估体系进行有机融合，形成一种增强型风险监测（Enhanced Risk Monitor，ERM）方法框架。

美国橡树岭国家实验室（ORNL）基于 ERM 方法框架实现生产系统实时状态估计，并将相关概率决策信息集成至生产控制系统中，构建集控制、诊断和决策一体的风险指引型工具，实现生产系统的实时态势分析，并提供几乎全自动的控制决策支持，从而达成生产系统优化设计和安全控制的目的。

3. 复杂系统故障监测和生产系统长期运营决策支持技术研究

美国爱达荷国家实验室（INL）Curtis Smith 博士领导的研究团队主要开展复杂工程系统的风险、可靠性和可持续发展方面的研究工作。从长期发展的视角出发，提出综合利用生产系统经济性数据、故障监测数据、可靠性数据、系统风险评估模型等信息，实现更全面的系统健康信息感知及态势预测，为决策者提供生产系统较长时间范围的决策优化支持，对生产系统的安全性和经济性均有重要意义。

INL 近期的风险指引型资产管理（Risk-Informed Asset Management，RIAM）项目主要有三方面内容：通过挖掘分析设备健康状况相关的多源数据信息，建立设备故障监测、诊断和预测的能力；从生产系统层面出发，结合设备健康信息、经济性数据集，建立数字化系统健康模型；以生产系统整体资源优化为目标，为生产系统的长期运营决策提供技术支持。

1.2.2　复杂系统故障溯源的研究进展

异常溯源分析，即对系统异常或事故进行原因分析及过程识别，提出防控措施，达到降低异常的发生率及减轻后果严重程度的目的。传统异常溯源分析方法主要分为归纳溯源分析和演绎溯源分析方法，常见归纳溯源方法有故障类型和影响分析（Failure Mode and Effects Analysis，FMEA）、危险与可操作性研究（Hazard and Operability Analysis，HAZOP）及事件树（Event Tree Analysis，ETA）等，演绎溯源方法有事故树分析（Fault Tree Analysis，FTA）、动态故障树分析及贝叶斯网络等溯源方法等。近年来，国内外学者在基础运用这些方法的同时也根据不同领域的特点改进了传统方法。

1. 归纳溯源分析方法

1）FMEA 异常溯源方法

FMEA 是一种系统危险源辨识的方法，通过定性分析得出设备或系统所有子单元的故障模式（失效模式）、原因、后果及措施，根据故障模式的发生概率、检测难易程度及后果严重程度对失效模式进行定量分析及风险排序。Mandal 等整合了模糊数相似值测度和可能性理论的方法，克服了故障模式隶属函数重叠的问题。尚麟宇运用 FMEA 分析方法对电路板进行故障模式识别，根据识别结果结合 FTA，考虑了各故障模式之间的关联性（因果关系），案例分析结果表明，组合方法适用于对电路板故障进行溯源分析，提高了分析结果的可靠性。伍晓榕等针对 FMEA 分析中失效模式影响程度计算不够准确的问题，结合模糊集理论、TOPSIS 及决策实验与评价实验室理论，得出失效模式综合原因度，并对原因度进行了排序。与传统风险优先数法的比对结果表明，新方法提高了分析结果的可靠性。

2）危险与可操作分析

HAZOP 分析方法的原理是针对系统节点，找出其可能发生的偏差，并结合头脑风暴法，分析出所有偏差原因、后果并制订措施。Jurkiewicz 等比较了基于 HAZOP 事件识别方法与专案审查方法的有效性和速度，实验结果表明，在有效性方面 HAZOP 分析方法更具优势，但分析速度较低。孙文勇等结合历史数据库及专家经验对偏差后果进行了定量化的处理，以此可得出偏差后果的风险等级，解决了传统 HAZOP 分析不能进行定量分析的问题，在石化装置的运用中，验证了该方法的适用性，提高了分析结果的可靠性。康建新等将工艺过程模拟与 HAZOP 分析方法相结合，运用 Unisim 软件模拟出一个或多个参数变动对装置的潜在影响，得出了装置的极限状态，解决了传统 HAZOP 分析无法对偏差进行定量化评价的问题。

3）事件树异常溯源方法

事件树异常溯源分析方法从系统异常的原因出发，逐步分析间接原因，最终得出系统所有可能产生的异常状态，进行定量计算，得出系统异常状态的发生概率，常与故障树、安全检查表、贝叶斯网络等安全分析方法一起使用。Rosqvist 等运用事件树分析洪水情境下的风险因素及洪水对基础设施造成的影响，根据分析结果制订防范措施，为管理者提供决策依据。张艳萍等运用事故树与事件树相结合的方法（Bow-tie 模型）对铁路产品质量抽查过程进行风险分析，并根据分析结果提出纠正措施及防控措施，降低了过程风险。刘凯等针对铁路行车系统，运用事件树与安全检查表的异常溯源方法进行风险分析，在分析结果的基础上，使用超声波技术和监控装置对铁路行车风险进行防控。李成将事件树模型用于深水钻井呼吸效应的原因识别过程，得出了 4 类原因，并分别提出了相应的防范措施。

2. 演绎溯源分析方法

1）事故树分析和动态故障树

FTA 分析是异常溯源分析中常用的演绎分析方法之一，它通过逻辑推理对系统存在的各种不安全因素进行辨识（定性分析）及定量分析（概率计算）。FTA 的运用十分广泛，目前已经从原本的核工业、航天业等高危行业，发展到了民用的电力、矿业、石油化工等领域。针对事故树节点概率资料匮乏的问题，国内外学者也对此进行了改进，有学者运用模糊处理法改进了事故树，许金华等运用贝叶斯修正法及蒙特卡洛仿真得出事件的发生概率，用于事件树的定量分析。实际系统通常是动态发展而非静止不变的，因此动态故障树的方法得以产生。武文斌等将动态故障树方法与马尔科夫链、二元决策图和蒙特卡洛方法结合，改进了故障树最小割集的生成方法，实例分析中，该方法有效降低了事件概率的求解难度，克服了传统方法的缺点。

2）贝叶斯网络异常溯源方法

贝叶斯网络结构的构建是基于事故树的分析，但不受事故树仅能进行正向推理的约束，贝叶斯网络可进行反向推理，通过条件概率表、节点的故障概率及贝叶斯计算公式得出任意节点的条件概率。Khakzad 等将贝叶斯网络用于有害气体处理的安全性分析中，打破了故障树在静态结构与不确定性处理方面的局限，体现了贝叶斯网络的优越性。姚成玉等将贝叶斯网络与 T-S 故障树分析方法结合在一起，运用模糊集的理论计算出节点的故障概率，两种方法的结合弥补了各自的不足，并运用于巷道运输车液压系统的安全评价中。结果表明，与传统贝叶斯网络相比，融合后的方法具有更高的可靠性。刘越畅等将贝叶斯网络运用于蔬菜供应链及流通的质量监控中，对蔬菜的质量安全问题进行了溯源及预警。孟佳等将动态贝叶斯网络运用于网络信息结构的安全性评估，解决了传统安全评价方法时效性差的问题，并根据约束递归算法计算网络的概率参数，仿真结果验证了分析结果的可靠性。

1.3 技术挑战

综合上述国内外在复杂系统故障智能监测研究和工程应用取得的进展和存在的问题，总结起来有"四低"现象：系统故障监测数据的利用率低，故障智能监测算法的可解释性和鲁棒性低，故障经验知识的使用率低，故障监测的目标系统层级低。为此，故障智能监测研究需实现以下方面的突破。

1.3.1 实现基于多源异构数据感知的故障智能监测研究的突破

目前故障智能监测研究工作主要依靠振动信号等单一传感器信息，通常容易实现，但是往往在推广使用时，难以准确表征系统的健康状态，因而制约了其在工程中的应用。对于油气生产复杂系统，由于其故障模式多样且表现形式往往不是单一的，可以在工艺过程、振动和噪声等监测参数中体现出来，因此，采用单一传感器信息对复杂系统进行故障监测的精度不高。

系统故障监测数据涉及不同领域，具有时间性、多维性、多源异构性等特点。高效的故障智能监测需要从多源、多类型的监测数据集中提取系统状态信息片段并进行融合处理，实现系统整体运行健康状态的全面感知。

1.3.2 实现针对复杂生产系统全生命周期文本数据技术语言处理研究的突破

油气生产过程产生大量的非结构化文本数据，其中蕴含了丰富的系统状态信息及系统维护人员经验，这在一定程度上能很好地弥补研究工作所面临的现场数据标签缺乏、对现场实际维护状况考虑欠缺等问题。然而，油气生产相关文本数据包含了很多专业领域的缩略语、专业术语等信息，目前通用自然语言处理技术并不能很好地满足这些工程文本挖掘需求。

因此，研究应该聚焦油气生产复杂系统全生命周期中维修工单、巡检记录、事故报告等文本数据，考虑油气领域特点，开展技术语言处理研究，根据特定目标任务提取相应的系统故障信息，用以支撑油气生产系统的可靠性量化、风险评估、维护优化、预测性维护等。

1.3.3 实现故障智能监测的高鲁棒性算法研究的突破

随着工业互联网和人工智能技术在油气生产中的应用推广，油气生产系统复杂性快速增长，网络攻击、人为错误、模型误差等因素很大程度上影响着油气生产安全。然而，目前故障智能监测研究采用的模型很大程度上依赖于模型训练阶段有限的先验知识、训练数据和模型部署阶段测试数据独立同分布假设，无法识别模型训练阶段未呈现的场景，导致故障智能监测模型鲁棒性差，无法满足实际生产需求。

因此，研究应该围绕油气生产高安全应用需求，开展强可解释性和高鲁棒性的智能监测模型研究，通过采用贝叶斯推断、因果推断、集成学习和强化学习等技术手段，进一步保证故障智能监测结果的可信度。

1.3.4 实现数据和知识共同驱动的故障智能监测研究的突破

故障智能监测研究普遍采用完全数据驱动的方式，然而系统故障数据往往是非常有限的，这会使得模型过度拟合用于训练的数据，导致模型泛化能力不强和通用性较差，甚至给出不符合领域认知的预测结果，因而制约了其在工程中的应用。

围绕油气生产系统应用背景，同时通过利用系统监测数据和系统领域知识，构建数据和知识共同驱动的故障智能监测研究，可以弥补故障样本稀缺的特点，并同时保证模型预测与专业领域认知的一致性，保证系统智能监测的有效性，将会是又一发展方向。

1.3.5　实现高度集成的油气生产系统故障监测和溯源研究的突破

系统智能故障监测应用层级大都仅局限于关键装备或生产单元，如齿轮、轴承、压力容器、工艺管线等。对于油气生产复杂系统，各子系统的故障失效过程往往是相互耦合的，这给整个生产系统的故障监测与追溯带来很大的挑战。

1.3.6　实现油气生产复杂系统异常工况根本原因精准溯源的突破

在页岩气压裂工艺过程中，组织、人员和技术等压裂过程因素复杂交互，共同进入纷繁复杂的非线性系统，并在三者的工作运行中呈现出复杂耦合、紧密交互作用等非线性特性。因此，无论是演绎异常工况溯源分析方法，还是归纳溯源分析方法，若将其用于页岩气压裂异常工况的溯源分析，将会出现以下几点不足：

（1）传统演绎和归纳异常溯源分析方法都认为系统异常状态是由于系统异常影响因素的有序发生，或是多个潜在异常事件的层级叠加所造成的，即将系统异常视为各个因素的线性交错作用的结果。因此，传统方法无法准确分析出页岩气压裂过程异常工况的发生原因及过程，无法为压裂异常工况的预防及工艺安全体系的构建提供可靠的依据。

（2）压裂异常工况原因极其复杂，导致溯源模型难以构建，若无现成的溯源分析模型，将会造成异常工况预防不及时或防控措施制订错误等严重影响压裂作业正常进行的后果。

因此，今后的研究可以从系统的整体性和系统的联系性出发，深入研究系统各组成部分的相互作用和依赖关系，对油气生产系统各组成部分的智能故障监测进行集成，为系统整体运行故障监测、故障溯源和措施制订提供更准确的技术支持。

参 考 文 献

［1］中华人民共和国国务院.国务院关于印发"十四五"国家应急体系规划的通知［R/OL］.（2022-02-14）. http://www.gov.cn/zhengce/content/2022-02/14/content_5673424.htm.

［2］范维澄，苗鸿雁，袁亮，等.我国安全科学与工程学科"十四五"发展战略研究［J］.中国科学基金，2021，35（06）：864-870.

［3］Modarres M，Amiri M，Jackson C. Probabilistic physics of failure approach to reliability: modeling, accelerated testing, prognosis and reliability assessment［M］. Hoboken: John Wiley & Sons, 2017.

［4］Zhou T，Droguett E L，Modarres M. A common cause failure model for components under age-related degradation［J］. Reliability Engineering & System Safety, 2020, 195: 106699.

［5］Michael G. Pecht, M. Kang. Prognostics and health management of electronics: Fundamentals, machine learning，and the internet of things［M］. Hoboken：John Wiley & Sons，2018.

［6］Michael G. Pecht. Prognostics and health management of electronics［M］. Hoboken：John Wiley & Sons，2008.

［7］Lee J，Ni J，Djurdjanovic D，et al. Intelligent prognostics tools and e-maintenance［J］. Computers in Industry，2006，57（6）：476-489.

［8］Djurdjanovic D，Lee J，Ni J. Watchdog Agent—an infotronics-based prognostics approach for product performance degradation assessment and prediction［J］. Advanced Engineering Informatics，2003，17（3-4）：109-125.

［9］Lee，J. Industrial AI：Applications with sustainable performance［M］. Singapore：Springer，2020.

［10］Goebel K，Celaya J，Sankaraman S，et al. Prognostics：The science of making predictions［M］. New York：CreateSpace，2017.

［11］Enrico Z. Prognostics and Health Management（PHM）：Where are we and where do we（need to）go in theory and practice［J］. Reliability Engineering & System Safety，2022，218（PA）.

［12］P Ramuhalli，E H Hirt，G A Coles，et al. An updated methodology for enhancing risk monitors with integrated equipment condition assessment［M］. Washington：Pacific Northwest National Lab，2014.

［13］S M Cetiner，M D Muhlheim，G F Flanagan，et al. Development of an automated decision-making tool for supervisory control system［J］. Computer Systems，2012.

［14］Mandelli D，Wang C，Smith C L. Integration of data analytics with plant system health program［J］. Idaho National Lab，2020.

第 2 章

油气生产复杂系统的
功能建模方法与风险溯源

2.1　MFM 模型的基础理论与建模

　　1991 年，Rosen 提出了著名的建模关系，如图 2.1 所示。在生产过程系统中，生产过程就被看作是自然系统，形式系统就是对自然系统建模。从自然系统到形式系统的过程就是编码过程，即系统的理解。从形式系统到自然系统的过程就是解码过程，即系统干预。1966 年 Towers、Lux 和 Ray 将人类的知识区分为四类，描述性知识（Descriptive Knowledge）、规律性知识（Perscriptive Knowledge）、实践性知识（Praxiological Knowledge）和形式性知识（Formal Knowledge）。编码过程就是知识获取、知识验证、知识表达、知识推理和知识解释的过程，即形成知识型系统。知识工程（Knowledge Engineering），作为人工智能（Artificial Intelligence）的分支，于 1977 年由美国斯坦福大学计算机科学家费根鲍姆教授（Feigenbaum）提出。对自然系统建模就是对知识系统的建模，传统建模方法就是利用数学微分方程建立模型。然而，知识系统的自身特点是以知识控制的启发式求解问题，因而是无法定量描述的。因此，需要建立一种定性建模框架求解该问题。

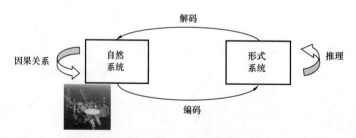

图 2.1　Rosen 的建模关系

　　MFM（Multilevel Flow Modeling）建模方法就是在这个定性建模框架内提出的，本章引入 MFM 模型的基础理论，重点研究抽象层次技术（Abstraction Hierarchy）的手段—目的分析策略和整体—部分分析策略，以及在 AH 方法和 MFM 方法中的抽象层次技术的实现形式。研究 MFM 模型的建模语言，根据建模语义，确定了建模模式，创新地提出了规范的 MFM 建模步骤指导模型构建，并对油气集输系统中三相分离过程进行建模应用。

2.1.1　MFM 模型的基础理论

1. 抽象层次技术

1986 年 Rasmussen 提出了抽象层次技术（Abstraction Hierarchy），该技术提倡需要从手段—目的（Means-Ends）关系和部分—整体（Part-Whole）关系两个角度从不同层次上抽象系统，如图 2.2 所示。Rasmussen 首次提出需要结合这两个角度来表达系统不同层次结构知识，解决人机系统设计问题。其中，手段是指为完成一定的目标或任务的途径，例如物体、工具或者行为等。目的是指行为主体想要达到的状态或者是行为的表现。同时，不仅可以把系统看作一个整体，还可以看作一个组合体，它包含了许多相互关联的部分，每部分又都可以描述为目的—手段层次的形式，这就是部分—整体关系。

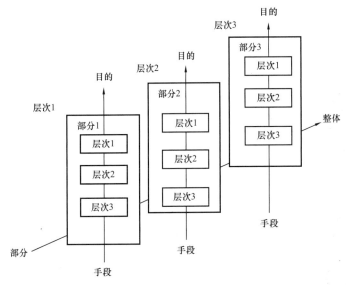

图 2.2　系统的两种分解策略：手段—目的策略和部分—整体策略

2. AH 方法中抽象层次技术的实现形式

在抽象层次技术的基础上，Rassmussen 提出了抽象层次技术的实现形式，以下简称为 AH 方法，见表 2.1。该表中手段—目的关系抽象为 5 个层次，Rasmussen 认为在每一级别层次中的目的都是由下一级别层次的手段所达到的。AH 方法支持原因和目的意图两个方面的推理，该特点可以用于诊断和计划等。然而，5 个抽象层次的形成只是基于核工厂的监督管理和电子车间的故障诊断的案例抽象出来的，划分的每个手段—目的抽象层次缺乏系统的分析，无法在不同工程领域中普遍适用。如 Miller 和 Sanderson 讨论了利用 AH 方法对嵌入式控制系统的建模所面临的问题。Lind 指出 AH 方法在方法和概念问题上都存在问题，认为手段—目的层次语义和每个层次之间的关系定义不明，需要进一步准确区分。而且，在建模过程中需要摒弃固定的手段—目的层次，重视层次的辨识。因此，MFM 方法的提出就为了解决上述问题。

表 2.1　AH 方法

目的—手段		整体—部分				
		总体系统	子系统	功能单元	组合件	元件
功能目的	生产流模型					
	系统目标，约束等					
抽象功能	因果结构：物质，能量和信息流拓扑					
广义功能	标准功能和过程：					
	反馈回路，热传递等					
物理功能	元件和设备的电子的，机械的，化工的过程					
物理形式	物理性质和剖析：					
	材料和形式，位置等					

3. MFM 方法中抽象层次技术的实现形式

与 AH 方法不同，首先 MFM 方法认为手段和目的两者形成了一种手段—目的双向关系，其次某个系统充当手段还是目的取决于一定的环境情景。手段—目的关系具有目标、功能、行为和结构四个方面，目标就是所希望实现的成果，功能就是用来达成目标的活动作用，行为部件具有动态属性，用于实现特定功能，而结构部件则具有静态属性，并决定了部件间的连接方式。这四个方面形成了手段—目的结构中的不同层次的知识流。Heckhausen 提出将某种行为的目标分为以下 3 类：行为动作本身，通过行为实现某种状态，为了实现另一种行为的先决条件。因此，系统的组合体（部分）能够通过目标—结构、目标—行为、目标—功能间的 3 种关系来有机地组合成一个整体。MFM 方法中的手段—目的关系的具体表现形式目前为止有 6 个，分别是生产关系、维持关系、破坏关系、抑制关系、调节关系、生产者—生产关系。它们的含义在 2.1.2 中的"MFM 模型的建模语言"中具体解释。MFM 模型中系统的两种分解策略如图 2.3 所示。

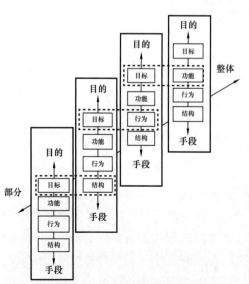

图 2.3　MFM 模型中系统的两种分解策略：手段—目的策略和部分—整体策略

2.1.2 MFM 模型建模方法

1. MFM 模型的建模语言

MFM 方法通过应用规范的图形化符号对工厂生产过程进行建模，从物质流、能量流和信息流的角度来抽象真实的物理系统。图 2.4 是用来描述目标、功能、关系和控制的图形符号。

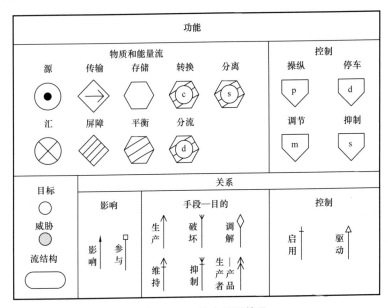

图 2.4 MFM 基本图形符号

交互的基本流和控制功能形成功能结构来表达具有目标的系统的功能。目标与流结构通过"手段—目的"关系相连接，而流结构又是由功能节点以影响关系相连接在一起的功能集，包括物质流、能量流和控制流 3 个部分。因此，流结构又分为物质流结构、能量流结构和控制流结构。MFM 中的一般化的功能节点是基于行为基础理论中的行为类别提出的。这意味着，有且仅有这些功能节点就可以充分表达任意一种行为。这些行为基础理论可以参考相关文献。

6 个基本流功能节点分别是：源节点、汇节点、传输节点、屏障节点、存储节点和平衡节点。转换节点、分离节点和分配节点是从平衡节点上衍生出来的。每个功能节点具体表达的含义解释如下：

（1）源节点是能量或者物质的来源，或者说是研究对象系统的起始边界。

（2）汇节点是能量或者物质的汇集，或者说是研究对象系统的终结边界。

（3）传输节点是能量或者物质的流通。

（4）平衡节点是为了实现输入流和输出流之间的平衡。

（5）存储节点是在一段时间内积累一定的能量或者物质。

（6）屏障节点表示系统阻止物质或能量在两个系统或位置之间传送的功能。

（7）转换节点表示系统在两种物质或能量形式之间转换的功能。

（8）分离节点表示系统分离不同物质流或能量流的功能。

（9）分配节点表示系统划分多条流路径中某一物质流或能量流的功能。

基本流功能节点之间需要因果依赖关系来连接，该关系分为影响关系和参与关系两类。如果流功能节点（包括源、汇、存储或平衡）可以影响由传输 T 传输的物质或能量数量，那么就通过影响关系由传输 T 连接上游或下游。如果流功能节点 F 被动提供或接受传输 T 传输的物质或者能量，那么流功能节点（包括源、汇、存储或平衡）通过参与关系由传输 T 连接上游或下游。

手段—目的关系的具体表现形式有 6 个，分别是：生产关系、维持关系、破坏关系、抑制关系、调节关系、生产者—生产关系。这几种关系都是代表流结构和目标之间的关系。例如，如果该流结构中有一个或几个功能节点 F（手段）有助于实现、维持、破坏、抑制、调节该目标，那么就用该种关系连接一个目标（目的），功能节点 F 通过一个标签记在该关系上。前 5 个关系较好理解，最后一个关系生产者—产品关系代表的是一个流结构中的功能节点与另外一个流结构中的功能节点之间的一种生产转化关系。例如，燃烧器中的燃料和空气混合物质（生产者）产热能（产品）。这就是一种生产者—产品关系。

任何一个过程系统都是由控制系统控制的，控制系统的功能表达在 MFM 模型中就是四种功能控制节点，分别为操纵、调节、停车和抑制。

2. MFM 建模模式

由于 MFM 语言语法的规则限制，图 2.4 中各个功能节点的连接有严格的限制，从而形成了以下固定的 MFM 建模模式。

1）源节点（sou）模式

语法规则说明：源节点（sou）只能与传送节点（tra）相连，且只能有一个连接关系，连接关系方向只能从源节点指向传送节点，如图 2.5 所示。in 表示"Sink"（接收），是系统中消耗或接收流动的地方；pa 表示"Path"（路径），指流动通过系统的特定路径。

2）汇节点（sin）模式

语法规则说明：汇节点只能与传送节点相连，且只能有一个连接关系，连接关系方向只能从汇节点指向传送节点，如图 2.6 所示。

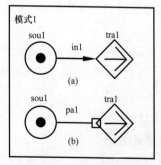

图 2.5　源节点模式

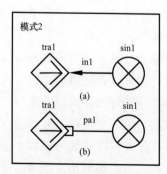

图 2.6　汇节点模式

3）平衡节点（bal）模式

语法规则说明：平衡节点只能与传送节点相连，且上下游的传送节点可以有多个，此处列举的是基本模式。连接关系方向只能从平衡节点背离指向传送节点，如图 2.7 所示。

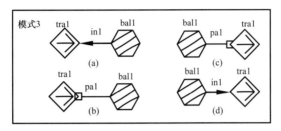

图 2.7　平衡节点模式

4）存储节点（sto）模式

语法规则说明：存储节点只能与传送节点相连，且上下游的传送节点可以有多个，此处列举的是基本模式。连接关系方向只能从存储节点背离指向传送节点，如图 2.8 所示。

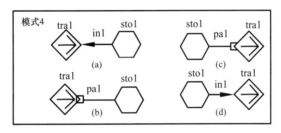

图 2.8　存储节点模式

5）屏障节点（bar）模式

语法规则说明：屏障节点可以与存储节点和平衡节点相连。连接关系方向只能从存储节点或者平衡节点指向传送节点，如图 2.9 所示。

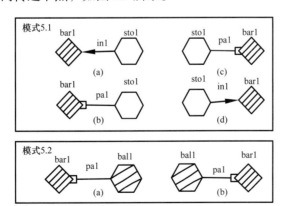

图 2.9　屏障节点模式

3. MFM 模型的原则及建模步骤

建立模型是一个复杂的任务，需要大量的经验来完成。学会如何建模的唯一方法就是对具体的研究对象进行建模，积累建模经验。系统建模主要的问题是如何选择合适的抽象程度来描述系统行为，利用该模型来完成某些决策问题（例如诊断等）。建立 MFM 模型也面临该问题，可以通过建立一些原则作为经验性工具辅助模型的建立。因此，本节的目的就是阐述 MFM 模型建立的原则，在该原则指导下，提出规范的 MFM 建模方法。

MFM 模型构建步骤可以说是一种模型构建的"说明书"，可以使得使用该方法的初级建模者得到更好的指导，从而最大化利用其已获取的知识进行建模，节约了建模的经济和时间成本。同时，这也是培训建模初级人员成为专业人士的手段。如果不意识到"说明书"的重要性，那么就无法证明该模型设计的基础，也就无法进一步去论证为什么建立出来的模型更好或者更安全。例如，为什么该模型能够处理复杂性，为什么该模型能够捕获系统风险的知识从而预防操作人员做出不安全的行为。因此，该"说明书"主要功能有两点：（1）防止建模者发生不必要的建模错误。（2）提高利用先前经验的效率。

在此提出的 MFM 建模方法步骤不同于 Lind 在 1990 年提出的建模方法步骤，提高的方面主要体现在两点：（1）更加明确地表达了实现每个建模步骤所需要采取的方法和手段，以及如何运用 MFM 相应的语言符号去表达。（2）引入了结构检验来实现对应的功能。在下一章节中基于 Lind 提出的"角色"概念，可以更加明确体现结构检验的好处，主要体现在可以防止没有结构支持的虚拟功能的提出，以及整合结构知识并且表达在 MFM 模型中，可以更好利用其他参数与设备的检测与监测信息对失效的根原因类型进一步识别。

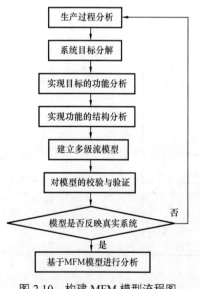

图 2.10　构建 MFM 模型流程图

1）MFM 建模的原则

为了使 MFM 模型符合系统实际情况，准确表达系统知识，构建 MFM 模型主要有两个总体原则。第一个原则就是分解建模或系统的目标定义。然后辨识达到这些目标的系统功能。这种自上而下的建模顺序的目的就是确保在系统目标的环境下定义所有的功能。该建模顺序尤其适用于系统物理结构不清楚的系统设计的早期阶段。第二个原则就是把系统元件和功能联系起来，然后综合这些功能使其和系统目标匹配。这种从下到上的建模顺序适用于系统目标模糊的情况。绝大多数情况下，这两种总体原则综合起来运用到 MFM 建模过程中。

2）MFM 模型的建模步骤

基于上述两种 MFM 建模原则，提出了其中一种从上到下分析方法的 MFM 模型构建步骤，MFM 模型的流程如图 2.10 所示，其具体过程为：

（1）对生产过程进行分析，全面认识系统原型。全面理解所选物理系统，如果需要，从设计工厂获取支持文件（如 P&ID 图，操作手册）或者组织 3~4 名专家召开会议来理解工艺过程。

（2）问题定义及目标分解。建模系统范围（有或者无控制系统）及抽象层次（例如，某故障的根源因是泵失效，如果关注更低层次的根原因，如泵的润滑系统，那么就继续，否则应该停止搜寻）并把目标分解成一系列子目标，该分解过程可以采用目标树方法完成。

（3）分析与研究实现目标的功能分析，列出所有功能实现的条件和限制。抽象成物质流和能量流和控制流，从功能符号（图 2.4）中选取表达流功能。

（4）建立结构与对应功能的映射关系。为了防止功能表达的错误及检查是否具有相应结构的支持来实现所需要的功能，在该步骤中进行实现功能的结构分析及结构与功能间的映射关系。

（5）通过目标、功能、结构之间的关系，建立多级流模型。通过手段—目的关系（图 2.4）表达不同抽象层次物质流和能量流结构之间的关系，利用控制关系连接控制结构和功能结构，对相应的流功能名称附上标签，该流功能为控制变量。

（6）模型的检验与验证。

2.1.3　油气集输系统 MFM 建模实例

油气集输系统是复杂异质工业系统的一个典型代表，它不仅是一个重要的用于收集和运输石油和天然气的油田生产设施系统，而且也是实现油气分离功能的关键部分。其中，混合的石油、天然气和水三相分离子系统提供了足够的细节以捕捉重要动态信息，该系统是多变量、非线性、子系统间高度关联的。因此，该系统的复杂程度足以代表现有油气集输子系统的复杂程度并且满足验证 MFM 建模方法处理系统语义复杂性研究需要的条件，从而证明该方法具有构建真实油气工程系统的潜在能力。

利用 MFM 方法对三相分离过程进行建模，有两个目的：

（1）展示 MFM 方法具有对系统不同抽象层次的描述能力，以及其抽象变化中建模的视点转换，体现 MFM 方法的鲁棒性。

（2）为后面三章对此过程进行模型的推理、验证及安全风险分析做好定量模型（仿真器）和定性模型（MFM 模型）的准备。这也是首次利用 MFM 建模方法，对分离类过程系统进行建模，探讨了如何对热力学相平衡进行功能建模。对三相分离过程的建模，为今后对分离类过程，如分馏过程、稳压器等常见的多相分离化工过程建模提供了宝贵的思路和指导经验。

1. 油气集输系统

油气集输系统的工作任务是将分散的油井产物，分别测得各单井的原油、天然气和采出水的产量值后，汇集、处理成出矿原油、天然气、液化石油气及天然汽油，经储存、计量后输送给用户的油田生产过程。图 2.11 描述了集输系统的一个原型。下面简单述该系统工艺流程。

油气混合液在被预脱水和加热后进入三相分离器。分离后的原油进入油气处理厂进行稳定处理。最终，油将被储存在油罐并且经过电脱水器处理后通过管道输送给用户。从三相分离器顶部分离出的气体将会被输送给气处理厂；从三相分离器底部分离出的一部分含油污水经过电脱水器和沉降罐沉降后，输送到下游的主缓冲罐和二级缓冲罐，然后被反注回油田，另一部分含油污水经过生化处理站处理后被排放。

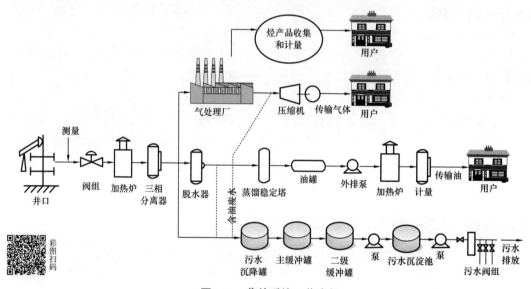

图 2.11　集输系统工艺流程

为了建立该系统的 MFM 模型，关键的一步就是回答"系统的目标是什么"和"哪个子系统实现子目标"。该系统总体目标是处理从油井开采的石油和天然气并且输送给用户或者储存在储罐中。总体目标可以被分解为几个子目标并且定义了以下几个子系统来实现子目标：

（1）计量系统。目标：计量产自油井的油、气、水，为油田生产提供动态数据支持。

（2）混合的石油、天然气和水三相分离系统。目标：混合物被分离为液相和气相，液相被进一步分离为含水原油和含油废水，如果必要的话，清除固体杂质。

（3）原油脱水系统。目标：使原油中的含水量符合标准。

（4）原油稳定系统。目标：使原油饱和蒸气压符合标准。

（5）原油储存系统。目标：保持原油供给平衡。

（6）天然气脱水系统。目标：天然气脱水防止形成水合物。

（7）天然气轻烃回收系统。目标：提取烃液防止沉淀。

（8）烃液储存系统。目标：保持 LPG 和 NGL 的生产和销售平衡。

（9）传输系统。目标：输送原油、天然气、LPG 和 NGL 给用户。

根据以上子目标的定义，油气集输系统被分为 9 个子系统。现以三相分离过程为例，对其进行 MFM 建模。按照之前所阐述的 MFM 建模步骤方法，首先需要对生产过程进行分析，全面认识系统原型。因此，在下文中对三相分离过程进行定量仿真，作为对该过程全面分析的过程。该仿真器也是后文对该过程的 MFM 模型进行推理、验证和安全分析的手段。

2. 三相分离过程分析及动态仿真

1）三相分离过程分析

该三相分离过程系统原型是在海上石油和天然气工业中一种常用的单元操作，流程示意图如图 2.12 所示。

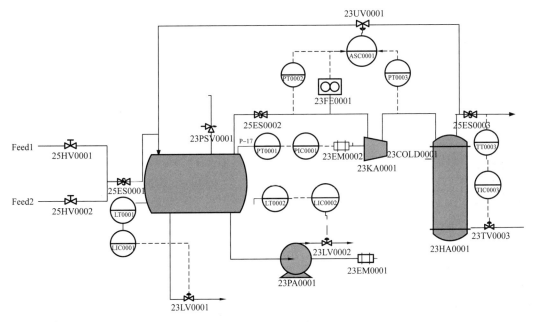

图 2.12　简化的三相分离过程 P&ID 图

原料液的名义流量是 1kg/s，压力是 5.6MPa，温度是 323.15K。原料液的组分是水、低碳氢化合物、甲醇、二氧化碳、氮、异丁烯、异戊烷、MEG 和代表更高量级碳氢化合物的 4 种伪组分。

油气水混合物进入三相分离器（23VA0001），压力安全阀对分离器提供保护的作用。分离器内部的堰板分离油室和水室，液位控制器（LIC0001）控制水室液位。油越过堰板，液位控制器（LIC0002）通过操纵油阀（23LV0002）来控制油室液位。气体通过分离器气体出口管道流出，紧急切断阀（25ES0002）启动安全保护的作用。离心压缩机（23KA0001）提升出口气体压力，该离心压缩机由变速电动机（23EM002）驱动。以水作为冷却介质（23COLD0001）热交换器（23HA0001）的作用就是降低气体的温度，从而满足规定的工艺。防喘振控制回路（23UV0001）用来保护压缩机，以避免进入喘振工况。

2）动态仿真软件——K-Spice®

为了仿真该过程，使用了 K-Spice® 软件，该软件是由 KONGSBERG 工程师们于

1989 年开发的。该软件总体上是针对化工过程的动态仿真工具，尤其适用于上游油气过程。该动态模拟器解决了在过程系统中的物质和能量平衡问题，并且获取严格描述系统时变行为特征。K-Spice® 通过利用鲁棒性仿真方法——微分方程或者隐式积分，把过程严格划分为单元操作。

K-Spice® 软件适用于从新手到专家的不同人群，是用于过程设计和操作的很有价值的动态仿真工具，适用的目的领域包括工程学习、设计响应评估、控制策略开发和测试、训练仿真器、HAZOP 研究、基于模型的预测控制开发和测试、实时管线监测和管理（泄漏检测）、控制系统测试和验证。

K-Spice® 软件包括一系列通过数据文件和基于 TCP/IP 标准的通信协议彼此交流的独立程序，K-Spice® 软件结构如图 2.13 所示，具体解释如下：

（1）K-Spice® 仿真管理器：K-Spice® Simulation Manager。

K-Spice® Simulation Manager 负责所有项目文件的管理和应用程序安装。另外，它管理所有的不同应用程序之间的通信，同时控制所有模型执行。Simulation Manager 能够控制多个时间线（Timeline）。一个时间线是一定速度下在一个特定时间内单一的仿真运行。

（2）K-Spice® 模型服务器。

K-Spice®ModeServer 应用程序维护模型配置和执行过程模拟计算。单个 Simulation Manager 控制几种服务器可以对非常大而复杂的工艺系统进行建模。各种型号的服务器通过 ATCP/ IP 协议与 Simulation Manager 通信。这允许它们分布在多台机器中。

（3）K-Spice® SimExplorer：The K-Spice® 用户界面。

K-Spice®SimExplorer 是过程仿真器集成的配置和执行界面。它使用 TCP/ IP 协议，通过 Simulation Manager 和模型的服务器进行通信，这意味着该用户界面不需要在计算机上运行用于仿真。许多用户界面可以与单个 Simulation Manager 沟通。

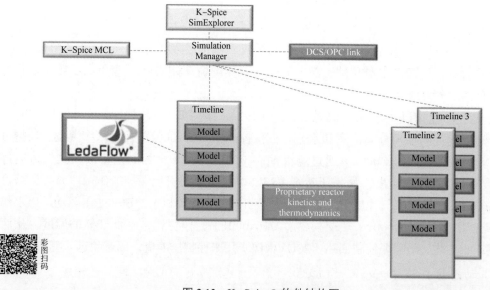

图 2.13 K-Spice® 软件结构图

（4）K-Spice® 模型控制语言。

K-Spice® 模型控制语言（MCL）是一个脚本编程语言允许自动运行编辑好的程序（如启动和关闭）和模拟场景。此外，可以用脚本帮助自动化模型构建和测试的任务。这是一个互动的环境，K-Spice® MCL Manager 帮助用户创建和执行各种各样的脚本。

3）三相分离仿真器的建立

三相分离过程的定量模型是基于三个动量、能量和物质守恒公式和 Cameron 等人描述的 Soave-Redlich-Kwong 状态方程的热力学模型。按照 K-Spice® 的操作手册指导，在 K-Spice® 中通过以下 5 个阶段实现三相分离系统：来源阶段——定义来源；流压力阶段——建立管道系统网络；分离阶段——建立分离器；热交换器阶段——建立热交换器；压缩机防喘振阶段——执行防喘振控制，完成模型。

3. 三相分离过程 MFM 建模

1）MFM 模型仿真平台——MFM Editor

在这项研究中，使用了挪威能源科技研究所开发的基于 Java ShapeShifter 框架的图形编辑器（称为 MFM Editor），如图 2.14 所示。该编辑器能够设计 MFM 模型，并且设置选择的功能节点值，最终可视化引起该功能节点值变化的可能的原因路径和后果路径。

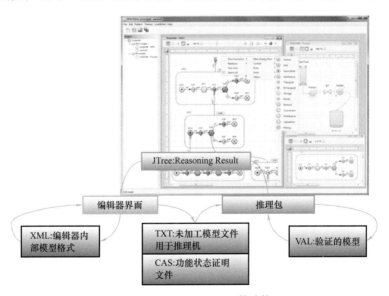

图 2.14　MFM Editor 及其功能

下列伪代码可以解释该编辑器能够实现的 7 个功能：

（1）MFM 编辑器输出 MFM 模型到文本文件：

editor.wirteModel（modelFilename）;

（2）MFM 编辑器在独立的属性文件中存储每个具体的推理案例：

editor.writeCase（caseFilename）;

（3）MFM编辑器实例化推理机对象并且指导该对象通过调用相关方法来读取和验证模型：

reasoner.readModel（modelFilename）；

reasoner.validateModel（）；

（4）MFM编辑器指引推理系统来读取案例文件并且执行所选择的分析：

reasoner.readCase（caseFilename）；

result=reasoner.performDiagnosis（）；

or

result=reasoner.performPrognosis（）；

（5）推理系统以原因/后果路径呈现分析结果：

Arraylist list=reasoner.getResultPathList（）；

（6）MFM编辑器能够选择原因/后果路径并且可视化这些路径，强调的MFM符号的含义是该功能节点值有偏差（高，低）；

（7）点击原因路径中的一个功能节点，MFM编辑器可以指引推理系统提供结论背后的假设信息：

Reasoner.provideAssumptions（functionName）。

为了构建MFM模型，在本处中只使用了其中的第一个功能，即模型的编辑和可视化。

2）高抽象层次的三相分离过程MFM建模

基于系统的设计意图，把过程系统分为2个子系统。

子系统1：三相分离器部分。目标：分离油气水混合物。

子系统2：热交换器部分。目标：移除气体中的多余热量。

进一步把子系统1分解为表2.2中所示的9个功能节点：

表2.2　子系统1的功能节点

节点	功能	结构
1	液体传输	管线从来源1到三相分离器（23VA0001）
2	液体传输	管线从来源2到三相分离器（23VA0001）
3	分离	三相分离器，23VA0001
4	液体传输	管线从三相分离器（23VA0001）到水出口包括水液位控制阀门和其他仪器仪表
5	液体传输	管线从三相分离器（23VA0001）到油出口包括油泵（23PA0001）和其他仪器仪表
6	气体传输	管线从三相分离器（23VA0001）到压缩机（23KA0001）
7	气体传输	压缩机（23KA0001）
8	气体传输	管线从压缩机（23KA0001）到热交换器（23HA0001）
9	控制功能	防喘振回路

利用 MFM 编辑器对该系统构建了 MFM 模型，如图 2.15 所示。

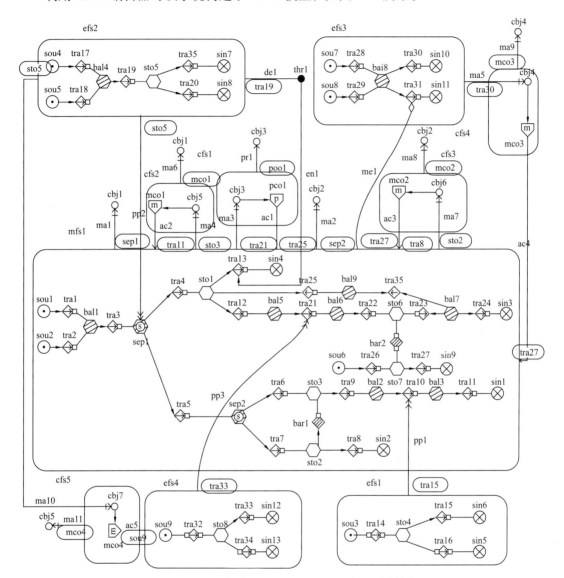

图 2.15　三相分离过程的 MFM 模型（更高级别的抽象）

MFM 模型可以表示不同的抽象层次。抽象级别代表被描述系统的复杂程度，与描述级别成反比，抽象级别越高，描述越不具体。更低的抽象级别可能有数百万的描述对象。所以，图 2.15 是三相分离过程的更高级别的抽象。

在图 2.15 中，三相分离器的物质流结构（msf1）代表了来自油井的气、原油、水混合液进入三相分离器并进行物质分离的过程。为了模型的完整性，紧随其后的是气体的热量交换过程。第一个分离功能（sep1）代表气相和液相的分离由更高级别抽象中的三相分离器的能量储存功能（sto5）驱动通过手段—目的关系（pp2：生产者—生产）来实现。之后，由于水和原油重力不同，原油和水的混合液相流将会被分离（sep2）。水室和油室间的堰板被视为屏障（bar1），因为通常屏障功能节点是用来阻止流体经过的功能（屏障节点失效即转变为传输节点功能），因此，屏障功能节点经常被用来表达系统的安全功能。分离出的油被泵的能量结构（efs1）中转化的有效动能（tra15）输送到下游设施。从物质流的角度看，三相分离器的目标是分离气、石油和水混合液，分别具体是 cbj1（两相—气体 / 液体分离）和 cbj2（原油 / 水分离）。图 2.22 中有一个威胁（表示意外情况或危险）由黑色圆圈表示（thr1 与操作条件 / 能量储存功能 sto5 的温度和压力相关），由传输功能（tra19）表示的安全泄压阀（23PSV0001）通过手段—目的关系（de1）破坏威胁，并且使物质流从超压分离器中通过传输功能（tra13）释放。分离的气体将被输出并且由压缩机能量流结构（efs4）通过手段—目的关系（pp3：生产者—生产）驱动压缩机加压，把加压后的气体输送到热交换器，通过调节冷却剂的出口流量（tra27）来调节（me1：协调关系）交换的能量并且保持热交换管出口气体的温度（cbj4）。

需要指出的是，在 MFM 模型中，控制系统的控制目标状态通过控制流结构表达。在图 2.15 中，有 5 个控制流结构。在表 2.3 中解释相关的控制目标状态和执行机构。具体地说，在防喘振控制回路中，通过比较 23PT0002 和 23PT0003 的测量值和 23FE0001 的流量值来驱动防喘振阀门 23UV0001（tra25）。可以看出，在功能模型中，防喘振回路能够很容易地被建模。

表 2.3　控制目标

标号	测量	执行机构
cbj1	三相分离器中的油液位	油阀门 23LV0002
cbj2	三相分离中的水液位	水位阀门 23LV0001
cbj3	23PT0002，23PT0003 和流量值 23FE0001	防喘振阀门 23UV0001
cbj4	出口气体的温度	出口气体管道阀门 23TV0003
cbj5	三相分离器的压力	电动机 23EM0002 转速

3）热力学相平衡数学模型

在一定温度、压力条件下，组成一定的物系，当气液两相接触时，相间将发生物质交换，直至各相的性质（如温度、压力和气、液组成等）不再变化为止。达到这种状态时，称该物系处于气液相平衡状态。

油气分离为相平衡的典型实例。油气混合物进入分离器内并停留一段时间，使挥发性强的组分与挥发性弱的组分分别呈气态和液态流出分离器，实现轻、重烃类组分的分离。因此，在三相分离器中存在着热力学相平衡关系，如图 2.16 所示。

若已知进入分离器的油气混合物流量（f）、组分，分离器的操作压力（p）和操作温度（T），通过求解平衡常数 K_i 并进行相平衡计算，就可以求解油、气流量及其组成。

平衡常数 K_i 表示在一定条件下，气液两相平衡时，体系中组分 i 在气相与液相中的分子浓度之比，见式（2.1）。

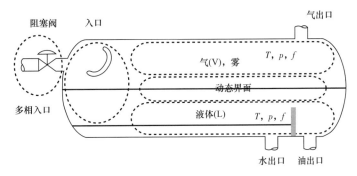

图 2.16　气体和液体之间的相平衡

注：相平衡的条件是（$T_V=T_L$ 和 $p_V=p_L$），给定一个 T 和 p，$f_V=f_L$ 和 $f_{iV}=f_{iL}$。

$$K_i = \frac{y_{iV}}{x_{iL}} \tag{2.1}$$

K_i 可以通过以实验数据为基础的经验方法或者根据状态方程计算。

相平衡计算的基本方程见式（2.2）、式（2.3）和式（2.4）：

总物料平衡：

$$L+V=1 \tag{2.2}$$

组分 i 的物料平衡：

$$x_{iL}+y_{iV}=z_i \tag{2.3}$$

平衡常数：

$$K_i = \frac{y_{iV}}{x_{iL}} \tag{2.4}$$

y_i 为气相中组分 i 的摩尔分数，它表示在气相中，组分 i 所占的摩尔比例。x_i 为液相中组分 i 的摩尔分数，它表示在液相中，组分 i 所占的摩尔比例。由相平衡计算可知，影响平衡气液相比例 L、V 和组成 y_i、x_i 的因素有分离压力、温度和气液相的组成。油井所产油气混合物的组成是无法改变的，只能控制分离压力和温度，以得到经济效益最佳的分离效果。当压力升高时，总平衡液量增加，当温度降低时，平衡液量增加，组分的相对分子质量越小，增量越大。

4）热力学相平衡 MFM 模型

根据上面的数学模型的基础，对分离器中的热力学相平衡进行 MFM 建模，图 2.17 是分离功能的较低级别的抽象并且揭示了该气液平衡现象。在较低抽象级别中，分离功能通过图 2.17 中的能量结构（efs1）中的手段—目的关系实现，驱动混合流在三相分离器中从液相（sto2 Liq）蒸发（tra1）成气相（sto1 Gas），再从气相液化（tra2）成液相，形成动态的气液平衡。从能量角度看，分离器的目标状态是保持正确的压力（obj2），例如正确的能量储存（sto3）。从物质流的角度看，两相（气 / 液）分离过程是保持正确的液位。

对三相分离过程的建模，为今后对分离类过程，如分馏过程、稳压器等常见的多相分离化工过程可以提供宝贵的建模思路和指导经验。

图 2.15 和图 2.17 中 MFM 模型元素的解释见表 2.4。

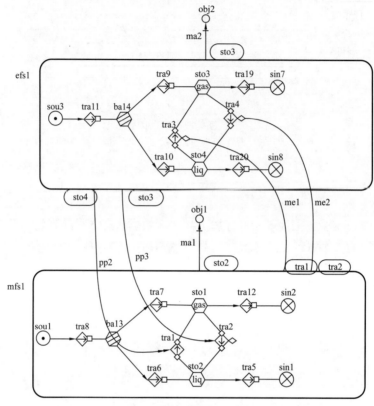

图 2.17　三相分离器热力学相平衡的 MFM 模型

表 2.4　图 2.15 和图 2.17 中 MFM 模型元素（流结构、目标、关系和功能）的解释

图 2.15 中 MFM 模型元素的解释

流结构	目标	功能名称	功能	结构
mfs1：分离原料为原油，水和气流	obj1：分离气相和液相	sou1	提供原料流 1	上游
	obj2：分离原油和水	sou2	提供原料流 2	上游
	obj5：保持油室液位	sou6	提供冷水	冷水
		tra1	传输原料流 1	管线
		tra2	传输原料流 2	管线
		tra3	传输混合的原料流	管线
	obj6：保持水室液位	tra4	传输分离的气体	气体密度低于液体密度
		tra5	传输分离的液体	液体密度高于气体密度
		tra6	传输分离的原油	原油密度低于水密度
		tra7	传输分离的水	水密度高于原油密度

图 2.15 中 MFM 模型元素的解释

流结构	目标	功能名称	功能	结构
mfs1：分离原料为原油，水和气流	obj6：保持水室液位	tra8	传输分离的水出流	管线
		tra9	传输分离的油出流	管线
		tra10	传输分离的原油	泵
		tra11	传输分离的原油出流	管线
		tra12	传输分离的气体	分离器气体出口
		tra13	传输超压气体到环境	减压阀
		tra21	传输压缩气体	压缩机
		tra22	传输压缩的气体到热交换器管	管液体流入
		tra23	传输放热气体	管液体流出
		tra24	传输放热气体到环境	管线
		tra25	传输旁通阀后气体回流	管线
		tra26	传输冷水	管壳液流入
		tra27	传输吸热的水	管壳液流出
		tra35	传输旁通阀前气体回流	管线
		bal1	平衡原料流 1，原料流 2 和混合原料流	阀组
		bal2	平衡泵的分离的原油流入和流出	阀
		bal3	平衡泵的原油的流出和管线中原油的流入	阀
		bal5	平衡分离的气体的流出和压缩机里的压缩气体的流入	管线
		bal6	平衡压缩机的出口气体流量和热交换器的气体入口流量	管线
		bal7	平衡放热气体流量，回流流量和压缩气体出口流量	管线
		bal9	平衡防喘振阀门前后流量	防喘振阀门
		sep1	分离气体和液体	分离器
		sep2	分离原油和水	分离器
		sto1	储存分离的气体	气室
		sto2	储存分离的水	水室
		sto3	储存分离的原油	油室

图 2.15 中 MFM 模型元素的解释

流结构	目标	功能名称	功能	结构
mfs1：分离原料为原油，水和气流	obj6：保持水室液位	sto6	储存发热的气体	热交换器管
		sto7	存储吸热的水	换热器壳
		bar1	阻止水流入原油	堰板
		bar2	阻止放热的气体和吸热的水混合	管束
		sin1	收集分离的油流出量	下游
		sin2	收集分离的水流出量	下游
		sin3	接收放热的气体	下游
		sin4	接收超压释放的气体	环境
		sin9	收集吸热的水	下游
efs1：泵能量的转化	产生（pp1）传输在泵中原油的功能	sou3	电能提供给泵	电源
		tra14	传输电能	电线
		tra15	传输动能	水力
		tra16	传输摩擦损失	摩擦损失和泄漏功耗
		sto4	存储电能	泵
		sin5	接受动能	泵轴
		sin6	接受摩擦损失	泵轴摩擦
efs2：分离器的能量流结构	obj7：保持电动机转速	sou4	原料流 1 能量	原料流 1
		sou5	原料流 2 能量	原料流 2
	thr1：威胁泄压阀的设置压力	tra17	传输原料流 1 能量	原料流 1 和管线
		tra18	传输原料流 2 能量	原料流 2 和管线
		tra19	传输汇集的能量流	管线
		tra20	传输气体能量流	气相
		tra36	传输液体能量流	液相
		bal4	平衡原料流 1、原料流 2 能量和汇集的能量流	阀组
		sto5	在分离器中储存能量	分离器
		sin7	保留气体能量	气体
		sin8	保留液相能量	液体

图 2.15 中 MFM 模型元素的解释

流结构	目标	功能名称	功能	结构
efs3：水和压缩气体之间的热交换	obj4：保持压缩气体的温度	sou7	冷水能量	冷水
		sou8	压缩气体的能量	压缩的气体
		tra28	传输冷水的能量	壳和冷水
		tra29	传输压缩气体的能量	管和压缩气体
		tra30	传输放热的气体能量	放热气体和热传输管
		tra31	传输吸热的水	吸热的水
		bal8	平衡水和压缩气体之间的热交换	热交换器
		sin10	保留放热的能量	放热的气体
		sin11	保留吸热的能量	吸热的水
efs4：压缩机的能量转化	产生（pp3）传输压缩气体的功能	sou9	为压缩机提供的电能	电动机
		tra32	传输轴功	电机轴
		tra33	传输动能	叶轮
		tra34	传输能量损失	泄漏，叶轮阻力，流动损失
		sto8	存储电能	压缩机
		sin12	获取动能	压缩气体
		sin13	接受能量损失	叶轮

图 2.17 中 MFM 模型元素的解释

流结构	目标	功能名称	功能	结构
mfs1：从物质流角度表达气液平衡	obj1：保持正常的液位，也就是正常的储存液体的物质容量（sto2）	sou1	收集原料流	汇集的原料流
		tra1	转换液相成为气相	气液界面
		tra2	转换气相变为液相	气液界面
		tra5	传输分离的液体	液体密度大于气体密度
		tra6	传输液体	液体密度大于气体密度
		tra7	传输气体	气体密度小于液体
		tra8	传输汇集的原料流	分离器的入口管线
		tra12	传输分离的气体	气体密度小于液体密度
		bal3	平衡汇集的入口流和液相和气相流	物质平衡

图 2.17 中 MFM 模型元素的解释

流结构	目标	功能名称	功能	结构
mfs1： 从物质流角度表达气液平衡	obj1：保持正常的液位，也就是正常的储存液体的物质容量（sto2）	sto1	储存气相	气相
		sto2	储存液相	液相
		sin1	收集分离的液体	油和水室
		sin2	收集分离的气体	气室
efs1： 从能量流角度表达气液平衡	obj2：保持正常的压力（obj2），也就是正常的能量储存（sto3）	sou3	原料流能量来源	收集的原料流
		tra9	传输气体的能量	气体温度和压力
		tra10	传输液体的能量	液体温度和压力
		tra11	传输汇集的原料	分离器的混合流
		tra19	传输分离的天然气能量	天然气密度低于液体密度
		tra20	传输分离的液体能量	液体密度高于气体密度
		bal4	平衡汇集的流入能量和液相与气相的能量	能量平衡
		sto3	储存气相能量	气相
		sto4	储存液相能量	液相
		sin7	收集分离的气体能量	气室
		sin8	收集分离的液体能量	水和油室

2.2 MFM 模型的智能推理机制

MFM 模型是基于"面向目标"的人类思维属性的建模，其不仅强调了部分与整体的关系，更明确地表达了系统目标与功能之间的关系。而且该模型可提供一套推理规则，为从大量的局部报警中搜寻根本原因提供了良好的基础，运行人员可采用符号分析的方法进行推理和判断，在理解和验证支持系统诊断结果的基础上，采取正确的安全措施，防止事故的发生。

虽然 MFM 中存在推理规则，但是推理规则没有包含上一节中所提到的"角色"的推理，即本章中所提出的基于"角色"拓展的推理策略，包括角色的推理策略可以进一步挖掘报警根原因的不同类型。因此，需要做进一步研究，包括角色的推理规则，从而细化现在 MFM 中已经存在的报警推理规则。本节创新提出的行为角色拓展的 MFM 推理策略是今后具体对不同"角色"设计推理规则的基础理论。

2.2.1　报警分析算法

报警分析算法将一系列的报警状态作为输入，比如：正常、流过小、流过大、容量过小及容量过大。每一个报警都对应于 MFM 模型中的一个部件，报警分析算法研究的目的就是要根据偏差征兆识别出初始告警（危险源），而其余的可能是初级报警，也可能是初始报警影响的结果。

1. MFM 中的关联报警机制

在标准 ISO 14224—2016《石油、石化产品和天然气工业　设备可靠性和维修数据的采集与交换》中失效（Failure）被定义为 "The termination of the ability of an item to perform a required function"，换句话说，失效是无法满足功能性的需求。以水泵为例，水泵的一个必需的功能是"抽水"，与该功能相关的功能性需求是每分钟输出水量应该在 100～110L。如果输出水量在该范围之外，则被认为水泵失效。其中强调失效是一个偏离于目标值的初始事件，即失效情景。为区别于故障（Fault），若偏差大于可接受的范围，则系统处于一种故障状态，因此，故障是一种部件状态，处于故障状态的部件没有能力完成需要的功能，包括预防维修中或者其他计划行为中的失效，或者由于缺乏外部资源导致的失效。

假设系统本质设计安全，那么每个报警都起源于过程单元故障。总体上讲，引发该失效的原因可以分解为三类——机械故障、人为失误和外部事件（即根原因）。图 2.18 展示了被控制的过程系统并且指出了不同失效的来源。其中，机械故障又可以分为三种。第一种是过程参数变化。例如由于热交换器结垢，热交换器系数变化，或者热媒锅炉结渣。另一种化工过程中常见的例子就是催化剂中毒。第二种是结构变化（设备失效）。结构变化涉及过程自身的改变或者是设备的机械故障。一个结构失效的例子是控制器的失效。其他例子包括阀门卡死，管道的破损或者泄漏等。第三种是失效的传感器和执行机构。u 表示"控制输入"（Control Input），也可以被称为"操纵变量"（Manipulated Variable）。在一个控制系统中，控制输入是可以被控制器直接调整的变量，用以影响系统的行为或输出。y 表示"控制输出"（Control Output），也可以被称为"受控变量"（Control Variable）。这是控制系统试图调节或维持在特定水平的变量。控制输出是对系统性能的一种度量，通常是需要保持在一个期望值或设定点附近的参数。

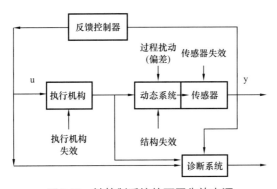

图 2.18　被控制系统的不同失效来源

在 MFM 中的关联报警机制需要以下六项内容：

（1）过程单元内根源故障和中间故障间的分层结构。

（2）变量偏离和故障间的关系。

（3）过程单元内的多变量间的因果关系。

（4）单元的空间布置（过程拓扑）。

（5）故障、偏离和报警之间的关系。

（6）控制系统和安全系统的功能及其与过程单元间的关联关系。

在 MFM 模型中，（1）到（3）项可以对每个基础单元建模，有关第（4）项信息可以从 P&ID 图或者工艺流程图中获取。第（5）项可以从报警分析算法中求出，该推理基于 MFM 目标和功能状态间的依赖关系。第（6）项可以从 MFM 中的控制流结构和物质、能量流结构的相互关联中推理。

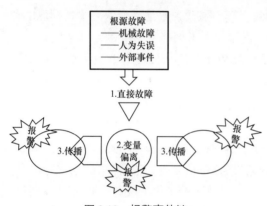

图 2.19　报警事件链

在 MFM 中的报警的事件链如图 2.19 所示。事件链描述如下：

根原因→间接原因→直接原因→变量偏离→传播偏离→报警。

因果关系和目标—功能和功能—功能模式有关。这些模式是通过相互连接的流结构中的流功能间的因果关系和连接流结构的手段—目的关系来被定义的。对每一个因果和手段—目的关系都有一组对应的因果关系来关联功能的状态或者另一个功能状态的目标或者模型的目标。

2. MFM 模型的报警推理

MFM 模型中的报警推理基于因果关系，这些因果关系是一般化的，例如不依赖于特定的建模对象。由于 MFM 语言语法的规则限制，MFM 模型的推理库是由固定的模式的推理规则所组成。各个功能节点状态总结见表 2.5。

表 2.5　功能节点状态

功能	源	汇	传输	储存	平衡
状态	高	高	高	高	阻塞
	正常	正常	正常	正常	正常
	低	低	低	低	泄漏
报警判断	True，False				

1）源模式推理

源模式推理如图 2.20 所示。

（1）模式（a）：源节点用影响关系（in1）连接传送节点，说明源节点的状态影响传送节点的流量。该类源节点的实例可以是电流。

IF sou1 high/low THEN tra1 high/low

（2）模式（b）：源节点用参与关系（pa1）连接传送节点，说明源节点的状态不影响传送节点的流量。该类源节点的实例可以是电压。因此无推理规则。

（3）传送节点影响源节点：（sou1–in1/pa1–tra1）

IF tra1 high/low THEN sou1 low/high

2）汇模式推理

汇模式推理如图 2.21 所示。

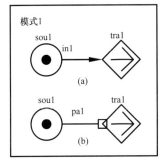

图 2.20　源模式推理

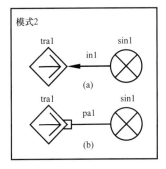

图 2.21　汇模式推理

（1）模式（a）：汇节点用影响关系（in1）连接传送节点，说明源节点的状态影响传送节点的流量。该类汇节点的实例可以是用电负荷。

IF sin1 high/low THEN tra1 low/high

（2）模式（b）：汇节点用参与关系（pa1）连接传送节点，说明源节点的状态不影响传送节点的流量。该类汇节点的实例可以是具有无限容量的环境。因此无推理规则。

（3）传送节点影响汇节点：（tra1–in1/pa1–sin1）

IF tra1 high/low THEN high/low

3）平衡模式推理

平衡模式推理如图 2.22 所示。

（1）模式（a）：平衡节点用影响关系（in1）连接上游的传送节点（tra1），用参与关系（pa1）连接下游的传送节点（tra2），说明平衡节点的状态对上游的传送节点的流量有影响，对下游的传送节点的流量没有影响。该类平衡节点的实例可以是缓冲罐。

IF tra2 high/low（ASSUME bal 1normal）THEN tra1 high/low

IF bal1 leak THEN tra1 high

IF bal1 block THEN tra1 low AND tra2 low

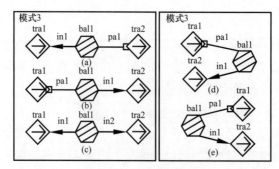

图 2.22　平衡模式推理

（2）模式（b）：平衡节点用参与关系（pa1）连接上游的传送节点（tra1），用影响关系（in1）连接下游的传送节点（tra2），说明平衡节点的状态对上游的传送节点的流量没有影响，对下游的传送节点的流量有影响。该类平衡节点的实例可以是变压器。

　　IF tra1 high/low（ASSUME bal1 normal）THEN tra2 high/low

　　IF bal1 leak THEN tra2 low

　　IF bal1 block THEN tra1 low AND tra2 low

（3）模式（c）：平衡节点用影响关系（in1）连接上游的传送节点（tra1），用影响关系（in2）连接下游的传送节点（tra2），说明平衡节点的状态对上游的传送节点的流量有影响，对下游的传送节点的流量也有影响。该类平衡节点的实例可以是双向负荷平衡器。

　　IF tra1 high/low（ASSUME bal1 normal）THEN tra2 high/low

　　IF tra2 high/low/（ASSUME bal1 normal）THEN tra1 high/low

　　IF bal1 leak THEN tra1 high and tra2 low

　　IF bal1 block THEN tra1 low and tra2 low

（4）模式（d）：平衡节点在上游与多个传送节点相连（tra1 和 tra2），用参与关系（in1）连接上游的传送节点（tra1），用影响关系（in1）连接上游的传送节点（tra2）。

　　IF tra1 high/low（ASSUME bal1 normal）THEN tra2 low/high

（5）模式（e）：平衡节点在下游与多个传送节点相连（tra1 和 tra2），用参与关系（pa1）连接下游的传送节点（tra1），用影响关系（in1）连接下游的传送节点（tra2）。

　　IF tra1 high/low（ASSUME bal normal）THEN tra2 low/high

4）存储模式推理

存储模式推理如图 2.23 所示。

（1）模式（a）：存储节点用影响关系（in1）连接上游的传送节点（tra1），用影响关系（in2）连接下游的传送节点（tra2），说明平衡节点的状态对上游的传送节点的流量有影响，对下游的传送节点的流量也有影响。

　　IF sto1 high/low THEN tra1 llow/high AND tra2 high/low

　　IF tra1 high/low THEN sto1 high/low

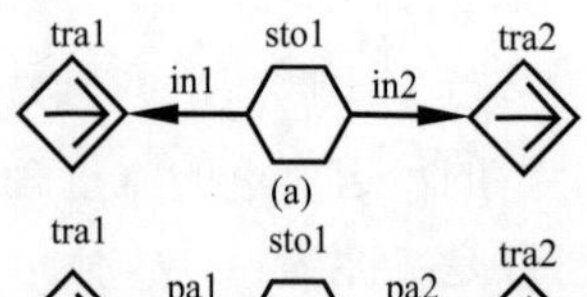

图 2.23　存储模式推理

IF tra2 high/low THEN sto1 low/high

（2）模式（b）：存储节点用参与关系（pa1）连接上游的传送节点（tra1），用参与关系（pa2）连接下游的传送节点（tra2），说明平衡节点的状态对上游的传送节点的流量没有影响，对下游的传送节点的流量也没有影响，该类存储节点只负责储蓄能量或物质。该类存储节点的实例可以是自来水水塔。

IF sto1 low THEN tra2 low

IF sto1 high THEN tra1 low

IF tra1 high/low THEN sto1 high/low

IF tra2 high/low THEN sto1 low/high

3. MFM 推理实现平台

MFM 编辑器中的推理系统如图 2.24 所示，目前由丹麦科技大学（DTU）开发，该系统开发语言是基于 Java 平台的编程语言 Jess。在之前所阐述的报警推理规则已经在该推理系统中得到实现。

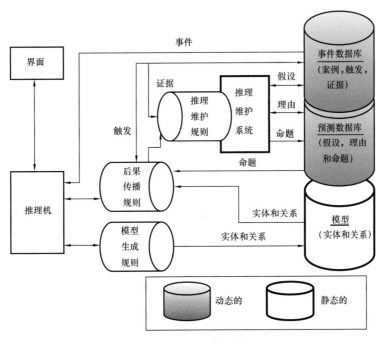

图 2.24　MFM 推理系统

2.2.2　行为角色拓展的 MFM 推理算法研究

1. MFM 中的角色概念

本节阐明扩展 MFM 建模的一般角色的概念。在社会学和社会心理学中认为角色是社会活动中的行为。从语义角度看，角色的概念属于语言学理论，在自然语学科里面用来代表每个实体在句子中所扮演的角色。MFM 作为一种正式的在工程应用中复杂系统的知识表达的语义网络，其中角色的概念是从自然语言的语义研究借用过来的，角色的作用就是完成某种行为。传统上，系统结构是指系统是如何组成的，以离心泵为例——吸水管，排水管，泵壳，叶轮等部件，上至设备单元结构，下至组件级别。功能是指系统怎样工作的，它有什么作用。例如，离心泵的作用是将机械转动能量转化成液体的能量，依靠叶轮旋转时产生的离心力来输送液体的泵。叶轮内的液体受到叶片的推动而与叶片共同旋转，由旋转而产生的离心力，使液体由中心向外运动，并获得动量增量。在叶轮外周，液体被甩出至涡卷形流道中。由于液体速度的降低，部分动能被转换成压力能，从而克服排出管道的阻力不断外流。叶轮吸入口处的液体因向外甩出而使吸入口处形成低压（或真空），因而吸入池中的液体在液面压力（通常为大气压力）作用下源源不断地压入叶轮的吸入口，形成连续的抽送作用。所以要在 MFM 中整合这样的结构信息，需要在 MFM 中引入一般的角色概念作为功能和结构之间的关系。这里认为功能是行为。角色是连接功能和结构之间的关系，通过结构的手段来实现不同层次的抽象级别的功能。但从安全性和可靠性分析来看，把结构知识整合到 MFM 模型中，可以使 MFM 模型在工艺设计阶段通过物理结构的较低层次的配置来检查高层次需求是否满足。角色作为媒介来连接底层物理结构与预期的功能。

2. 角色本体论

目前，还没有对角色的类型和数目达成一致的看法，而且也没有对角色的本质有规范的意见。这意味着从理论上角色本体构建不是很完善。在这里，角色被分类为 object 和 agent 角色等。object 角色是指一个实体具有一个动作的固有属性（如位置）。例如，当水通过管道输送，水充当了 object 的角色，因为它是由 agent（管道）从一个地方移动到另一个地方，没有任何状态变化。agent 是指动作的执行者。object 角色的一些行为属性通过利用目的论知识来实现预期的功能。这意味着与预定功能相关联的 object 角色的行为属性的选择不是潜在行为背后的物理现象所能解释的，而是通过其对于意图有用的效果决定的。换句话说，意图是主体对客体的作用倾向（潜在的行为）。例如，环氧乙烷非催化水合反应的水化率的选择取决于降低乙烯单元的消耗或者乙二醇和二甘醇的市场价格，从增加经济效益的角度从而增加其预期产量。在本节中，为与 object 角色区别，创新地提出了 patient 角色，它们之间的具体区别在案例中进行讨论。

3. 角色的表示

Lind 在其相关著作中系统阐述了如何在 MFM 中表示角色及使用角色，他提议在 MFM 中表示角色需要与流功能结合，如图 2.25 所示。不仅目标能够启用与功能相关联的角色，同时角色标签也可以与手段—目的关系相关联（例如图 2.25 中的生产者—产品关系和调解关系），因为生产者—产品关系和调解关系本身是基于 MFM 中 agent 角色和 object 角色的行为上定义的。本章中分别以红色实心圆圈和黑色实心圆圈表示 patient 角色和 instrument 角色。

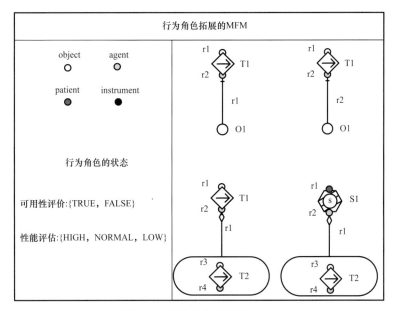

图 2.25　行为角色扩展的 MFM

4. 角色推理策略

下文说明了角色的推理策略。基于角色的表示,角色的推理策略是基于模型的推理。这意味着首先需要获得补充的与功能相关的角色的知识库。换句话说就是需要建立工程系统的具体的角色本体论。

从行为理论的角度来看,可以把行为意图的偏差归类为两组,一组是关于行为的可用性或可能性,另一个是行为表现相关。例如重力式三相分离器是基于液体相对密度差的原理以分离水和油的,分离器不能分离水和油存在的乳液。这样,object 角色是受物理参数(如密度)的限制,以提供分离的可能性。另一方面,分离的性能依赖于滞留时间,以获得更好的油水分离。这样的适当滞留时间约束与分离装置的结构设计相关。在这个意义上说,以角色应具有的状态——逻辑值 {TRUE,FALSE},来评价行动(功能)的可用性或可能性。然后,如果该逻辑是 TRUE 的话,就继续推理角色的属性来评估行动(功能)的表现。如果逻辑值是 FALSE,则相关的行动(功能)将失败。所提出的角色推理策略如图 2.26 所示。图 2.26 中的角色参数意味着 object 角色和 patient 角色的参数是物理参数,如密度、黏度、组分等。什么类型的物理参数应该被考虑,这取决于具体的角色。角色参数代表 agent 角色和 instrument 角色的功能指标,结构配置和完整性。

图 2.27 解释了功能、角色和属性(潜在行为)和结构概念间的关系。因此,角色的一般概念赋予 MFM 模型辨识更多潜在的风险。例如基于 MFM 模型进行 HAZOP 风险分析,就不仅可以识别 HAZOP 分析中引导词如“多”“少”“无”的偏差,还可以包括其他引导词如“部分”“以及”“其他”或“维修”的偏差。例如由于在用的泵处于维修则启用备用的泵。此外,应当注意的是角色作为结构和功能之间的关系可以整合由 agent 角色的状态监测信息来表示功能指标参数。

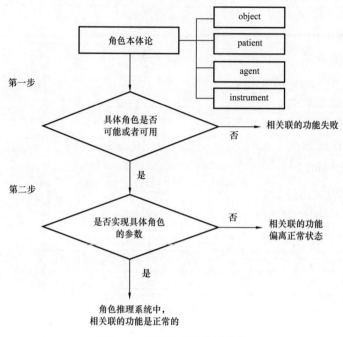

图 2.26　提出的角色推理策略

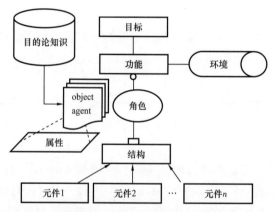

图 2.27　在拓展的 MFM 模型中的基本概念关系网络

2.2.3　案例分析应用

1. 压缩机喘振报警实例

假设在三相分离器气管出口气体流量有偏差，例如，图 2.15 中的传输功能 tra12 流量低（tra12，loflow），那么可能导致压缩机喘振报警。压缩机喘振报警可能的原因树如图 2.28 所示。

告警分析如下：

Bal5 fill：压缩机入口来流流量低（bal5fill，初始告警）。

Tra12 loflow：低流量气体通过压缩机（tra21 loflow，初始告警）由于压缩机中的叶轮通道的流量低（bal6 fill，二级告警）或者是低能量转化成压缩机的机械能（tra33 loflow，二级告警）或者压缩机出口管道部分堵塞（tra22 loflow，二级告警）引起，例如管网阻力增加。低能量转换成动能在压缩机可能由于低驱动功率存储在压缩机（sto8 lovol，三级告警）或者是压缩机过载（sin12 hivol，三级告警）引起。压缩机低驱动力（sto8）由于低能量传输（tra32 loflow，四级告警）或者是压缩机电动机转速低（sou9 lovol，五级告警）引起。压缩机和热交换器之间的管道中低流量（tra22）是由于热交换器管水位高引起（sto6 hivol，三级告警），该告警又是由于气体出口流量低（tra23 loflow，四级告警）造成，该告警的原因又

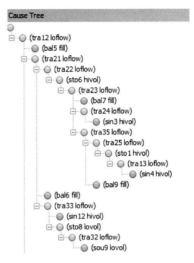

图 2.28　压缩机喘振报警可能的原因树

是由 UV0001 阀门部分关闭（bal7 fill，五级告警）或者是 25ES005 阀门部分关闭（tra24 loflow，五级告警）引起，由于气体产量高于配额（sin3 hivol，六级告警），换句话说，是气体产量过多减产。

2. 利用角色推理策略进行"非常规"HAZOP 分析

由 Rossing 等人提出的基于 MFM 的功能 HAZOP 辅助没有整合结构化信息，不仅限制了可能辨识的偏差集合的覆盖范围，从而降低了 HAZOP 分析的完整性，而且不完整的知识表达使得功能和真实系统的关联变得困难和不直接。因此该 HAZOP 辅助只能解决赵劲松等人定义的"常规"HAZOP 分析。在此节中，采用其定义的"常规"概念，即意味着一类引导词可以被应用到不同的过程，然而，由"其他""部分""以及"等引导词产生的偏差的"非常规"的 HAZOP 分析无法应用到具体的过程。因此，"非常规"的 HAZOP 分析仍然需要基于专家的知识进行人工分析。

在此展示如何利用角色的概念扩展的 MFM 进行验证其进行"非常规"HAZOP 分析的潜力。以三相分离过程为例，按照 2.2.2 中讨论的，需要建立过程系统的具体的角色本体论。三相分离过程的角色本体论如图 2.29 所示。

相关联的角色是 object 角色 Feed 1（r1），object 角色 Feed 2（r2），分离器中混合的原油、气和水是 patient 角色（r3），三相分离器是 agent 角色（r4），管道是 agent 角色（r5）。然

图 2.29　三相分离过程的角色本体论

而，为了强调分离器功能的实现，对于分离过程拓展的 MFM 模型中的一些角色没有被标示，如图 2.30 所示。简化过程，假设只有一个来流（Feed1）。

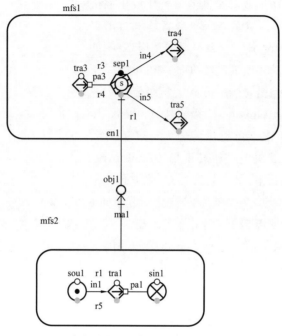

图 2.30　分离过程的功能角色拓展的 MFM 模型

patient（r3）和 the agent（r4）在这里标示在分离功能上，分别意味着实体经历一些动作后的结果和动作的执行者。例如在句子"分离器分离原油、水和气体流的混合流"中，分离器具有 agent 角色，原油，水和气体流的混合流具有 patient 角色。在这里采用 patient 角色而不是 object 角色是因为该混合物流动经过相位的变化，并通过分离器进行处理，且分离效果依赖于混合物的属性和 agent 角色分离器的性能。因此建议区分 obejct 角色和 patient 角色。当对象仅由其外在属性（如位置）以及由动作引起的非固有物理特性定义时，称之为"object"。例如，当水通过管道输送，水具有 object 角色因为它是从一个地方经过 agent 角色（管道）到另一个地方，没有任何状态变化。Patient 角色作用是不同的，并且非常重要的，因为它允许识别物质流或能量流属性的变化（组成，温度，压力）可能产生的危险。

在图 2.30 中，物质流（mfs2）的目标（obj1）是为了给分离器提供所要求的混合的油、气、水。object 角色 r1 是使得分离功能（sep1）成为可能。根据角色的推理策略，第一步是评估 object 角色 r1 的可用性。没有 object 角色 r1，分离器将会失去分离混合的原油、气、水的能力。如果有可用的 object 角色 r1，然后需要推理属性（例如密度、温度和压力）来验证实现分离功能的条件。

在表 2.6 中基于角色的推理策略总结了分离功能的偏差的"非常规"HAZOP 分析。可以看出可能的根原因来自于不同抽象级别的角色的失效。

表 2.6　分离器的偏差的"非常规"HAZOP 分析

功能节点	偏差	可能的根原因	可能的结果	安全措施
sep1	杂质	混合的油、气和水来液包含杂质	无法分离油、气和水	当来液混合物通过计量系统的时候离线检测进料流的密度
			油，气和水的分离质量不能符合要求	
	维修	分离器腐蚀或者破裂	分离器泄漏	定期检测压力容器

2.3　MFM 模型验证

模型是对认识对象所作的一种简化描述，它是真实对象和真实关系中那些令人感兴趣的特性的抽象与简化。模型的建立不是"系统原型的重复"，而是按研究目的的实际需要和侧重面，寻找一个便于进行系统研究的"替身"。模型的使用意图决定了模型所要求的复杂程度，从而使模型具有意义。Ljung 认为真实世界和模型之间的关系是令人费解的，模型的事实是以所选择的标准为依据，实用性为导向。因此，有必要在模型应用于解决实际问题之前，检查其一致性和适用性，即模型的检验和验证。功能模型也不例外。

模型的检验是一个过程，该过程决定模型是否准确表达了模型开发者对于系统概念性的描述。概念性的过程模型被定义为系统或过程如何工作的假说，或者是基于系统的理解和该系统的行为模型。概念描述（模型）是观察所涉及现象的概念化，可以被定性表达为功能模型。功能模型作为模型开发团队使用的一种手段，用功能语义描述真实的世界。概念模型可以被用来构建基于知识的系统。在功能建模中，概念模型的目的就是传达有预期应用目的的系统的基本原理和功能。模型验证过程就是评估模型是否与观测的数据、先验知识和其应用的目的足够匹配。Popper 主张模型的正确性是无法被验证的，而只能利用实验观测数据与模型响应行为的不一致的事实来证明模型的错误。因此，验证模型的过程就是通过重复的试验来增加模型的可信度。在本节中，模型检验被认定为由建模测试平台处理，例如语义检查，该检查能够在模型构建过程中的每一步被立即执行。

本节采用了多级流建模（MFM）方法，该方法能够以规范的形式表达过程系统的抽象功能，并且可以对过程系统响应的原因和结果进行推理。选择 MFM 方法用来展示过程模拟的功能验证是因为其具有强大的表达能力和一整套适用于验证 MFM 模型的推理规则。Lind 和 Zhang 已经解决了某些 MFM 模型的检验问题，例如构建和完善了 MFM 建模语言的语法并且在 MFM Editor 中实现了这些语法检查。MFM Editor 是构建 MFM 模型的软件平台。

Kleindorfer 等人提出，如果无法理解隐藏在什么是事实和如何证明事实的辩论背后的科学基础，就不可能阐述关于模型验证的主要辩论问题的溯源。因此，本节的目的就是在理论层次和实用层次上处理模型验证问题，并且提出了规范的功能模型验证步骤。通过三相分离过程系统的验证实验展示了 MFM 模型的验证步骤并验证了模型。

2.3.1 功能模型验证的理论基础

系统工程中的功能模型表达了一个用于有实用意图目的系统的功能结构组织。功能模型是从功能建模角度，关注于描述具体的动态过程的目的和功能组织。具体地说，功能模型是由目标、有关联关系的功能结构和因果关系耦合的功能要素组成的。功能验证是对比模型响应行为和真实世界行为的过程。如果在某种特定条件下基于模型的响应行为的结果足够符合真实系统的行为响应，那么就认为该模型是用于某种具体目的的被验证的模型。然而，真实世界是客观存在还是主观存在和模型验证是密切相关的。例如判断晴朗的天气是好还是坏，取决于在该天气情况下做什么意图的行为。如果在沙滩上进行太阳浴，那么晴朗的天气就是好的。根据 Searle 对于存在的客观性和主观性的区别，以及对于认知的客观性和主观性的区别，晴朗天气本身是客观存在的。在此晴朗天气的价值判断是认知的客观性，因为该价值判断是沐浴者们之间达成的共识。无法证明主观的陈述是无效的，因为该种陈述取决于个人感受、经验或者态度。另外一个相关的问题就是回答在特定情况下什么是模型足够符合。显而易见的是，人们总是能够加强模型的精度要求。因此，模型验证在现实中只能作为模型失效验证来进行，即确定模型应用范围——模型展示现实世界的行为与预期的应用目的所需的精确程度不符合。正如 Popper 所断言的，一个理论只能被伪证。

当涉及功能模型的验证问题，首先关心的是功能配置的验证是客观的还是主观的。正如上面所讨论的，不能客观地伪证主观的陈述。例如"杯子的功能是用来盛水的"，盛水的功能不是由杯子的固有属性（如杯子的物理材料）决定的，而是基于人的行为目的相关特性或者是人自身相关特性决定的。例如基于杯子的固有属性之一，杯子的重量，杯子的功能就和镇纸一样。因此可以推断，功能配置的验证既不是主观的，又不是客观的，而是主客观相间的。功能配置的验证与选择判断标准有关，即该判断标准是基于本体论的客观特征，对象的内在特性，以及与对象的目的相关的或者对象的认知客观特性。这里所强调的观点的作用在于，因为绝大多数人认为验证问题就是验证模型和模型表达的真实世界之间的关系。当然，这种认为在验证物理模型时是不会产生任何问题的，因为这是人们普遍接受的"事实"的概念，它起源于实证主义（Positivism）的哲学运动。然而，实证主义中的事实的概念在处理功能模型事实验证问题时是不适用的，功能模型的事实不能单独通过物理实验所验证。为了验证功能目标和意图事实时，需要专家（工程师和操作人员）的认可。因此，Larsson 等人的 MFM 模型验证工作是不充分的，因为其研究仅仅验证了功能间的因果关系，根本没有验证功能的上层与系统行为目的相关的特性。

同时，必须指出 Larsson 等人提出的改进互关联技术不适合也不足以对事件之间的因果关系进行验证，因为相关性并不意味着因果关系。进一步的观点是，必须考虑因果关系背后的假设。这是对 Friedman 文章中的基本论点的反对。他的非现实性理论认为，假设并不重要，重要的是理论所做的预测。事实上，一个典型的理论总是与一组假设一同呈现：如果假设 A 和理论 T 有效，那么 C 成立。现在，如果理论 C 没有被观测到，并不总是清楚是因为一个错误的理论还是无效的假设所导致的，因为可以声称违反了假设从而挽救理论。然而，在某些情况下，假设在逻辑上有效与否并不重要。因为基于具有缺陷逻辑的假设而产生的结论可能是正确的。一个很好的支撑这个观点的证据就是 Bohr 提出的早期原子理论,基于矛盾的假设,构造了相当令人信服的原子模型。因此,在本节中认为因果关系中的假设重要,但是不会把重点放在证明假设无效。

2.3.2　功能模型的验证

上述讨论是为了说明科学基础对于开发一个模型验证方法可能带来的好处。基于这些科学论点,接下来的部分就是在实践层次上进行模型验证。

本小节提出的验证功能模型的主要实用步骤是:

(1)利用功能建模表达系统并与系统建模目的或应用领域一致;

(2)设计验证实验:驱动一个功能结构中的激励功能,并对改变状态的激励功能进行因果推理;

(3)对每个功能结构进行迭代验证实验;

(4)在实际系统中引入相应的变化的输入从而获取输出结果来验证功能模型。

1. MFM 模型的验证要素

MFM 模型是抽象的面向功能的过程系统的表示。功能模型的元素由意图、过程功能及其因果关系表达组成。意图代表最终的应用目的或目标。目标实现可能会受到威胁的挑战。过程系统功能由相互关联的过程流结构所表达,其中每个流结构包括有因果联系的流元素。流结构之间的相互关系结构展现它们的相互依赖关系。最后手段—目的关系显示功能之间的依赖关系,以及目标和子目标的关系。手段—目的分析或在设计环境中综合分析旨在开发或综合分析路径的过程描述,该路径使得所需的目标实现。一般的模式是:给定一个设计系统的目的蓝图,找到相应的路径实现目的。当以上的概念在手段—目的框架中被考虑,这些概念可以自上而下(目的到手段)被归类为五种知识类型,见表 2.7。为了阐述这五种知识类型,图 2.31 中展示了一个热传递系统的 MFM 模型,提出了该模型中代表每个知识类型的例子。

第一种知识类型称为意图或者目标和目的知识。目的、目标、目标状态和威胁这些概念属于这种类型。一个目的是一个抽象的描述或多种情况的描述。一个目标,最终的目的是具体描述在一个时间点表征单一的情况。一个人可以有目标来达到特定的目的。同时,目标可以分解为子目标。例如,在冬天,也许屋子是冷的。为了保持在家里温暖,可以用不同的方式来实现,如使用暖气或在热模式下打开空调。目标可以设置为保持室温在 20℃。这个目标被定义为预期(有意图的)情况,相比之下,一个威胁可能挑战目标实现从而可能会导致一个不受欢迎的情况。在这种情况下,温度维持在 20℃ 理想的情况或者说是目标。如果温度低于 20℃,威胁可能会干扰系统。这样的威胁可以是由于外面天气寒冷从而使屋子更加寒冷。威胁在医学上可能是所谓的药物的副作用,如果该副作用有害健康。MFM 模型表达了建模系统作为一种人为的有目的的系统,即一个人造系统。MFM 模型上层的验证,意图层次的验证,可以由主观间的知识来获取,正如众所周知的社会科学。

表 2.7　基于知识种类的功能模型验证

类型	知识类别		例子
5	有意图的知识		obj1：水循环所需要的流量
			obj2：泵润滑所需的润滑油流量
4	系统功能知识		mfs1：水循环流（23VA0001）
			efs1：为了泵正常工作，电能转化为机械能
			mfs2：润滑油流量使得泵正常工作
3	手段—目的关系	目标和功能关系	ma1：保持循环泵水量
			ma2：保持泵润滑
		功能和功能结构关系 功能和物理结构关系	pp1：泵机械能使得水被传输
			en1（r2）：油润滑（tra5）使得泵（r2）工作正常
2	因果状态依赖关系		in1：储存在泵中的能量影响泵的动能的转换
			pa5：储存在泵中的能量不影响泵的摩擦损失
1	结构知识		r2：泵作为 agent 角色

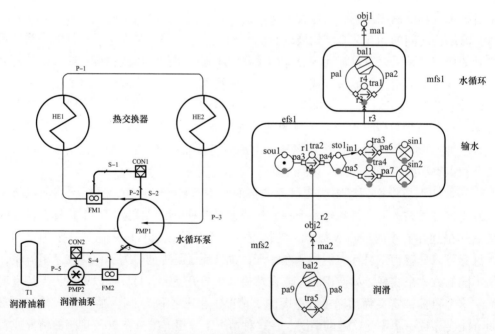

图 2.31　热传递系统的 MFM 模型

第二种类型的知识参见表 2.7 类型 4，是与系统功能有关，分配系统功能从而达到分解目标和子目标。在工程中，功能被解释为一个特定的过程、行动或系统能够执行的任务。因此，验证系统功能依赖于这种知识。Polanyi 认为知识是对已知事物的深入理解，该行为需要技能或个体知识。个人知识是一种知识的承诺，即人参与和客观的融合。除了知识，这样的系统功能是一种事实，即在该领域内的工程师所共享和达成一致的知识。这些为两个相互交织的原则，即机械类的功能和"规定"功能。机械类的功能由精确的操作原则来定义，然而，规范的正确性只能用完形类的术语来表达。因此，验证系统功能也包括来自上述两个方面的任务。MFM 模型以一组物质、能源和控制流结构在几个层次抽象表示系统功能知识。因此验证 MFM 模型包含一个过程，基于系统功能的知识和设计的实验去验证这些流结构（即图 2.31 所示的 mfs1、mfs2 和 efs1）。

第三种类型的知识参见表 2.7 类型 3，关于功能模型的验证是验证手段和目的之间的关系。means-ends 关系显示在垂直三层：目标和功能关系（即 ma1、ma2，如图 2.31 所示）、功能和功能结构关系（即 P-1，如图 2.31 所示）、功能和物理结构关系［即 en1（r2），如图 2.31 所示］。目标和功能关系可以解释为"如何利用功能实现目标"的答案。功能和功能结构的关系可以被视为逻辑动作短语或动作序列之间的关系。功能和物理结构的关系可以解释为"什么是用于实现功能"问题的答案。

第四种类型的知识参见表 2.7 类型 2，关系到验证功能模型的中的状态依赖关系（如图 2.31 中的 in1 和 pa5）。在一个 MFM 模型中，状态依赖关系表达了流结构中功能间的关系，如两个功能之间的因果关系。功能间的因果推理背后的假设是功能是可用的，即存在可用的物理组件实现该功能，并正确配置，这样物理组件可以被用来实现所需的功能。因果关系就是一个事件（原因）和第二个事件（结果）之间的关系，所以该关系与事件密切相关而不是与统计变量有关。因果关系本身可以是确定的或者是有概率可能性的。例如空气质量差（原因）可能造成增加肺癌的风险（影响）。因此，验证因果关系面临的问题是如何证明事实上存在这样一个因果关系。在本节研究中，因果关系的确定是简单地通过实施一个适当的设计实验，在上游变量中指定一个改变量并记录下游的变化。通过这种方式，可以直接评估流结构功能之间的因果关系。

第五种类型的知识参见表 2.7 类型 1，为功能模型与结构相关的知识（例如图 2.31 中 r2）。结构性知识的验证还必须解决两个问题，首先是是否存在结构来实现功能；其次是结构实际上实现所需的功能。一般来说，来验证功能模型这样一个最底层的知识，需要考虑相关的组件的可靠性和性能数据。

在下文中提出了 MFM 模型的验证方法及验证步骤。

2. MFM 模型的验证步骤

这里提出的人造系统（例如技术系统）的 MFM 模型验证任务，即利用模型实施一系列实验并且测试实验结果是否符合知识。MFM 模型验证步骤如图 2.32 所示。第一步是指定建模的目的，即模型的预期用途。因此，建模的目的被分为两类：内部和外部的建模目的。内部 MFM 模型建模是为了探究 MFM 模型是否保留了那些需要关注的真实系统的行为和特点。外部建模是为了调查模型适用的领域是否对模型预期使用目的提供了一个充分的表达。本节只解决验证内部建模目的类别的问题。为了验证真实系统的概念性描述表达，对 MFM 模型研究作为第二步。然而该验证步骤被认为是由 MFM 语法所处理，即建模环境。第三步，为了验证 MFM 模型功能，设计一系列验证实验验证上述讨论的每个 MFM 模型元素，通过迭代（$i<N$）实施实验。在针对 MFM 模型进行的实验中，如果定性实验结果包含定量实验结果，那么实验被认为合规；若定性实验结果与定量分析结果完全一致，则直接进入下一次迭代；若定性实验包含更多分析结果假设，可根据定量分析的结果创建特定系统附加推理条件。直到从 MFM 模型中获取的定性结果遵循真实系统的行为，那么验证了 MFM 模型是有效的，这也就意味着 MFM 模型验证过程结束。相反，如果定性分析结果不包含定量实验结果，则该实验结果不合规则，需判断不合规的原因，三种可能性包括：（1）实验设计有误；（2）建模有误；（3）模型无法反映建模目的与应用领域。一般情况下可假定 MFM 模型正确地反映了建模指定的目的，那么仅有两个可选择的决策如何完善模型：（1）修改模型；（2）修改设计实验。第一个选择的结果将是 MFM 模型的修改。这两个方案如何选择取决于测试是怎么样失败的。

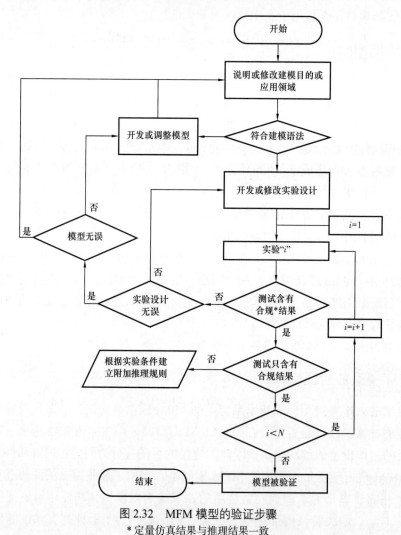

图 2.32 MFM 模型的验证步骤
* 定量仿真结果与推理结果一致

有几种验证 MFM 的模型可用的资源：访谈、操作规程、已验证的定量模拟器和实际系统。为简单起见，本节假设已验证的定量模拟器存在，并且正确表达了真实系统的现象。因为功能模型是一个概念描述性模型并且显式地表达了模型使用背后的隐性知识，功能模型的表达范围比定量数学模型更广泛。因此在一些情况下，已验证的定量模拟器作为验证一个 MFM 模型唯一来源是不充分的。因此，访谈和操作规程是另外两个重要来源来补充已验证的定量模拟器的不足，因为这两个来源隐式地包含功能模型一些背后的隐性知识。

如果已验证的定量模拟器被选择来验证 MFM 模型，那么 MFM 模型和已验证的定量模拟器之间的行为差异的接受标准与两个因素有关：（1）定性和定量模型之间的不同的间隔尺度；（2）定量模型与定性模型的适用范围不同。在设计验证实验时，考虑重要定性和定量模型之间的间隔尺寸的差异是很重要的，必须足够大的扰动造成定性模型状态的明显的变化。另一方面，一个定量模型应用范围有限。当设计的实验超过适用范围时，在定量模拟器中就无法进行这样的实验。

2.3.3　功能模型验证实例

在这里展示如何通过有效的模拟器对 MFM 模型进行验证。2.2 中模拟了三相分离过程中分离器压力高的偏差。为了模拟该偏差，在图 2.33（a）中设置功能 sto3 的状态为 hivol（高容量），通过传输功能 tra12 的状态来联系两个不同抽象级别的 MFM 模型。因此，tra12 的一个重要的功能是从低级抽象级别到高级抽象级别来传播功能 sto3 的高容量状态的影响。并且根据 MFM 推理机中的推理规则向后推理（即在相同或者更低级的流结构中向后搜索）去寻找所有可能的原因路径。图 2.33（c）中展示了一个完整的原因树。

可以观察到推理路径中由于过程的性质，有些推理结果是冗余的。例如由推理机生成的原因树中有两个矛盾的结果。图 2.34 中显示，一个结果是功能节点 bal7 泄漏是导致 tra12 低流量的根原因，然而另一个结果是 bal7 满溢是导致 tra12 低流量的可能的根原因。

在图 2.35 中，可以观察到两个原因路径中 tra25 和 tra22 的低流量状态都能导致功能节点 tra12 低流量，而且这两个功能节点能够相互引发。这个现象表明必须考虑动态模拟和影响力来定量评估哪一个功能对 tra12 有重大影响。定量仿真模型能够轻易地解决这个问题。图 2.36 中展示的就是由仿真决定的重要原因路径和次要原因路径，功能节点 bal7 泄漏从根原因列表中剔除，因为在图 2.34 中的左侧的原因路径中，功能节点 sto1 低容量的状态和分离器压力高有冲突。

最终，表 2.8 总结了分离器功能压力高偏差的有效原因路径，从而验证了该 MFM 模型。这里需要强调的是，被剔除的无效的原因路径在某种程度上说并不是错误的路径，因为在 MFM 模型中推理出来的原因路径是所有可能的原因路径，如 2.3.2 中所阐述的，基于数学模型的定量仿真器的限制条件和适用范围比 MFM 模型的模拟范围小，而且根据系统自身的特点，系统响应结果也不同，保留的有效的原因路径是指符合仿真器响应的路径。

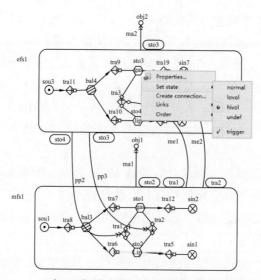

(a) 在MFM推理机中模拟三相分离器压力高的偏差

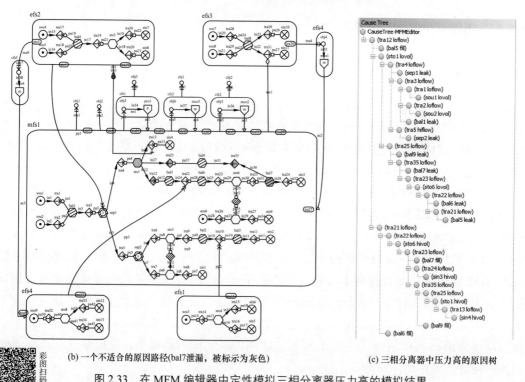

(b) 一个不适合的原因路径(bal7泄漏，被标示为灰色)

(c) 三相分离器中压力高的原因树

图 2.33　在 MFM 编辑器中定性模拟三相分离器压力高的模拟结果

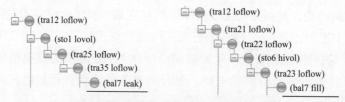

图 2.34　原因树中显示的两个矛盾的结果

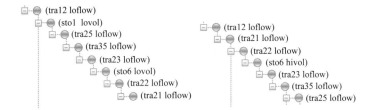

图 2.35 两个原因的例子

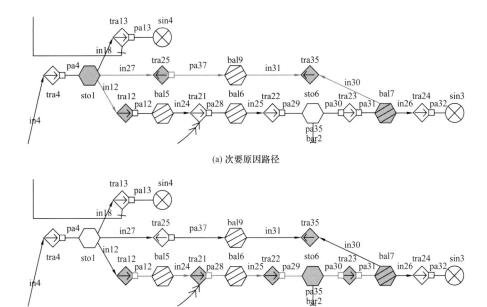

图 2.36 定量模拟决定的重要路径和次要路径显示在 MFM 推理机中

表 2.8 节点 3 "分离器功能" 的压力高偏差的有效原因路径

序号	原因路径
1	sto3 hivol → tra9 hiflow → tra10 loflow → sto4 hivol → tra3 loflow → tra10 loflow → sto1 hivol → tra12 loflow → tra21 loflow → tra22 loflow → sto6 hivol → tra23 loflow → bal7 fill
2	sto3 hivol → tra9 hiflow → tra10 loflow → sto4 hivol → tra3 loflow → tra10 loflow → sto1 hivol → tra12 loflow → tra21 loflow → tra22 loflow → sto6 hivol → tra23 loflow → tra35 loflow → bal9 fill
3	sto3 hivol → tra9 hiflow → tra10 loflow → sto4 hivol → tra3 loflow → tra10 loflow → sto1 hivol → tra12 loflow → bal5 fill
4	sto3 hivol → tra9 hiflow → tra10 loflow → sto4 hivol → tra3 loflow → tra10 loflow → sto1 hivol → tra12 loflow → tra12 loflow → tra21 loflow → tra33 loflow → sin12 hivol
5	sto3 hivol → tra9 hiflow → tra10 loflow → sto4 hivol → tra3 loflow → tra10 loflow → sto1 hivol → tra12 loflow → tra21 loflow → tra33 loflow → sto8 lovol → tra32 loflow → sou9 lovol

2.4　基于功能模型的系统集成安全风险分析

经过多年研究，系统安全风险分析方法已取得长足发展，但是，传统的系统安全风险分析方法还存在不足之处，它没有对系统可能存在的危险及其影响和风险进行系统化的研究。为改进以上缺陷，本节提出一种新的系统安全风险分析方法并运用了工具自动化辅助该方法中 HAZOP 研究的实现。

该集成的系统安全风险分析方法主要应用于工程的前端工程设计阶段（Front-End Engineering Design，FEED），因为该阶段是最值得花费时间和资源进行全面风险识别和分析的项目阶段。由于分析所用的工具和方法是通用的，这些工具和方法也可以应用在项目的其他生命周期阶段。本节对选取的案例进行了深入讨论和结果展示，并且注重方法的开发和验证。因此，该方法也可以推广到具有相关案例的工业中，这些案例可以具有多操作单元。另外，在典型的流水线式操作过程中，由于每一个操作环节都可以分解为一系列的操作动作，因此，该方法依然适用。

2.4.1　方法和工具

过程安全工程（Process Safety Engineering）主要由两种因素驱动系统建模方法的发展：一种是从物理定律出发的观点，建模兴趣点在于系统的行为；而另一种方法强调工厂组件、结构和它们之间的交互关系是如何从功能上实现系统的总体目标。这两种系统建模方法分别称为定量物理建模方法和定性功能建模方法。下文介绍在研究中所使用的两种方法及相应的推理软件平台。

1. 定量物理建模

数学模型是根据物理、化学、生物、机械和电子工程定律对物理、化学和生物过程的控制来描述工厂过程。为了实现定量分析，用一组数学方程形式的基础物理建模（或者称为第一工程原理建模或机械建模）模拟系统行为。然而，当对系统及其内部过程缺乏成熟的理解及对知识掌握不准确的时候，建立具有一定可信度的模型是很困难的。当基础理论和数学方程无法获取的时候，可以开发经验方程，但是这需要具有可用的测量数据，即一种数据驱动的建模方法。但是，对于关键的安全系统，由于关键安全情况的事故发生概率低，数据驱动方法不适用，从现场测量中无法获取足够的事故事件数据。所以对于这种具体的问题，经验数据不足以建模和验证模型。因此，计算机辅助工具是目前为止通过模拟和分析失效情景来支持安全关键系统的培训和教育的一种较为有效的手段。

定量模型不包含显示的子系统的意图和目的的表达。然而，为了达到预防和减轻重大危险的目的，良好的风险识别实践高度依赖于理解系统的本质。系统模型必须可以表达系统特性并且能够捕获关于设计意图的系统知识。

2. 定性功能建模

系统的功能建模方法是一种具有代表性的定性建模方法，在某种程度上弥补了上述定量模型的不足。功能建模运用目标和功能的概念在多个抽象层次上描述系统，这个建模概念已经在核电系统和油气关键设施等领域在解决建模操作模式、控制模式和失效模式分析等挑战问题上展现了其潜能。在该集成的系统安全风险分析方法中的定性功能建模方法仍然采用 MFM 建模方法。

功能模型定性显示了主要手段、现象和系统的意图之间的关系。另外，功能模型捕获了很多隐性知识（Tacit Knowledge），通常这些知识在定量模型中既不表达也不交流。因此，该点被认为是开发和研究定性和定量集成的安全风险分析方法的最相关的原因。

2.4.2　集成的系统安全风险分析方法

众所周知，在一般情况下，单一方法无法满足解决各种问题的需求。例如，在一定的系统变量约束范围内，定量动态仿真无法模拟超出该仿真系统应用的极端情况，定性模型适用于研究系统整体级别上的问题，包括描述系统的目的。因此，定性和定量方法在以下3 个方面相互弥补各自的缺陷：

（1）在系统设计早期阶段，没有关于过程物理现象、设备规格和控制器参数等详细的数值数据，然而，这些数据是完成定量过程仿真的必要信息。相比之下，定性方法通常根据给定的过程基本信息，如物质和能量的平衡，就可以定性地推理危险的原因和结果。

（2）定性的危险分析方法，例如基于 MFM 模型的方法，能够探索过程组件或者设备偏离设计意图的原因和结果。但是定量动态仿真只能由一个初始异常事件触发并追踪相应的后果，在定量动态仿真中没有直接的手段来寻找最初的异常事件，也就是，无法为给定的后果找到可能的初始原因。

（3）定性危险分析方法在某些危险分析目的上具有一些固有的局限性，没有足够的信息来检查系统如何响应偏差。例如，在精确的响应时间内，控制系统如何把受影响的变量值拉回到正常阈值范围内，即使结果可以由定性推理推断出，但是无法给出一个量化值来回答该系统偏离危险临界情况的程度。显然，定量动态仿真可以突破这样的限制。同时，从定量动态仿真获取的结果有助于修剪和验证从定性推理引擎推断的可能的结果。

总之，集成定性和定量的过程仿真用来进行风险分析的目的就是弥补两种方法各自的缺点。从本质上看，定性模型以符合逻辑的方式形成系统的"目标—功能"关系来表达系统功能是如何达成系统目标的，这些系统目标体现了过程的集成工程和社会的要求。相比之下，定量模型处理系统的"目标—行为"，体现了建模者观察的过程行为，但是建模者没有记录这种对于过程"目标—行为"理解的手段。

本节中提出的集成的系统安全风险分析方法如图 2.37 所示。首先在 MFM 模型中的流结构的功能元素中引入偏差（一次一个偏差），然后从推理引擎获取给定偏差的可能的原因路径。这个定性仿真的结果是原因树，之后选择潜在的根原因，并进行根原因导致偏差的后果分析，从而获取后果路径。通过基于定性风险矩阵的风险评估，选择潜在的高风险原因作为定量动态过程仿真器的输入。基于定量动态仿真器，一方面能够验证从基于 MFM 模型获得的定性后果分析的结果，另一方面可以获得导致不可接受风险后果的准确量化的偏差程度。

因此，集成定性和定量的方法辅助风险分析的优势体现如下：

（1）定性 MFM 的功能表达过程是基于深层知识的，这些深层知识是和系统的目标、功能和结构相关的，而不仅仅是类似于专家证据推论的基础知识。运用深层知识进行推理所获取的风险辨识结果更加一致，且普遍适用，也有利于提高风险辨识的准确性。

（2）功能模型可以捕获很多隐性知识，然而定量模型在开发和呈现的时候通常不展示也不交流隐性知识。例如一个离心泵正常工作的前提条件是泵被填充一定量的液体，若该种工作前提条件失败也是一种潜在的风险。定性功能模型能够表达并且探测这种潜在风险（即检查流结构和目标或者功能间的条件达成关系是否满足）。另一方面，定量建模起源于工程系统中的第一原理和物理 / 化学原理（例如在海上石油和天然气行业，包括传输、反应、分离、热力学、输入—输出动力学等现象，这些现象可以利用数学明确地描述），然而这些现象与系统中的目标之间的联系是隐藏的。因此，采用定性与定量相结合的建模方法可以提高系统建模的广度，有利于解释更多潜在的情景。

（3）定量模型的反馈能够剔除可能的原因路径并且验证图 2.37 中显示的 MFM 模型的推理，因此，定量模型反馈能够提高 MFM 模型中获取结果的协同性。

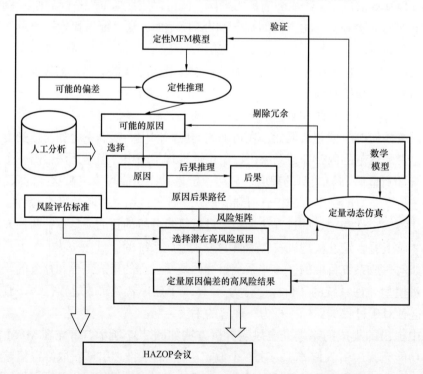

图 2.37　集成的安全风险分析方法：左上框内显示定性分析，右下框内显示定量分析

（4）基于功能模型的搜索危险，可关注危险大的事件，运行定量动态仿真相应的失效情景，研究突发重大事件的响应时间，并且定量化偏差，以提高分析的深度。

2.4.3　集成的系统安全风险分析方法实施过程

下文详细阐述了集成的系统安全风险分析方法实施过程，其主要实施步骤如下。

1. MFM 模型构建

在该步骤中，根据给定的系统信息，例如流程图、P&ID 图等，遵循 MFM 模型构建步骤，构建物理系统的功能模型：

（1）知识获取：从设计工厂收集支持文件，例如 P&ID 图、操作手册并且综合分析生产系统，全面理解系统目的。

（2）将过程系统分解为子系统，分析子系统目标。

（3）对每一个子系统进一步分解功能节点。

（4）依据组件、功能、目标和目的进行手段—目的分析。

（5）在手段—目的分析的基础上构建 MFM 模型。

（6）模型确认和验证。

2. 定性 HAZOP 过程分析

在该步骤中，填写 HAZOP 表格的每一列，遵循定性 HAZOP 分析过程步骤，修正初始的 P&ID 图。

1）传统 HAZOP

开展传统 HAZOP 过程来填充定性 HAZOP 表格中的传统 HAZOP 部分。

2）基于 MFM 的 HAZOP

（1）设置任何功能的不正常状态来触发选择参数的偏差以便生成失效情景。

（2）运行原因分析和结果分析来生成偏差的原因树和结果树。

（3）解释原因树和结果树的每一个功能状态，根据 MFM 的原因和结果，在 HAZOP 表中记录相应的列。

（4）记录在结果中已经存在的防护并且提出相应的行动响应。

（5）修改初始的 P&ID 图。

3. 选择潜在的高危风险

在该步骤中，遵循选择潜在高危风险原则选择具有原因—后果路径的不可接受风险。

（1）应用风险矩阵评估每一个原因—后果路径的可能性和严重性。风险矩阵的应用需考虑两个指标：严重程度和频率（或者可能性）。表 2.9 是风险矩阵的表示方法，其中横轴表示频率（可能性），纵轴表示严重度。风险 = 严重度 × 频率，用浅灰色表示低风险区域，白色表示中风险区域，深灰色表示高风险区域。

（2）选择由深灰色表示的潜在高危风险作为定量动态仿真的输入来量化过程风险，提高行动响应的可操作性。

表 2.9　风险矩阵

严重度			可能性				
			极不可能	不可能	偶然	可能	频繁
尺度	定量	定性	< 0.0001	0.001	0.01	0.1	1
			稀有	不可能	很可能	可能	确定
可忽略的	<0.005M$	非常低					
轻微的	0.05M$	低					
中度的	0.5M$	中度					
临界的	5M$	高					
灾难性的	50M$	非常高					

4. 用定量动态仿真验证定性分析

在该步骤中，定量模型可以通过商业模拟动态仿真软件（HYSYS，K-Spice® 等）获取，在定量动态模拟器中可以模拟仿真定性分析的高度不可接受的失败情景。在这个任务中，通常涉及以下工作流程：

（1）在定量动态仿真软件中配置过程。

（2）通过定量动态仿真模拟定性高度不可接受情景，根据表 2.10，可能的失效情景可以从定性分析中生成匹配定量动态仿真器的定量参数。

（3）分析定量仿真输出。

表 2.10　预定义的匹配功能和失效模式在定量动态仿真器中生成失效情景

部件/组件	可能的功能	功能状态	可能的失效模式	定量的输入变量
阀门	物质/能量传输	{低，正常，高}	{无法打开，无法闭合}	杆位置 [0, default, 1]
	物质/能量平衡	{泄漏，正常，满溢}	{泄漏，卡住}	泄漏比例 [0, 1]
				杆位置 [0, default, 1]
管道	物质/能量传输	{低，正常，高}	堵塞	堵塞比例 [0, 1]

续表

部件 / 组件	可能的功能	功能状态	可能的失效模式	定量的输入变量
分离器	物质储存	{低，正常，高}	{无法打开，无法闭合}	油水界面位置 23LV0001
				杆位置 [0, default, 1]
				水界面位置 23LV00
				杆位置 [0, default, 1]
	能量储存			温度 /℃ [0, 42, 60]
				压力 /barg [0, 24, 60]
电动机	能量源	{低，正常，高}	机械失效	电压比例 [0, 1]
压缩机	物质 / 能量传输	{低，正常，高}	效率降低	减低比例 [0, 1]
热交换器	物质 / 能量储存	{低，正常，高}	{无法打开，无法闭合}	23TV0003 杆位置 [0, default, 1]
	物质 / 能量平衡	{泄漏，正常，满溢}	{污垢，阻塞}	污垢系数 [0, 1]
				阻塞比例 [0, 1]

5. 对高度不可接受风险进行进一步细节分析

对高度不可接受风险进行进一步细节分析以提出应对措施和建议。

2.4.4 案例分析：三相分离过程

1. 过程的定性 HAZOP 分析

在本章中，对三相分离过程进行了 MFM 建模，为了证明该定性风险分析方法的可行性，对部分 1 中的节点应用相关偏差。根据 2.4.3 中步骤 2 的 1），执行传统 HAZOP 程序来填充定性 HAZOP 表格中的传统 HAZOP 部分，并把传统 HAZOP 结果和功能 HAZOP 结果进行了比较。表 2.11 中展示了功能节点 3 "分离器功能" 的 HAZOP 对比结果。需要注意的是在表 2.11 中的结果是在安全阀 23PSV0001 失效打开的情况下发生的。

表 2.11 的前两栏是选择的过程变量和从传统 HAZOP 的引导词列表中选择的引导词。这两栏组合成第三栏，即偏差。第四和第六栏是从传统 HAZOP 中获得的结果作为第三栏偏差的原因和结果。基于 MFM 的原因和结果的数字的解释可以参考表 2.12 和表 2.13。在这里，利用在表 2.11 中分离器的气体管线出口阻塞作为压力高偏差的一个原因的例子来解释针对定性风险分析方法的可行性。基于 MFM 的结果和传统的 HAZOP 分析结果是一致的，即分离器中压力升高会压低油液位，而且也会把分离器中的水液位压低。如果分离器的安全阀打开失效，那么最终会导致气体通过 23PA0001 和 23LV0002 流向油处理设备，以及通过 23LV0001 流向水处理设备。对一个给定的偏差的同一个原因可以通过这种方式比较基于 MFM 的方法和传统的方法。

在本节中，对该 MFM 模型的推理路径，表 2.8 总结了所有有效的原因路径。

通过预测（即在相同或者更低级的结构中向前搜索）来寻找结果，以根原因 sou9lovol（功能源 sou9 低容量）为例，在表 2.14 中显示了由此根原因导致的 7 个后果路径。

根据 2.4.3 中步骤 2 的（3），每一个根原因从结构失效角度的解释显示在表 2.12 中对每个根原因进行的解释说明，在表 2.11 中显示了所有的可能结果。在表 2.13 中解释了所有可能结果的含义。

根据 2.4.3 中步骤 2 的（4）和（5），对每个结果填充存在的防护和要求的响应行动。在图 2.38 中，修改的 P&ID 图中反映了 HAZOP 表中要求的响应行动。从手段—目的关系角度看，图 2.38 代表了三种过程设计策略来最小化风险和实现所需的安全功能。第一个策略是工厂中适当的冗余程度，图 2.38 中显示的策略是冗余的关键手动阀门和备用泵系统，根据冗余规则，目的可以通过可选择的相同的性能手段来实现。第二个策略是提高系统独立水平，这种策略在图 2.38 中是指示器和报警系统。通过安装这些设备，可以显示控制器或者传感器的误操作。第三个策略是多样性，例如，在泵的启动过程中，泵阀门很难打开，为了允许适当的启动和操作，可以给泵安装回扣线，或者提供气体，或者用涡轮驱动的泵代替电动机驱动的泵。

2. 利用风险矩阵进行定性风险评估

遵循 2.4.3 中的步骤 3，使用风险矩阵评估每个原因—后果路径的可能性和严重性，评估结果显示在图 2.39 中。图中的数字对表示一个原因和后果路径。图中的数字代表前面分析的场景（三相分离器压力高的可能原因—后果路径），潜在的高风险被标注为深灰色。潜在高风险路径有 20 个。其中，分离器中压力升高，压缩机工况为喘振或者堵塞，气从油管线中窜出导致下游压力升高，水室和油室液位降低，这些严重的后果需要得到更多的关注，因为导致这些严重的后果有不同原因。在下一步骤中导致这些高风险结果的原因偏差程度和这些后果的严重程度将运用定量动态仿真来分析。

表 2.11 功能节点 3 "分离器功能" 的 HAZOP 对比结果

过程变量	引导词	偏差	传统HAZOP原因	基于MFM原因	传统HAZOP后果	基于MFM后果	安全防护	所需行动
压力	高	压力高	换热器的管道阻塞	1	1.压力积聚在分离器23VA0001 2.压缩机可能发生喘振 3.由于积聚在分离器上的压力迫使来液无法进入分离器使得油水界面液位降低 4.由于油室液位降低引发天然气从油管离开（压力积聚在油泵上） 5.更少的天然气产量	3、4、5、6、7	无	监测流量，测量压力并且定时维护管道
			防喘振回路阻塞或者阀门被卡住	2	1.压力积聚在分离器23VA0001 2.压缩机可能发生阻塞	7、8	无	安装备份阀门在防喘振再循环回路上。
			三相分离器气体出口阻塞	3	1.压力积聚在分离器23VA0001 2.压缩机可能发生喘振 3.由于积聚在分离器上的压力迫使来液无法进入分离器使得油水界面液位降低 4.由于油室液位降低引发天然气从油管离开导致下游压力升高（压力积聚在油泵上）	3、4、5、7	PT0001 PIC0001 23PSV0001 压缩机防喘振回路（23UV0001和23ASC0001）	1.为隔离阀25ES0002安装杆位置报警 2.增加高压报警 3.安装旁路手动阀门V-2 4.管线设计压力高于泵扬程 5.为泵安装回扣 6.泵安装泄压阀23PSV0002 7.安装备份的泵系统
			压缩机失效	4	1.压力积聚在分离器23VA0001 2.压缩机可能发生喘振 3.油泵损坏	3、4、5、6、7、9	无	压缩机状态监测
			压力控制系统失效或者压缩机的电动机失效	5	1.压力积聚在分离器23VA0001 2.压缩机可能发生喘振 3.由于积聚在分离器上的压力迫使来液无法进入分离器使得油水界面液位降低 4.由于油室液位降低引发天然气从油管离开，导致下游压力升高（压力积聚在油泵上）	1、2、3、4、5、6、7	无	1.对电动机进行状态监测 2.定时维护电动机

表 2.12 每个根原因的解释说明

序号	根原因	解释说明
1	bal7fill	管线堵塞
2	bal9fill	防喘振阀门泄漏
3	bal5fill	压缩机入口气体流量低
4	sin12hivol	压缩机多变效率退化
5	sou9lovol	电动机失效

表 2.13 所有根原因可能导致的结果的解释说明

序号	根原因	解释说明
1	sin13lovol	压缩机机械能量损失降低
2	sin12lovol	压缩机有用功降低
3	sou2hivol	原料来流 2 入口流量降低导致油水液位降低，气体从油出口逃逸导致下游的压力升高
4	sou1hivol	原料来流 1 入口流量降低导致油水液位降低，气体从油出口逃逸导致下游的压力升高
5	obj3 false 1	压缩机喘振
6	sin3lovol	天然气产量低
7	sto1hivol	分离器内气体容量高意味着分离器压力高
8	obj3 false 2	压缩机堵塞
9	sou9hivol	电动机电能积累

表 2.14 节点 3 "分离器功能"的根原因（sou9lovol）的后果路径

序号	后果路径
1	sou9 lovol → tra32 loflow → sto8 lovol → tra34 loflow → sin13 lovol
2	sou9 lovol → tra32 loflow → sto8 lovol → tra33 loflow → sin12 lovol
3	sou9 lovol → tra32 loflow → sto8 lovol → tra33 loflow → tra21 loflow → sto1 hivol
4	sou9 lovol → tra32 loflow → sto8 lovol → tra33 loflow → tra21 loflow → sto1 hivol → tra4 loflow → tra3 loflow → tra1 loflow → sou1 hivol
5	sou9 lovol → tra32 loflow → sto8 lovol → tra33 loflow → tra21 loflow → sto1 hivol → tra4 loflow → tra3 loflow → tra2 loflow → sou2 hivol
6	sou9 lovol → tra32 loflow → sto8 lovol → tra33 loflow → tra21 loflow → tra12 loflow → obj3 false
7	sou9 lovol → tra32 loflow → sto8 lovol → tra33 loflow → tra21 loflow → tra22 loflow → sto6 lovol → tra23 loflow → tra24 loflow → sin3 lovol

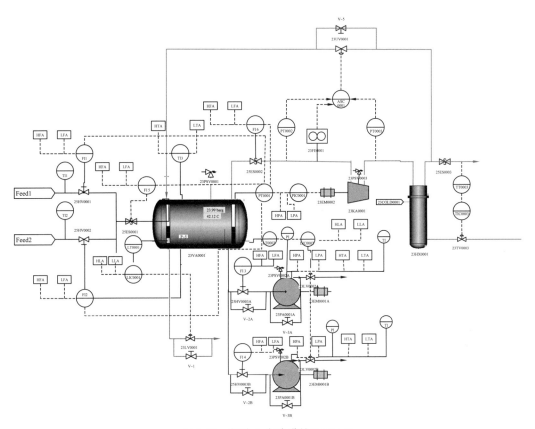

图 2.38　部分 1 中改进的 P&ID 图

后果			可能性				
			极不可能	不可能	偶然	可能	频繁
尺度	定量	定性	<0.0001	0.001	0.01	0.1	1
			稀有	不可能	很可能	可能	确定
灾难性的	50M$	非常多					
临界的	5M$	高				(1,6)	(1,3),(1,4),(1,5),(1,7),(2,7),(2,8),(3,3),(3,4),(3,5),(3,7)
中度的	0.5M$	中度				(4,6),(4,9),(5,6)	(4,3),(4,4),(4,5),(4,7),(5,2),(5,3),(5,4),(5,5),(5,7)
轻微的	0.5M$	低					
可忽略的	<0.005M$	非常低	(5,1)				

图 2.39　分离器压力高偏差的风险矩阵

3. 定性分析的验证

为了演示定性分析的验证方法，将应用 2.4.3 中的"4. 用定量动态仿真验证定性分析"。（1）中的过程的配置在定量动态仿真软件 K-spice® 中完成。为了实现（2），测量变量列表见表 2.15。三相分离过程的正常操作工况见表 2.16。表 2.12 中定性分析的输出作为定量动态仿真的输入间的链接显示在了表 2.17 中，每个根原因都由一个相应的失效场景表示。表 2.18 中展示的是表 2.17 中的一个失效场景的详细的定性分析，即防喘振阀门（UV0001）控制功能失效，其他根原因的结果总结在表 2.19 中。正常的防喘振阀门开度为 0.5，对于该失效模式，假定阀门被卡住在开度为 0.9 的位置上，这意味着正常的防喘振回路流量（pf_25ES0006）是 1.94kg/s，然而当防喘振阀门被卡住在开度为 0.9 的位置上时，该回路流量增加为 47.22kg/s。

表 2.15　测量和监测的变量列表

序号	测量变量	单位
1	23VA0001：Temperature	K
2	23VA0001：Pressure	Pa
3	23KA0001：MassFlow	kg/s
4	pf_23LV0001：MassFlow	kg/s
5	pf_25ES0002：MassFlow	kg/s
6	pf_25HV0001：MassFlow	kg/s
7	pf_25HV0002：MassFlow	kg/s
8	pf_25MV0003：MassFlow	kg/s
9	23VA0001：LevelOverflowLiquid	m
10	23VA0001：LevelFeedSideWeir	m
11	23VA0001：LevelHeavyPhaseFeedSideWeir	m
12	23KA0001：InletPressure	Pa
13	23KA0001：OutletPressure	Pa
14	23KA0001：PolytropicHead	m
15	23PA0001：InletPressure	Pa
16	23PA0001：OutletPressure	Pa
17	23PA0001：VolumeFlow	m³/s

表 2.16　三相分离器正常操作工况

序号	流 / 设备		变量	正常值
1	来流		流量 温度 压力	1 kg/s 323.15K 5.6×10^6Pa
2	三相分离器		温度 压力 总液位 油水界面液位 油液液位	315.15K 2.4×10^6Pa 0.156m 0.05m 0.15m
3	压缩机		入口压力 出口压力 质量流量 转速 入口温度 出口温度 多变效率	2.38×10^6Pa 5.03×10^6Pa 0.41kg/s 139Hz 315.05K 380.15K 73.4%
4	压缩机的电动机 23EM0002		控制信号 电动机转子速度 整机功率 整机转矩 名义转矩 名义同步转速	0.90 fract 139Hz 2.165×10^6W 6.80×10^3N·m 3.5×10^4N·m 157Hz
5	泵 23PA0001		转速 入口压力 出口压力 入口温度 出口温度 体积流量 功率消耗	49Hz 2.41×10^6Pa 5.32×10^6Pa 315.25K 316.95K 0.11m³/s 0.48×10^6W
6	泵的电动机 23EM0001		控制信号 电动机转子速度 整机功率 整机转矩 名义转矩 名义同步转速	1 fract 49Hz 0.49×10^6W 1.59×10^3N·m 2.00×10^3N·m 50Hz
7	热交换器	热交换器管	入口温度 出口温度 流量	379.15K 318.15K 40.6kg/s
		热交换器壳	入口温度 出口温度 流量	288.15K 350.15K 21.7kg/s

表 2.17　以定性分析生成失效场景作为定量动态模拟输入 K-Spice®

根原因序号	定性功能名称	功能状态	设备	失效模式	过程输入变量
1	Balance 7	满溢	热交换器 23HX0001 管	堵塞	堵塞 0.8
2	Balance 9	满溢	防喘振阀门（UV0001）	卡住	卡住 0.9
3	Balance 5	满溢	分离器天然气出口管线	堵塞	堵塞 0.8
4	Sink 12	高	压缩机	多变效率恶化	恶化 0.8
5	Source 9	低	电动机（23EM0002）	机械故障	机械故障为真

表 2.18　防喘振阀门卡住在开度 0.9 的位置上的失效情景的结果

原因序号	失效模式	参数值 正常	参数值 失效	设备	T K	L_w m	L_o m	L_t m	p 10^6Pa	F kg/s	结果
2	防喘振阀门卡住在开度 0.9 的位置上	0	0.9	Pf_25HV0001	318.15	0.05	0.15	0.156	2.98	61.11	在 180s 内，三相分离器压力从 2.4×10⁶Pa 上升到 2.84×10⁶Pa。三相分离器从初始的稳态转换到另外一个新的稳态。为了控制三相分离器压力的增长，三相分离器的天然气出口管线流量增加。压缩机工作状态接近阻塞状态
				Pf_25HV0002	317.55				2.98	53.33	
				三相分离器	317.25				2.84	114.72	
				热交换器管	318.15				5.00	84.17	
				输出油	315.35				2.85	73.89	
				输出天然气	313.95				2.84	84.44	
				输出水	316.15				2.85	73.89	
				泵	317.15				5.73	73.89	
				压缩机	369.25				5.04	84.44	
				防喘振回路	308.85				2.85	47.77	

（失效值）

这里，当仿真器在正常状态下运行 900s 后，引入防喘振阀门（UV0001）（原因 2）被卡在开度为 0.9 的位置上的失效场景，该失效场景的趋势时间为 2700s，仿真结果每隔 8s 被记录一次。图 2.40 至图 2.42 显示仿真结果。三相分离器的压力在 3min 内从 $2.4×10^6$Pa 上升为 $2.84×10^6$Pa，压力的增加结果符合由功能模型辨识的原因—后果路径被定性风险矩阵评估的风险。与此同时，三相分离器的温度爬升到顶点温度为 316.65K 之后到另一个平稳状态温度，大概为 315.55K，温度对三相分离器工作状态几乎没有影响（图 2.40）。然而分离器中的油室和水室液位在非常短的时间段内只下降了一点之后又回到正常状态。可以看到三相分离器从一个原来的平稳状态转换到另外一个新的平稳状态。为了控制三相分离器压力上升，分离器的压力控制回路起到了重要作用。由于该控制回路，分离器的出口气体流量从 40.55kg/s 增长到 84.44kg/s（图 2.41）。因此，压缩机的入口流量从 1.98m³/s 增加为 3.6m³/s，从图 2.42 中的压缩机的压头—流量性能曲线可以清楚地判断出压缩机的工况接近阻塞状态，因此认为该风险为不可接受，并且符合由功能模型辨识出的原因—后果路径。

表 2.19　表 2.18 中其他失效情景的结果分析

原因	失效情景 失效模式	参数值 正常	参数值 失效	设备	过程参数 失效值 T/K	L_w/m	L_o/m	L_t/m	p/MPa	F/(kg/s)	结果
1	热交换器 23HX0001_管堵塞	0	0.8	热交换器管	323.15	—	—	—	5.02	42.8	热交换器管出口流温温度升高
				压缩机	381.15	—	—	—	5.14	42.8	防喘振阀开度在 0.0558965
2	防喘振阀门卡在开度 0.9 的位置上	0	0.9	Pf_25HV0001	318.15	—	—	—	2.98	61.11	在 180s 内三相分离器压力从 2.4×10^6Pa 上升到 2.84×10^6Pa。三相分离器从初始的稳态转换到另外一个新的稳态
				Pf_25HV0002	317.55	—	—	—	2.98	53.33	为了控制三相分离器压力的增长，三相分离器的天然气出口管线流量增加
				防喘振回路	308.85	—	—	—	2.85	47.77	压缩机工作状态接近阻塞状态
3	三相分离器气体出口管线堵塞是 80%	0	0.8	分离器	317.15	0.05	0.15	0.156	3	114.17	三相分离器压力高
				泵	316.85	—	—	—	5.32	73.06	压缩机工况正常但是向阻塞状态靠近
4	压缩机多变效率退化是 0.8	0	0.8	Pf_25HV0001	316.55	—	—	—	2.56	53.06	入口流量低
				Pf_25HV0002	315.95	—	—	—	2.56	45.83	压力和温度极度升高
				压缩机	381.15	—	—	—	5.14	42.78	防喘振开度阀门开大

续表

失效情景				设备	过程参数（失效值）						结果
原因	失效模式	参数值 正常	参数值 失效		T/K	L_w/m	L_o/m	L_t/m	p/MPa	F'/(kg/s)	
5	电动机失效（23EM0002）	否	是	Pf_25HV0001	322.95	—	—	—	5.35	19.72	混合原油人流进人不了分离器。分离器由于没有分离的物质和失去了分离的机会
				分离器	323.15	0	0.079	0	5.4	36.67	分离器的压力在100s之内从2.4MPa迅速上升到5.4MPa。三相分离器的温度有同样的增长趋势，从315.15K上升到了323.15K
				热交换器管	288.15	—	—	—	5	3.89	油水界面液位和油液位迅速降低
				输出油	322.75	—	—	—	5.35	0	热交换器出口温度降低很多。输出气体较少
				输出气	372.35	—	—	—	5.35	3.89	低的油液位导致气体从油出口出去引发下游压力升高。离心泵的出口压力也因此升高（23PA0001）
				输出水	372.35	—	—	—	5.34	0	压缩机喘振，气体循环喘振控制回路无法控制

　　综上，表 2.19 中的结果验证了图 2.39 中的风险矩阵中的高度风险区域中的原因—后果路径。另一方面，定量动态仿真结果允许 HAZOP 会议小组成员对高度风险场景给予优先重视并且提出建议。例如在 5 个失效场景中，从短暂的操作者反应时间的角度看，压缩机的电动机机械失效是最危险的情况，因为这样的电动机机械故障紧急情况不能允许操作者在 100s 如此短时间内处理。因此，如果观测到紧急的趋势时，正确的处理方法就是遵循操作手册中的停机程序来关闭过程，这表明应用电动机状态监测来实现对电动机故障报警。

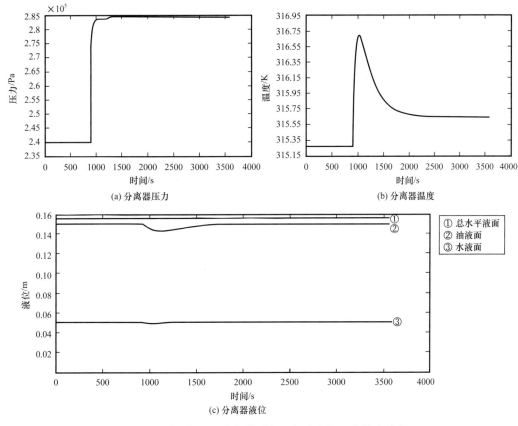

图 2.40　当防喘振阀门卡住的时候三相分离器工作状态改变图

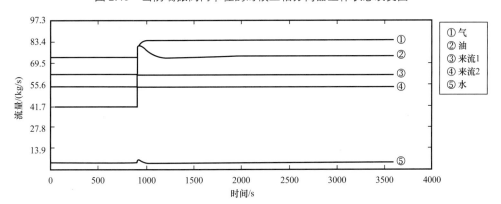

图 2.41　当防喘振阀门泄漏的时候原料来流、分离的油、气和水流的质量流量的变化图

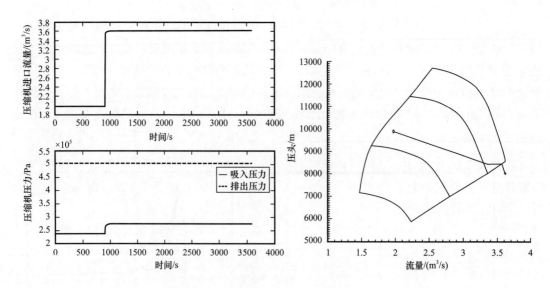

图 2.42　当防喘振阀门泄漏的时候离心压缩机操作工况的变化图

4. 实时仿真和偏差场景定量化

本节对严重的失效场景展开了细节的定量分析，目的是探讨过程状态从偏离→不正常→危险的→灾难性的过渡点。分离器的气体出口管线堵塞（根原因 4）的失效场景被选为分析案例，这种失效可能由于水合物的形成而发生。在正常状态下，堵塞比例为 0 时的质量流率为 40.55 kg/s。通过设置 K–Spice® 动态模型中的堵塞比例来模拟一系列失效场景。通过从 0.1，0.2 到 0.9 连续改变堵塞比例来模拟，而且为了模拟极度不正常状况，0.95 和 0.98 的堵塞比例也被引入。在表 2.20 中显示了每个堵塞变化的趋势时间，每隔 48s 采样一次结果，并且假设在仿真的开始其他的设备状态为正常。

表 2.20　每个堵塞变化的趋势时间

堵塞比例	测量变量
0	300
0.1	300
0.2	300
0.3	300
0.4	600
0.5	600
0.6	900
0.7	1200
0.8	1200

续表

堵塞比例	测量变量
0.9	1200
0.95	1200
0.98	1200

　　监测表 2.16 中显示，同样的变量并且堵塞比例的改变是否满足安全要求，堵塞比例的偏差量级将被定量化。改变堵塞比例对其他变量的影响显示在图 2.43～图 2.46 中。分离器出口气体管道堵塞随着时间连续变化显示在图 2.43 中，在堵塞比例增长为 0.7 时，分离器压力开始上升。分离器的温度变化经历了类似趋势。管道堵塞比例为 0.9 时，分离器压力急剧上升到 $4.8 \times 10^6 Pa$，在同一时期，堵塞比例从 0.7 到 0.9，图 2.45 中，在分离器内可以观察到油位和水位的瞬变现象。在堵塞比例增加到 0.9 以后，离心压缩机发生喘振，从图 2.46 中离心压缩机的性能曲线可以看出。通过观测其他变量，从图 2.45 中可以看出，水位几乎是 0。换句话说，由于压力高于安全泄压极限，三相分离过程处于一个灾难性状态。所有定量结果验证了定性功能模型辨识出的原因—后果路径的不可接受的高风险。此外，在表 2.21 中堵塞比例的偏差被量化，堵塞比例从 0～0.6，过程状态是偏离的。如果堵塞比例加剧，从 0.6～0.8，过程状态进一步从偏离过渡到不正常。更严重的是，如果没有防范措施来控制日益恶化的趋势，堵塞比例介于＞0.8～0.9，过程状态会过渡到危险。当堵塞比例超过 0.9 时，过程状态为灾难性。

表 2.21　定量化堵塞比例的偏差

过程状态	偏离	不正常	危险	灾难性
堵塞比例	0～0.6	＞0.6～0.8	＞0.8～0.9	＞0.9～1

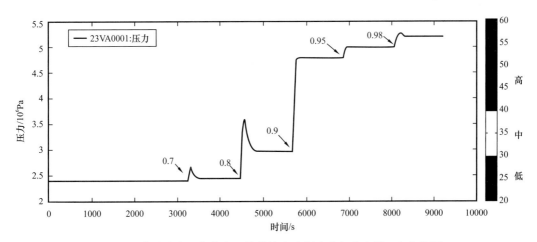

图 2.43　伴随分离器气体出口管线堵塞比例变化与分离器压力变化图

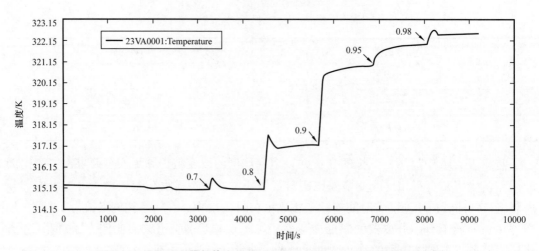

图 2.44　伴随分离器气体出口管线堵塞比例变化与分离器温度变化图

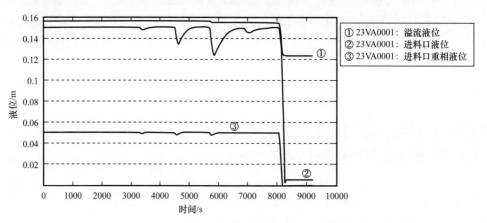

图 2.45　伴随分离器气体出口管线堵塞比例变化与分离器液位变化图

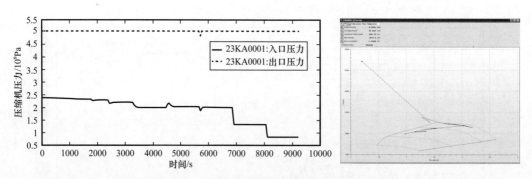

图 2.46　伴随分离器气体出口管线堵塞比例的变化离心压缩机操作工况的变化图

参 考 文 献

［1］Rosen R. Life Itself：A comprehensive inquiry into the nature，origin，and fabrication of life［M］. New York：Columbia University Press，1991.

［2］Towers E R，Lux D G，Ray W E. A rational and structure for industrial arts subject matter［M］. Columbus：Ohio State University，1966.

［3］Feigenbaum E A. The art of artificial intelligence：Themes and case studies of knowledge engineering［C］. Proceedings of the International Joint Conference on Artificial Intelligence，1977：1014−1029.

［4］Rasmussen，J. Information processing and human−machine interaction［M］. NewYork：North Holland. 1986.

［5］Miller A，Sanderson P. Modeling "deranged" physiological systems for ICU information system design［J］. Human Factors and Ergonomics Society Annual Meeting，2000，44（26）.

［6］Lind M. Making sense of the abstraction hierarchy in the power plant domain［J］. Cognition，Technology & Work，2003，5（2）：67−81

［7］Lind M. The what，why and how of functional modelling［C］//International Symposium on Symbiotic Nuclear Power Systems for 21st Century Tsuruga，Fukui，Japan. 2007.

［8］Heckhausen H. From wishes to action：the dead end and short cuts on the long way to action［M］//M. Frese，J. Sabini. Goal Directed Behavior – The Concepts of Action in Psychology. Lawrence Earlbaum，1985.

［9］Lind，M. A goal function approach to analysis of control situations［J］. Ifac Proceedings Volumes，2010.

［10］VON WRIHGT，G. H. Norm and action［M］. New York：Routledge & Kegan Paul，1963：1−214.

［11］Lind，M. Representing goals and functions of complex system—An introduction to Multilevel Flow Modeling［J］. Report. 1990.

［12］Cameron D，Clausen C，Morton W. Dynamic simulators for operator training［J］. Computer Aided Chem Eng，2002，11：393–431.

［13］Thunem HP−J，Thunem AP−J，Lind M. Using an agent−oriented framework for supervision，diagnosis and prognosis applications in advanced automation environments［C］// Advances in Safety，Reliability and Risk Management – Proceedings of the European Safety and Reliability Conference，ESREL，2011.

［14］Thunem HP−J. The development of the MFM Editor and its applicability for supervision，diagnosis and prognosis［C］// Proceedings of ESREL，2013，Amsterdam.

［15］Lind M. Reasoning about causes and consequences in multilevel flow models［C］// ESREL，2011.

［16］Zhang X，Lind M，Ravn O. Consequence reasoning in multilevel flow modelling［C］//9th IFAC Conference on Control Applications in Marine Systems，2013.

［17］Zhao J，Cui L，Zhao L，et al. Learning HAZOP expert system by case−based reasoning and ontology［J］. Computers & Chemical Engineering，2009：33（1），371−378.

［18］Ljung L. System identification［M］. Birkhäuser Boston，1998.

［19］Thacker B H，Doebling S W，Hemez F M，et al. Concepts of model verification and validation［R］. Los Alamos National Lab.，Los Alamos，NM（US），2004.

［20］Konikow L F，Bredehoeft J D. Ground−water models cannot be validated［J］. Advances in water resources，1992，15（1）：75−83.

［21］Popper K R. Logik der forschung［M］. London：Hutchinson，1934.

［22］Zhang X，Lind M，Ravn O. Consequence reasoning in multilevel flow modelling［C］// 9th IFAC Conference on Control Applications in Marine Systems，2013.

［23］Lind M. Knowledge representation for integrated plant operation and maintenance［C］//Seventh American Nuclear Society International Topical Meeting on Nuclear Plant Instrumentation，Control and Human−Machine Interface Technologies，2010.

［24］Thunem，H. P−J. The development of the MFM Editor and its applicability for supervision，diagnosis and prognosis［C］// ESREL，2013.

［25］Kleindorfer G B，O′Neill L，Ganeshan R. Validation in simulation：various positions in the philosophy of science［J］. Management Science，1998，44（8）：1087-1099.

［26］NIST，Draft information processing standards publiation 183：Integration definition for function modelling［R］. IDEF0，1993.

［27］Searle J R. The construction of social reality［M］. Simon and Schuster，1995.

［28］Larsson J E，Ahnlund J，Bergquist T，et al. Improving expressional power and validation for multilevel flow models［J］. Journal of Intelligent and Fuzzy Systems，2004，15（1）：61-73.

［29］Aldrich J. Correlations genuine and spurious in Pearson and Yule［J］. Statistical Science，1995，10（4）：364-376.

［30］Friedman M. The methodology of positive economics［J］. Essays in positive economics，1953，3（8）：3-16，30-43.

［31］Barlas Y，Carpenter S. Philosophical roots of model validation：two paradigms［J］. System Dynamics Review，1990，6（2）：148-166.

［32］Bohr N，Kalckar F. On the transmutation of atomic nuclei by impact of material particles［M］. Levin & Munksgaard，1937.

［33］Simon H A. The sciences of the artificial［M］. MIT press，1996.

［34］Barker R.，Longman C.，Case method：Function and process modelling［J］. Addison-Wesley Professional，1992.

［35］Polanyi B M. Personal Knowledge：Towards a Post-critical philosophy［J］. Michael Polanyi，University of Chicago Press，1958.

［36］Stephanopoulos G，Reklaitis G V. Process systems engineering：From Solvay to modern bio-and nanotechnology. ：A history of development，successes and prospects for the future［J］. Chemical Engineering Science，2011，66（19）：4272-4306.

［37］Garcia H E，Vilim R B. Combining physical modeling，neural processing，and likelihood testing for online process monitoring［C］//Systems，Man，and Cybernetics，1998. 1998 IEEE International Conference on. IEEE，1998，1：806-810.

［38］Komulainen T M，Enemark-Rasmussen，R Sin，et al. Experiences on dynamic simulation software inchemical engineering education［J］. Education Chemical Engineering，2012，7：153-162.

［39］Lind M，Yoshikawa H，Jørgensen S B，et al. Modeling operating modes for the monju nuclear power plant［C］. International Journal of Nuclear Safety and Simulation，3（4），314-324.

［40］Gola G，Lind M，Zhang X，et al. A multilevel flow model representation of the operation modes of the control systems in a PWR pressurizer［R］// OECD Halden Reactor Project Report，Institute for Energy Technology，Halden，Norway.

［41］Chittaro L，Guida G，Tasso C，et al. Functional and teleologi-cal knowledge in the multimodeling approach for reasoning about physical systems：A case study in diagnosis［C］. IEEE Trans Syst Man Cybern. 1993；23：1718-1751.

［42］Eizenberg S，Shacham M，Brauner N. Combining HAZOP with dynamic simulation—Applications for safety education［J］. Journal of Loss Prevention in the Process Industries，2006，19：754-761.

［43］Searle J R. The construction of social reality［M］. The Free Press，A Division of Simon and Schuster，1995.

［44］ISO 17666　Space systems risk management.

［45］Jing Wu，Laibin Zhang，Morten Lind，et al. An integrated qualitative and quantitative modeling framework for computer assisted HAZOP studies ［J］. AIChE Journal，2014，60（12）.

［46］Jing Wu，Laibin Zhang，Wei Liang，et al. A novel failure mode analysis model for gathering system based on Multilevel Flow Modeling and HAZOP ［J］. Process Safety and Environment Protection，2013，91（1-2）.

［47］Jing Wu，Laibin Zhang，Sten Bay Jørgensen，et al. Hazard identification by extended Multilevel Flow Modeling with function roles ［J］. International Journal of Process Systems Engineering，2014，2（3）.

［48］Jing Wu，Laibin Zhang，Sten Bay Jørgensen et al. Procedure for validation of a functional model of a central heating system // The 5th World Conference of Safety of Oil and Gas Industry，June 8-11，2014［C］. Okayama，Japan，2014.

第 3 章

基于系统动力学的油气生产系统
故障传播行为表征方法

　　油气生产系统是复杂动态工艺系统，一旦其子系统或设备发生故障，极易在系统中产生连锁反应，造成其他子系统或设备的异常。除故障以外，炼化系统还会受到外界扰动的影响，扰动是外部因素造成的炼化系统相对于正常运行状态的偏离。炼化系统中常见的扰动有设备性能的退化，生产原料物理性质的变化，产品要求的变化、外界环境的变化等。故障和扰动的存在导致了炼化系统复杂的故障—扰动动力学行为，增加了炼化系统的运行风险。

　　在油气生产系统故障的相关研究中，可以分为两个方面：故障行为分析、故障诊断研究。故障行为分析方面研究如下：使用 SDG 进行故障模拟；研究在工业系统发生故障的情况下的生产调度；建立工业系统的仿真模型并进行故障模式分析；进行故障定性趋势预测。故障诊断方面，使用主成分分析法、支持向量机、人工免疫算法、人工神经网络等方法进行故障诊断，这些方法均在实际装置或者仿真模型中得到检验，有良好的使用效果。已有的工业系统相关研究中，更多的是关注如何诊断出工业系统中存在的故障，并没有研究设备装置之间的关联性及故障—扰动作用下系统的动力学行为，而这些研究可以帮助选择更有效的故障处置方法，提高炼化系统的安全管理水平，同时也可以为故障诊断及预警推理提供依据。

　　针对上述问题，提出一种基于系统动力学的故障及事故机理研究方法，首先对系统进行分析，找出其中重要过程参数并确定之间的作用关系，然后建立系统的系统动力学模型，在此基础上研究故障—扰动作用下系统的动力学行为、故障—扰动影响的传播方向及人的安全行为对系统故障处置的影响等问题。

3.1　系统动力学理论

3.1.1　系统动力学基本理论

　　系统动力学（System Dynamics，SD）是一门随着计算机技术迅猛发展而发展起来的科学，由 Forrester 教授在 1956 年创立，将系统科学理论与计算机仿真紧密结合，研究系统反馈结构与行为，是系统科学与管理科学的一个重要分支。反馈是系统动力学中的核心概念和重要结构，系统动力学中使用因果回路图或存量流量图来表示反馈结构，图 3.1 与图 3.2 分别为典型的因果回路图与存量流量图。

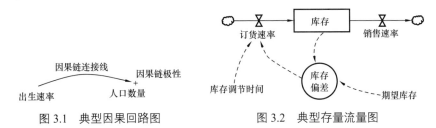

图 3.1　典型因果回路图　　　　图 3.2　典型存量流量图

因果回路图中变量之间用"+""−"箭头标示并连接，"+""−"号分别表示正、负因果链。正因果链表示原因增加的同时结果也增加，原因减少的同时结果也减少，即原因与结果是正相关的关系。负因果链表示原因增加的同时结果却减少，原因减少的同时结果却增加，即原因与结果是负相关的关系。

因果回路图的优点是结构简单、使用方便，能清晰地表达变量之间的相关性和反馈作用，但因果回路图中的变量没有性质的区别，所以其在管理过程和控制过程的表达中存在不足。因此，因果回路图常被用于建模过程的早期，而存量流量图则被用来进行详细的建模。

存量流量图是系统动力学中一种更高级的模型，该方法弥补了因果回路图无法区分变量性质的不足，为不同性质的变量设计了各自的符号，方便一些复杂过程的表达。存量流量图将变量分为 4 种：状态变量、速率变量、辅助变量和常量。状态变量用来描述系统的状态，如图 3.2 中的库存；速率变量用来描述系统状态变化的快慢，如图 3.2 中的订货速率及销售速率；辅助变量是用来描述系统中的反馈过程，是连接状态变量和速率变量的通道，如图 3.2 中的库存偏差；常量是在系统中不变的量，如图 3.2 中的库存调节时间和期望库存。存量流量图的建模符号见表 3.1。

表 3.1　存量流量图建模符号

符号	含义
▭	状态变量
⧀▷	速率变量
○	辅助变量

3.1.2　系统动力学建模过程

在系统的建模与仿真之中，有两种常见的建模方法——定性的方法和定量的方法。对于炼化系统来说，系统是复杂的、高度耦合非线性的，一般无法确定系统的结构、参数和状态等条件，故无法用准确的数学模型来表示。在这些时候，就需要使用定性建模的方法。定性建模是建立系统的结构、参数和状态不完全已知的条件下的数学模型。通过使用这些模型，可以求取定性模型的近似解，进行系统的行为与趋势预测。

系统动力学是定性与定量结合的方法，借助计算机的模拟来分析研究社会、经济、生态和生物等复杂系统。显而易见，炼化系统和经济、生态、生物系统有一定的相似性，都是一个非常复杂的系统，涉及的因素多、范围广，很难用定量的模型来表示，同时定性的模型又无法很好地表示系统的中的反馈控制过程，因此可以使用系统动力学的方法来研究这一问题。

系统动力学建模过程可以分为 6 步：

（1）明确需要解决的问题，建立系统动力学模型的目的是解决实际的问题，在这一步中主要是明确需要解决什么问题及在什么样的范围内建立这个模型。

（2）确定系统边界，即确定需要研究哪些变量，增加变量的数目可以更好地对所研究的系统进行描述，但过多的变量会增加研究的复杂程度，所以需要尽可能地减少变量，使用最少的变量对系统进行描述。

（3）确定模型中各个变量之间的相互关系，确定各个变量的性质。

（4）确定全部变量方程，将变量之间模糊的相互关系变成精确的数学方程，同时确定模型的初始条件。

（5）模型测试，检查模型能否完全再现系统的行为模式，检查模型在极端条件下的行为是否符合现实。

（6）进行仿真分析。

建立油气生产复杂系统的系统动力学模型的主要目的是进行系统行为的分析、研究，模型中不需要涉及有关产量的信息，模型中主要表示的是各个过程参数之间的相互关系。考虑系统动力学模型的特点，在建立油气生产故障行为的系统动力学模型的过程中，对模型做出如下简化：

（1）模型的建立是以过程为基础的，表述的是各个过程参数对过程的影响或直接相关的工艺的参数之间的关系，不直接相关的过程参数之间的关系通过直接相关的过程参数之间的传递性来表现。

（2）实际炼化系统是有复杂的控制系统的，控制系统常用的控制器为比例—积分—微分（PID）控制器，但由于模型的限制，建立完整的 PID 控制器过于复杂，所以模型中建立的控制器为比例—积分控制器。

（3）油气生产系统是十分复杂的，然而，常见的系统故障行为结构、机理是相同的，对这些典型的环节分别建模，并留好相应的接口，这样对于新的系统，只需要找到相应的模块进行拼接，再进行一些修改即可使用。

3.2 炼化系统故障传播行为的系统动力学表征实例

3.2.1 炼化系统的系统动力学建模

1. 炼化系统的系统动力学模型建立步骤

根据一般的系统动力学建模过程，同时结合炼化系统自身的特点，炼化系统的 SD 建模步骤如下：

（1）炼化系统分析，结合工艺流程图等资料分析炼化系统的生产流程，按照设备、装置实现的功能不同将炼化系统划分为若干个子系统，同时找出系统中哪些部位存在控制系统。

（2）选择过程参数，炼化系统中过程参数众多，建模时选择的过程参数越多模型越精确，但过多的过程参数会增加模型的复杂程度，不利于后续模拟的进行，建模时以设备为单位选择重要的过程参数，一些常见设备的重要过程参数选择见表 3.2。

（3）分析子系统中各个过程参数之间的相互作用关系，然后使用存量流量图表示这些关系，即建立子系统的 SD 模型。

（4）将子系统组合成完整的系统，以系统的工艺流程为基础，找到子系统之间的联系（如物质流、能量流的联系），然后以这些联系为基础将子系统的 SD 模型连接起来，组合成整个系统的 SD 模型。

（5）模型测试，测试模型在极端情况下（如进料流量突然降到 0）的行为是否符合实际，测试模型在正常运行的情况下的行为是否符合实际。

表 3.2　设备重要过程参数

设备	过程参数	设备	过程参数
	塔顶温度		进料温度
	塔顶压力		进料流量
	塔底液位		燃料量
塔	塔底温度	炉	炉膛温度
	进料温度		出口温度
	进料流量		
	塔底流量		

2. 常减压蒸馏装置系统动力学模型

下面以典型炼化系统——常减压蒸馏装置为对象，按照上文的步骤建立其系统动力学模型。常减压蒸馏是常压蒸馏与减压蒸馏的合称，包括三个工艺过程：原油的脱盐及脱水、常压蒸馏、减压蒸馏。常减压蒸馏装置主要由 5 个部分组成：初馏塔、常压塔、减压塔、常压炉、减压炉。一个典型的常减压蒸馏装置的工艺流程图如图 3.3 所示。

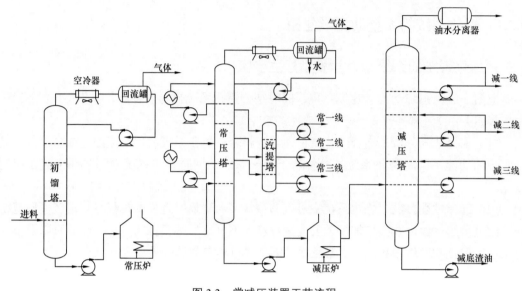

图 3.3　常减压装置工艺流程

在常减压蒸馏装置的 SD 建模时将其划分为初馏塔、常压炉、常压塔、减压炉及减压塔 5 个子系统。子系统中过程参数的选择见表 3.2。分别对每个子系统进行 SD 建模，然后以工艺过程为联系，将各个子系统连接起来，最后建立的 SD 模型如图 3.4 所示。图中"常底"即"常压塔底"，"减底"即"减压塔底"。

3.2.2　炼化系统故障—扰动动力学表征实例

炼化系统的运行过程中，不仅会受到故障（如初馏塔塔底液位偏高、常压炉出口温度偏高）的影响，常常也受到扰动（如初馏塔进料温度偏高、初馏塔进料含水量偏高）的影响，这些会造成系统相对于正常工况的偏离，轻则降低产品的质量，严重时更会造成事故发生。下文从扰动单独作用、故障—扰动复合作用两个方面进行系统动力学行为表征，同时研究故障—扰动影响在系统中的传播方向。

1. 扰动独立作用下炼化系统故障传播行为

假设系统中发生原油换热不足的扰动，对系统的影响表现为初馏塔进料温度降低。图 3.5 为初馏塔、常压塔、减压塔塔顶温度及塔底液位的变化情况。由图 3.5 可知，减压塔塔顶温度变化很小，这是控制系统对温度的控制作用，进初馏塔的原油温度降低这一个扰动在传播过程中不断减弱，减压塔受到的影响很小。进初馏塔的原油温度的变化对塔底液位的影响很小，常压塔与减压塔液位受到影响较小；初馏塔中原油温度降低、蒸发量减少，塔底液位轻微升高。

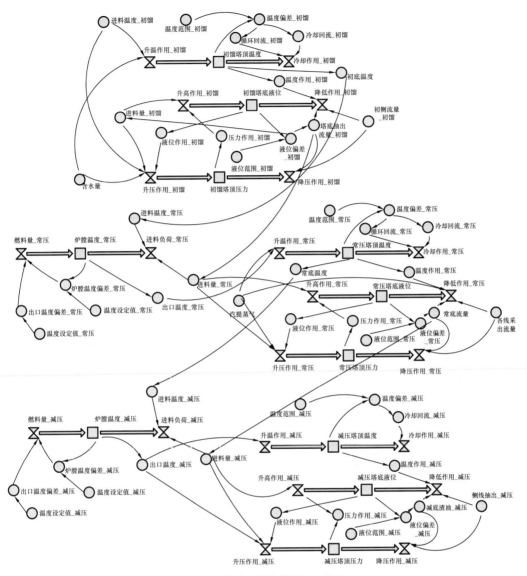

图 3.4　常减压蒸馏装置 SD 模型

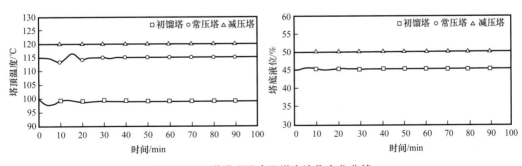

图 3.5　三塔塔顶温度及塔底液位变化曲线

图 3.6 为初馏塔、常压塔和减压塔塔顶压力的变化情况。由图 3.6 可知，在扰动存在的情况下初馏塔与常压塔的压力都有所降低，且两塔均未设压力调节系统，故两塔塔顶压力在温度降低的情况下降低，一段时间后，两塔达到新的气液平衡，压力恢复平稳。减压塔塔顶设有压力控制系统，压力变化很小。

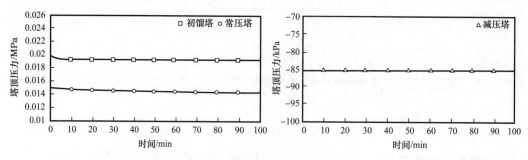

图 3.6　三塔塔顶压力变化曲线

2. 故障—扰动复合情况下炼化系统故障传播行为

假设系统中同时存在原油换热不足的扰动与常压炉出口温度偏低的故障，在此情况下进一步讨论故障—扰动同时作用下系统的动力学行为。图 3.7 为初馏塔、常压塔、减压塔塔顶温度及塔底液位的变化情况，可以明显看出在故障与扰动同时存在的情况下，常压塔塔顶温度的变化较扰动单独存在的情况下更为剧烈。在故障与扰动同时存在且影响效果相似的情况下，控制系统无法保持常压塔塔顶温度稳定，造成产品质量受到影响。同时，减压塔塔顶温度波动较小，原因是系统中控制系统的控制作用，故障与扰动造成的影响在传播过程中不断被衰减，到了减压塔就几乎消失了。由图 3.7 可知，进料温度的变化对初馏塔塔底液位影响很小；常压塔塔底液位由于在故障与扰动的复合作用下，较扰动单独作用的情况下出现了明显的波动；减压塔塔底液位几乎没有出现波动，原因是控制系统的控制作用；液位波动幅度较小的另一个原因是三塔的容积都较大，对液位的变化有一定的缓冲作用。

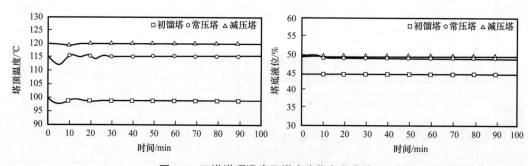

图 3.7　三塔塔顶温度及塔底液位变化曲线

图 3.8 为初馏塔、常压塔及减压塔塔顶压力的变化情况。由图 3.8 可知，受到原油温度降低的影响，初馏塔与常压塔塔顶压力都有所降低，由于常压塔同时受到故障和扰动的

影响，而初馏塔只受到扰动的影响，其压力降低幅度更大；故障和扰动的影响传播到减压塔时被减压塔的压力控制系统削弱，减压塔压力波动极小。

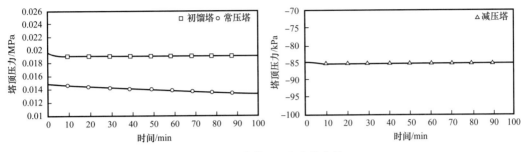

图 3.8　三塔塔顶压力变化曲线

3. 故障—扰动影响传播方向分析

故障—扰动造成的影响通常会沿着工艺的方向向后传播，以上两个案例都是如此，但在一些特殊的情况下，故障的影响可以逆着工艺的方向向前传播。

假设系统中发生初底泵故障，对系统的影响表现为常压炉进料流量偏低。图 3.9 为在此情况下初馏塔、常压塔、减压塔塔底液位及塔顶温度的变化情况。由图 3.9 可知，由于出初馏塔的原油流量减少，塔底液位升高并发生报警；常压塔液位控制系统是优先保持减压炉进料流量平稳，所以在进料流量减少且外流流量不变的情况下，常压塔液位下降；同时，由于减压塔液位控制系统的存在，减压塔液位较为平稳，只有小幅波动。由图 3.9 可知，在发生故障的情况下，常压炉出口温度由于进料减少而发生波动，进而导致常压塔塔顶温度发生波动；同时，由于减压塔塔顶温度控制系统的存在，其受到的影响极小。

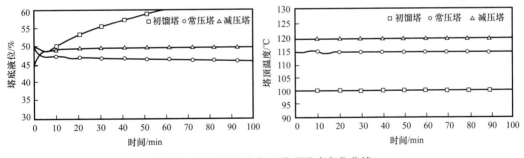

图 3.9　三塔塔底液位及塔顶温度变化曲线

图 3.10 为初馏塔、常压塔及减压塔塔顶压力变化情况，由图 3.10 可知，初馏塔塔顶压力随着塔底液位的上升而升高；同时，常压塔塔顶压力随着塔底液位的降低而下降；对比初馏塔与常压塔，减压塔塔顶压力由于控制系统的存在，并没有受到太大的影响。

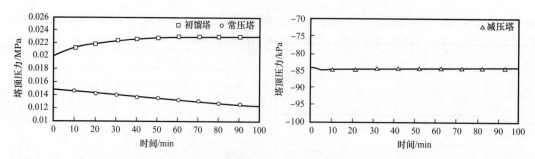

图 3.10 三塔塔顶压力变化曲线

4. 人的安全行为对故障—扰动的影响

炼化系统的安全平稳运行不仅要靠一个可靠的控制系统，更要靠人的正确操作。在 DCS 系统发生报警之后，需要现场的操作人员对故障的情况进行分析、判断，然后做出正确处置，操作人员需要在短时间内做出正确的安全行为。影响人的安全行为的因素极为复杂，一般来说有工作环境、激励因素、劳动纪律、文化程度、心理因素、安全知识与意识水平、从业年限、自主管理、生理因素等方面。

考虑到炼化系统的特点及系统动力学建模的需要，从上述影响因素中抽取四个对炼化系统操作人员安全行为影响最大的：安全知识与意识、文化水平、工作环境、劳动纪律。建立的系统动力学模型如图 3.11 所示。

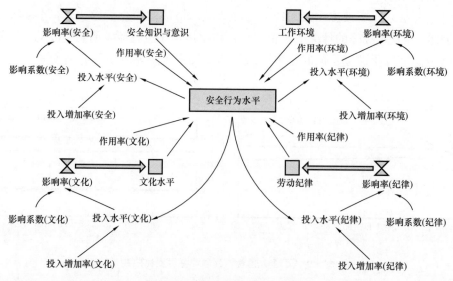

图 3.11 安全行为水平 SD 模型

模型中各个变量之间的关系如下所示：

（1）影响率 = 影响系数 × 投入水平（现在）。

（2）投入水平（现在）= 投入水平（过去）+（现在 – 过去）× 投入增加率。

（3）安全行为水平 = 安全知识与意识 × 作用率（安全）+ 文化水平 × 作用率（文化）+

工作环境 × 作用率（环境）+ 劳动纪律 × 作用率（纪律）。

　　模型中初始投入水平设为 0，投入增加率均设为 0.4，安全知识与意识、文化水平、工作环境、劳动纪律四个因素的初始值设为 75，系统安全行为水平、安全知识与意识水平、文化水平、工作环境水平、劳动纪律水平的期望值为 90，四个因素对安全行为水平的作用率影响系数均设为 0.08。

　　在初始投入增加率相同的情况下，分别提升安全知识与意识、文化水平、工作环境、劳动纪律的投入增加率到 0.7，利用系统动力学仿真软件 Anylogic 对模型进行仿真，仿真步长为 1 周，总时长为 50 周，结果如图 3.12 所示。从图中可以看出，在投入增加率相同的情况下，安全知识与意识对系统安全行为水平的影响最大，即在资金有限的情况下应尽可能增加安全知识与意识教育方面的投入。

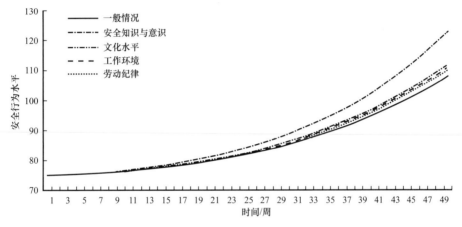

图 3.12　安全行为水平变化曲线

　　安全行为水平对炼化系统最直接的影响是在安全行为水平较低的时候，操作人员在处置故障时有可能使用不恰当甚至错误的方法，这就加剧了故障对系统的影响。

　　假设常减压蒸馏装置中发生初馏塔液位偏高的故障，正常的情况下优先的处置方法是降低初馏塔进料流量，该方法可以快速恢复液位到正常水平，而不会对后续装置造成影响，而在某些时候，操作人员可能选择通过增加初馏塔塔底采出流量来控制初馏塔液位，但这是一种不恰当的操作。图 3.13、图 3.14、图 3.15 分别为在采取这种操作的情况下三塔塔底液位、常压炉出口温度、常压塔塔顶温度的变化情况。由图 3.13 可知在增加初馏塔塔底采出流量的情况下，初馏塔塔底液位快速下降并恢复正常，但造成了常压塔塔底液位的波动，影响了系统运行的稳定。同时，从图 3.14 可以看出，在此情况下常压炉的出口温度发生较大波动，导致常压塔塔顶温度的波动，如图 3.15 所示。常压塔塔顶温度波动会造成系统运行不稳，影响产品的质量。

　　由上述分析可以知道，不恰当的故障处置方法是"治标不治本"的，它可以使系统不再提示报警，但造成报警的原因仍然存在，同时会对后续的装置造成不利的影响。

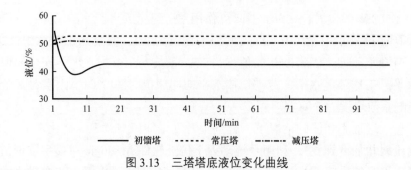

图 3.13　三塔塔底液位变化曲线

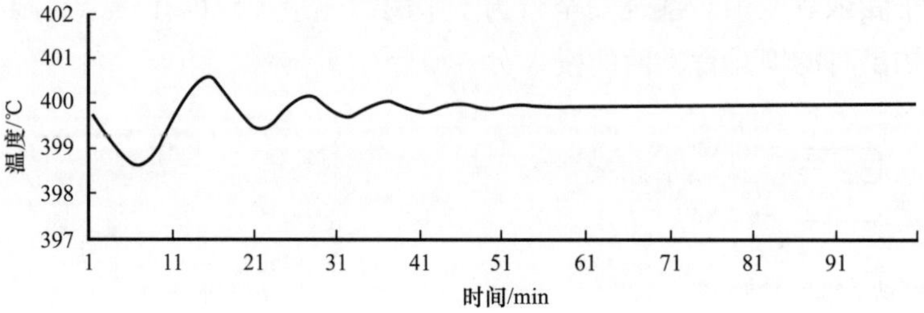

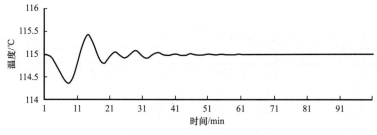

图 3.14　常压炉出口温度变化曲线

图 3.15　常压塔塔顶温度变化曲线

5. 实例分析小结

（1）针对以往研究在炼化系统故障—扰动作用下系统的动力学行为方面的匮乏和其在提高炼化系统的安全管理水平与故障诊断推理中的重要性，本章提出基于系统动力学的炼化系统故障—扰动动力学机理研究方法，在炼化系统分析的基础上建立系统的 SD 模型，使用模型研究炼化系统在故障—扰动作用下的动力学机理。

（2）通过建立典型炼化系统——常减压蒸馏装置的 SD 模型，并使用模型进行分析得到以下规律：①故障及扰动的影响在系统中传播时会被控制系统衰减，离发生故障或扰动部位越远的设备受到的影响越小。②控制系统可以衰减故障及扰动的影响保持系统平稳运行，但在故障—扰动同时作用且对系统影响相似的情况下控制系统无法保持系统平稳运行。③故障及扰动的影响不仅可以沿着工艺方向传播，也可以逆着工艺方向传播。④在人的安全行为水平较低的情况下，会采取不恰当的故障或扰动处置措施，加剧故障或扰动对系统的影响。

（3）在建立 SD 模型的过程中，分析了炼化系统过程参数之间相互作用影响的关系，这些关系可以为后续故障诊断中的过程参数筛选提供参考；而本章分析得出的炼化系统故障—扰动影响传播方向规律可以为故障诊断提供推理依据。

3.3　页岩气压裂井下事故致因机理的系统动力学表征实例

页岩气压裂井下事故是多因素耦合作用下形成的非线性动力学系统。目前，井下事故致因机理研究主要以分析致因因素为主，缺乏从系统的角度揭示井下事故发生的动力学行为，对事故表征参数在事故发生时的演变规律认识不足。为了有效预防和控制井下事故，需要在压裂现场已有的安全管理基础上，分析井下事故的系统动力学行为，为人工监测和事故智能化监测提供理论依据。

针对上述问题，本章从系统动力学视角开展页岩气压裂井下事故致因机理研究，建立了井下事故的系统动力学模型，开展了井下事故形成和发展过程的动态仿真，揭示了井下事故发生时事故表征参数的演变规律，为井下事故人工监测和智能预警提供参考。

3.3.1　页岩气工厂化压裂施工流程

为了加快页岩气水平井的压裂施工速度、缩短区块的整体建设周期，降低天然气开采成本，工厂化压裂施工得到推广应用。页岩气水平井工厂化压裂施工流程包括压裂车循环，地面管汇试压、试剂、压裂、加砂和顶替等。

1. 压裂车循环

压裂车循环的目的是检查已连接完毕的连续泵注系统能否正常工作，地面管线是否畅通，是否存在连接错误问题。当压裂泵、高压管汇、混砂车和液罐车等连接完毕，逐台启动压裂车，用清水循环地面管线，检查管线畅通性。循环时，压裂液由液罐车经混砂车、低压管线、压裂泵和高压管线再返回液罐车。

2. 地面管汇试压

试压的目的主要是检查连续憋压情况下地面管汇连接处是否牢固、管汇有无刺漏发生，保证破裂压力下管线能够安全平稳工作。通常情况下，试压压力依据压裂区块的地层破裂压力设定，且试压过程中压力保持稳定。

3. 试剂

试剂的目的是检查井下管柱系统能否正常工作，所下入位置是否正确，同时估算页岩层的吸液能力、岩层的破裂压力。

4. 压裂

压裂阶段是在页岩层内产生人工裂缝体系的关键操作。同时启动多台压裂泵，将混砂车输送的压裂液进行增压，并通过高压管汇系统和井口装置将大排量、高压力的压裂液泵入水平井底部，当井底压力大于页岩层破裂压力时，页岩层被压开人工裂缝，在持续的高压力作用下，裂缝继续向前延伸。

5. 加砂

加砂是为了防止压裂阶段已形成的人工裂缝在停泵后由于地层压力而闭合，向裂缝内注入大量支撑剂，保持一定的裂缝宽度。输送支撑剂的液体称为携砂液。在加砂过程中，由于人工裂缝的输砂能力一定，过高的砂比系数或者不稳定的加砂操作，均容易引起井下砂堵事故，因此，加砂环节操作的好坏直接关系到水平井压裂施工的成功与否。

6. 顶替

加砂完毕后，为了将套管内或者连续油管内的携砂液挤入裂缝内，避免残余支撑剂淤积形成砂堵，须立刻向井内注入顶替液。该环节需要严格控制顶替液的用量，顶替液用量过多，会导致井底附近的裂缝闭合，过少会导致套管内或井底砂堵。

从上述的压裂施工流程可看出，井下砂堵事故易发生在加砂阶段和顶替阶段。

3.3.2 页岩气压裂井下事故系统动力学建模

建立页岩气压裂过程井下事故的系统动力学模型，包括 5 个步骤，建模流程如图 3.16 所示。

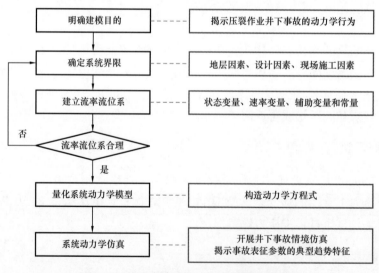

图 3.16 井下事故系统动力学建模的流程图

（1）步骤 1：明确建模目的。SD 的建模过程需面向待解决的问题，模型的结构和方程式因研究问题的不同而不同。开展页岩气压裂井下事故系统动力学建模的目的包括：在建立井下事故动力学模型的过程中，全面分析井下事故的影响因素及其之间的作用关系，辨识井下事故的表征参数，模拟井下事故的复杂动态行为；利用井下事故 SD 模型揭示事故表征参数的演变过程，为人工或智能监测井下事故提供理论依据。

（2）步骤 2：确定系统界限。依据建模目的辨识出与研究问题紧密相关的重要变量。针对井下事故系统动力学仿真，辨识出井下事故的主要影响因素和事故表征参数。为了将井下事故系统动力学模型的结构复杂度控制在合理水平，仅将与井下事故关系密切的影响因素纳入系统界限内。

（3）步骤 3：建立流率流位系。流率流位系能够描述井下事故系统内部因素间的因果作用关系。首先根据变量性质，将步骤 2 中的主要影响因素划分为状态变量、速率变量、辅助变量和常量（4 种变量定义见表 3.3），然后根据系统内部变量间的作用关系、延迟效应、反馈效应和累积效应建立流程图。

表 3.3　系统动力学模型中 4 种变量类型

变量类型	定义	备注
状态变量	随时间而具有积累效应的变量	例如：在页岩气压裂过程中，裂缝内支撑剂的聚集量属于状态变量
速率变量	直接改变状态变量值的变量，其反映状态变量输入或输出的速率	例如：单位时间内裂缝的加砂量和出砂量均属于速率变量
辅助变量	由系统中其他变量计算得到，当前时刻值与历史时刻值互相独立	例如：在图所示模型中，变量（压裂液流动速度）属于辅助变量，由式（3.2）计算得到
常量	不随时间变化的变量	例如：支撑剂的强度

（4）步骤 4：量化 SD 模型。分析井下事故 SD 模型中的状态变量、速率变量、辅助变量和常量之间的关系，设计数学函数表达变量间的关系，并确定各变量的初始值。在实际应用中，根据压裂区域具体的地层工况和监测数据量化相关变量。在某区域开展页岩气井大规模压裂之前，压裂队会提前完成部分观测井，以便预测该区域页岩气井的生产能力和研究储层参数。若在观测井阶段采集到地层工况数据，可通过现场调研或利用专家知识估计相关变量的方程。对于模型内的中间变量，若已知其关联变量，可通过分析其与关联变量间的关系确定方程。对于缺乏仿真数据的变量，邀请现场工程师为此类变量赋值。由于反馈效应和延迟效应是系统动力学的基本模型，从而使得模型对变量数值不敏感，即系统动力学的模型行为主要依赖于模型本身结构，因此，不需要获取模型变量的精度数值，只需满足研究即可。

（5）步骤 5：系统动力学仿真。运用系统动力学建模工具（如 Vensim 软件），开展井下事故 SD 模型情境分析，揭示事故发生时事故表征参数的演化规律，分析致因因素对井下事故的作用强度，作用强度可利用事故表征参数趋势特征的变化程度进行评估。

3.3.3　案例分析

某区域页岩气水平井以"套管内桥塞分段压裂技术"为主要压裂方式。首先采用电缆将射孔枪下入生产套管内，并通过电缆送电引燃射孔弹，击穿套管和水泥，在页岩层形成具有一定深度的射孔，然后起出射孔枪，直接向生产套管内泵入高压力的压裂液，借助桥塞的封隔作用，实现分段式水力压裂。

本节以该区域页岩气"水平井套管内桥塞分段压裂"过程中的3种井下事故作为研究对象，分别对三种事故的动力学行为进行研究，揭示事故发生时事故表征参数的演变规律。

1. 近井地带砂堵事故动力学行为研究

在页岩气水平井压裂施工的加砂阶段或顶替阶段，由于多种致因因素导致支撑剂在裂缝内或井底附近过度聚集的现象称为砂堵事故。根据砂堵发生位置，砂堵可分为"近井地带砂堵"和"地层内砂堵"。近井地带砂堵的发生位置位于射孔眼附近或生产套管底部，地层内砂堵的发生位置位于远离射孔炮眼的主裂缝内。

1）近井地带砂堵SD建模

水平井套管内桥塞分段压裂方式是直接通过生产套管进行压裂液输送的，故套管压力是近井地带砂堵的最直观表征参数。因此，本案例仅揭示套管压力在砂堵事故发生时的演变规律。

为减少SD模型的结构复杂度，考虑与近井地带砂堵紧密相关的地层因素、压裂材料设计因素和施工因素，见表3.4。地层因素可看作内部影响因素，设计因素和现场施工因素可看作外部扰动，内部影响与外部扰动通过耦合作用诱发井下事故。

表3.4　近井地带砂堵系统动力学模型中的变量

变量	变量类型	初始值或方程设置
压裂液抗高温性能	常量	0.8
压裂液卫生程度	常量	0.9
储层水敏性能	常量	0.25
压裂液抗剪切性能	常量	0.85
天然裂缝存在量	常量	0.5
地层非均质性	常量	0.5
支撑剂的纯度	常量	0.9
支撑剂粒径均匀程度	常量	0.75
支撑剂圆度	常量	0.8
支撑剂强度	常量	85MPa
裂缝闭合压力	常量	56MPa
支撑剂粒径	常量	1.85mm
支撑剂层数	常量	3

续表

变量	变量类型	初始值或方程设置
孔眼直径	常量	8cm
孔眼数量	常量	5
孔眼流量系数	常量	0.35
套管直径	常量	78mm
摩阻系数	常量	9.30
深度	常量	3600m
压裂液密度	常量	1800kg/m^3
井底初始压力	常量	70MPa
排量	常量	RAMP（2，0，8）+1
支撑剂聚集量	状态变量	INTEG（加砂速率 – 出砂速率）
套管压力	辅助变量	裂缝缝内增量压力 + 孔眼摩阻损失 – 井筒液柱静压力 + 管柱沿程摩阻损失 + 井底初始压力
压裂液污染程度	辅助变量	1 –（1 – 储层水敏性）× 压裂液卫生程度
压裂液携砂能力	辅助变量	0.4× 压裂液抗高温性 +0.3× 压裂液污染程度 +0.3× 压裂液抗剪切性
缝面弯曲程度	辅助变量	地层非均质性 With Lookup{［（0.1，0）–（1，1）］，（0.1，0.08），（0.2，0.18），（0.3，0.31），（0.37，0.43），（0.5，0.61），（0.6，0.72），（0.7，0.81），（1，1）}
裂缝缝面规则性	辅助变量	地层非均质性 With Lookup {［（0，0）–（1，0.9）］，（0.1，0.9），（0.2，0.86），（0.3，0.81），（0.4，0.72），（0.5，0.63），（0.6，0.49），（0.7，0.33），（0.8，0.23），（0.9，0.08），（1，0）}
裂缝摩阻系数	辅助变量	1 –（1 – 缝面弯曲程度）× 裂缝缝面规则性
压裂液滤失系数	辅助变量	0.5× 天然裂缝存在量 +0.5× 裂缝摩阻系数
裂缝渗透率	辅助变量	0.3× 支撑剂圆度 +0.3× 支撑剂粒径均匀度 +0.4× 支撑剂纯净度
裂缝闭合宽度	辅助变量	IF THEN ELSE（支撑剂强度＞裂缝闭合压力，支撑剂层数 × 支撑剂粒径，0.5× 支撑剂层数 × 支撑剂粒径）
裂缝导流能力	辅助变量	IF THEN ELSE（砂比≤1.01，裂缝渗透率 × 裂缝闭合宽度，0）
孔眼摩阻损失	辅助变量	22.45× 排量 × 排量 × 压裂液密度 /（孔眼数量 × 孔眼数量 × 孔眼直径 × 孔眼直径 × 孔眼直径 × 孔眼直径 × 孔眼流量系数 × 孔眼流量系数）/10^6
管柱沿程摩阻损失	辅助变量	（摩阻系数 × 深度 × 流速 × 流速）/（2× 油管直径 ×9.98）/10^6
流速	辅助变量	4× 排量 /（油管直径 × 油管直径 ×3.14）
井筒液柱静压力	辅助变量	压裂液密度 × 深度 ×9.81/10^6

变量	变量类型	初始值或方程设置
裂缝内压力增量	辅助变量	支撑剂聚集量 With Lookup{[（0，0）-（1000，100）]，（0，0），（50，5），（90，11），（145，16），（250，29），（350，46），（450，58），（550，66），（650，81），（750，89），（1000，100）}
出砂速率	速率变量	IF THEN ELSE｛裂缝导流能力 =0.2，0.2× 加砂速率，IF THEN ELSE｛裂缝导流能力 =1.5，5，[1 -（1 - 压裂液携砂能力）× 压裂液滤失系数]× 加砂速率｝｝
加砂速率	速率变量	DELAY 1［IF THEN ELSE（砂比>0，排量 × 砂比，0），3］

根据步骤 3［3.3.2（3）］中的各类变量的定义，将所有影响因素分类，分别对应的变量类型见表 3.4。其中，支撑剂在裂缝内的聚集量随时间累积，故支撑剂聚集量属于状态变量。单位时间内的压裂液排量和砂比决定了加砂速度，多个地层因素共同作用决定了单位时间内流向裂缝深处的支撑剂体积，因此，加砂速率和出砂速率属于速率变量。根据变量间作用关系，建立图 3.17 所示的 SD 模型。

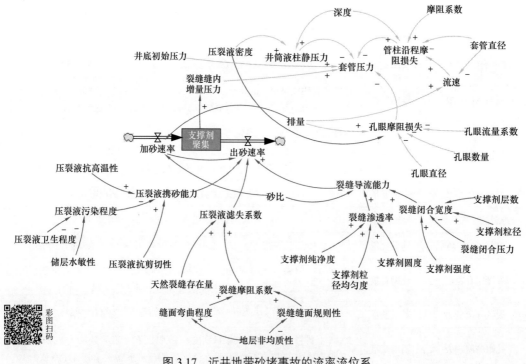

图 3.17　近井地带砂堵事故的流率流位系

根据步骤 4［3.3.2（4）］，通过文献查阅和现场咨询的方式确定 SD 模型中常量的数值。例如地层非均质性和天然裂缝存在量因压裂区域不同而不同，通过咨询现场工程师确定其取值。对于无法准确量化的常量，采用区间内赋值法量化该类变量。例如在对地层非均质性赋值时，采用数字 0 和 1 表示地层非均质性最弱和最强两种状态，并将 [0，1] 划分为

3 个区间，即［0，0.4］，（0.4，0.7］和（0.7，1］，分别表示地层非均质性处于较弱、中等和较强状态的取值范围。表 3.5 列出了此类变量的区间划分。

表 3.5　部分变量的区间划分标准

变量	划分标准
压裂液抗高温性能	［0，0.2］，（0.2，0.4］，（0.4，0.6］，（0.6，0.8］和（0.8，1］分别表示压裂液抗高温性能处于非常差、较差、中等、较好、非常好状态的取值范围
压裂液卫生程度	［0，0.2］，（0.2，0.4］，（0.4，0.6］，（0.6，0.8］和（0.8，1］分别表示压裂液卫生程度处于非常差、差、中等、好、非常好的取值区间
储层水敏性能	［0，0.2］，（0.2，0.4］，（0.4，0.6］，（0.6，0.8］和（0.8，1］分别表示储层水敏性能处于强、较强、中等、弱、较弱的取值区间
压裂液抗剪切性能	［0，0.2］，（0.2，0.4］，（0.4，0.6］，（0.6，0.8］和（0.8，1］分别表示压裂液抗剪切性能处于强、较强、中等、弱、较弱的取值区间
天然裂缝存在量	［0，0.4］，（0.4，0.7］，和（0.7，1］分别表示天然裂缝存在量处于较少、中等、较多状态的取值范围
地层非均质性	［0，0.4］，（0.4，0.7］和（0.7，1］分别表示地层非均质性处于较弱、中等、较强状态的取值范围
支撑剂纯净度	［0，0.25］，（0.25，0.50］，（0.50，0.75］和（0.75，1］分别表示支撑剂纯净度处于好、较好、差、较差的取值区间
支撑剂粒径均匀程度	［0，0.25］，（0.25，0.50］，（0.50，0.75］和（0.75，1］分别表示支撑剂粒径均匀度处于好、较好、差和较差状态的取值区间
支撑剂圆度	［0，0.4］，（0.4，0.7］和（0.7，1］分别表示支撑剂圆度处于较好、中等、较差状态的取值区间

对于辅助变量，根据专家经验或文献资料确定其方程式。管柱沿程摩阻损失 p_{FL} 可以根据式（3.1）所示的达西公式计算得到。

$$p_{FL} = \xi \left(\frac{H}{D}\right)\left(\frac{v^2}{2g}\right) \tag{3.1}$$

式中，ξ 为沿程摩阻系数，量纲为 1，一般由工程经验或实验确定；H 为油管的长度，可近似于压裂井的深度，m；D 为管径，m；v 表示压裂液的流动速度，m/s；g 为重力加速度，m/s^2。

压裂液的流动速度 v 可根据式（3.2）计算得到。

$$v = \frac{4V}{\pi D^2} \tag{3.2}$$

式中，V 表示单位时间内压裂液的施工排量，m^3/min。

油管内液柱静压力 p_{SP} 可采用式（3.3）计算得到。

$$p_{SP} = \rho g H \tag{3.3}$$

式中，ρ 表示压裂液的混合密度，kg/m^3。

孔眼摩阻损失 p_{HL} 的计算过程见式（3.4）：

$$p_{HL} = \frac{22.45}{10^6}\left(\frac{V^2\rho}{N^2d^4k^2}\right) \tag{3.4}$$

式中，d 表示孔眼直径，cm；N 表示射孔眼的数量；k 表示孔眼流量系数，一般取值范围为 0.6～0.9，量纲为 1。

支撑剂在射孔附近的聚集导致井底压力上升，为了便于仿真井底压力增量的趋势，假设井底压力增量 p_{AP} 正比于支撑剂的聚集量，则套管压力 p_T 的表示见式（3.5）：

$$p_T = p_{DP} + p_{AP} - p_{FL} - p_{SP} - p_{HL} \tag{3.5}$$

式中，p_{DP} 表示井底初始压力，MPa。

加砂速率 R_S 由压裂液的排量 V 和砂比系数 ϖ 决定，可根据式（3.6）计算得到，单位为 m^3/min。

$$R_S = V \cdot \varpi \tag{3.6}$$

在实际加砂压裂阶段，泵入井口的支撑剂并不会立刻被输送至井底裂缝中，需要经过一段时间才会作用于支撑剂聚集处，因此，为了描述物料输送的延迟效应，采用 DELAY1 函数表达该延迟效应，假设延迟时间为 3min，则加砂速率方程为 DELAY 1 [IF THEN ELSE（砂比＞0，排量 × 砂比，0），3]。

裂缝导流能力定义为支撑剂填充层的渗透率与裂缝宽度的乘积，裂缝导流能力主要与支撑剂纯净度、粒径均匀度、圆度、强度、层数和地层闭合压力有关，计算公式见式（3.7）：

$$KW_f = W_f K_f \tag{3.7}$$

式中，KW_f 为裂缝导流能力，$\mu m^2 \cdot cm$；K_f 表示充填层的渗透率，μm^2；W_f 表示裂缝的宽度，cm。

2）近井地带砂堵 SD 仿真

由图 3.17 可知，近井地带砂堵的直接原因是井底附近支撑剂过多的聚集，间接原因是地层因素、设计因素和现场施工因素的耦合作用。假设加砂阶段中砂比过高，而裂缝的输砂能力不变，则会导致井底附近的支撑剂无法及时流入储层裂缝，引起近井砂堵。通过仿真不同的加砂过程（砂比方程式见表 3.6），得到加砂速率和套管压力在不同情况下的演变过程，如图 3.18 和图 3.19 所示。从图 3.19 中 T1 区域可看出，当井底附近出现砂堵趋势时，若未及时停止加砂，则会引起套管压力的快速上升，其梯度区间为 [2.30，3.41] MPa/min。这种变化趋势可解释为：从射孔眼处向地层内延伸的裂缝数量较少，一旦在射孔眼附近出现支撑剂大量聚集，则导致流向地层内部裂缝的支撑剂数量很少，此时，随着加砂操作的进行，会直接导致支撑剂的快速聚集，从而引起井底出现憋压现象，使得套管压力快速上升。从图 3.19 也可以看出，砂比系数越大，套管压力上升越快。

表 3.6　三种加砂方案

方案	方程式
Case1-1	0.01+STEP（1，5）+STEP（-1，10）+STEP（1，15）+STEP（-1，20）+STEP（1，25）+ STEP（-1，30）+STEP（1，35）+STEP（-1，40）+STEP（1，45）+STEP（-1，50）+ STEP（1，55）+STEP（-1，60）+STEP（1，65）+STEP（-1，70）+STEP（1，75）+ STEP（-1，80）+STEP（1，85）+STEP（-1，90）+STEP（2，95）+STEP（-2.01，110）
Case1-2	0.01+STEP（1，5）+STEP（-1，10）+STEP（1，15）+STEP（-1，20）+STEP（1，25）+ STEP（-1，30）+STEP（1，35）+STEP（-1，40）+STEP（1，45）+STEP（-1，50）+ STEP（1，55）+STEP（-1，60）+STEP（1，65）+STEP（-1，70）+STEP（1，75）+ STEP（-1，80）+STEP（1，85）+STEP（-1，90）+STEP（2.5，95）+STEP（-2.51，110）
Case1-3	0.01+STEP（1，5）+STEP（-1，10）+STEP（1，15）+STEP（-1，20）+STEP（1，25）+ STEP（-1，30）+STEP（1，35）+STEP（-1，40）+STEP（1，45）+STEP（-1，50）+ STEP（1，55）+STEP（-1，60）+STEP（1，65）+STEP（-1，70）+STEP（1，75）+ STEP（-1，80）+STEP（1，85）+STEP（-1，90）+STEP（3，95）+STEP（-3.01，110）

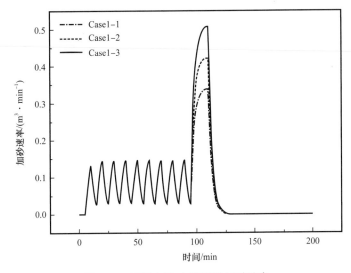

图 3.18　三种加砂方案下的加砂速率

　　进一步分析地层因素对近井地带砂堵强度的影响。以地层非均质性为例，分别设置其处于较弱（Case1-4 取值为 0.3）、中等（Case1-5 取值为 0.5）和较强（Case1-6 取值为 0.7）状态，且保持砂比不变，得到如图 3.20 所示的套管压力随时间的上升过程，压力梯度区间为 [3.11，3.26] MPa/min。对于同一页岩气水平井，假设当井底附近支撑剂的聚集量达到一定数量（如图 3.20 中黑色水平线所示）时均发生砂堵，则在保持砂比不变时，随着地层非均质性增强，诱发事故的时间越短。在 T3 区域内，近井地带砂堵事故的征兆已经显现，表现为套管压力在短时间内急速上升。虽然地层非均质性不同，但套管压力的上升过程非常一致。

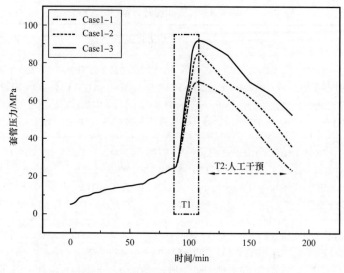

图 3.19　三种加砂方案中套管压力的变化过程

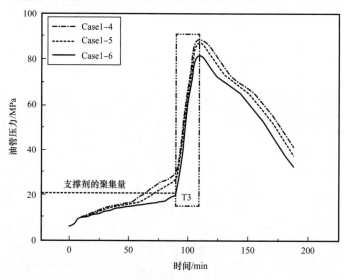

图 3.20　不同地层非均质性条件下套管压力的变化过程

2. 地层内砂堵事故动力学行为研究

1）地层内砂堵 SD 建模

地层内砂堵通常发生在远离射孔的裂缝体系内，支撑剂在通过地层内部裂缝时，由于沉降速度过快而在裂缝壁面"架桥"形成堵塞。造成地层内砂堵事故的致因因素同样包括地层因素、设计因素和现场施工因素。在近井地带砂堵 SD 模型基础上，添加"微裂缝"变量，建立层内砂堵事故的 SD 模型，如图 3.21 所示。

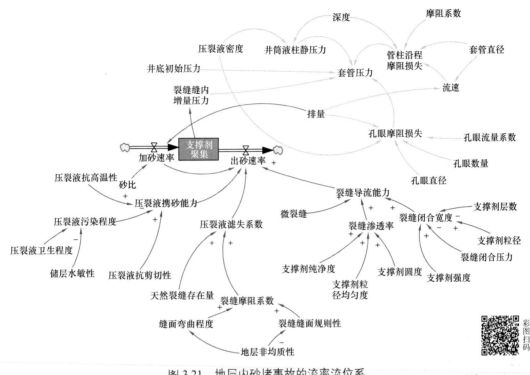

图 3.21　地层内砂堵事故的流率流位系

2）地层内砂堵 SD 仿真

对于地层内砂堵，套管压力是其表征参数。为了模拟微裂缝体系导致大量压裂液滤失而引起的层内砂堵，本案例模拟了 3 种微裂缝体系，对应的方程式列于表 3.7，其中数字"2"表示微裂缝体系出现，数字"–2"表示出现的微裂缝体系已被支撑剂填充。上述 3 种微裂缝体系的不同之处在于微裂缝体系出现的时间点不同，且每次微裂缝体系持续的时间不同，其图形化表述如图 3.22 所示。辅助变量"裂缝导流能力"的动力学方程改写为"IF THEN ELSE（微裂缝＜ 2，裂缝渗透率×裂缝闭合宽度，0）"，砂比的图形化显示如图 3.23 所示。

表 3.7　三种微裂缝体系

方案	方程式
Case2–1	STEP（2，85）+STEP（–2，92）+STEP（2，103）+STEP（–2，111）+ STEP（2，120）+STEP（–2，130）+STEP（2，140）+STEP（–2，150）
Case2–2	STEP（2，83）+STEP（–2，90）+STEP（2，100）+STEP（–2，103）+STEP（2，110）+ STEP（–2，115）+STEP（2，130）+STEP（–2，135）+STEP（2，143）+STEP（–2，150）
Case2–3	STEP（2，80）+STEP（–2，85）+STEP（2，94）+STEP（–2，102）+STEP（2，112）+STEP（–2， 116）+STEP（2，125）+STEP（–2，130）+STEP（2，138）+STEP（–2，144）+STEP（2，152） +STEP（–2，155）

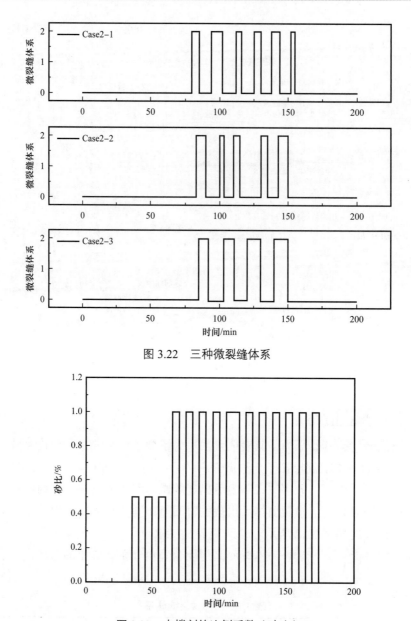

图 3.22　三种微裂缝体系

图 3.23　支撑剂的比例系数（砂比）

　　模拟不同的微裂缝体系，得到出砂速率和套管压力的演变过程，如图 3.24 和图 3.25 所示。当储层中微裂缝体系与压裂缝连通之后，支撑剂快速流入微裂缝中，等效于储层的出砂速率增大；当微裂缝填充之后，会引起支撑剂在主裂缝中继续聚集，等效于储层的出砂速率减小。由于微裂缝隙是不定时出现，因此，当多个微裂缝隙交替出现时，出砂速率的变化过程则如图 3.24 所示。从图 3.25 中 T4 区域可看出，当加砂排量和砂比相对平稳时，地层内的微裂缝体系会引起套管压力呈现出波浪形上升趋势，且具有波峰和波谷的特征。这种现象可解释为：当微裂缝体系引起地层内砂堵时，会导致出砂速率的波形振荡，直接引起主裂缝内支撑剂的聚集量呈现波动上升过程，产生套管压力波浪形上升的过程。

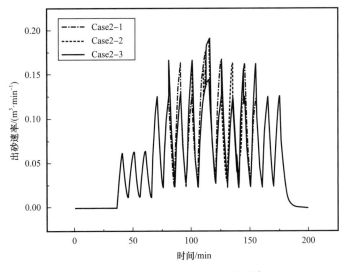

图 3.24　三种微裂缝体系下出砂速率

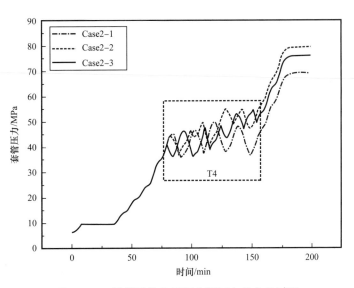

图 3.25　三种微裂缝体系下套管压力的变化过程

3. 地层内压窜事故动力学行为研究

1）地层内压窜 SD 建模

地层内压窜事故指的是目的层内人工裂缝体系发生了不期望的延伸，与非目的层内裂缝体系连通，主要表现形式为：人工压裂缝隙在非目的层（主要指非射井段的低应力层）内发生不合理延伸，其水平方向或垂直方向延伸速度过快；人工裂缝与天然裂缝体系沟通，使得目的层内裂缝体系规模过于庞大；目的层内人工裂缝与相邻页岩气井的裂缝体系沟通。所建立的层内压窜事故的 SD 模型如图 3.26 所示。经过现场调研可知：地层内压窜事故通常发生在加砂阶段，该阶段内压裂液的排量相对稳定，故本案例将套管压力作为层内压窜事故的表征参数。当地层内压窜事故和砂堵事故发生时，井底压力朝井口处的传导过程一致，因此，层内压窜事故的动力学模型保留了砂堵事故动力学模型的部分结构，变更结构中变量的基本信息列于表 3.8 中。对于无法准确量化的常量，仍采用区间内赋值法量化该类变量，表 3.9 列出了此类变量的区间划分。

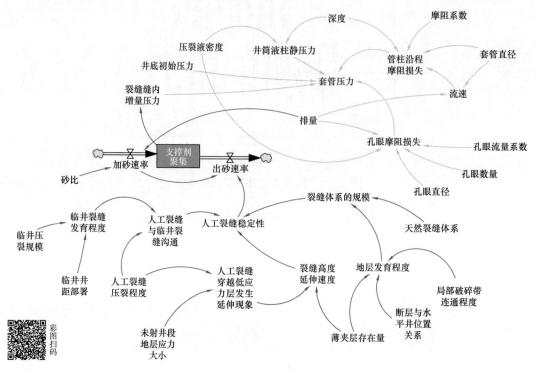

图 3.26　地层内压窜事故的流率流位系

表 3.8　地层内压窜系统动力学模型中部分变量

变量	变量类型	初始值或方程式
临井压裂规模	常量	0.8
临井井距部署	常量	0.6
临井裂缝发育程度	辅助变量	临井井距部署 × 临井压裂规模
人工裂缝压裂程度	常量	0.65
人工裂缝与临井裂缝沟通	辅助变量	临井裂缝发育程度 × 人工裂缝压裂程度
未射井段地层应力大小	常量	0.35
人工裂缝穿越低应力层发生延伸现象	辅助变量	IF THEN ELSE（未射井段地层应力大小＜人工裂缝压裂程度，人工裂缝压裂程度－未射井段地层应力大小，0）
薄夹层存在量	常量	0.7
断层与水平井位置关系	常量	3

变量	变量类型	初始值或方程式
局部破碎带连通程度	常量	0
裂缝高度延伸速度	辅助变量	薄夹层存在量 × 人工裂缝穿越低应力层发生延伸现象
地层发育程度	辅助变量	IF THEN ELSE（（局部破碎带连通程度 + 断层与水平井位置关系）＞0，局部破碎带连通程度 + 断层与水平井位置关系 + 薄夹层存在量，薄夹层存在量）
天然裂缝体系	常量	STEP（1，95）+STEP（−1，100）+STEP（2，110）+STEP（−2，180）
裂缝体系的规模	辅助变量	地层发育程度 + 天然裂缝体系
人工裂缝稳定性	辅助变量	人工裂缝与临井裂缝沟通 + 裂缝体系的规模 + 裂缝高度延伸速度

表 3.9　部分变量的区间划分标准

变量	划分标准
临井压裂规模	［0，0.3］，（0.3，0.7］和（0.7，1.0］分别表示临井压裂规模处于较小、适中和较大状态的取值范围
临井井距部署	［0，0.3］，（0.3，0.7］和（0.7，1.0］分别表示临井井距处于较远、适中和较近状态的取值范围
人工裂缝压裂程度	［0，0.3］，（0.3，0.7］和（0.7，1.0］分别表示人工裂缝压裂程度处于较小、适中和较大状态的取值范围
未射井段地层应力大小	［0，0.4］，（0.4，0.7］和（0.7，1.0］分别表示未射井段地层应力处于较小、适中和较大状态的取值范围
薄夹层存在量	［0，0.3］，（0.3，0.6］和（0.6，1.0］分别表示薄夹层存在量处于较少、适中和较多状态的取值范围
断层与水平井位置关系	"0"表示未贯穿，"1"表示局部贯穿，"2"表示全部贯穿
局部破碎带连通程度	［0，0.3］，（0.3，0.7］和（0.7，1.0］分别表示破碎带少部分连通，局部连通，绝大部分连通状态的取值范围
天然裂缝体系	"0"表示不存在天然裂缝，"1"表示存在少量天然裂缝，"2"表示存在大量天然裂缝

2）地层内压窜 SD 仿真

表 3.10 列出了四种工况下发生的地层内压窜。Case3-1 为初始模型的仿真，套管压力的变化过程如图 3.27 中 Case3-1 曲线所示；在 Case3-2 中，未射井段地应力强度由 0.5 变为 0.15，即非射井段的地应力强度较低，套管压力变化趋势为图 3.27 中 Case3-2 曲线所示；相对于初始模型，Case3-3 将地层中局部破碎带连通程度由 0 变为 0.5，套管压力为图 3.27 中 Case3-3 曲线；相较于第二种工况，第四种工况将局部破碎带连通程度由 0

变为 0.5，套管压力波动过程为图 3.27 中 Case3-4 曲线。可看出，当地层内压窜出现时，压力出现大幅下降趋势，压力梯度区间为［-0.22，-0.16］。这是不期望裂缝引起了主裂缝内的支撑剂快速外流，从而引起出砂速率的增加，导致井底附近压力的快速下降，表现为套管压力的连续下降。比较前三种工况下的套管压力演变规律可看出，局部破碎带连通对地层压窜的作用强度更大，这是由于地层破碎带自身内部存在大量裂缝体系，加剧了支撑剂的快速流入。

表 3.10　四种不同的地层工况

案例	工况
Case3-1	未射井段地应力强度为 0.5，局部破碎带连通程度为 0（即未连通）
Case3-2	未射井段地应力强度为 0.15，局部破碎带连通程度为 0（即未连通）
Case3-3	未射井段地应力强度为 0.5，局部破碎带连通程度为 0.5
Case3-4	未射井段地应力强度为 0.15，局部破碎带连通程度为 0.5

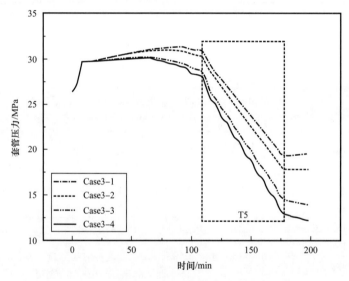

图 3.27　四种地层工况下套管压力的变化过程

综上所述，三种事故发生时套管压力的典型趋势特征见表 3.11。

表 3.11　套管压力的典型趋势特征

事故类型	典型曲线特征
近井地带砂堵	套管压力短时间内呈现出快速上升趋势
地层内砂堵	套管压力呈现出波浪式上升趋势
地层内压窜	套管压力呈现出大幅度连续下降趋势

4. 案例分析小结

本节针对致因因素耦合作用下页岩气压裂作业井下事故的动力学行为，以揭示事故表征参数的演变规律为目标，提出了基于系统动力学的井下事故致因机理研究方法。在分析地层因素、设计因素和压裂施工因素之间的相互作用基础上，建立井下事故系统动力学模型，揭示井下事故发生时事故表征参数的典型趋势特征。

案例分析以水平井套管内桥塞分段压裂过程中的近井地带砂堵、地层内砂堵和地层内压窜事故为研究对象，通过建模与仿真分析，得到如下结论：

（1）套管压力是上述三种井下事故的表征参数。

（2）当近井地带发生砂堵时，套管压力在短时间内呈现出快速上升的趋势特征。

（3）当地层内发生砂堵时，套管压力呈现出波浪形上升的趋势特征。

（4）当地层内发生压窜事故时，套管压力呈现出大幅度下降的趋势特征。

参 考 文 献

［1］张建广，邱彤，赵劲松. 基于广义 SDG 的化工过程故障模拟分析［J］. 清华大学学报：自然科学版，2009，5（9）：1561-1564.

［2］李玉刚，国纲，孔令启，等. 基于设备故障的间歇化工过程反应型调度［J］. 计算机与应用化学，2008，25（4）：459-463.

［3］周海英，周健. 化工设备故障诊断仿真模型设计及计算分析［J］. 计算机与现代化，2008，14（10）：98-101.

［4］Maestri M，Ziella D，Cassanello M，et al. Automatic qualitative trend simulation method for diagnosing faults in industrial processes［J］. Computers & Chemical Engineering，2014，64（5）：55-62.

［5］Monroy I，Benitez R，Escudero G，et al. DICA enhanced SVM classification approach to fault diagnosis for chemical processes［J］. Computer Aided Chemical Engineering，2009，26：267-272.

［6］Benkouider A M，Kessas R，Yahiaoui A，et al. A hybrid approach to faults detection and diagnosis in batch and semi-batch reactors by using EKF and neural network classifier［J］. Journal of Loss Prevention in the Process Industries，2012，25（4）：694-702.

［7］Rusinov L A，Rudakova I V，Remizova O A，et al. Fault diagnosis in chemical processes with application of hierarchical neural networks［J］. Chemometrics and Intelligent Laboratory Systems，2009，97（1）：98-103.

［8］王其藩. 高级系统动力学［M］. 北京：清华大学出版社，1995.

［9］钟永光. 系统动力学［M］. 北京：科学出版社，2009.

［10］陈红，祁慧，汪鸥，等. 中国煤矿重大事故中故意违章行为影响因素结构方程模型研究［J］. 系统工程理论与实践，2007，27（8）：127-136.

［11］曹庆仁，李爽，宋学锋. 煤矿员工的"知-能-行"不安全行为模式研究［J］. 中国安全科学学报，2007，17（12）：20-25.

［12］李乃文，牛莉霞. 矿工工作倦怠、不安全心理与不安全行为的结构模型［J］. 中国卫生心理杂志，2010，24（3）：236-240.

［13］何刚，张国枢，陈清华，等. 煤矿安全生产中人的行为影响因子系统动力学（SD）仿真分析［J］. 中国安全科学学报，2008，18（9）：43-47.

第 4 章

基于时序特征的复杂系统过程故障监测

4.1　基于经验模态分解（EMD）的过程数据在线降噪鲁棒方法

　　油气生产过程大多数采用数字化集成控制，工艺过程变量如温度、压力、流量等测量值通过传感器传输至控制系统中（如 DCS 系统和 PLS 系统），并显示在内操工作室显示器上。由于仪表或传感器噪声、工艺扰动、设备衰退和人为干扰等原因，采集的工艺参数往往被噪声或粗差干扰。参数中的噪声一般认为是服从高斯分布的，而粗差是指远远偏离大部分历史数据分布的测量值。当采集参数值受到噪声或粗差污染时，若操作者未及时识别出误差的发生，而将偏离视为工艺波动或异常，操作者的误判断可能会造成工艺误调整，从而影响生产稳定性甚至带来生产安全隐患。在学术研究和实际生产应用领域，多元统计分析方法，如基于主成分分析（Principle Component Analysis，PCA）和独立成分分析（Independent Component Analysis，ICA）的方法，已得到优化并广泛应用于过程监测和故障诊断中。这类方法通过数据挖掘得到过程异常信息而较少借助于现场经验。数据质量是过程监测和故障诊断的关键因素，若过程监测中的分析数据含有噪声或粗差，则会导致监控功能异常，引发大量误报警，真实报警信息容易被忽视。考虑到油气生产过程一般受到实时监控，工艺参数的降噪应实现实时性，避免长时间的降噪延迟，因此有必要对过程数据进行在线降噪，保证采集参数值的正确性和过程监测的有效性。

　　这里提出一种基于经验模态分解（EMD）的过程数据在线降噪鲁棒方法（OLREMD），采用移动窗口法实现实时过程数据的更新。方法应用于仿真数据和实际过程数据，与现有的在线数据滤波方法，包括在线小波阈值降噪（OLMS）、在线中值滤波（OLMF），进行对比。测试结果表明，OLREMD 的参数对降噪效果灵敏度较低，并且对含噪声或粗差的过程数据均有较稳定和理想的降噪效果。作为实际过程监测的数据预处理方法，OLREMD 可提高监测数据质量并有助于提高监测效果。

4.1.1　基础方法概述

1. 经验模态分解（EMD）

　　经验模态分解方法是一种自适应的数据分析方法，适用于非线性和非平稳信号。它的基本思想是任何信号都是由若干个本征模态函数组成，根据信号时间尺度的局部特征将非平稳信号分解为若干个不同频率的本征模态函数，无须预先设定基函数，原始信号 $x(t)$ 经过 EMD 筛选过程分解见式（4.1）：

$$x(t) = \sum_{i=1}^{n} \text{IMF}_i + r_n \tag{4.1}$$

其中 IMF_i 为第 i 个本征模态函数，r_n 为趋势余项。IMF 具有两个特性，即局部零均值及局部极值点和过零点的数目必须相等或最多相差一个。IMF 的筛选过程可通过原数据减去平均包络线多次迭代实现，筛选过程直到不存在负的局部极大值和正的局部极小值时截止。

影响 EMD 分解误差的主要原因是边界效应，信号两端的边界效应随着分解层数的增大会逐渐向数据内部传播，从而污染分解序列。数据延拓是一种常用的降低边界效应的方法。Huang 等人提出采用"特征波"的方法对原始数据进行延拓，但他指出边界效应问题还未完全解决。随后，多种数据延拓方法提出通过边界数据延拓缓解边界效应引起的分界误差，包括镜像法、神经网络预测、AR 预测、多项式外延法等，每种方法都能对边界信号进行延拓，一定程度上降低 EMD 的分界误差。Hu 等人采用随机信号和周期信号对多种边界处理方法测试，结果表明镜像法是目前相对最优的 EMD 边界处理方法，它能较好地保留边界领域的信号特征。本节选用镜像法处理在线降噪过程中的边界效应。

此外，当采样频率较低时，EMD 分解结果可能受到影响。根据 Nyquist–Shannon 采样准则，采样频率应至少为最大信号频率的两倍，这样，实际过程信息将不会在采样过程中丢失。由于工业过程变量信号比振动信号稳定，信号频率小，对工业过程变量的采样可选择较大的采样间隔，如 5s 或 1min。若满足采样准则，采样过程中的采样频率对 EMD 分解过程的影响可忽略不计。

将 EMD 方法应用于信号降噪的基本思想是噪声多分布于高频本征模态函数中，将这部分高频本征模态函数置零后再重构信号，即可删除大部分的噪声信号。对于含噪声的高频本征模态函数的选择一般有两种办法，一种是选择前 1~2 个本征模态函数，其频率最高则信噪比最低；另一种是定义原始信号与本征模态函数之间的互相关系来确定有用信号与噪声的分界线，互相关系数定义为原信号与 IMF 的相关性，见式（4.2）：

$$R(x, imf_i) = \frac{\sum_{t=1}^{N} \left[x(t) - \bar{x} \right] \cdot \left[imf_i(t) - \overline{imf}_i \right]}{\sqrt{\sum_{t=1}^{N} \left[x(t) - \bar{x} \right]^2} \cdot \sqrt{\sum_{t=1}^{N} \left[imf_i(t) - \overline{imf}_i \right]^2}} \tag{4.2}$$

其中 $x(t)$ 是原始信号，$imf_i(t)$ 为第 i 个 IMF，N 是原信号长度，$\bar{x} = \frac{1}{N} \sum_{t=1}^{N} x(t)$，

$\overline{imf}_i = \frac{1}{N} \sum_{i=1}^{N} imf_i(t)$。

随着 EMD 分解层数增加，IMF 与噪声的相关性降低而与真实信息的相关性增加，

IMF 与原始信号的相关系数可认为是以上两种相关性的叠加。互相关系数的第一个局部最小值所对应的 IMF 即为分界处的 IMF，记为 imf_{k0}。前 k 个 IMFs 是信噪比较低的子信号，而剩余的子信号则含有大部分的真实值的信息。对于第一种方法删除前 1~2 个 IMF，可能导致去噪不完全，仍有噪声存在于重构信号中；第二种方法对高频信号直接置零可能导致过度降噪，去除部分有用信号。为了有效地分离有用信号与噪声信号，Li 和 Xu 采用小波阈值法对前 1~2 个 IMF 降噪，避免高频 IMF 中有用信号的丢失，Zhao 等人采用软阈值方法对高频 IMF 进行处理，并采用 Savitzky-Golay 滤波器对低频 IMF 处理保证降噪后信号的平滑性。然而现有的改进 EMD 降噪方法仅关注于提高高斯噪声的滤除效果，忽略对粗差的删除，缺乏鲁棒性，且高频分量选择前 1~2 个分量或凭借主观视觉判断，导致高低频分量划界不准，降低降噪效果。

2. 小波阈值降噪原理

多尺度的数据纠正方法早于 1988 年被提出，并且 Mallet 算法的提出进一步促进了快速小波分解与重构。通过小波变换，原始数据可通过一个高通滤波器和一个低通滤波器分解为一系列的细节信号和趋势信号。

小波阈值降噪方法的基本思想是采用选定的阈值方法对各分解层次的小波系数进行收缩，然后对收缩后的小波系数进行逆小波变换得到降噪后的信号。选择适当的阈值方法是降噪中的重要步骤，并且现有多种阈值方法。考虑到每一个分解层的信噪比都各不相同，若对各层小波系数采用统一的阈值，容易造成低层次的信息丢失和高层次上的降噪不完全。因此，为了提高小波阈值降噪的效果，应选用分层阈值。在提出方法中，小波阈值的选取采用 Visushrink 方法。在该方法中，阈值计算见式（4.3）：

$$t_m = \sigma_m \sqrt{2 \lg n} \tag{4.3}$$

其中 n 是原始信号长度，σ_m 是 m 层的标准偏差。σ_m 的估计值为 $\frac{1}{0.6745} \mathrm{median}\{|d_{mk}|\}$，其中 d_{mk} 是 m 层第 k 个小波系数。

3. 中值滤波

中值滤波的输出是一数据窗口的中值，由于粗差一直处于排序后的数据窗口边缘，因此中值滤波可有效滤除粗差。离线中值滤波表示见式（4.4）：

$$F(i) = \mathrm{median}\{f[i-(M/2)], \cdots, f[i+(M/2)]\} \tag{4.4}$$

其中 $i = (M/2)+1, (M/2)+2, \cdots, N-(M/2)$，$N$ 是原始信号长度，$(M/2) \times 2+1$ 是数据窗口长度，$F(i)$ 表示离线降噪后的数据。

4.1.2　基于 EMD 的过程数据在线降噪鲁棒方法（OLREMD）

考虑到 EMD 方法的自适应性，选用 EMD 方法作为在线降噪的基础算法。采用一定宽度的移动窗口对当前附近的数据进行降噪，每更新一次，采样窗口移动一步。由于在线降噪会在很大程度上放大降噪方法的边界效应，采用 EMD 常用的镜像法来减轻降噪时出现的边界误差。为了更有效地将有用信号和噪声信号分离，结合互相关系数和小波阈值法，前者选择出高频 IMF，后者对高频 IMF 依次进行小波阈值降噪。实际油气生产过程变量中的噪声类型复杂，除了高斯随机噪声，还可能含有部分的粗差，因此需要提高方法的鲁棒性，对重构信号施加中值滤波，消除信号中的粗差部分，并提高信号的平滑性。OLREMD 的在线降噪过程如图 4.1 所示，其中需要预先设置的参数有小波基函数、小波分解层数 D 和中值滤波器宽度 L。采用均方误差（Mean Square Error，MSE）来评估方法的降噪效果，$\text{MSE} = \dfrac{1}{N} \times \sum_{n=1}^{N} \left(S_n' - S_n \right)^2$，其中 N 为数据长度，S_n 为原始数据，S_n' 为降噪后的数据。

基于 OLREMD 的过程数据在线降噪方法的实施步骤如下。

1. 步骤 1：参数设置

在对过程数据施加在线降噪前，需对三个参数进行设置，分别为小波基函数、小波分解层数 D 和中值滤波长度 L。OLREMD 中三个参数凭借经验或历史数据确定。对于非平稳信号，Haar 小波基函数是常用函数，并用于案例分析中。根据 4.1.3 中的 1 敏感性分析证实参数 D、L 对提出方法降噪结果具有低敏感性，参数 D 和 L 可相对随意地设置，建议在范围 $2 \leqslant D \leqslant 10$，$2 \leqslant L \leqslant 50$ 内取值。

2. 步骤 2：数据窗

为了实现对当前采样的数据纠正，在确定移动窗宽度 W 后，获得包含一定长度历史数据和当前采样点的数据窗 $X0 = \{ x_a, x_{a+1}, \cdots, x_b \}$，$W$ 不能超过历史数据长度。较大的移动窗宽度能提供更多的连续数据信息，有助于得到更精确的 EMD 结果，然而庞大的数据分析造成计算量的增大。中和 EMD 分解结果和计算量，经过多次试验选择最佳的移动窗宽度，案例分析中选择移动窗宽度为 1024。

3. 步骤 3：数据窗对称处理

对数据窗 $X0$ 长度进行扩展，逆序复制 $X0$ 得到 $X0' = \{ x_b, x_{b-1}, \cdots, x_a \}$，产生镜像对称的数据 $X = X0 | X0'$。

4. 步骤 4：改进的 EMD 降噪

镜像扩展后的数据窗通过 EMD 分解为 M 个 IMF［见式（4.1）］，并对每一个 IMF 根据式（4.2）计算其与原始数据的互相关系数。找寻互相关系数的第一个局部最小值，得到分界处的 IMF，记为 imf_k。随后小波阈值降噪施加于前 k 个 IMF，根据式（4.3）计算小波阈值，降噪后为 $\{ imff_1, imff_2, \cdots, imff_k \}$。对处理后的前 k 个 IMF 和剩余的 IMF 重构得到 res。最后通过离线中值滤波器［见式（4.4）］得到最终的降噪时间序列 RES。

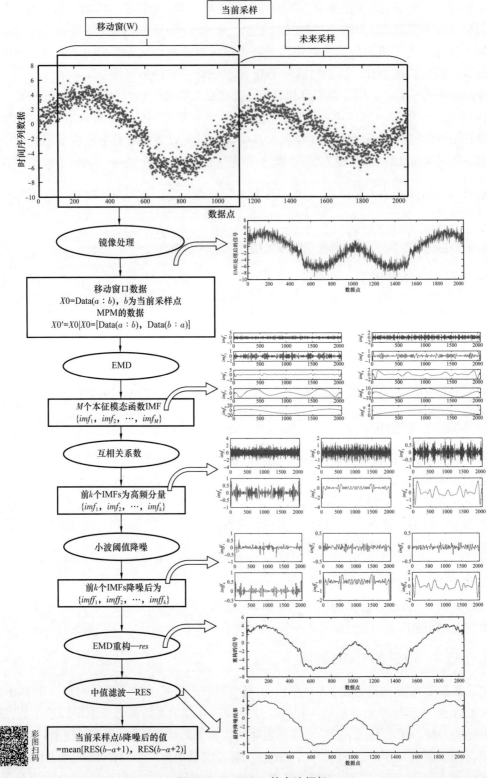

图 4.1 OLREMD 的方法框架

此步骤可分离出来作为一种过程数据的离线降噪方法。在实际过程监测案例中该离线算法作为对构建监测模型的训练数据的预处理步骤。

5. 步骤 5：当前采样的纠正值

在线数据纠正是通过获得每个移动窗的中间降噪值实现。它是 RES 的镜像对称轴附近两个纠正值的均值，表示为 $0.5 \times \left[\text{RES}\left(b-a+1\right) + \text{RES}\left(b-a+2\right) \right]$。

当新的采样更新时，重复步骤 1 到步骤 5 获得新采样点的纠正值。

4.1.3　模拟数据实例分析

过程数据一般具有周期性特征，且波动较平缓，为定量地测试方法的降噪效果，本部分采用模拟数据 Blocks 信号和 HeavySine 信号来模拟真实的过程数据，两种信号与真实的过程数据具有相似的趋势特征。分别对两种信号添加方差为 1 的白噪声，形成第一类测试数据来模拟含白噪声的过程测量参数，在第一类数据的基础上随机添加 20 个的服从 Poisson 分布的粗差，形成第二类测试数据来模拟同时含白噪声和粗差的过程测量参数。此外，在 Blocks 和 HeavySine 原始信号上添加有色噪声形成第三类测试数据。仿真信号总长度设为 2048，移动窗固定宽度为 1024，从第 1025 个采样点开始对之后的采样点实现在线滤波。

在本部分中，OLREMD、在线小波降噪法（OLMS）和在线中值滤波方法（OLMF）同时对以上描述的三类污染信号进行在线滤波，并对其在线降噪性能进行分析和对比。方法性能分析分为三部分：（1）分析三种方法的参数对三类仿真测试数据的降噪效果的灵敏度，并分别选择参数最优值。（2）基于传统 EMD 无须参数预设的在线降噪方法（OLCEMD）与以上使用最优参数的三种降噪方法，对三类模拟数据进行在线滤波，降噪结果进行视觉上定性的比较。此外，采用蒙特卡洛方法测试得到四种方法的均方误差（MSE）以定量对比滤波效果。（3）考虑到实际生产过程测量参数波动特征在较大时间尺度上是动态变化的，将两种不同的模拟信号组合成为具有复合特征的模拟信号，以模拟真实的过程测量参数在较长时间内的降噪，对比三种方法在恒定参数设置下的降噪结果，采用实时平方误差观察滤波方法在应用于动态混合特征数据时的滤波效果的变化情况。

1. 灵敏度分析

参数灵敏度是指参数大小的设置对结果的影响程度。考虑到方法用于在线的过程数据降噪时，参数是在降噪前未知数据特征的情况下预先设置的，且在降噪过程中不能修改，且过程数据波动特征和噪声分布随着数据采集是动态变化的，在较大时间尺度上呈现出较大的特征差异，因此对于参数灵敏度大的方法，它的降噪效果也会出现明显的波动。由此可知，参数灵敏度在很大程度上决定了方法在长时间内的降噪效果，即降噪效果稳定性。

在评价在线降噪方法的灵敏度时，降噪效果以均值方差（MSE）来表示，OLREMD

设定参数有小波分解层数 D 和中值滤波宽度 L，在线小波降噪方法设定参数是小波分解层数 D，在线中值滤波方法的设定参数是中值滤波宽度 L。

分别针对上面提到的三种模拟信号，分析三种方法的参数灵敏度，计算在不同参数设置下滤波方法的降噪 MSE 结果。

1）案例 1：含高斯噪声的 Blocks 信号

对于三种滤波方法的共同参数，小波分解层数 D 的变化范围取为 2～9，中值滤波宽度 L 取为 2～9，分别计算出各参数取值下的三种方法的 MSE 值，绘制出 OLREMD 三维灵敏度图（图 4.2），OLREMD 在最优小波分解层数 D 下的 MSE-OLREMD 的曲线图、MSE-OLMS 的参数灵敏度图和 MSE-OLMF 的参数灵敏度图（图 4.3）。OLREMD 的 MSE 值的整体波动范围是 0.2826～0.3766，在最优 D 取值下的 MSE 随 L 的波动范围是 0.2826～0.3114。OLMS 的降噪效果对小波层数 D 的灵敏度较高，其 MSE 随 D 的波动范围是 0.2351～2.9416；OLMF 的 MSE 较大，随 L 的波动范围是 0.3349～0.4994。比较得出 OLREMD 的 MSE 波动范围最小而 OLMS 的参数灵敏度最大，OLREMD 同时得到较理想的降噪效果。

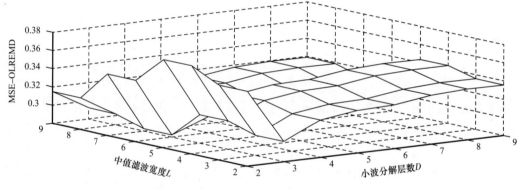

图 4.2　OLREMD 三维灵敏度图（案例 1）

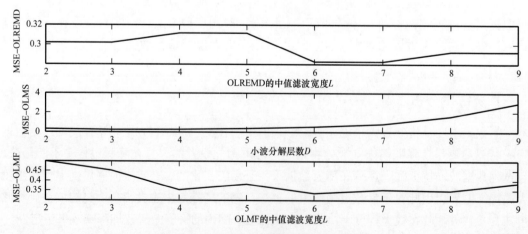

图 4.3　三种方法的灵敏度对比（案例 1）

2）案例 2：含高斯噪声的 Heavysine 信号

对于三种在线滤波方法的共同参数，小波分解层数 D 的变化范围取为 2～9，中值滤波宽度 L 取为 2～40，分别计算各参数取值下的三种方法的 MSE 值，绘制出 OLREMD 三维灵敏度图（图 4.4），最优小波分解层数 D 下的 L-MSE 的曲线图、OLMS 和 OLMF 的灵敏度图（图 4.5）。OLREMD 的 MSE 值的整体波动范围是 0.0740～0.3507，在最优 D 取值下的 MSE 随 L 的波动范围是 0.0740～0.1496；OLMS 的 MSE 随 D 的波动范围是 0.0741～8.2366；OLMF 的 MSE 随 L 的波动范围是 0.0867～0.4527。OLREMD 测试表现为最小 MSE 和最小参数灵敏度。

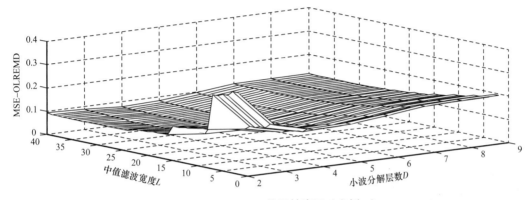

图 4.4　OLREMD 三维灵敏度图（案例 2）

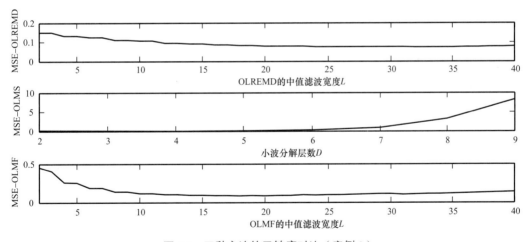

图 4.5　三种方法的灵敏度对比（案例 2）

在对仅含白噪声的灵敏度测试中，可以看出 OLREMD 方法的降噪效果受到参数值的影响最小，且其降噪结果也较理想。一般情况下，过程变量具有时间相关性和互相关性，测量值中的噪声可能也会存在自相关性，这样具有时序相关性的噪声成为有色噪声。在案例 3 和案例 4 中模拟有色噪声 $e(t)=a(t)+0.5 \times a(t-1)$，其中 e 是噪声数据，a 是一系列方差为 1 的高斯噪声。

3）案例 3：含有色噪声的 Blocks 信号

当 Blocks 信号受到有色噪声污染时，对三种在线滤波方法的参数灵敏度进行分析。对于它们共同的参数，D 和 L 变化范围都设为 2～9。分析得到 OLREMD 三维灵敏度图（图 4.6），最优小波分解层数 D 下的 MSE-OLREMD 的曲线图、OLMS 和 OLMF 的灵敏度图（图 4.7）。OLREMD 的整体 MSE 波动范围为 0.1865～0.3497，在最优分解层数 D 的局部 MSE 的波动范围是 0.1865～0.2278。OLMS 的 MSE 随 D 的波动范围是 0.1736～2.6614，而 OLMF 的 MSE 波动范围是 0.2767～0.4572。比较得出 OLREMD 具有最稳定的 MSE，其最小 MSE 低于 OLMF 且略高于 OLMS。综合降噪结果，OLREMD 具有稳定并且理想的降噪性能。

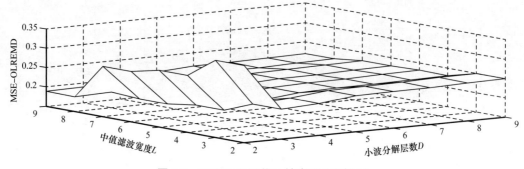

图 4.6　OLREMD 三维灵敏度图（案例 3）

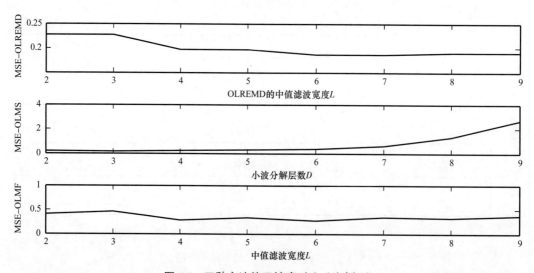

图 4.7　三种方法的灵敏度对比（案例 3）

4）案例 4：含有色噪声的 HeavySine 信号

与案例 3 相似，三种在线滤波方法应用于含有色噪声的 HeavySine 信号上，改变滤波参数得到各自的 MSE 性能指标。OLREMD 和 OLMF 的中值滤波宽度 L 变化范围设为 2～17，OLREMD 和 OLMS 的小波分解层数 D 变化范围均为 2～9。图 4.8 所示为

OLREMD 的 MSE 指标随 L 和 D 的三维图，最小 MSE 为 0.0548，最大 MSE 为 0.3398。图 4.9 是三种方法的参数敏感性分析曲线，其中包括 D 取最优值时 OLREMD 与 L 的局部参数敏感性曲线，OLREMD 的 MSE 局部波动范围是 0.0548~0.1754，OLMS 的 MSE 随 D 的波动范围是 0.0561~8.4478，OLMF 的 MSE 在区间 0.0991~0.4111 波动。比较三种方法的降噪效果，OLREMD 表现最稳定且在最优参数设置下其 MSE 最小。

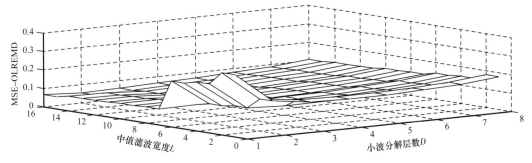

图 4.8　OLREMD 三维灵敏度图（案例 4）

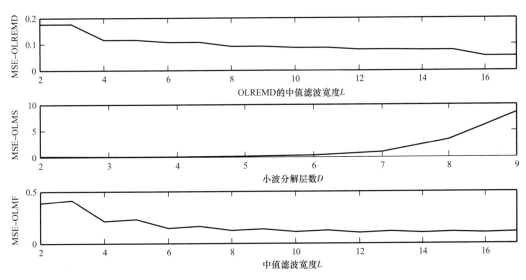

图 4.9　三种方法的灵敏度对比（案例 4）

　　综合案例 3 和案例 4 的分析结果，当过程数据受到有色噪声污染时，OLREMD 仍表现出理想的降噪性能，参数灵敏度较低并且降噪效果得到提高。

　　5）案例 5：同时含有高斯噪声和粗差的 Blocks 信号

　　对于三种在线滤波方法的共同参数，小波分解层数 D 的变化范围取为 2~9，中值滤波宽度 L 取为 2~15，分别计算不同参数设置下的三种方法的 MSE 值，绘制出 OLREMD 三维灵敏度图（图 4.10），最优小波分解层数下的 MSE-OLREMD 的曲线图、在线小波降噪方法的灵敏度图和在线中值降噪方法的灵敏度图（图 4.11）。OLREMD 的 MSE 值的整体波动范围是 0.3173~0.7582，在最优 D 取值下的 MSE 随 L 的波动范围是

0.3173～0.6367；在线小波降噪的 MSE 随 D 的波动范围是 0.4119～3.0734；在线中值降噪的 MSE 随 L 的波动范围是 0.3517～0.9239。OLREMD 的最小 MSE 值均低于在线小波降噪的 MSE 和在线中值滤波，且其参数灵敏度也是其中最小的。

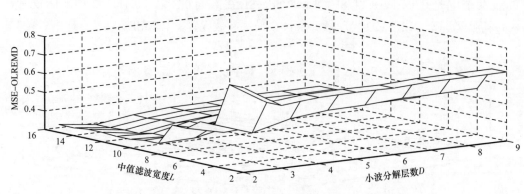

图 4.10　OLREMD 三维灵敏度图（案例 5）

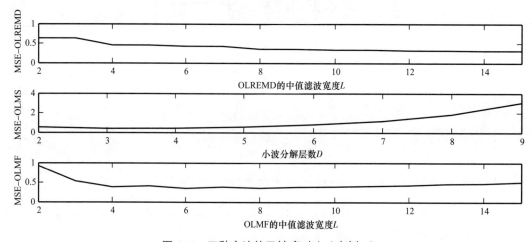

图 4.11　三种方法的灵敏度对比（案例 5）

6）案例 6：同时含高斯噪声和粗差的 Heavysine 信号

对于三种在线滤波方法的共同参数，小波分解层数 D 的变化范围取为 2～9，中值滤波宽度 L 取为 2～50，分别计算不同参数取值下的三种降噪方法的 MSE 值，绘制出 OLREMD 三维灵敏度图（图 4.12），最优小波分解层数下的 MSE-OLREMD 的曲线图、在线小波降噪方法的灵敏度图和在线中值降噪方法的灵敏度图（图 4.13）。OLREMD 的 MSE 值的整体波动范围是 0.1173～0.7656，在最优 D 取值下的 MSE 随 L 的波动范围是 0.1173～0.7656；在线小波降噪的 MSE 随 D 的波动范围是 0.2013～8.3455；在线中值降噪的 MSE 随 L 的波动范围是 0.1089～0.4957。OLREMD 的最小 MSE 值低于在线小波降噪，略高于在线中值降噪的最小 MSE，但 OLREMD 的参数灵敏度是三者中最小的。

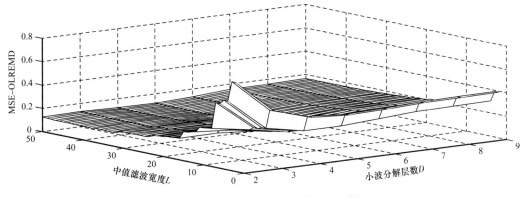

图 4.12　OLREMD 三维灵敏度图（案例 6）

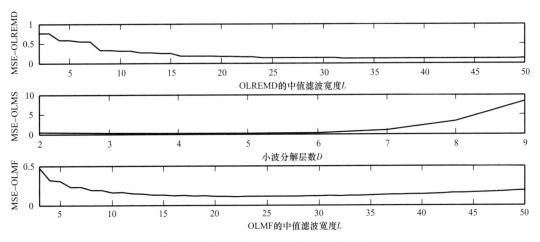

图 4.13　三种方法的灵敏度对比（案例 6）

在对同时含有噪声和粗差的数据降噪测试中，可以看出 OLREMD 与其他两种方法相比，降噪效果受参数值设置的影响最小，且整体上 OLREMD 的降噪效果是可观的。

综上，通过对三种方法在处理三种含噪或粗差的模拟数据时的参数灵敏度进行分析，得出 OLREMD 降噪结果受到参数设置的影响最小，在多种含噪数据类型下都有较好的降噪效果，体现了方法的鲁棒性。

2. 单一特征的模拟数据降噪效果测试

提出方法 OLREMD，在对传统 EMD 降噪方法改进的基础上应用于在线降噪中，为了体现出改进部分对提高在线降噪效果的必要性，本部分除了前面三种在线降噪方法，加入基于传统 EMD 的在线降噪（OLCEMD），该方法是采用传统 EMD 降噪结合镜面法消除部分端点效应，并对四种在线降噪方法进行平均降噪效果的蒙特卡洛测试和降噪结果视觉比对。

根据灵敏度分析结果，对三种降噪方法分别确定最优参数值，中值滤波宽度选择 MSE 最小的奇数值 L，针对四种模拟数据的三种降噪方法的最优参数选择见表 4.1。

表 4.1 三种方法的最优参数设置

在线滤波方法	OLREMD		OLMS	OLMF
参数	D	L	D	L
Blocks—白噪声	3	7	3	7
HeavySine—白噪声	4	33	4	19
Blocks—白噪声—粗差	3	15	3	7
Heavysine—白噪声—粗差	2	39	5	23
Blocks—有色噪声	3	7	3	7
Heavysine—有色噪声	3	17	3	17

在最优参数设置下通过 1000 次蒙特卡洛测试计算 OLREMD、OLMS、OLMF、OLCEMD 的均方误差（表 4.2），其中 OLCEMD 无参数设置要求。OLCEMD 与其他三种方法对比可知传统 EMD 降噪不能直接用于在线数据降噪，由于端点效应在在线降噪过程中被放大，镜面法不能达到理想的遏制端点误差的效果。OLREMD 在对仅含噪声的过程数据在线降噪时，均方误差与在线小波相当，且低于中值滤波，而当数据含有粗差时，综合两种数据类型，OLREMD 得到最小的均方误差。处理含有色噪声的过程数据时，OLREMD 和 OLMS 具有相似的降噪表现并且当原始信号是 Blocks 信号时，OLMS 的平均 MSE 低于 OLREMD。

表 4.2 四种方法的蒙特卡洛测试平均误差

项目		OLREMD	OLMS	OLMF	OLCEMD
Blocks—白噪声	MSE	0.3015	0.2438	0.3498	0.4533
	时间延迟 /s	0.2985	0.0047	3.3498×10^{-5}	0.0708
HeavySine—白噪声	MSE	0.0924	0.0955	0.1219	0.3813
	时间延迟 /s	0.5186	0.0050	1.9849×10^{-5}	0.3781
Blocks—白噪声—粗差	MSE	0.3410	0.3727	0.3691	0.8558
	时间延迟 /s	0.2828	0.0048	2.3419×10^{-5}	0.0727
Heavysine—白噪声—粗差	MSE	0.1282	0.1749	0.1222	0.7953
	时间延迟 /s	0.2432	0.0054	2.7375×10^{-5}	0.0654
Blocks—有色噪声	MSE	0.2103	0.1594	0.3604	0.2876
	时间延迟 /s	0.6160	0.0090	5.0804×10^{-5}	0.1543
Heavysine—有色噪声	MSE	0.0497	0.0578	0.1001	0.2221
	时间延迟 /s	0.5314	0.0079	3.5562×10^{-5}	0.1562

含白噪声和粗差 Blocks 信号通过四种在线滤波器得到四种降噪结果，如图 4.14 所示。OLCEMD 仅去除了少量的噪声干扰，OLMS 降噪后仍保留部分粗差，OLMF 在数据突变点的还原度较高，但其整体误差高于 OLREMD。

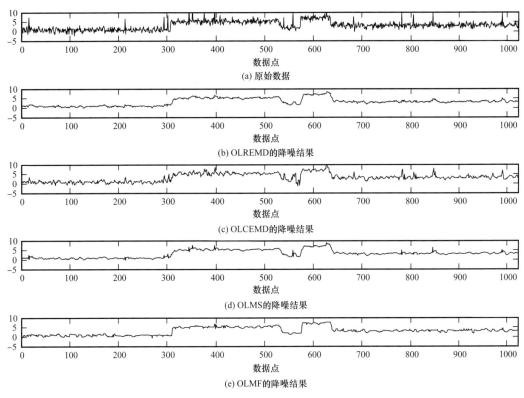

图 4.14　四种方法降噪结果对比

综合两方面的功能分析，包括参数敏感性分析和蒙特卡洛测试，OLREMD 的降噪效果突出，尤其对于同时含有噪声和粗差的信号，其鲁棒性较高。此外 OLREMD 的低参数敏感性和对不同类型噪声的高鲁棒性使得方法更适用于实际过程数据的在线降噪。

除了降噪误差，计算速度也是考量在线滤波方法的一个重要的指标。四种在线滤波算法在相同的计算环境中运行，并且其计算量在蒙特卡洛试验中通过时间延迟指标进行比较（表 4.2）。表中可看出基于 EMD 的滤波算法（OLREMD、OLCEMD）与其他算法相比计算耗时更大，这是由于 EMD 的筛选过程比较耗时。然而，实际工业过程的采样间隔一般较大，如 5s 或 1min，OLREMD 对每一新测量值的处理时间远远小于采样间隔，不会影响操作者对过程变量的观测。虽然 OLREMD 的运行会造成较大的计算量，但它会带来更稳定和理想的降噪效果。因此，OLREMD 成功地将 EMD 方法应用于在线过程数据的降噪中，并且具有较高的鲁棒性，在降噪误差和数据视觉质量上都有很好的表现。

3. 复合特征的模拟数据降噪效果测试

由于实际过程的数据波动特征在较大时间尺度上是动态的，而多数降噪方法的参数是在降噪前根据经验预先设置没有自适应性，因此降噪效果可能会随着数据采集时间波动。理想的在线降噪方法要求降噪效果的稳定性高，对不同数据波动特征的数据均保持较好的降噪结果。

本部分将含白噪声的 Blocks 信号、含白噪声和粗差的 Heavysine 信号组合形成具有复合特征的模拟数据，一共生成 4096 个模拟数据点，前 1024 个为初始数据，剩余的为在线更新数据，移动窗宽度设为 1024。在后 3072 个模拟在线更新的数据集中，前 1024 个是以 Blocks 信号为基础的含白噪数据，后 2048 个为以 Heavysine 信号为基础的含白噪含粗差的数据。分别测试 OLREMD、OLMS 和 OLMF 在线滤波算法对复合特征过程数据的降噪效果的稳定性。滤波参数随机设置：OLREMD 的小波分解层数 D 设为 7，中值滤波宽度 L 设为 20；在线小波降噪的小波分解层数 D 设为 6；在线中值滤波方法的滤波宽度 L 设为 20。计算出三种在线降噪方法每一采样点上的降噪结果与真实值的误差，表示为实时方差误差 $mse(i) = [S'(i) - S'(i)]^2$，$S(i)$ 表示第 i 个采样的真实值，$S'(i)$ 是经过滤波后的纠正值。绘制出三个在线滤波方法的实时误差在时间方向上的变化，如图 4.15 所示，并计算出在线更新数据集中两部分的方差误差（表 4.3）。图表结合可看出三种方法对第二部分的 Heavysine 信号的降噪效果都优于对第一部分的 Blocks 信号，其中 OLMF 相较于其他两种方法对第二部分的数据降噪效果最优，但它对第一部分数据的降噪效果却最差。OLMS 处理两部分数据时得到相似的降噪效果，但都不够理想。相比之下，OLREMD 的降噪误差较平稳，并且对两部分数据均有较好的降噪效果。综合 4.1.3 的分析结果，OLREMD 方法不仅对单一特征过程数据的参数灵敏度低，而且当数据特征出现交替时仍能保持较稳定的降噪效果。

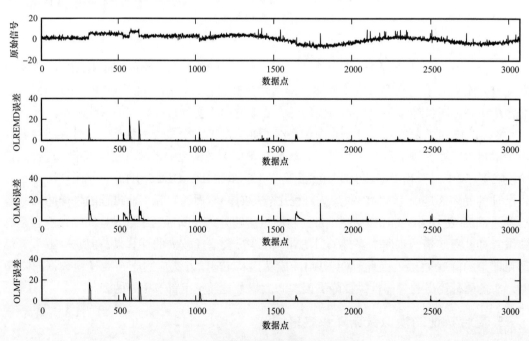

图 4.15　三种方法在线降噪实时误差对比

表 4.3　三种方法两部分数据的平均误差值

项目	OLREMD	OLMS	OLMF
第一部分数据降噪均值误差	0.3375	0.5804	0.6115
第二部分数据降噪均值误差	0.2752	0.4627	0.1630

4. 分析与讨论

（1）OLREMD 的参数敏感性低。

采用模拟过程数据 Blocks 信号和 HeavySine 信号，分别对其添加白噪声、有色噪声或粗差，构成三类带噪声信号。基于这三类噪声信号分别对 OLREMD、OLMS、OLMF 进行参数灵敏度分析，OLREMD 的参数对降噪效果的影响最低，MSE 波动范围与其他方法相比最高下降了 94%，对各种噪声类型都有较好的抑制效果。

（2）OLREMD 方法成功地将基于 EMD 的降噪扩展至在线降噪应用中。

在最优参数设置下，对三种在线降噪方法和 OLCEMD 方法进行蒙特卡洛测试计算其均方误差，得出 OLREMD 是一种基于 EMD 的有效的在线降噪方法，具有较强的鲁棒性。

（3）对具有复合特征的信号降噪，OLREMD 表现出平稳且较优的降噪性能。

考虑到实际过程数据的波动特征是交替变化的，将 Blocks 信号和 HeavySine 信号组合形成具有复合特征的数据，在恒定参数设置下计算 OLREMD、OLMS、OLMF 的实时平方误差，分析得出 OLREMD 的降噪效果平稳性最高，能较好地适应数据特征的变化而保持较理想的降噪结果。

4.1.4　实际过程数据在线降噪测试

本部分将 OLREMD 应用于实际生产中的脱乙烷塔多变量故障监测中。某化工厂 DCS 采集的脱乙烷塔工艺参数包括塔顶温度、塔底温度、进料温度、重沸器气烃返塔温度和塔底液位、塔底压力、回流罐液位、塔顶压力八个参数，本部分提取脱乙烷塔连续采集参数 3072 个（图 4.16），前 1024 个采样数据作为故障监测模型的训练数据，后 2048 个采样数据作为测试数据。从图 4.16 可以看出，大约 2000 次采样后多个参数的波动特征发生变化但均未超出阈值，可以认为发生了工况轻微异常，生产情况不稳定或处于操作工况的过渡阶段。从参数历史变化曲线可以看出，后三个参数基本不受噪声干扰，而前五个参数受到较严重的噪声影响，因此本部分仅对前五个参数进行降噪处理，其中前 1024 个训练数据点经过 4.1.2 步骤 4 提到的离线降噪处理，后 2048 个采样采用 OLREMD 在线降噪，其参数设置如下：小波分解层数为 3，中值滤波宽度为 5，在线降噪的初始数据长度，即移动窗宽度为 1024。

对训练数据和测试数据分别进行离线降噪和在线降噪，五个参数的降噪结果如图 4.17 所示，左侧五图显示降噪后与降噪前的整体数据对比，右侧图放大显示 2000～2500 采样点的局部降噪对比，降噪后结果与原始数据对比可以看出，基于 EMD 的离线和在线降噪能有效地对不同信噪比的信号进行降噪，数据质量得到了提高。

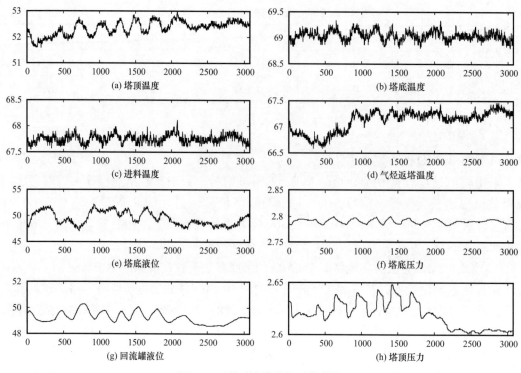

图 4.16　脱乙烷塔现场采集数据

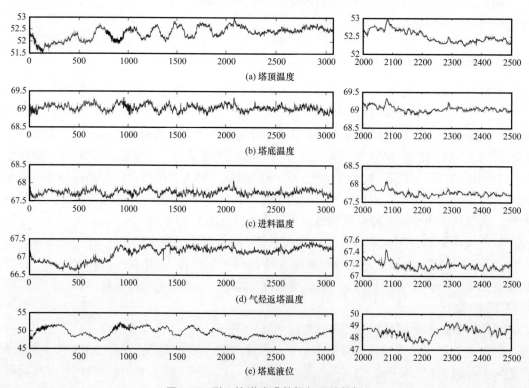

图 4.17　脱乙烷塔降噪数据与原始数据

基于数据挖掘的过程监测方法受到学术界和工业界的广泛关注，这类方法对数据质量要求较高。数据降噪，特别是在线数据降噪，可有效地提高过程监测的准确性和有效性。该部分选用基于 PCA 模型的方法展示 OLREMD 对提高故障监测效果的作用，基于 PCA 的过程故障监测方法介绍详见有关著作文献。测试数据前 750 个采样点认为是正常工况采样而剩余采样点处于不稳定或异常工况中。图 4.18 显示为采用原始数据进行故障监测的 SPE 监控图，在正常工况下，该系统的误报警率相对较高，为 25.07%。原始数据经过提出方法降噪后进行故障监测（图 4.19），其误报警率下降到 19.46%，故障监测可信度有了提高。在第 800 次采样左右，SPE 指标连续超出控制限，生产工况发生变化。与图 4.18 比较，图 4.19 的 SPE 指标受到较少的噪声干扰，上升趋势较明显，为操作者提供更可靠的工况指示。

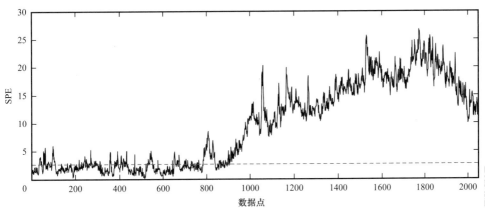

图 4.18　基于原始数据的故障监测图

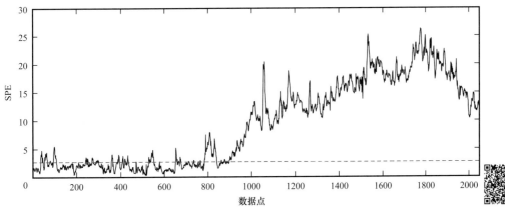

图 4.19　基于降噪后数据的故障监测图

OLREMD 应用于实际脱乙烷塔生产过程中，该方法可有效地降低过程监测图的误报警率，使监控指标变化趋势更明显，提高异常工况辨识度。

4.2 基于 CUSUM 控制图的间歇过程变量趋势监控方法

油气生产过程中间歇生产工艺常被用来生产高质量和具有附加值的特殊产品。间歇生产过程是指在有限的时间内、按照预先设计好的工序流程将原材料加工生产成符合质量要求的产品。同一批次运行周期内又分成多个时段，过程变量的运行轨迹随着时间不断变化，在不同的时段中呈现出不同的数据变化特征。尽管间歇过程中人为介入和潜在扰动等因素常引起批次周期、操作阶段过渡和操作时长的变化，但正常批次之间的变量曲线一般都具有相似的趋势特征。在实际间歇生产中，过程状态的判断往往只关注于变量的测量值而忽略了它们的趋势信息，操作决策却依赖于过程变量趋势。同时观察多条动态变化的变量曲线图，操作者难以很快并准确地从中分离出有效判断过程状态的信息。分析变量趋势，在控制图中展示趋势特征的偏差情况，可有助于简化间歇过程异常工况的识别，为操作者提供有效的决策支持，并且在异常早期触发报警可为工况调节节省时间。

CUSUM 控制图通过累积指定宽度的历史连续采样点来计算监测统计值，可在一定程度上去除部分随机噪声，并且可快速发现小漂移的趋势异常。本节提出一种监测间歇过程变量的方法，通过识别变量的趋势偏离建立控制图。采用 FDA 提取过程变量的趋势特征，其中基准批次的趋势特征定义为趋势预测值。基于提取出的趋势特征，采用 $k-$means 聚类算法划分操作阶段并识别当前过程所在的操作阶段。随后，采用动态时间规整算法（Dynamic Time Warping，DTW）对每一操作阶段进行批次轨迹同步，以在基准批次中选取当前采样点的趋势预测值。最后实时累积计算当前操作阶段的趋势偏差，对每一个监控的过程变量设计趋势 CUSUM 控制图，综合得到多趋势 CUSUM 控制图，以提供对过程工况的整体评估。

4.2.1 基础方法概述

1. 函数型数据分析（FDA）

间歇过程批次的变量数据可看作函数图像的离散点，并且其变化趋势和规律可通过函数图像表达。与离散时间序列点相近的函数可通过数据拟合等方法得到，其基本思想是一系列的基函数线性叠加。常用的基函数有多项式基函数、傅里叶基函数、小波基函数等。$X(t)$ 时间序列的拟合函数表示见式（4.5）。

$$x(t) = \sum_{d=1}^{D} c_d \varphi_d(t) \tag{4.5}$$

其中，D 为基函数个数，c_d（d=1，$\cdots$，D）为第 d 个基函数的系数，$\varphi_d(t)$（d=1，$\cdots$，D）为第 d 个基函数。基函数根据观察时间序列数据点的变化规律预先设定，基函数系数的确定方法常用的优化方法是最小二乘法：$\min\limits_{c_d} \sum_{t=1}^{T} \left[X(t) - x(t) \right]^2$，$X(t)$ 是原始数据值，

$x(t)$ 是拟合函数中的近似值，T 是拟合数据的长度。函数型数据分析方法可以描述离散采样点的连续动态性，将曲线作为样本能提取出更多的关于变量变化趋势和动态性的特征。通过 FDA 获取某采样点的趋势特征可表示为它的一系列导数的组合，基于此建立变量监控统计量。若变量测量值中含有大量噪声时，需要在 FDA 之前进行数据预处理，即数据降噪。

2. 动态区间规整（Dynamic Time Warping，DTW）

间歇生产每一批次过程可视为是相互独立的，批次长度不一致且每一阶段的操作时间也不严格相同。除了异常工况，时间性差异也是导致不同批次间变量轨迹差异的重要因素。DTW 是一种计算在端点约束下的两个数据片段的最优匹配路径的方法，它实施步骤简单且不需要训练数据，已广泛用于间歇过程监测中消除时间性差异。文章在计算变量轨迹偏差之前采用 DTW 方法同步阶段轨迹。将观察时间序列 X 与基准时间序列 Y 进行规整，首先确定两组序列的起始点和终点，在 X 起点附近找到与 Y 起点相似度最高的点作为 X 的新起点，在 X 终点附近找到与 Y 终点相似度最高的点作为 X 的新终点。随后，采用动态规划（Dynamic Programming，DP）思想求解一条最优路径，使得从 X、Y 起点到终点的曲线累积距离最小，路径上某一点的距离量度为 $\delta(i,j)=|x_i-y_j|$ 或者 $\delta(i,j)=(x_i-y_j)^2$，路径表示为一系列坐标组合 $W=w_1,w_2,\cdots,w_p$，$w_k=[i,j]_k$，p 是规整后时间序列的长度。

3. k-means 聚类法

k-means 聚类方法是一种非监督的数据聚类算法，将多个个体 $\{x_1,x_2,\cdots,x_n\}$ 根据与最近质心的欧氏距离分配为若干个类 $S=\{s_1,s_2,\cdots,s_C\}$，首先初始化质心坐标，根据各样本到质心的距离分配类，而后重新计算每类质心坐标，经过若干次迭代得到最终的质心坐标和类别划分。

每一次迭代的优化函数见式（4.6）。

$$\text{MSE} = \sum_{k=1}^{C} v_k = \sum_{k=1}^{C}\sum_{i=1}^{n} \delta_{ik}\left\|x_i - m_k\right\|^2 \tag{4.6}$$

其中 $v_k = \sum_{i=1}^{n} \delta_{ik}\left\|x_i - m_k\right\|^2$，$m_k = \dfrac{\sum_{i=1}^{n}\delta_{ik}x_i}{\sum_{i=1}^{n}\delta_{ik}}$，两者分别是第 k 类的方差和中心坐标，当 $x_i \in s_k$ 时，$\delta_{ik}=1$，否则 $\delta_{ik}=0$。k-means 聚类算法中，经过多次的聚类中心计算和类别重新分配，当 MSE 达到最小值时停止迭代过程，得到最优的聚类中心。算法初始过程预设定的参数有聚类个数 C 和随机分配的聚类中心坐标。k-means 聚类算法已广泛用于分类和识别连续过程的工况模式和间歇过程的操作阶段。

本节采用 k-means 聚类算法基于变量趋势特征将基准间歇批次划分为多个操作阶段，随后对当前监测的间歇过程的每一新采样点进行实时的阶段识别。

4. 累积和控制图（CUSUM 控制图）

CUSUM 控制图累积连续的几个采样点偏离目标值的信息，对小漂移的异常工况较敏感。一般有两种形式来显示 CUSUM 控制图，即列表式（Tabular）CUSUM 和 V 模板式（V-mask）CUSUM。列表式 CUSUM 控制图的优势在于控制限设计直接并且控制图易于理解，本节选用列表式 CUSUM 作为基础控制图实现间歇过程变量的监测。

在列表式 CUSUM 控制图中定义两个统计量，即 C_i^+ 和 C_i^-，分别为 upper CUSUM 控制图和 lower CUSUM 控制图。

C_i^+ 累积在目标值以上的偏差表示见式（4.7）：

$$C_i^+ = \max\{0, C_{i-1}^+ + x_i - \mu - K\} \tag{4.7}$$

而 C_i^- 累积在目标值以下的偏差表示见式（4.8）：

$$C_i^- = \min\{0, C_{i-1}^- + x_i - \mu + K\} \tag{4.8}$$

其中，C_i^+ 和 C_i^- 的起始值为 0，μ 是目标值。参数 H 和 K 是影响控制图敏感度的重要参数，K 为参照值，根据期望识别的最小异常值决定。此外，H 为决策区间，决定控制图的控制限，C_i^+ 或 C_i^- 超出控制限则表示过程异常。若 CUSUM 控制图用于监测变量测量值，目标值 μ 则设为根据变量总体分布估计的均值，K 一般设为期望快速识别的漂移大小的一半。参数 H 的常设为 5σ 或 4σ，其中 σ 是变量测量值的标准差。

4.2.2 监测间歇过程变量的趋势 CUSUM 控制图

间歇过程变量可视为一种动态时间序列，变量趋势比变量测量值能提供更多的过程工况的关键信息。本节改进 CUSUM 控制图以监测间歇过程变量的趋势（而非测量值均值），由此能实现间歇过程的在线故障监测。在此之前，作为先验知识，通过基准间歇批次定义变量趋势的预测值。当前监测批次每一新采样点的趋势特征与预测趋势特征相比较得到残差，从而建立基于 CUSUM 的残差控制图，其中 CUSUM 控制图的目标值设为零。

提出的趋势 CUSUM 控制图设计分为两个部分，即基准间歇批次的预处理和当前监测批次的在线监测，该控制图可有效识别变量的轨迹误差，随后判断异常工况类型。

1. 基准间歇批次的预处理

步骤 1：基准变量轨迹。一个基准间歇批次可从历史正常批次中选择或根据工艺设计选择理论变量轨迹。$X_n = [x_1, x_2, \cdots, x_M]$（$n$=1, 2, $\cdots$, N）表示第 n 个变量的基准轨迹，其中 M 为批次长度，N 为变量个数。

步骤 2：趋势预测值。间歇过程变量的趋势特征由一系列的导数组合（阶数从 0 到 r）来描述。对每一变量来说，每一采样点趋势特征通过对包含该采样点的一系列移动窗数据的 FDA［见式（4.5）］来获取。在采样 t 时刻的趋势特征表示为其阶数为 0 到 r 的一系列导数的组合 $D(t) = [D_0(t), D_1(t), \cdots, D_r(t)]$，$D_0(t)$ 是采样 t 时刻的测量值，$D_i(t)$ 是采样 t 时刻的阶数为 i 的导数，它是所有包含采样 t 的移动窗数据的函数描述结果的平均导数值。基准批次中变量的 $D(t)$ 将会作为趋势 CUSUM 控制图的趋势预测值。

若设移动窗长度为 L 个采样点，遗忘因子为 λ，包含某特定采样点的移动窗个数则为 $[L/\lambda]$。例如，若 $L=20$，$\lambda=5$，每一采样点将会出现在 4 个连续的移动窗中。对这 4 个移动窗数据进行函数描述，得到 4 组采样点导数（阶数从 1～r）的估计值。如图 4.20 中的第 65 次测量值，它的第 i 阶导数估计为 4 个连续移动窗中的第 i 阶导数的平均值。由此，第 n 个变量轨迹的趋势预测值可从基准批次中得到，表示为 $T_n = [D(1), D(2), \cdots, D(M)]^T$，其中 $n=1, 2, \cdots, N$，$D(t) = [D_0(t), D_1(t), \cdots, D_r(t)]$。列项组合所有监测变量的趋势预测值得到趋势预测矩阵，$\boldsymbol{TM} = [T_1, T_2, \cdots, T_N]$。

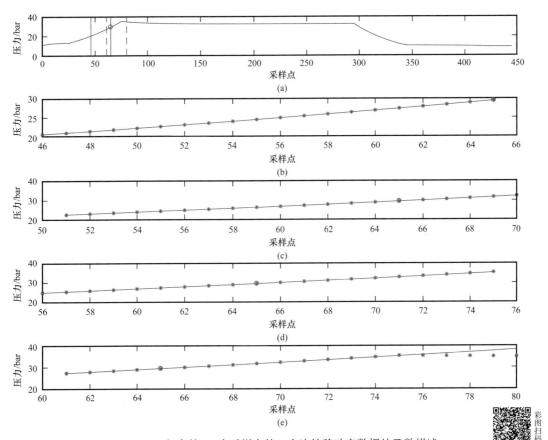

图 4.20　包含第 65 次采样点的 4 个连续移动窗数据的函数描述

注：分图（a）是某一批次过程中的釜压变量轨迹，分图（b）～分图（e）是含第 65 次采样点的 4 个移动窗数据。

步骤 3：阶段划分。对趋势预测矩阵的每一列采用规范化方法分别进行标准化处理 $\boldsymbol{TM}'(a,b) = \{\boldsymbol{TM}(a,b) - \min[\boldsymbol{TM}(a,b)]\}/\{\max[\boldsymbol{TM}(a,b)] - \min[\boldsymbol{TM}(a,b)]\}$。$k\text{-means}$ 聚类算法施加于标准化后的趋势矩阵 $\boldsymbol{TM}'$，确定基准批次中的操作阶段。

在进行 k-means 聚类时，预设参数聚类个数 C 的选择可通过现场经验或者先验知识缩小范围。例如在阶段划分前观察过程变量的轨迹图［图 4.20（a）］，三种趋势特征可总结为上升、下降和平稳。同时根据现场知识，此间歇生产由 5 个间歇操作组成，由此 C 的取值可能为 3、4 或 5。经过几次的聚类试验，当聚类结果得到的划分阶段与实际操作阶段最为符合时，得到最优 C 值。此时，基准批次中所有测量值划分为 C 类并确定聚类中心。将聚类后的观测值按时间顺序排列，可得到组成整个批次的各操作阶段。

2. 异常工况的在线监测

步骤 1：当前采样的趋势特征向量。对每一变量，采集其当前测量值和长度为（$L-1$）的历史测量值的窗口数据。函数描述此窗口数据得到当前采样阶数为 $0 \sim r$ 的导数。对第 n 个变量，它在当前采样 t 时刻的趋势特征表示为阶数 $0 \sim r$ 的导数集合，$\overline{T}_n(t) = [d_0(t),$ $d_1(t), \cdots, d_r(t)]$。列项合并 N 个变量的 t 时刻的趋势特征，则当前采样的趋势向量表示为 $\overline{TM}(t) = [\overline{T}_1(t), \overline{T}_2(t), \cdots, \overline{T}_N(t)]$。

步骤 2：当前采样所在操作阶段识别。对趋势向量进行标准化，随后计算当前趋势向量到 C 个聚类中心的欧氏距离，找到最近的聚类中心，从而根据基准批次变量轨迹的聚类顺序确定相应的操作阶段。

步骤 3：在线 DTW。由于时间性差异可能会导致不同正常批次中变量轨迹的差异，由异常操作引起的趋势偏差，由于时间性差异的存在，很难通过视觉上观察变量测量值识别出来。在计算趋势偏差之前去除监测批次与基准批次间的时间性差异是非常重要的。假设当前采样通过步骤 2 识别属于阶段 p，对每一变量，阶段 p 中的当前采样和历史采样的阶数 $0 \sim r$ 的导数则组成了当前趋势子段。DTW 分别对每一变量进行当前阶段的轨迹同步，首先，找到端点约束，在基准曲线 p 阶段中找到离当前趋势子段端点最近的两个点作为对应基准趋势子段的端点。随后找到最优路径 W，同步当前趋势子段与基准趋势子段的轨迹。

步骤 4：趋势残差。$TE_t(n, i)$ 定义为第 n 个变量的第 i 阶导数在采样 t 时刻相较于相应的趋势预测值的残差。对当前监测批次在时间 $t_j \in [t_0, t]$ 的测量值，根据 DTW 得到的最优路径 W 在基准轨迹中找到相对应的采样点集合 $[t_a, t_{a+1}, \cdots, t_b]$。$t_0$ 是当前阶段的起始点，t 是当前采样点。见式（4.9）和式（4.10），其中可看出 $TE_t(n, i)$（$0 \leqslant i \leqslant r$）是量纲为 1 的量。

$$TE_{t_j}(n, i) = \frac{1}{b-a+1} \sum_{s=a}^{b} [d_i(t_j) - D_i(t_s)], \ (0 < i \leqslant r) \tag{4.9}$$

$$TE_{t_j}(n, 0) = \frac{1}{b-a+1} \sum_{s=a}^{b} \frac{d_0(t_j) - D_0(t_s)}{D_0(t_s)}, \ (i=0) \tag{4.10}$$

步骤 5：单趋势 CUSUM 控制图（IT-CUSUM）。由 CUSUM 控制图的基本原理，根据式（4.7）和式（4.8），定义趋势残差的累积和作为一种新的监测统计量。$UC_t^-(n,i)$ 作为第 n 个变量第 n 阶导数的 lower CUSUM 控制图的统计量［式（4.11）］，$UC_t^+(n,i)$ 作为第 n 个变量第 i 阶导数的 upper CUSUM 控制图的统计量［式（4.12）］。

$$UC_t^-(n,i) = \min\left\{0, TE_t(n,i) + UC_{t-1}^-(n,i)\right\} \tag{4.11}$$

$$UC_t^+(n,i) = \max\left\{0, TE_t(n,i) + UC_{t-1}^+(n,i)\right\} \tag{4.12}$$

由上可知，$UC_t(n,i)$（$0 \leqslant i \leqslant r$）也是量纲为 1 的变量。当监测批次过程过渡到下一操作阶段时，$UC_t^-(n,i)$ 和 $UC_t^+(n,i)$ 的值重置为零。

步骤 6：多趋势 CUSUM 控制图（MT-CUSUM）。每一变量对操作条件改变作出的反应可能不同，分别监控多个变量趋势可能导致操作者错过报警信息，增加操作者工作负荷。因此，一个集成的监控统计量将有助于简化过程变量的监控并且提高监控效率。将所有监测变量的 UC 统计量叠加，得到一种全局的过程监控统计量 MC［见式（4.13）和式（4.14）］，构成的控制图分别为 lower MT-CUSUM 和 upper MT-CUSUM 控制图。

$$MC_t^-(i) = \sum_{n=1}^{N}\left[UC_t^-(n,i)\right] \tag{4.13}$$

$$MC_t^+(i) = \sum_{n=1}^{N}\left[UC_t^+(n,i)\right] \tag{4.14}$$

步骤 7：趋势 CUSUM 控制图的控制限。趋势 CUSUM 控制图累积当前操作阶段的趋势特征的残差，对当前批次偏离基准批次的程度进行定量。在趋势 CUSUM 控制图中，参数 K 的取值设为 0，表示变量趋势的任何偏离都希望得到提醒。参数 H 根据批次重复度要求决定，为趋势偏离的最大容忍水平，以达到 I 类错误率和 II 类错误率的可接受平衡。通过参数 H 即可确定 CUSUM 控制图的上下限位置为 $-H$ 和 H。参数 H 决定了趋势 CUSUM 控制图对过程漂移的灵敏度。若批次重复度期望较高，则 H 值选择较小值使得趋势 CUSUM 控制图的控制限较窄；若扰动在一定程度上是可接受的，则调整参数 H 至合适值。在较大参数 H 值下的趋势 CUSUM 控制图对过程漂移具有较低的灵敏度但误报警率较低，而较小参数 H 值下的趋势 CUSUM 控制图具有较大的工况异常灵敏度但误报警率较高。

在实际间歇过程应用中，在将趋势 CUSUM 控制图应用于一定数量的正常批次过程后，参数 H 可选择为在测试正常批次过程中误报警率在可接受值范围的控制限。当监测变量测量值存在一些可接受扰动，如噪声，MT-CUSUM 控制图的控制限需适当调宽于 IT-CUSUM 控制图，以避免噪声引起的 IT-CUSUM 控制图误报警信息在 MT-CUSUM 控制图中的叠加。

以选择最大导数阶数 $r=1$ 为例，说明趋势 CUSUM 控制图故障监测的规则。

（1）IT-CUSUM$_0$ 控制图监测测量值大小的偏离。零值代表测量值相较于预测值无明显误差。由零水平的上升或下降趋势表示测量变量逐渐偏离预测值。$UC_t^-(n, 0)$ 超出控制限表示变量测量值低于预测值，$UC_t^+(n, 0)$ 超出控制限则表示测量值高于预测值。若统计量维持在一非零值，表示过程已介入一些工艺调整，过程变量曲线调整后已保持与基准曲线同步，取消趋势偏差报警。

（2）IT-CUSUM$_1$ 控制图监测过程变量的变化率的偏离。零值代表变量的变化率与预测值相近，从零水平的增加或下降趋势表示变量变化率异常。$UC_t^+(n, 1)$ 超出控制限意味着变量超高的上升速度或过低的下降速度；$UC_t^-(n, 1)$ 超出控制限则表示变量上升较慢或下降较快。当控制图统计量保持在某一非零值，表示过程已介入一些工艺调整，过程变量曲线调整后已保持与基准曲线同步，取消趋势偏差报警。

（3）MT-CUSUM 控制图，包括 MT-CUSUM$_0$ 和 MT-CUSUM$_1$ 控制图，提供一种对当前批次过程的变量趋势的综合评估，其统计量包含了所有过程变量的趋势特征。当 MT-CUSUM$_0$ 或 MT-CUSUM$_1$ 控制图超出控制限时触发报警。在监测到异常工况前，建议采用 MT-CUSUM 控制图整体监测所有过程变量趋势。MT-CUSUM 控制图触发报警后，分离出超出控制限的 IT-CUSUM 控制图可诊断出故障原因变量。

提出间歇过程变量趋势 CUSUM 控制图的制作流程如图 4.21 所示。

4.2.3 案例分析

本节分别对聚丙烯间歇生产仿真过程和聚丙烯间歇生产实际过程进行参数异常趋势监测，并验证方法的有效性。聚丙烯间歇生产采用液相本体聚合，工艺流程简单，原料适应性强，动力消耗和生产成本低，效益高，目前仍占聚丙烯生产的较大比例。丙烯经过精制后，计量送入反应釜，同时将氢气、活化剂、催化剂等加入釜内。在搅拌状态下釜温达到75℃时触发聚合反应，反应热由夹套循环水带走，反应至液相基本消失。反应结束后，将聚丙烯喷入闪蒸罐，经氮气置换去活至料仓包装。聚丙烯间歇生产中进料、升温、出料等过程均有人为参与，而聚合反应的控制是重点，可用聚合釜温度或压力作为控制目标。

正常批次下的釜温、釜压等参数都是在一定的轨迹上移动，而当异常操作发生时测量参数将会出现大幅度的偏离轨迹，由于批次间存在时间性差异，操作者难以直接从轨迹比对出变量的偏离，IT-CUSUM 控制图提供一个统一的表征趋势异常偏离的指标来给予操作者直观的提示。此外，不同测量变量对不同工况异常的灵敏度不同，或出现不同程度的反应延迟，MT-CUSUM 控制图提供一个多变量的综合异常趋势指标，在降低操作者控制工作负荷的同时，提高了异常识别的准确性和灵敏性。

1. 聚丙烯间歇生产仿真过程的案例分析

采用 ASPEN Plus Dynamics 建立聚丙烯间歇生产仿真过程，过程仅模拟聚合反应部分，如图 4.22 所示，REACTOR 为一搅拌反应器模拟的聚丙烯反应釜，C3FEED 为进料流，VAP-A 为回收丙烯流，POWDER1 为聚丙烯出料流，REACTOR_TC 为聚合釜温度控制器，控制温度曲线。仿真关键工艺参数有釜内液位、釜温和釜压，采样频率为36s。

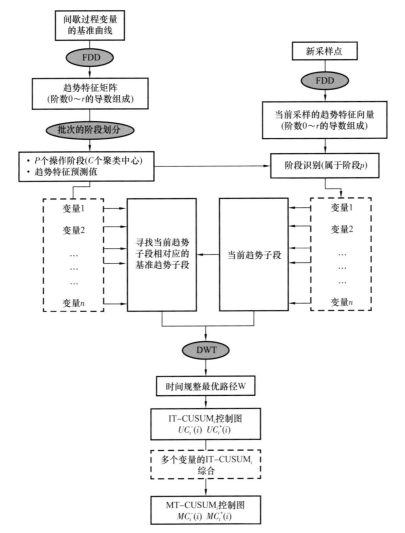

图 4.21　趋势 CUSUM 控制图的制作流程

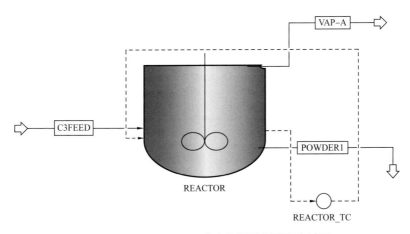

图 4.22　ASPEN PLUS 仿真聚丙烯间歇聚合过程

聚丙烯间歇过程属于动态过程，在 ASPEN PLUS 中对动态过程的仿真之前需要建立相应的稳态过程模型。其稳态过程的工艺参数设置如下：

（1）反应釜体积 12m³。

（2）进料温度 30℃，进料压力 30bar。

（3）每釜投料量约 4.2t。

（4）进料成分的质量比：催化剂 TICL4：丙烯（C_3H_6）：丙烷（C_3H_8）=0.00006：0.99794：0.002。

在稳态过程模型的基础上，在 ASPEN Plus Dynamics 中添加设置动态操作即可实现聚丙烯间歇过程的模拟，设计动态操作步骤如下：

（1）进料阶段。上一批次出料完成后，出料进料阀门关闭，釜内温度调节至 30℃；打开进料阀，进料流量 20120kg/h，稳定流量进料持续 15min，进料完毕，关闭进料阀。模拟进料阶段从第 1 采样点至第 26 采样点。

（2）升温阶段。釜温在 30min 内从 30℃均匀升至 75℃。模拟升温阶段从第 27 采样点至第 76 采样点。

（3）稳定反应阶段。维持釜内温度在 75℃反应约 3h 左右，釜内聚丙烯生成量稳定时，结束聚合反应。模拟稳定反应阶段从第 77 采样点至 295 采样点。

（4）冷却降温阶段。釜内温度在 30min 内降到 30℃，与此同时，打开丙烯回收阀，回收气相丙烯，回收出料流量 100kg/h，当釜内压力降到 12bar 时，阶段结束。模拟冷却降温阶段从第 296 采样点至第 345 采样点。

（5）出料阶段。当釜内压力降到 12bar 时，聚丙烯出料，出料流量 10000kg/h。

当聚丙烯出料流量降低到 0.001kg/h 时，停止出料。模拟出料阶段从第 346 采样点至第 445 采样点。

根据以上所示的聚丙烯间歇过程的工艺设计可以看出，该间歇过程经历五个操作阶段，分别是进料阶段、升温阶段、稳定反应阶段、冷却降温阶段和出料阶段。在建立的聚丙烯动态仿真模型中，模拟五个不同操作工况下的批次过程（表 4.4），测试提出方法的监测效果。

表 4.4　仿真批次

批次	描述	参数设置
批次 1	基准工况	进料成分质量比为 0.00006：0.99794：0.002
批次 2	异常工况，催化剂计量不足	进料成分质量比为 0.00002：0.99798：0.002
批次 3	异常工况，升温速度过慢	釜温在 1h 内升至 75℃
批次 4	异常工况，提前终止反应	釜内聚丙烯摩尔比仅 0.4 时出料
批次 5	异常工况，压力上升超过 37.5bar	升温阶段，聚合釜加温至 80℃

如图 4.23 所示的聚丙烯过程变量曲线可视为几条线性曲线片段的拼接，其中线性曲线之间的过渡部分可由二次多项式函数来表达，由此，FDA 的基函数可选择二次多项式，足以描述测量值与采样时间的动态关系。由拟合函数得到每一采样点的 0～1 阶导数来描述采样点的趋势特征。批次 1 作为基准批次，对批次 1 中每一过程变量进行函数描述来获取其趋势特征预测值，选择移动窗宽度 $L=10$，遗忘因子 $\lambda=2$。

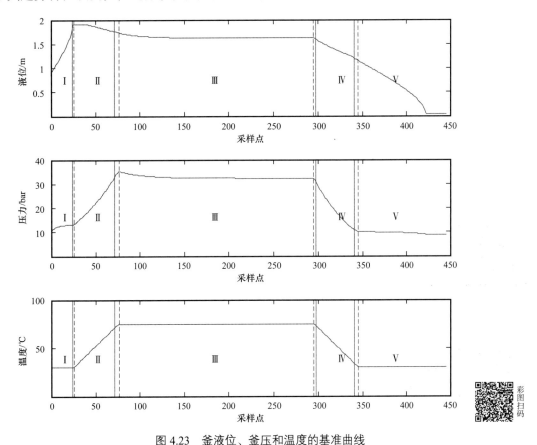

图 4.23　釜液位、釜压和温度的基准曲线

注：垂直红实线代表采用 k-means 算法的阶段划分，垂直红虚线代表实际模拟的阶段划分。

批次 1 中釜液位、釜压和釜温的变量曲线作为基准曲线，基于提取的趋势特征预测值，采用 k-means 聚类算法将批次 1 测量点划分成 4 个聚类，按时间排列有聚类标签的所有测量值后，批次 1 中识别出五个操作阶段（图 4.23）。将 k-means 聚类过程运行 1000 次评估阶段划分结果的稳定性，聚类结果几乎无差异，印证了由 FDA 提取的趋势特征可准确描述各操作阶段的特征，并且 k-means 聚类算法能较好地划分各操作阶段。k-means 聚类算法划分的阶段组成与仿真设置的操作步骤基本相吻合，最多有 6 个采样点的阶段端点误差。

对每一仿真批次过程建立趋势 CUSUM 控制图，监测变量趋势偏离对异常操作实现实时识别。此案例中，IT-CUSUM 和 MT-CUSUM 控制图的参数 H 设为 5。

批次 2 中，进料阶段催化剂计量不足导致了釜液位和压力变量明显的轨迹偏离，尤其在阶段 3 中最为明显，表示这两个变量是需要密切监控的。如图 4.24 所示，MT–CUSUM$_0$ 控制图在阶段 3 首先监测到统计量的上升趋势并且超出控制上限，釜压和液位参数的 IT–CUSUM$_0$ 控制图有相似的报警信号，而 MT–CUSUM$_1$ 控制图的统计量基本维持在较低水平。釜压参数的 lower IT–CUSUM$_1$ 控制图在阶段 3 末端监测到快速的下降，而其 upper IT–CUSUM$_0$ 控制图有轻微的下降趋势。这种现象是在线 DTW 引起的，缩小与基准曲线时间性差异可能引起 IT–CUSUM$_1$ 统计量的快速上升或下降。

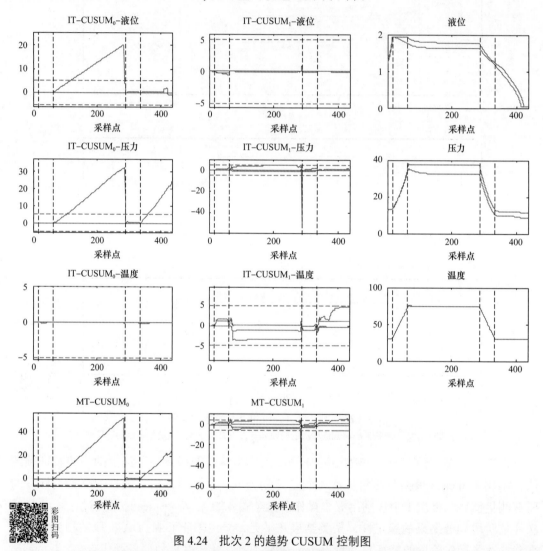

图 4.24　批次 2 的趋势 CUSUM 控制图

注：中间的红实线代表基准批次的趋势 CUSUM 控制图，蓝实线代表批次 2 的趋势 CUSUM 控制图。
垂直黑虚线表示阶段间的划分。

批次 3 中，聚合釜的升温过程耗时两倍的基准操作时间，达到 75℃。如图 4.25 所示，lower MT–CUSUM$_1$ 控制图首先在阶段 2 监测到下降趋势的异常情况，并超出下控制限。压力和温度参数 lower IT–CUSUM$_1$ 控制图表现为相似的下降趋势并超出各自的下控制限，诊断为报警原因变量。异常工况报警原因可由此诊断为过低的升温速度，随后升温速度过低的异常操作将传播至阶段 3，引起阶段 3 中 upper MT-CUSUM$_0$ 控制统计量上升，其中压力变量的 upper IT-CUSUM$_0$ 控制图有相似的上升趋势，建议密切关注。MT-CUSUM$_1$ 控制图在阶段 3 经过短暂的上升后维持一个稳定水平，表示变量变化率在正常范围内。此短暂的上升情况是由阶段识别误差导致的。

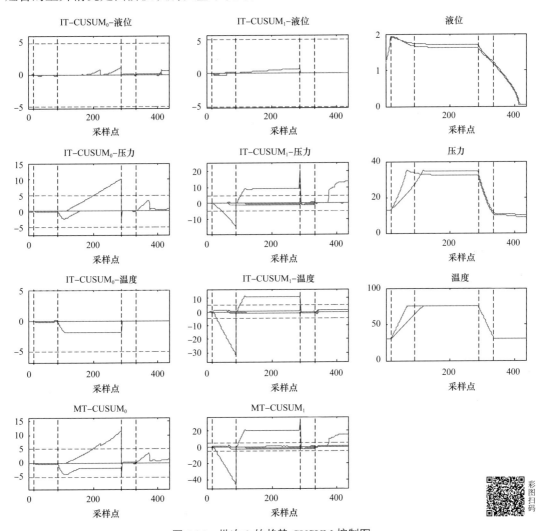

图 4.25　批次 3 的趋势 CUSUM 控制图

注：中间的红实线代表基准批次的趋势 CUSUM 控制图，蓝实线代表批次 3 的趋势 CUSUM 控制图。垂直黑虚线表示阶段间的划分。

　　批次 4 中，聚合反应提早中止，产品提前出料。在阶段 3 中反应稳定进行，与基准批次的反应条件相同。尽管聚合生产的聚丙烯产物质量下降，批次 4 的产品质量并没有受到影响。因此，该批次可认为是正常批次，其趋势 CUSUM 控制图如图 4.26 所示。IT-CUSUM 和 MT-CUSUM 控制图中均未发现明显的上升或下降趋势，表明该批次过程正常。

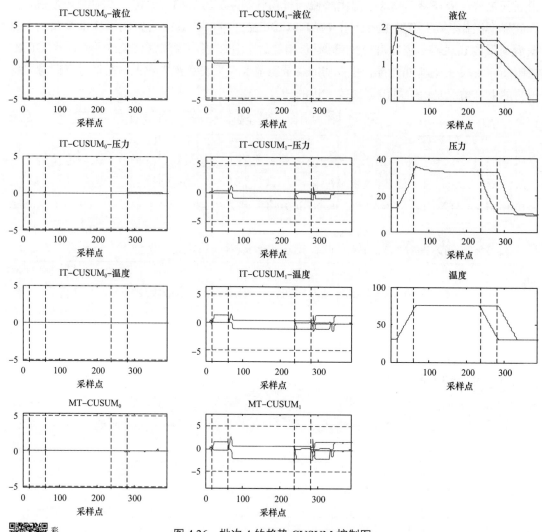

图 4.26 批次 4 的趋势 CUSUM 控制图

注：中间的红实线代表基准批次的趋势 CUSUM 控制图，蓝实线代表批次 4 的
趋势 CUSUM 控制图。垂直黑虚线表示阶段间的划分。

　　批次 5 中，反应釜温度在阶段 2 升温较高，至 80 ℃。如图 4.27 所示，upper MT-CUSUM$_1$ 控制图首先在阶段 2 中监测到明显的上升趋势的异常情况。与此同时，压力和温度变量的 upper IT-CUSUM$_1$ 控制图也监测到上升并超出上控制限，给出超高升温速率的警告。随后，这个操作异常将会传播至下一阶段，upper MT-CUSUM$_0$ 控制图在整个阶段 3 表现出上升趋势并超出控制限，意味着有变量的测量值超高。在阶段 3 的中间部分，lower MT-CUSUM$_1$ 控制图监测到突然下降，而 MT-CUSUM$_0$ 也有轻微下降，这种现象是由排除时间性差异原因导致的。除去突然的下降趋势，MT-CUSUM$_1$ 和 IT-CUSUM$_1$ 控制图在阶段 3 维持在稳定水平。

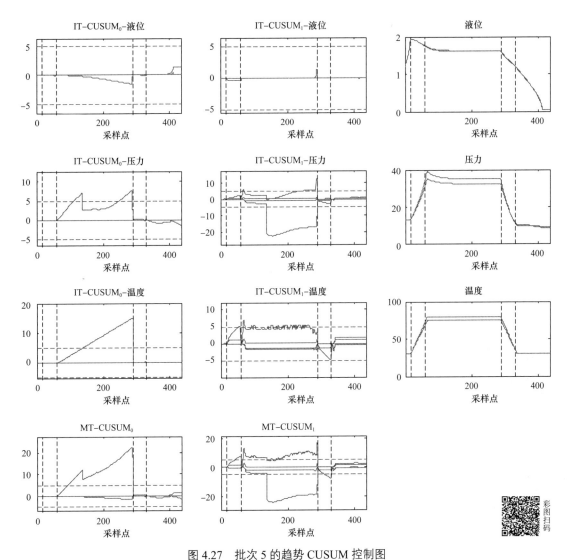

图 4.27　批次 5 的趋势 CUSUM 控制图

注：中间的红实线代表基准批次的趋势 CUSUM 控制图，蓝实线代表批次 5 的趋势 CUSUM 控制图。

垂直黑虚线表示阶段间的划分。

经过对仿真聚丙烯间歇过程变量建立趋势 CUSUM 控制图，可以得出结论，由异常操作引起的变量趋势偏离能够很好地反映在趋势 CUSUM 统计量中。趋势 CUSUM 控制图采用与传统 CUSUM 控制图相似的监测规则，实现对间歇过程变量异常的监测。

2. 聚丙烯间歇生产实际过程的案例分析

本部分采用某炼化厂实际生产中的聚丙烯间歇反应釜的过程变量数据来验证提出的方法在实际生产中的适用性。选择现场聚合釜的四个过程参数，包括釜压、釜上部温度、釜中部温度和釜下部温度作为监测变量。变量每 30s 采集一次测量值。与仿真聚丙烯间歇过程相同，一个生产批次由五个操作阶段组成，包括进料阶段、升温阶段、稳定反应阶段、冷却降温阶段和出料阶段。选择某一正常批次的变量轨迹作为基准轨迹，聚类数 C 选为 4，采用 k-means 聚类算法对正常批次进行阶段划分，划分结果如图 4.28 所示。

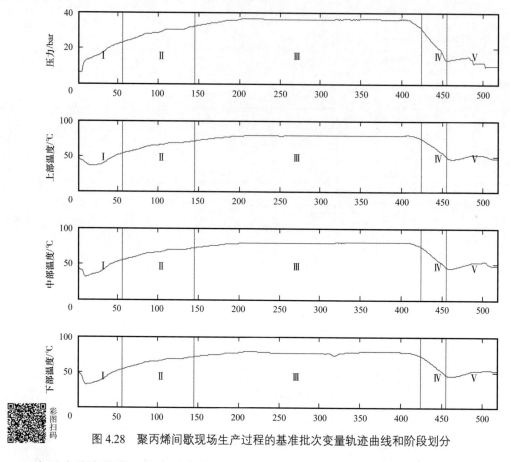

图 4.28　聚丙烯间歇现场生产过程的基准批次变量轨迹曲线和阶段划分

在反应稳定阶段，聚合反应的反应压力一般维持在低于 36.5bar 的压力水平上。在实际生产中，操作者一般在上控制线为 37bar 的控制图中监控釜压变量。本部分在现场过程数据库中提取 6 个釜压变量报警批次，分别建立趋势 CUSUM 控制图。而在实际生产过程中，Shewhart 控制图是比较常用的，它由上下限和中心线组成，其中上下限，如 3σ 控制限，一般根据过程数据分布计算得到。然而，当 Shewhart 控制图应用于间歇过程时，由于间歇过程的动态特性，其控制限难以根据历史数据得到。在实际的 Shewhart 控制图的间歇过程应用中，其控制限一般根据过程工艺要求决定，一般只有变量最大值和最小值受到控制限的约束。在现场聚丙烯聚合釜案例分析中，对釜压变量建立上限为 37bar 下限为 0 的 Shewhart 控制图，同时，三个温度变量的 Shewhart 控制图上限为 82℃，下限为 0℃。接下来，将趋势 CUSUM 控制图与 Shewhart 控制图对比，分析比较趋势 CUSUM 控制图的优势和现场监控效果。

对 6 个釜压变量报警的批次进行趋势 CUSUM 和 Shewhart 控制图监测，比较它们的报警时间（图 4.29，表 4.5），其中为平衡控制图在正常批次和异常批次中的监测表现，

MT-CUSUM$_0$ 和 MT-CUSUM$_1$ 控制图的参数 H 分别选为 10 和 20。图 4.29 所示，MT-CUSUM$_0$ 和 MT-CUSUM$_1$ 控制图的上升 / 下降趋势与过程变量的异常趋势相符。例如，批次 1 的 lower MT-CUSUM$_0$ 控制图在第 200 至第 300 采样区间下降超出下控制限，该报警对应压力和温度变量测量值偏低的异常工况。与此同时，批次 1 的 lower MT-CUSUM$_1$ 也超出下控制限，表示压力和温度变量变化斜率的异常。对于批次 2，阶段 3 中 MT-CUSUM$_0$ 控制图在其控制限内波动，而 lower MT-CUSUM$_1$ 控制限监测到下降并超出控制限，与之对应的变量异常是压力变量上升缓慢，随后压力受到扰动超出 37 bar 引起 Shewhart 控制图报警。从表 4.5 可看出，趋势 CUSUM 控制图能早于 Shewhart 控制图发现过程变量异常。

表 4.5　异常工况监测的控制图比较（单位：采样间隔）

报警批次	趋势控制图报警		Shewhart 控制图报警
	MT-CUSUM$_0$	MT-CUSUM$_1$	釜压的 Shewhart 控制图
1	240	167	284
2	344	204	251
3	—	256	386
4	—	243	312
5	—	273	371
6	—	253	354

此外，MT-CUSUM 控制图可对无变量 Shewhart 控制图报警的批次监测，通过监测变量趋势，可发现潜在异常，提醒操作者较早地调整或更改操作，从而保证较标准的变量曲线和正常的生产过程。选取 10 个无变量 Shewhart 报警的批次测试趋势 CUSUM 控制图的潜在异常监测的功能。尽管 4 个过程变量均没有超出其 Shewhart 控制图的上下限，MT-CUSUM 控制图仍可监测到变量走势的异常，及时提示操作者做出工艺调整，更好地保证批次的重复性。如图 4.30 和图 4.31 所示，10 个批次的 MT-CUSUM$_0$ 控制图大多维持在其控制限内，而它们的 MT-CUSUM$_1$ 控制图表现出较好的识别变量变化率异常的灵敏性。例如批次 1、7、8 的 lower MT-CUSUM$_1$ 控制图在阶段 2 超出下控制限，意味着较低的升温速度。批次 2～4 的 lower MT-CUSUM$_1$ 在阶段 3 下降至超出下控制限，主要原因可诊断为温度的异常波动。当 MT-CUSUM 控制图监测到持续的下降或上升并超出控制限时，故障原因变量可从具有相似波动或报警的 IT-CUSUM 控制图中诊断得出，由此操作者可尽早采取调整措施减小趋势偏差，将趋势 CUSUM 控制图维持在稳定水平，保证批次过程按照规定轨迹运行。

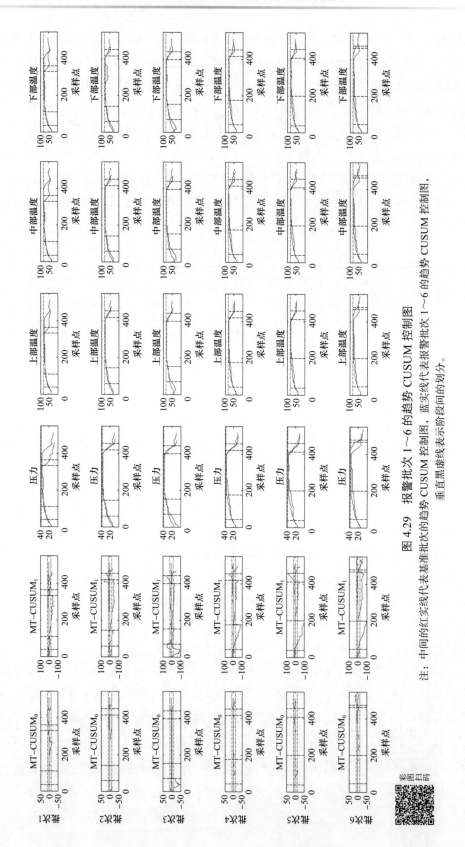

图 4.29　报警批次 1～6 的趋势 CUSUM 控制图

注：中间的红实线代表基准批次的趋势 CUSUM 控制图，蓝实线代表报警批次 1～6 的趋势 CUSUM 控制图，垂直黑虚线表示阶段间的划分。

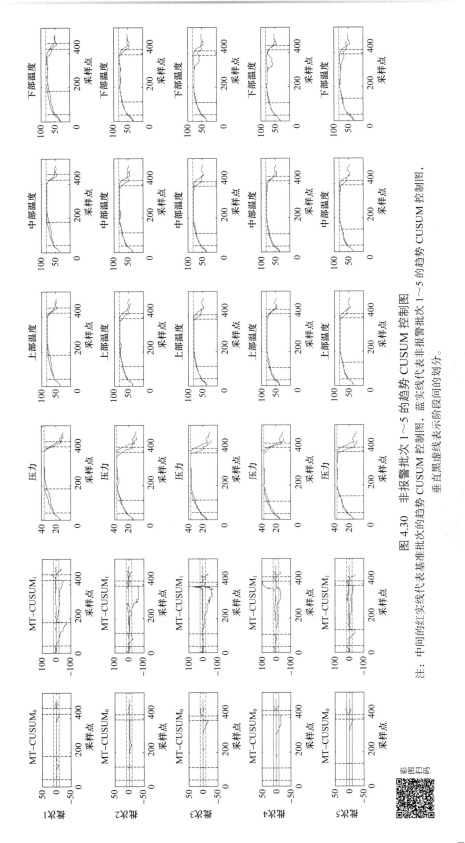

图 4.30　非报警批次 1～5 的趋势 CUSUM 控制图

注：中间的红实线代表基准批次的趋势 CUSUM 控制图，蓝实线代表非报警批次 1～5 的趋势 CUSUM 控制图，垂直黑虚线表示阶段示意阶段间的划分。

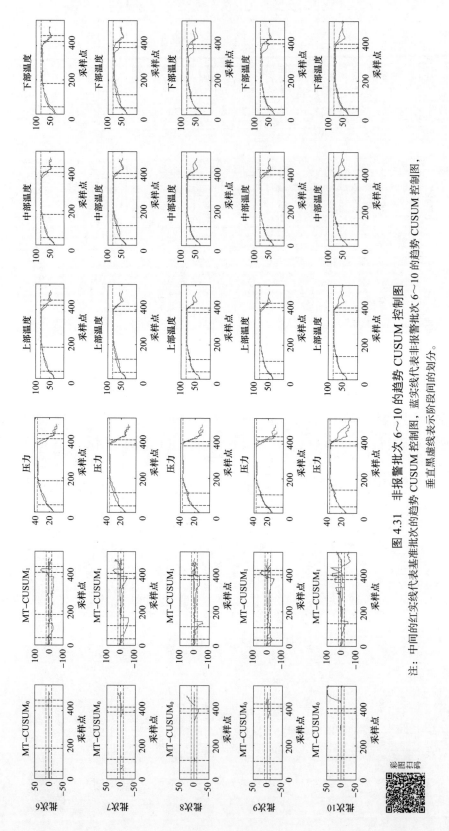

图 4.31 非报警批次 6～10 的趋势 CUSUM 控制图

注：中间的红实线代表基准批次的趋势 CUSUM 控制图，蓝实线代表非报警批次 6～10 的趋势 CUSUM 控制图，垂直黑虚线表示阶段间的划分。

4.3　数据自相关下的连续过程 Shewhart 控制图监控方法

在油气生产过程中，单变量 / 多变量的统计过程控制（statistical process control，SPC）方法广泛用来实现在线过程故障监测，从而保障产品质量。SPC 方法的主要目的是减少过程波动，而绝大部分过程波动都会表现在过程变量的测量值上。Shewhart 控制图，包括单变量 Shewhart 控制图和多变量 Shewhart 控制图，是一种有效的监控过程变量均值的 SPC工具。Shewhart 控制图的构造需要满足测量值数据独立同分布的假设，才能达到理想的监控目的。然而在实际过程中，过程变量的采样频率较高，连续采样点之间是时序相关的，从而使得独立同分布假设不成立。对于这样的时间序列过程，传统的 SPC 控制图难以有效地区分正常过程和故障模式，从而导致大量的误报警或漏报警，其故障识别性能下降。常用的改进 SPC 方法解决自相关问题一般要求过程模型和参数估计。本节提出一种新的Shewhart 控制图（单变量和多变量 Shewhart 控制图）监测方案，提高了控制图对时间序列过程的故障监测能力。

4.3.1　时间序列数据

1. 单变量时间序列

传统控制图认为处于统计控制下的过程数据是来自某一个随机过程，也就是说过程变量的观测值时间序列上是独立的。某一随机过程的受控观测值 x_t 可表示为 $x_t = \mu + \varepsilon_t$，其中 μ 是一常数，ε_t 是服从均值为 0 方差为 σ_0^2 的一系列随机误差。服从此过程模型的时间序列产生的测量值是围绕均值 μ 随机波动的。然而，这种情况在实际工业过程中很少见。实际工业过程观测到的过程变量经常表现出时序上的相关性，即自相关性。由于系统动态性和较高的采样频率，可假设一个实际过程是自回归过程，即过程变量任一测量值是与历史测量值相关的，由此，可采用自回归模型来描述实际观察的时间序列。若在时刻 t 的测量值仅与前一时刻 $t-1$ 的测量值相关，此时间序列数据可由一阶自回归模型［AR（1）］表示。一个 AR（1）过程表示为 $x_t - \mu = \phi(x_{t-1} - \mu) + \varepsilon_t$，其中，$\phi$ 是自相关系数，可理解为上一时刻测量值对当前测量的覆盖程度。

一个 AR（1）过程可能为稳态或非稳态，取决于模型参数的设置。大多数处于正常运行状态的连续油气生产过程可视为基于某特定稳态的自回归过程，本节主要应用对象也是稳态生产过程，若要扩展到非稳态过程应用中需要结合自适应或其他算法。简单来说稳态过程就是一个具有恒定均值和恒定方差的随机过程。对于 AR（1）过程，若 $|\phi| < 1$，该过程可认为是稳态的，其均值为 μ，方差为 $\sigma_0^2 / (1 - \phi^2)$。

2. 单变量时间序列的自相关性识别

单变量时间序列的自相关性可由自相关函数（autocorrelation function，ACF）和偏自相关函数（partial autocorrelation function，PACF）来计量。ACF 是测量值之间相似度与采样跨度之间的函数表达，而 PACF 是两测量值的直接相关性，忽略其他测量值的影响。本节选用 ACF 来定义时间序列数据中的自相关性大小，稳态过程中 x_t 与 x_{t-k} 的相关性表示见式（4.15）：

$$\rho_k = \frac{E\left[(x_t - \mu)(x_{t-k} - \mu)\right]}{\sigma^2} \tag{4.15}$$

其中，μ 和 σ^2 分别是稳态时间序列 x_t 的均值和方差。相似的，样本 ACF 计算见式（4.16）：

$$\widehat{\rho}_k = \frac{E\left[(x_t - \overline{x})(x_{t-k} - \overline{x})\right]}{\widehat{\sigma}^2} = \frac{\sum\limits_{t=k+1}^{n}(x_t - \overline{x})(x_{t-k} - \overline{x})}{\sum\limits_{t=1}^{n}(x_t - \overline{x})^2} \tag{4.16}$$

其中，$\overline{x}$ 是稳态时间序列 x_t 的样本均值，n 是样本大小。

若观测数据满足随机过程分布，ACF 将会趋近均值为 0 方差为 $1/n$ 的正态分布，确定置信水平后检验数据服从随机过程的零假设。

3. 多变量时间序列

在大多数现代工业过程中，多个过程变量之间是互相关且时间序列上也相关的，某一变量在时间 t 的测量值可能直接或间接地与它的历史采样点相关或与其他变量的历史采样点相关。

本节采用一阶向量自回归模型［VAR（1）］模拟具有时序相关性的多变量过程。VAR 模型可较好地模拟扰动因子无自相关性的线性时间序列系统。VAR（1）模型表示为 $X_t - \mu = \boldsymbol{\Phi}(X_{t-1} - \mu) + \varepsilon_t$，其中 $\boldsymbol{\Phi}$ 是 $p \times p$ 的自相关矩阵，p 为模拟变量个数，ε_t 表示随机误差矩阵，由多元独立正态分布 $N(0_p, \Sigma_{p \times p})$ 生成。生成的 VAR（1）过程数据服从正态分布 $X_t \sim N_p[\mu, \boldsymbol{\Gamma}(0)]$，其中 μ 是均值向量，$\boldsymbol{\Gamma}(0) = \boldsymbol{\Phi}'\boldsymbol{\Gamma}(0)\boldsymbol{\Phi} + \Sigma$ 是 X_t 的互相关矩阵。当 $\boldsymbol{\Phi}$ 是一对角矩阵时，某一变量在 t 时刻的测量值仅与它自身的历史测量值相关，而与其他变量的历史测量值无关。

与 AR（1）过程相似，当 $\boldsymbol{\Phi}$ 的最大绝对特征值小于 1 时，模拟的 VAR（1）过程是稳态的，否则，VAR（1）过程是非稳态的，不属于本节研究范围。

4. 多变量时间序列的自相关性识别

对单变量的时间序列来说，ACF 可通过描述某采样跨度下的两采样点间的相似度来测量其时序相关度，并且可用来确定达到可忽略相关性的最小采样跨度。然而，对于多变量时间序列，每个变量的相关性大小不同，且由于互相关性的参与，时序相关性可能在变量间以某种方式传播。延迟相关性测量不同过程变量在采样跨度 k 下的时序相关性，建立延迟相关性矩阵，其中矩阵的对角线元素即是测量变量的自相关系数。Vanhatalo 等采用延迟相关性矩阵的特征值绝对值（AVE）来综合定量 X_t 和 X_{t+k} 的线性关系。当在某时间跨度 k 后所有特征值较小且接近零，说明在这一时间跨度上的时序相关性可忽略。

对于 VAR（1）过程，延迟协方差矩阵 $\boldsymbol{\Gamma}(k)$ 计算公式为 $\boldsymbol{\Gamma}(0)=\boldsymbol{\Phi}'\boldsymbol{\Gamma}(0)\boldsymbol{\Phi}+\boldsymbol{\Sigma}$，$\boldsymbol{\Gamma}(k)=\boldsymbol{\Gamma}(0)\boldsymbol{\Phi}'^k$，$k\geqslant1$。延迟相关性矩阵是标准化的延迟协方差矩阵，可由样本数据集估计得到。采样跨度 k 下的延迟相关性矩阵计算见式（4.17）：

$$\rho_{ij}(k)=\frac{1}{\hat{\sigma}_i\hat{\sigma}_j}E\left[\left(X_{i,t}-\hat{\mu}_i\right)\left(X_{j,t+k}-\hat{\mu}_j\right)\right] \tag{4.17}$$

其中 $\hat{\sigma}_i$ 和 $\hat{\sigma}_j$ 是第 i 个变量和第 j 个变量的标准差估计值，$\hat{\mu}_i$ 和 $\hat{\mu}_j$ 是第 i 个变量和第 j 个变量的均值估计值。

延迟相关性矩阵的 AVE 随着参数 k 的增加而逐渐降低，然而，没有一种适当的 AVE 截断线确定方法来确定测量值间时序独立时的最小采样跨度。Vanhatalo 等生成与当前分析时间序列数据相同相关性矩阵、相同测量变量个数的时序独立的数据，计算时序独立数据的延迟相关性矩阵的最大特征值，以作为时间序列数据的 AVE 截断线来确定时序独立时的最小采样跨度 k。然而这种方法在实际应用中不易操作，且对于多变量过程系统难以准确估计其协方差矩阵，从而难以找到或生成一个相同相关性矩阵的时序独立的数据集。

4.3.2　Shewhart 控制图

1. 控制图监控效果的评估指标

控制图的监控效果应该对受控过程监控和故障过程监控两方面进行评估，一个有效的控制图应有降低的类型 I 和类型 II 错误率。类型 I 错误对应于误报警率和受控过程平均运行长度 ARL（ARL_0），而类型 II 错误表现为故障识别率和失控过程平均运行长度 ARL（ARL_1）。较大的 ARL_0 和较小的 ARL_1 是理想 SPC 控制图的特征。对于独立同分布的数据，ARL_0 和 FAR 是倒数关系，$\text{ARL}_0=\dfrac{1}{\text{FAR}}$。若数据具有自相关性，$\text{ARL}_0$ 和 FAR 的关系不再是倒数关系，而变得复杂化。这种情况下的 FAR，由阶段 II 的误报警百分比计算得到，是采样点报警的边缘概率而非某一采样点发生误报警事件的概率。某一采样点的真实报警概率是与其历史采样点的受控状态相关的，若前面的采样点超出控制限报警，则接下来相关的采样点的报警概率将高于边缘报警概率，反之亦然。因此条件报警概率可描述某采样点的真实报警概率。然而，条件报警概率对不同采样点的大小不同，并且难以在仿真过程中进行估计。相似地，故障识别概率，即阶段 II 的故障识别的采样点百分比，也不能与任一采样点的类型 II 错误概率相对应。在大多数的控制图监控规则中，当测量值首次超出控制限时则表明过程失控。因此对于自相关过程数据，运行长度相较于类型 I / II 的错误率，更能反映控制图的监控效果。

此外，一些研究中认为运行长度具有较宽的变化幅度，ARL 不是一个最合适的控制图监控效果评估指标。Harris and Ross 采用蒙特卡洛方法证明控制图的运行长度呈现正偏态分布，ARL 指标可能没有实际意义，并提出了一个辅助指标运行长度的标准差（Standard Deviation of the Run Length，SRL），表示运行长度的离散程度。较大的 SRL 表示受控运行长度分布和失控运行长度分布之间有较大的重叠，从而导致控制图正确报警时间的不准确。

2. 单变量 Shewhart 控制图

根据阶段 I 的训练测量值对过程变量均值和标准差进行估计，随后计算单变量的 Shewhart 控制图的控制限以达到指定误报警率（False Alarm Rate，FAR），其中下控制限为 $LCL = \hat{\mu} - c \cdot \hat{\sigma}$，上控制限为 $UCL = \hat{\mu} + c \cdot \hat{\sigma}$，$\hat{\mu}$ 和 $\hat{\sigma}$ 分别是变量均值和标准差的估计值。当选择 3σ 控制限时，即 $c=3$，计算得到的控制限对应 FAR=0.0027。

在阶段 I 中有两种方法估计变量的标准差 σ。一种是采用样本标准差 S 作为其估计值，$S = \sqrt{\left[\sum_{i=1}^{n}(x_i - \bar{x})^2\right] / (n-1)}$。当样本大小足够大时，样本标准差是总体标准差的无偏估计。另一种方法是用极差法估计标准差，σ 的无偏估计定义为 $\hat{\sigma} = \dfrac{\bar{R}}{d_2}$，其中 $\bar{R} = \sum_{i=2}^{n} \left| (x_i - x_{i-1}) \right| / (n-1)$ 是平均移动极差，d_2 是与样本大小相关的常数。当采用极差法对时间序列数据进行标准差估计时，自相关系数为正时，$\hat{\sigma} < \sigma$，自相关系数为负时，$\hat{\sigma} > \sigma$。由此，极差法不适用于对自相关过程数据的标准差估计，而对于时间序列数据样本标准差是一种更适用的总体标准差无偏估计。本节采用样本标准差作为变量标准差的无偏估计构造单变量 Shewhart 控制图。

若过程模型已知或可估计，根据基于模型的变量均值和标准差调节 Shewhart 控制图控制限，从而构造修正 Shewhart 控制限。特殊的，对 AR（1）过程 $x_t - \mu = \phi (x_{t-1} - \mu) + \varepsilon_t$，变量的真实均值和标准差分别为 μ 和 $\dfrac{\sigma_0}{\sqrt{1-\phi^2}}$，将其应用于修正 Shewhart 控制图中，其中 σ_0^2 是随机误差 ε_t 的方差。

3. 数据自相关性对单变量 Shewhart 控制图的影响分析

Li 提出对于自相关过程数据，根据足够长的连续测量值估计的样本方差可达到与总体方差基本一致。Alwan 分析数据自相关性对单变量 Shewhart 控制图的影响，并使用 3σ 控制限，控制图对自相关过程数据监控中误报警仍较低。然而，对于在实际应用中，当操作者错误判断变量测量点时序独立时，传统 Shewhart 控制图的控制限计算不会采用大量的阶段 I 数据。这种情况下，采用有限长度的阶段 I 数据计算得到的控制限将会引起大量的误报警，使控制图在过程数据高度自相关时失去监控的意义。

修正 Shewhart 控制图采用基于过程模型的均值和标准差，从根本上解决了过程数据结构估计误差大引起的误报警过多的问题。对于修正 Shewhart 控制图，数据自相关不会影响阶段 II 的误报警率，并且数据自相关度较低时它的运行长度也不会受到影响。当过程数据自相关度较高时，构建修正 Shewhart 控制图需调整控制限重要参数 c（即误报警率 FAR）以达到其期望的运行长度。这一点是修正 Shewhart 控制图的缺点。

4. 多变量 Shewhart 控制图

在大多数现代工业过程中，同时监控多个过程变量是非常必要的。采用单变量控制图分别监控多个过程变量可能导致操作者对过程状态的误判，某些情况下还可能错过某些重要的异常信息。单变量 Shewhart 控制图经过改进扩展后成为多变量 Shewhart 控制图，可用于多变量 SPC 中，来监测过程均值向量。

多变量 Shewhart 控制图中的统计量称为 Hotelling's T^2 统计量，$T^2 = (x - \bar{x})' S^{-1} (x - \bar{x})$，其中 $\bar{x}$ 和 S 分别是样本均值向量和样本协方差矩阵。使用多变量 Shewhart 控制图非常最重要的一步是估计协方差矩阵。有两种估计值计算方法：一种是 $S_1 = \dfrac{1}{n-1} \sum\limits_{i=1}^{n} (x_i - \bar{x})(x_i - \bar{x})'$，另一种是 $S_2 = \dfrac{1}{2} \dfrac{V'V}{(n-1)}$，其中 $v_i = x_{i+1} - x_i$ 组成 V 的行，n 是采样点的数量。与单变量时间序列的标准差估计相似，对自相关系数为正的时间序列，$S_2 < S_1$，对自相关系数为负的时间序列，$S_2 > S_1$。Vanhatalo and Kulahci 比较了分别使用 S_1 和 S_2 建立的多变量 Shewhart 控制图在自相关过程应用中的监控效果，结果表明 S_2 不适用于对自相关数据的协方差估计，S_1 是在对自相关数据进行协方差估计时是一个更优的选择，并且在本节中选择用于 Hotelling's T^2 统计量的计算。

对于多变量 Shewhart 控制图在阶段 II 的控制限计算，由于 Hotelling's T^2 统计量服从 F 分布，上控制限计算公式为 $\mathrm{UCL} = \dfrac{p(n+1)(n-1)}{n^2 - np} F_{\alpha, p, n-p}$（记为 F 控制限），其中 p 表示变量个数，n 是采样点个数，α 是期望的 FAR。

除了 F 控制限，chi-square 控制限也是常用的，它仅适用于协方差矩阵已知的情况下。在案例分析部分，作为对比控制图，多变量的修正 Shewhart 控制图根据已知的过程模型参数建立，其 Hotelling's T^2 统计量计算公式中的 S 和 $\bar{x}$ 分别替换为 $\varGamma(0)$ 和 μ，并且控制限采用 chi-square 控制限。

5. 数据自相关性对多变量 Shewhart 控制图的影响分析

使用多变量 Shewhart 控制图必须满足的数据分布假设是观测变量服从多元正态分布，此外，数据时序独立是另一个保证控制图表现出期望监控效果的假设，若该假设不成立，则会导致较大的数据协方差估计误差并且复杂化计算控制限（或 FAR）和运行长度的关系。

Vanhatalo and Kulahci 采用仿真多变量时间序列数据分析数据自相关性对多变量 Shewhart 控制图的影响，无明显数据表明受控运行长度会受变量互相关系数的影响。多变量 Shewhart 控制图的运行长度表现出对自相关系数较大的灵敏性。平均运行长度（ARL）随着自相关系数的增加而增加，该研究建议调整控制图的 UCL 作为一种可能减少数据自相关影响的方法。多变量 Shewhart 控制图采用基于过程模型的协方差矩阵和均值向量，可用于调整 FAR 至期望值，构成多变量修正 Shewhart 控制图。多变量 Shewhart 控制图是单变量 Shewhart 控制图在多变量过程中的扩展应用，多变量修正 Shewhart 控制图从根本上解决了由于假设数据时序独立导致的过程协方差矩阵估计误差大，而造成控制图监控效果下降的问题。

4.3.3　一种针对 Shewhart 控制图的无模型监控方法

为确保 Shewhart 控制图在对时间序列数据的应用中的监控效果，基于跳跃采样提出一种无模型方法以使 Shewhart 控制图适用于时间序列数据中。该方法在阶段 I 中将数据集经过每 R 采样点的跳跃采样划分为多个子数据集，每个子数据集中数据时序独立，分别根据每一个子数据集设计控制图。在阶段 II 在线故障监测中，每一个新的采样点投影至其对应的控制图中实现监控。

1. 阶段 I

在历史正常工况下选取一定长度的单变量 / 多变量时间序列，作为阶段 I 训练数据集来构造 Shewhart 控制图。

步骤 1：选择跳跃间隔 R。

（1）单变量 Shewhart 控制图。

根据阶段 I 的时间序列估计观测变量的 ACF［式（4.15）］。经过对 ACF 对控制图的监控效果的影响分析，确定影响效果可忽略的最大 ACF 作为 ACF 截断线。低于 ACF 截断线的最小采样跨度即为选择的 R 值。

（2）多变量 Shewhart 控制图。

根据阶段 I 多变量时间序列数据估计延迟相关性矩阵［式（4.17）］并且绘制其 AVE 图。经过分析时序相关性对控制图的影响，得到影响效果可忽略的最大数据 AVE 值作为 AVE 图的截断线。低于该截断线的最小采样跨度即为选择的 R 值。

由于单变量 Shewhart 控制图对较低自相关系数的数据表现出较稳定可接受的监控效果。多变量 Shewhart 控制图应该也对低自相关数据具有鲁棒性。由此，ACF/AVE 截断线没有必要设置为与独立同分布数据的 ACF/AVE 相同的水平。

步骤 2：子数据集的建立。

首先确定一个在独立分布假设成立下合理的阶段 I 长度为 L，作为子数据集的长度。

从正常历史数据中获取阶段 I 的数据集 X，长度为 $L \times R$，将其每 R 个采样点跳跃分配给 R 个子数据集中。例如，若阶段 I 选择 100 个历史采样点，R 设为 5，通过采样点跳跃分配可得到 5 个子数据集，见表 4.6。单变量 Shewhart 控制图中 X_t 表示时刻 t 监测变量的测量值，多变量 Shewhart 控制图中 X_t 表示时刻 t 多个监测变量的测量值向量。

表 4.6　改进 Shewhart 控制图的非模型监控方法

	子数据集 1	子数据集 2	子数据集 3	子数据集 4	子数据集 5
	$t-4$	$t-3$	$t-2$	$t-1$	t
阶段 I	X_1	X_2	X_3	X_4	X_5
	X_6	X_7	X_8	X_9	X_{10}
	X_{11}	X_{12}	X_{13}	X_{14}	X_{15}
	…	…	…	…	…
	X_{96}	X_{97}	X_{98}	X_{99}	X_{100}
阶段 II	X_{101}	X_{102}	X_{103}	X_{104}	X_{105}
	X_{106}	X_{107}	X_{108}	X_{109}	X_{110}

步骤 3：控制图参数的确定。

（1）单变量 Shewhart 控制图。

控制限 c 参数确定后，根据传统的 Shewhart 控制图控制限计算公式，分别根据 R 个子数据集计算控制限。参数 c 由 FAR 的期望值决定。

（2）多变量 Shewhart 控制图。

分别根据 R 个子数据集估计过程变量协方差矩阵和均值向量。在确定期望 FAR 后，确定公式中的 α，随后根据 F 控制限计算 UCL，公式中的 n 为子数据集长度 L。

2. 阶段 II

在阶段 I 中对过程的受控统计区间进行了估计，表现为 R 组控制图参数估计值，在阶段 II 中将新采样点在投影于设计的控制图中进行监控。为维持每一子数据集的独立分布假设，见表 4.6，若阶段 II 开始于第 101 次采样，第一个新采样点则投影于根据第一组子数据集设计的控制图中，第二个采样点随后投影于第二组子数据集设计的控制图中，以此类推，与此同时每一个数据集收纳相应的新的采样点。每一子数据集的控制图叫作单个跳跃控制图（SSC），新采样点分配到相应的子数据集后，在其 SSC 中进行监控。将 R 个 SSC 控制图根据采样时序融合在一个控制图内，叫作整合跳跃控制图（CSC）。

在提出的监控方法中，SSC 可视为一个传统的 Shewhart 控制图，对低采样频率下的测量点进行监测。CSC 是一个改进的 Shewhart 控制图，可监测高采样频率下的每一测量点。操作者使用该方法对生产过程进行监控时，可根据过程工况切换两种控制图。当过程运行较稳定时，SSC 能更好地观测到过程的变化趋势。一旦 SSC 监测到异常趋势时，SSC

切换到 CSC 以更密切地关注动态变化的过程工况。采用这种监控方案，SSC 可滤除部分冗余信息显示出更有价值的过程动态信息，如变量趋势。

4.3.4 案例分析

仿真 AR（1）和 VAR（1）过程是基于单变量 Shewhart 控制图和多变量 Shewhart 控制图分别建立 CSC 控制图对仿真过程进行监控的，其中子训练集长度为 L，跳跃间歇为 R。作为比较，根据两种不同长度的阶段 I 数据建立传统 Shewhart 控制图。在下面的案例对比中，传统控制图（a）代表假设数据时序独立时，基于长度为 L 的阶段 I 连续数据建立的传统 Shewhart 控制图，而传统控制图（b）表示基于长度为 $L \times R$ 的阶段 I 数据建立的传统 Shewhart 控制图。通过计算仿真过程阶段 II 的误报警百分比估计 FAR，ARL/SRL 是仿真过程中控制图在阶段 II 中运行长度的均值和标准差。由于仿真数据所属的过程模型已知，为 AR（1）或 VAR（1）模型，Shewhart 控制图的参数可基于模型得到，由此建立修正 Shewhart 控制图作为监控效果对比的标准。

在提出的无模型控制图改进方法中，每一个 SSC 控制图是基于 L 个跳跃采样点建立的，构造 R 个 SSC 控制图，共需要 $L \times R$ 个阶段 I 的采样点。若较大长度的 $L \times R$ 个连续数据能够较准确地估计控制图参数，建立的传统 Shewhart 控制图则可能会接近修正 Shewhart 控制图。然而，在大多数情况下，获得准确控制图参数估计所需要的阶段 I 数据长度是未知的，并且随着数据自相关性、过程模型结构和变量个数改变。此外，阶段 II 在新采样点出现时，并不是每一个基于 L 个跳跃数据的 SSC 控制图都对其进行监控，新采样点仅投影于相对应的 SSC 中。换句话说，提出的控制图监控方法在阶段 II 中实时循环更新 R 个 SSC 控制图，则可以说这种监控方法中控制图是基于 L 个阶段 I 采样点建立的。因此，将 CSC 与传统控制图（b）的比较存在不公平因素，但后者仍作为一种可选择的监控手段并在案例中分析其监控效果。

1. 单变量 Shewhart 控制图案例分析

本部分首先基于仿真数据分析数据自相关性对单变量 Shewhart 控制图监控行为的影响。随后，对 CSC 控制图中的 ACF 截断线参数进行敏感性分析，并找到一个适当的 ACF 截断线以作用于不同自相关水平的过程数据中。最后，基于蒙特卡洛仿真，比较 CSC、修正 Shewhart 控制图和两种传统 Shewhart 控制图的监控效果。

1）自相关性影响分析

根据 Kramer 和 Schmid 对阶段 I 数据长度的敏感性分析，本部分的传统 Shewhart 控制图建立基于长度为 500 的阶段 I 数据来估计变量均值和标准差，控制限参数 c 设为 3。表 4.7 展示了 AR（1）过程数据中不同自相关系数对 Shewhart 控制图监控效果的影响，为得到稳定的 FAR 和 ARL 估计，采用 10000 次蒙特卡洛仿真过程。对于自相关系数较小的过程数据，传统 Shewhart 控制图的 ARL_0 在 370 至 400 之间波动。而当数据自相关性较高时，ARL_0 和 FAR 都上升至较高水平。FAR 是一个描述过程参数（均值和方差）估计值准确度的指标，若阶段 I 数据可准确估计过程参数，则阶段 II 的 FAR 将会趋于 0.0027（$c=3$ 时）。表 4.7 中随着自相关系数的增加，FAR 逐渐增加至期望值 0.0027 的两倍多。总结得出，传统 Shewhart 控制图对低自相关性的过程数据的监控具有鲁棒性。随着数据自相关性的增强，参数估计误差变大，数据时序相关将会导致传统 Shewhart 控制图较大的 $\mathrm{ARL_0}$ 和较高的 FAR，在独立同分布数据中成立的 $\mathrm{ARL_0}$ 和 FAR 的倒数关系在时间序列数据中不再成立。

表 4.7　过程数据自相关性不同时传统 Shewhart 控制图对受控过程的监控行为

ϕ	FAR	$\mathrm{ARL_0}$	ϕ	FAR	$\mathrm{ARL_0}$
0	0.002856	384.7055	0.5	0.003076	409.111
0.1	0.002856	387.9844	0.6	0.00319	435.7545
0.2	0.002916	383.6534	0.7	0.003427	483.0559
0.3	0.002926	386.1297	0.8	0.003889	574.6393
0.4	0.002988	385.8272	0.9	0.00548	830.1289

2）ACF 截断线对 CSC 监控行为的敏感性分析

若 Shewhart 控制图建立在较准确的均值和方差估计值基础上，其 ARL 将会非常接近修正 Shewhart 控制图的 ARL。在本部分中，在不同自相关系数的 AR（1）过程数据和不同 ACF 截断线水平下对比 CSC、修正 Shewhart 控制图和传统控制图（a）的 $\mathrm{ARL_0}$（表 4.8），其中 ACF 截断线取值从 0.1 至 0.4，使用 50000 次仿真过程估计 ARL，参数 $L=500$ 且两种控制图均使用 3σ 控制限。表 4.8 中可看出 ACF 截断线在 0.1 至 0.4 区间时，其对 CSC 的 $\mathrm{ARL_0}$ 的灵敏度低。考虑到选择较高水平的 ACF 截断线，如 0.4，将产生较少数量的 SSC 控制图，降低 CSC 的计算复杂度，因此，建议采用 0.4 的 ACF 截断线，且此时 CSC 的监控行为接近修正 Shewhart 控制图。

此外，在表 4.8 中可以看到，修正 Shewhart 控制图的 $\mathrm{ARL_0}$ 略微低于传统控制图（a）的 $\mathrm{ARL_0}$，而后者的 $\mathrm{SRL_0}$ 却大大高于前者，说明传统控制图（a）的监控行为受到数据自相关性的影响。而在相同情况下，采用一种无模型法建立的 CSC 的受控过程监控行为与修正 Shewhart 控制图相似。

3）控制图监控行为分析

实际应用中设计单变量 Shewhart 控制图时往往对过程数据作了独立同分布的假设，忽略数据自相关性的影响，认为 500 个采样左右的阶段 I 数据是足以得到较好的过程参数估计的，而此假设对于时间序列过程是不成立的，且可能导致监控行为受到影响。

本部分中，基于 AR（1）仿真过程对 CSC、修正 Shewhart 控制图和传统控制图（a）和（b）的监控行为进行比较分析，其中 L 设为 500，修正 Shewhart 控制图采用 3σ 控制限。为比较四种控制图的失控过程的监控效果，需保证它们的 $\mathrm{ARL_0}$ 相近。调整传统控制图（a）和（b）的控制限参数 c 分别为 2.987 和 2.997，使它们的 ARL_0 接近修正 Shewhart 控制图。CSC 的控制限无须调整，在其控制限参数 $c=3$ 时，其 ARL_0 与修正 Shewhart 控制图的 ARL_0 接近。

表 4.8　在不同数据自相关性和 ACF 截断线水平下，CSC、修正 Shewhart 控制图和传统控制图（a）的受控过程监控行为比较

ϕ	ARL_0					
	CSC				修正控制图	传统控制图（a）
	ACF 截断线					
	0.1	0.2	0.3	0.4		
0.7	450	458	456	460	463	479
0.8	540	543	544	549	552	578
0.9	811	817	830	837	837	846

ϕ	SRL_0					
	CSC				修正控制图	传统控制图（a）
	ACF 截断线					
	0.1	0.2	0.3	0.4		
0.7	465	478	486	499	462	595
0.8	560	573	580	591	554	766
0.9	832	850	879	898	833	1157

对不同自相关水平的 AR（1）过程，分别模拟五种均值漂移的异常工况，并将四种控制图用于监测异常工况，基于 10000 次仿真过程比较它们的失控过程 ARL 大小（表 4.9）。CSC 控制图对每一种仿真异常工况基本上都能与修正 Shewhart 控制图在相近时刻识别异常，说明 CSC 能有效识别均值漂移故障并且与修正 Shewhart 控制图监控行为相似。而对于传统控制图（a），数据自相关性对其监控行为的影响很大，导致严重的报警延迟，尤其对于自相关性大且均值漂移小的情况影响更为明显。经过控制限微调后，传统控制图（b）能表现出与 CSC 相似的监控行为。然而，对传统控制图进行控制限调整并选择足够大的阶段 I 数据集是不切实际的。

4）分析与讨论

（1）当过程模型不可知或无法得到准确估计时，有两种可替代修正 Shewhart 控制图的方法，即采用大量阶段 I 数据的传统 Shewhart 控制图和 CSC。

（2）对于传统 Shewhart 控制图，阶段 I 数据的长度是待定参数，且足够支撑过程均值和方差精确估计的数据长度随数据自相关性和潜在过程模型而改变。此外，某些情况

下，在故障监测之前需要调节其控制限以达到预期的监控效果。

（3）替代方法 CSC 是一个不基于模型的数据驱动的方法，参数 L 是一个常数，R 是唯一由数据自相关性确定的参数，可从基于阶段 I 数据估计的自相关函数确定。

（4）两种替代方法均能产生与修正 Shewhart 控制图相似的监控行为，传统 Shewhart 控制图对阶段 I 数据长度的选择较敏感，而 CSC 的监控行为稳定，无不定参数。由此，CSC 可作为一种削减单变量 Shewhart 控制图中数据自相关性影响的通用方法，保证控制图表现出期望的监控效果，成为一种可靠有效的修正 Shewhart 控制图的替代方法。

表 4.9　基于 AR（1）仿真过程的 CSC、修正 Shewhart 控制图和传统控制图（a）和（b）的监控行为的比较分析

均值漂移（标准差倍数）	CSC	修正控制图	调整后的传统控制图（a）	调整后的传统控制图（b）
$\phi=0.7$				
0	467	463	462	467
0.5	224	218	229	223
1	72.9	71.2	74	73.2
1.5	28.1	27.7	28.4	28.2
2	12.2	12.2	12.4	12.2
3	3.31	3.3	3.25	3.3
$\phi=0.8$				
0	556	557	550	555
0.5	275	272	296	277
1	93.6	93.2	98.9	93.9
1.5	36.8	36.3	37.3	36.6
2	15.9	16	16.2	15.9
3	4.04	4.06	4.04	4.03
$\phi=0.9$				
0	824	828	820	824
0.5	432	431	501	435
1	156	154	179	156
1.5	61.5	61.2	65.7	61.6
2	27.8	27.6	28.5	27.8
3	6.18	6.18	6.15	6.19

2. 多变量 Shewhart 控制图案例分析

首先定义一种表征多变量时间序列数据中时序相关性的指标，以此分析自相关性对多变量 Shewhart 控制图的影响。随后经过敏感性分析确定一个 CSC 在多变量时间序列过程中应用的适当 AVE 截断线水平。最后基于两变量和五变量的 VAR（1）时间序列数据建立 CSC、修正 Shewhart 控制图和两个基于不同长度阶段 I 数据的传统 Shewhart 控制图，其中 L 参数设为 500，α 的初始值设为 0.0027。

1）数据自相关性影响分析

基于两变量的 VAR（1）过程模型，改变其自相关矩阵对角线元素，误差协方差矩阵不变，分析两变量时间序列数据中自相关性对传统多变量 Shewhart 控制图的影响，传统多变量 Shewhart 控制图基于长度为 500 的阶段 I 数据建立。

对于 AR（1）单变量时间序列，自相关系数 ϕ 可用来定量测量点间的时序相关，也就是 ACF 函数在采样跨度为 1 时的函数值。变量间的互相关性导致对多变量时间序列的时序相关性的描述变得复杂。即使 VAR（1）过程的自相关矩阵 $\boldsymbol{\Phi}$ 为对角矩阵，变量间的互相关性使两个变量仍有可能时序相关。延迟相关性矩阵的 AVE 将单变量的自相关和变量间的时序相关综合，能提供对多变量时序相关的综合描述。由此，定义一个时序相关性的指标（Indicator of Time-dependency，ITD），即为延迟相关性矩阵在采样跨度为 1 时的最大 AVE。数据时序相关性对多变量 Shewhart 控制图 ARL_0 和 FAR 的影响可通过仿真分析表现为 ITD 的函数（图 4.32）。仿真中自相关矩阵 $\begin{bmatrix} \phi_{11} & 0 \\ 0 & \phi_{22} \end{bmatrix}$ 中的对角线元素 ϕ_{11} 和 ϕ_{22} 在 0.1 到 0.9 中取值，误差协方差矩阵固定为 $\boldsymbol{\Sigma} = \begin{bmatrix} 1 & 0.9 \\ 0.9 & 1 \end{bmatrix}$。图 4.32（a）中阶段 II 的 FAR 随着 ITD 的增加表现为波动上升的趋势，意味着对高度时序相关的数据得到较好的数据协方差估计是很困难的。对于独立同分布的数据，较高的 FAR 会导致 ARL_0 下降，而时序相关性高的数据，对其监控的 ARL_0 会高于时序相关性低的数据。图 4.32（b）中 ARL_0 的变化趋势不是单调上升的而是随着 ITD 的上升而波动，这是因为不同的自相关系数的组合可能产生相似的 ITD 数值（图 4.33），而对监控效果的影响不同。从图 4.32 可以保守地总结出多变量 Shewhart 控制图对时序相关性表现出鲁棒性的情况，当 ITD 大于 0.5 时，ARL_0 波动幅度增加，FAR 上升趋势变明显；当 ITD 处于较小数值时（0.1 至 0.5），FAR 保持在 0.0027 水平附近并且 ARL_0 在 400 水平上波动较小。得出结论，多变量 Shewhart 控制图对时序相关性较低的数据，在独立同分布的数据分布假设下，也可产生较理想的监控效果和表现出鲁棒性。

2）AVE 截断线对 CSC 监控行为的敏感性分析

在提出的不基于模型的改进 Shewhart 控制图中，AVE 截断线决定子数据集中时序相关性衰减水平和跳跃间隔 R。当 AVE 截断线取值接近零时，子数据集中的观测点时序独立，但另一方面会导致自相关性高的数据产生的 SSC 数量变大。中和监控模型复杂度和数据结构估计的准确性，AVE 截断线水平选择 0.2～0.5 来分析其对 CSC 监控效果的敏感性。选择某截断线，使得子数据集中衰减的时序相关性对控制图监控行为的影响可忽略即可。

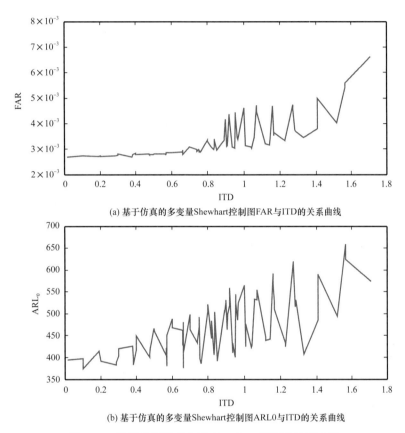

(a) 基于仿真的多变量Shewhart控制图FAR与ITD的关系曲线

(b) 基于仿真的多变量Shewhart控制图ARL0与ITD的关系曲线

图 4.32 基于仿真的多变量 Shewhart 控制图关系曲线

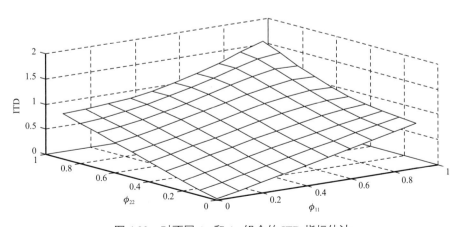

图 4.33 对不同 ϕ_{11} 和 ϕ_{22} 组合的 ITD 指标估计

通过监测基于不同自相关矩阵 $\begin{bmatrix} \phi_{11} & 0 \\ 0 & \phi_{22} \end{bmatrix}$ 和固定误差协方差矩阵 $\Sigma = \begin{bmatrix} 1 & 0.9 \\ 0.9 & 1 \end{bmatrix}$ 的 VAR

（1）过程数据，分别测试在四种 AVE 截断水平（0.2～0.5）下 CSC 控制图的监控行为。基于 1000 次仿真过程，对比 CSC 与独立同分布假设下的传统控制图（a）的监控效果（FAR 和 ARL_0）（表 4.10）。使用四个中任意一个 AVE 截断线，对不同时序相关水平的数据 CSC 均能得到接近 0.0027 的 FAR，表明数据结构得到较好地估计。而传统控制图（a）的协方差矩阵估计不准，对高时序相关的数据其 FAR 较高，从而导致较小的 ARL_0。此外，CSC 使用这四个 AVE 截断线均能表现出与修正 Shewhart 控制图相似的受控过程监控行为。SSC 监控图的数量由 AVE 截断线决定，使用较大的 AVE 截断线则产生较少数量的子数据集，从而模型计算复杂度降低。因此，CSC 的 AVE 截断线 0.5 足以使其受控过程监控表现与相应的修正 Shewhart 控制图相似，在下面的监控效果分析中将使用 AVE 截断线 0.5 来构造 CSC。

表 4.10　AVE 截断线对 CSC 监控行为的敏感性分析，与传统控制图（a）和修正 Shewhart 控制图比较

自相关系数		CSC				传统控制图（a）	修正控制图
		AVE 截断线					
ϕ_{11}	ϕ_{22}	0.5	0.4	0.3	0.2		
		ARL_0	ARL_0	ARL_0	ARL_0	ARL_0	ARL_0
0.95	0.25	591.00	607.71	599.28	575.80	547.73	600.28
	0.5	631.26	623.36	622.50	628.30	580.42	622.56
	0.75	751.24	731.56	750.94	719.70	682.59	739.62
	0.95	1247.20	1247.57	1284.11	1240.57	672.30	1235.32
ϕ_{11}	ϕ_{22}	FAR	FAR	FAR	FAR	FAR	FAR
0.95	0.25	0.0028	0.0027	0.0027	0.0027	0.0070	0.0027
	0.5	0.0027	0.0027	0.0027	0.0027	0.0073	0.0027
	0.75	0.0028	0.0027	0.0027	0.0028	0.0085	0.0027
	0.95	0.0028	0.0027	0.0027	0.0028	0.0136	0.0027

3）基于对角线矩阵 $\boldsymbol{\Phi}$ 的两变量 VAR（1）过程监控行为比较

本部分中，仿真 VAR（1）过程，其自相关矩阵 $\boldsymbol{\Phi} = \begin{bmatrix} 0.95 & 0 \\ 0 & 0.75 \end{bmatrix}$，误差协方差矩阵

$\Sigma = \begin{bmatrix} 1 & 0.9 \\ 0.9 & 1 \end{bmatrix}$。根据一定长度的阶段 I 数据计算仿真过程的延迟相关性矩阵的 AVE

（图 4.34），AVE 截断线取为 0.5，R 取值则为 14。构造四个多变量 Shewhart 控制图，包括

CSC、修正 Shewhart 控制图和传统控制图（a）和（b），α 初始值设为 0.0027。调整传统控制图（a）和（b）的控制限（α 分别调整为 0.00228 和 0.00263），经过 10000 次蒙特卡洛仿真，四个控制图的 ARL_0 值均在 780～790 区间，随后对它们的均值漂移异常识别能力进行分析比较。对两个变量的均值漂移 δ_1 和 δ_2 设计为它们基于模型的真实标准差的倍数。仿真三种均值漂移异常工况，包括一个变量的均值漂移、两个变量同等标准差倍数的均值漂移和两个变量不同标准差倍数的均值漂移。对每一个异常工况，采用 10000 次仿真过程评价四个控制图的异常工况识别能力（表 4.11），其中 CSC 表现出与修正 Shewhart 控制图相似的异常识别能力，而传统控制图（a）在每一个异常工况中都出现了报警延迟而且具有较大的 SRL_0。值得注意的是，基于所有阶段 I 数据的传统控制图（b）在控制限调整后也能表现出与修正 Shewhart 控制图相似的监控能力。

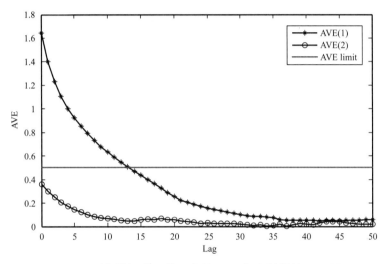

图 4.34　对角线矩阵 $\boldsymbol{\Phi}$ 的两变量 VAR（1）过程的 AVE 图

4）基于复杂矩阵 $\boldsymbol{\Phi}$ 的两变量 VAR（1）过程监控行为比较

当自相关矩阵 $\boldsymbol{\Phi}$ 的非对角线元素为零时，某变量在时间 t 的测量值仅与它自身的历史测量值有关，而与其他变量的历史测量值无直接关系。对于自相关矩阵为对角线矩阵的 VAR（1）过程数据，跳跃间隔 R 可简单地综合所有变量的自相关函数得到。而当自相关矩阵 $\boldsymbol{\Phi}$ 的非对角元素不为零时，数据内的时序相关性变得复杂，AVE 作为一个综合指标可描述多变量时间序列数据的时序相关性。

为分析控制图对复杂时序相关结构数据的监控行为，本部分模拟一个 $\boldsymbol{\Phi} = \begin{bmatrix} 0.8 & 0.1 \\ 0.2 & 0.7 \end{bmatrix}$ 和 $\boldsymbol{\Sigma} = \begin{bmatrix} 1 & 0.9 \\ 0.9 & 1 \end{bmatrix}$ 的 VAR（1）过程。首先根据一定长度的阶段 I 仿真数据，估计 AVE 图（图 4.35），在 AVE 截断线 0.5 下 R 取值在 11 左右。

表 4.11　CSC、修正 Shewhart 控制图和调整后的传统控制图（a）和（b）对对角线 Φ 的两变量 VAR（1）仿真过程的监控效果对比

监控效果	均值漂移		CSC	修正控制图	调整后的传统控制图（a）	调整后的传统控制图（b）
	δ_1	δ_2				
ARL_0	0	0	787	782	712（BA）/782（AA）	766（BA）/782（AA）
SRL_0	0	0	795.63	777.60	990.69	805.91
ARL_1	0.5	0	445	437	492	448
	1	0	159	156	187	158
	0.5	0.5	423	410	474	421
	1	1	146	141	163	144
	0.5	1	122	119	138	122
	0.5	2	12.9	12.5	14.3	12.7

注：BA 表示控制限调整前，AA 表示控制限调整后。

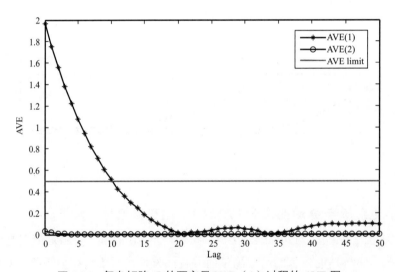

图 4.35　复杂矩阵 Φ 的两变量 VAR（1）过程的 AVE 图

　　表 4.12 显示了各多变量 Shewhart 控制图的监控行为。CSC 的 ARL_0 与修正 Shewhart 控制图接近，在对两个传统控制图（a）和（b）分别调整控制限后（调整 α 分别为 0.00235 和 0.00265），四个控制图的 ARL_0 值相近处于 535～550 区间，测试四个控制图在六个不同均值漂移异常工况下的监控能力，ARL 的估计是基于 10000 次仿真过程获得。比较得出所有控制图更容易监测到单个变量均值漂移工况，而对两变量均值漂移的异常工况监测较迟缓。CSC、修正 Shewhart 控制图和调整后的传统控制图（b）在每一种均值漂移工况都表现出相似的识别能力，得到相近的 ARL_1。调整后的传统控制图（a）有较大的 SRL_0，与其他控制图相比，对小漂移工况表现 20 次采样左右的延迟报警。

表 4.12　CSC、修正 Shewhart 控制图和调整后的传统控制图（a）和（b）对复杂 $\boldsymbol{\Phi}$ 的两变量 VAR（1）
仿真过程的监控效果对比

监控效果	均值漂移		CSC	修正控制图	调整后的传统控制图（a）	调整后的传统控制图（b）
	δ_1	δ_2				
ARL$_0$	0	0	547	538	478（BA）/548（AA）	525（BA）/543（AA）
SRL$_0$	0	0	564.79	540.11	679.27	553.15
ARL$_1$	0.1	0	344	338	364	344
	0.2	0	147	144	161	147
	0.5	0	15.4	15.2	16.5	15.3
	0.5	0.5	364	356	378	365
	1	1	165	161	185	163
	0.3	0.1	144	141	156	144
	0.5	0.2	60.3	59.3	65.4	59.8

注：BA 表示控制限调整前，AA 表示控制限调整后。

5）五变量 VAR（1）过程监控行为比较

当监测过程中测量变量数量大，则会产生维度较大的数据协方差矩阵。Vanhatalo 和 Kulahci 经过测试表明协方差矩阵元素的大小基本不影响控制图的运行长度，但数据的维度可能会影响到使用传统多变量 Shewhart 控制图时的参数估计，采用有限长度的阶段 I 数据集难以准确地估计高维度数据的协方差矩阵。本部分中，模拟五变量 VAR（1）过程，

其中 $\boldsymbol{\Sigma} = \begin{bmatrix} 1 & 0.8 & 0.3 & 0 & 0 \\ 0.8 & 1 & 0.6 & 0 & 0 \\ 0.3 & 0.6 & 1 & 0 & 0 \\ 0 & 0 & 0 & 1 & 0.6 \\ 0 & 0 & 0 & 0.6 & 1 \end{bmatrix}$，误差协方差矩阵的结构表示变量在两个区块上分别相关，设置对角线矩阵的自相关矩阵 $\boldsymbol{\Phi} = \begin{bmatrix} 0.95 & 0 & 0 & 0 & 0 \\ 0 & 0.85 & 0 & 0 & 0 \\ 0 & 0 & 0.75 & 0 & 0 \\ 0 & 0 & 0 & 0.65 & 0 \\ 0 & 0 & 0 & 0 & 0.55 \end{bmatrix}$。

测试结果见表 4.13，其中控制限参数的初始 α 设置为 0.0027，传统多变量 Shewhart 控制图得到低于修正 Shewhart 控制图的 ARL$_0$，这是由于协方差矩阵估计误差较大导致的。调整传统控制图（a）和（b）的控制限（调整 α 分别为 0.00151 和 0.00262），使得四个控制图具有相近的 ARL$_0$，在 510～520 区间内。随后比较在八个不同均值漂移工况下的

油气生产复杂系统故障智能监测与溯源理论、方法及应用

四个控制图监控行为，传统控制图（a）具有最大的 SRL_0，对较难识别的异常工况，表现出约 20 个采样点的报警延迟，其他三个控制图在所有异常工况下均表现出相似且理想的监控效果。

表 4.13　CSC、修正 Shewhart 控制图和调整后的传统控制图（a）和（b）对五变量 VAR（1）仿真过程的监控效果对比

监控效果	均值漂移	CSC	修正控制图	调整后的传统控制图（a）	调整后的传统控制图（b）
ARL_0	—	517	514	330（BA）/511（AA）	495（BA）/513（AA）
SRL_0	—	520.74	516.92	618.81	513.41
ARL_1	$\delta_1=0.5$	349	350	374	348
	$\delta_1=1$	146	143	158	143
	$\delta_4=0.5$	313	313	335	311
	$\delta_4=1$	112	111	133	112
	$\delta_1=0.5;\delta_4=0.5$	228	226	251	226
	$\delta_1=1;\delta_4=1$	55.7	54.4	65.5	54.5
	$\delta_1=1;\delta_4=-1$	55.6	53.9	65.1	54.6
	$\delta_1=1;\delta_2=1;\delta_3=1$	142	141	162	141

注：BA 表示控制限调整前，AA 表示控制限调整后。

6）分析与讨论

（1）在对多变量 Shewhart 控制图的案例分析中，首先基于两变量的 VAR（1）过程模型分析了数据自相关性对传统多变量 Shewhart 控制图的影响，其中定义 ITD 为计量多变量时间序列数据时序相关性的指标。结果表明多变量 Shewhart 控制图在 ITD 处于 0.1 至 0.5 区间内表现出鲁棒性。

（2）分析 AVE 截断线对 CSC 监控行为的敏感性，建议适当的 AVE 截断线取值为 0.5。

（3）案例分析中对四种控制图的均值漂移异常监控行为的比较是基于它们的受控过程 ARL 处于相似水平的条件下进行的。比较监控行为得出的结论有：CSC 和控制限调整后的传统控制图（b）可表现出与修正 Shewhart 控制图相似的监控行为；传统控制图（a）对协方差矩阵估计时，尤其对五变量过程，产生的误差较大，从而导致大量的误报警，与其他三个控制图相比，特别对难以识别的异常工况，表现出严重的报警延迟。

（4）采用足够长的阶段 I 数据建立的传统多变量 Shewhart 控制图可能得到与修正 Shewhart 控制图相似的监控行为。然而，这种方式构造的传统控制图（b）要求大量的计算负荷及在某些情况下要求控制限调整以达到预期的监控效果。

－ 152 －

（5）尽管提出的不基于模型的监控方法也需要大量的阶段 I 数据，但其计算量分散到多个 SSC 构造中，且阶段 I 中每个子数据集的长度对不同自相关性的数据可设为一固定值。

4.4　数据自相关下单变量 Shewhart 控制图控制限设计

运行长度常用于评估过程控制图的监控行为，运行长度是指过程控制图首次提示报警信号之前的采样点数。平均运行长度（ARL）定义为运行长度的期望值，受控过程的 ARL 表示为 ARL_0，而失控过程的 ARL 表示为 ARL_1。ARL 是由控制图控制限水平决定的，较宽的控制限下的控制图一般具有较大的 ARL，而控制限较窄则会导致 ARL 较小。此外，另一个评估控制图监控行为的指标是报警率，包括误报警率 α 和故障监测率 $1-\beta$，其中 β 表示漏报率。控制图设计首先需确定 α 的期望值，基于 α 计算得到控制限。对于时序独立的过程数据，有受控过程运行长度 $\text{ARL}_0 = \dfrac{1}{\alpha}$ 和失控过程运行长度 $\text{ARL}_1 = \dfrac{1}{1-\beta}$，而对时序相关的数据，ARL 和报警率之间将不再是单纯的倒数关系。

本节提出 Shewhart 控制图监控自相关平稳过程时，其 ARL_0 和 α 的一般定量关系。案例分析中采用 AR（1）过程测试并验证提出关系的正确性并且在过程属于 AR（1）过程时，简化修正 Shewhart 控制图 ARL_0 与 α 的函数关系。最后将提出的定量关系应用于实际工业过程的 Shewhart 控制图监控，基于此定量关系选择控制限。

4.4.1　修正 Shewhart 控制图

单变量 Shewhart 控制图有两种版本：单采样点的控制图和分组采样点的控制图，本部分的研究对象是单采样点的 Shewhart 控制图。建立 Shewhart 控制图的潜在数据分布假设是过程数据服从正态分布，由此过程失控的判断是 $|x_t-\mu|>c\cdot\sigma$，其中参数 c 与 α 的期望值相关，$\alpha=1-\Phi(c)+\Phi(-c)$，$\Phi$ 是变量服从的正态分布概率分布函数 $x_t\in N(\mu,\sigma^2)$。当过程模型已知或可估计时，μ 和 σ^2 根据模型估计，由此建立修正 Shewhart 控制图。

修正 Shewhart 控制图在数据自相关性为正时，相对于残差控制图表现出更大优势，而此时相较于对时序独立的数据监控，在相同的控制限参数 c 下，对时序相关的数据监控其 ARL 较大。Knoth 和 Schmid 测试表明修正 Shewhart 控制图的 ARL 监控效果指标对较低自相关性的数据表现出鲁棒性。数据内的自相关性不会影响修正 Shewhart 控制图在阶段 II 中的计算误报警，并且低自相关性也不会对其 ARL 有太大影响。当自相关水平低于 0.6 时，控制限参数 c 可在独立同分布数据假设下选择。在实际工业生产中，过程数据的自相关性都较高，若假设数据独立同分布确定控制限参数 c，控制图的 ARL 将大大高于预期值。考虑到这个问题，对于修正 Shewhart 控制图有必要寻找一种方法调整其控制限使其 ARL_0 达到预期值。Schmid 通过仿真过程提出了针对 AR（1）过程的对不同自相关水平调整控制限达到 $\text{ARL}_0=500$ 的参数 c 的参考表。然而，当 Shewhart 控制图设计的容忍水平不同并且过程模型未知时，参数 c 的调整将变得无算法支撑。当修正 Shewhart 控制图应用于自相关过程数据时，分析得出它的 ARL_0 和 α 定量关系，将有助于控制图的合理设计并保证其理想的监控能力。

4.4.2 ARL_0 和 α 的一般定量关系

对无自相关性的数据，α 不仅是一定采样区间的误报警点比例，也是每一采样点发生误报警事件的概率，则有 $ARL_0=\sum\limits_{k=1}^{\infty}k\cdot\alpha\cdot\left(1-\alpha\right)^{k-1}=\dfrac{1}{\alpha}$。然而，当监控数据来自某时间序列过程时，当前采样点的状态与其历史采样点状态相关，每一采样点的报警概率则不同，α 可视为采样点发生误报警的边缘概率。以 AR（1）过程为例，若 t 时刻的测量点误报警超出控制限，则下一个测量点报警的概率将高于 α。相同地，前一时刻测量点的受控状态将会降低下一测量点的报警概率。在受控过程中，假设 A_t 代表时刻 t 的报警事件，N_t 代表时刻 t 的非报警事件，对于任一自相关过程可以得出一般关系式 $P（A_t|N_{t-1}，N_{t-2}，\cdots，N_1）<\alpha$。

1. 自相关过程数据的 ARL_0 计算

当 Shewhart 控制图对一个时间序列过程监控时，ARL_0 可由式（4.18）计算：

$$ARL_0=\alpha+2\cdot（1-\alpha）\cdot P（A_2|N_1）+3\cdot（1-\alpha）\cdot P（N_2|N_1）\cdot P（A_3|N_2，N_1）+\cdots+$$
$$k\cdot（1-\alpha）\cdot P(N_2|N_1)，\cdots，P(N_{k-1}|N_{k-2}，\cdots，N_1)\cdot P(A_k|N_{k-1}，\cdots，N_1)+\cdots \quad（4.18）$$

其中 α 是期望误报警率和误报警边缘概率。$P（A_{k+1}|N_k，\cdots，N_1）$ 定义为采样 $k+1$ 全局条件报警概率 CAP（k）。对于任一自相关稳态过程，则有式（4.19）：

$$CAP（1）>CAP（2）>\cdots>CAP（p-1）>CAP（p）>\cdots>CAP（\infty）\quad（4.19）$$

若已知监测变量 x_t 的概率分布函数和它的自相关函数，根据贝叶斯定理 $P\left(A_k\,|\,N_{k-1}，\cdots，N_1\right)=1-\dfrac{P\left(N_k，N_{k-1}，\cdots，N_1\right)}{P\left(N_{k-1}，\cdots，N_1\right)}$，即可计算出每一采样点误报警的条件概率，随后根据式（4.18）则可计算出理论 ARL_0 值。然而联合概率的维度随着采样逐渐变大，使得 $P（A_k|N_{k-1}，\cdots，N_1）$ 的计算量变得庞大。

对 Shewhart 控制图，当 k 达到一定值 p 时，此时 ACF（p）函数值较小，则有
$P（N_{p+1}|N_p，\cdots，N_1）\approx P（N_{p+2}|N_{p+1}，N_2）\approx\cdots\cdots\approx P（N_t|N_{t-1}，\cdots，N_{t-p}）$，即式（4.20）：

$$CAP（p）\approx CAP（p+1）\cdots\approx LCAP（p）\quad（4.20）$$

其中，定义 $P（A_t|N_{t-1}，\cdots，N_{t-p}）$ 为基于前 p 个正常采样的局部条件报警概率 LCAP（p）。$P（A_t|N_{t-1}）$ 是基于前 1 个正常采样的局部条件报警概率 LCAP（1）。

$P（A_t|N_{t-1}，\cdots，N_{t-p}）=1-P（N_t|N_{t-1}，\cdots，N_{t-p}）$，并且根据贝叶斯定理［式（4.21）］：

$$P\left(A_t \mid N_{t-1}, \cdots, N_{t-p}\right) = 1 - P\left(N_t \mid N_{t-1}, \cdots, N_{t-p}\right) = 1 - \frac{P\left(N_t, N_{t-1}, \cdots, N_{t-p}\right)}{P\left(N_{t-1}, \cdots, N_{t-p}\right)} \qquad （4.21）$$

其中 $P\left(N_t, \cdots, N_{t-p}\right) = \iint\limits_{B} f\left(x_t, \cdots, x_{t-p}\right) \mathrm{d}x_t \cdots \mathrm{d}x_{t-p}$ ，$f\left(x_t, \cdots, x_{t-p}\right)$ 是 $p+1$ 个连续采样点的联合概率密度函数并且 B 是 $p+1$ 个连续采样点处于控制限内的积分区域。

2. 全局条件报警概率的权重均值

为简化式（4.18）中的 ARL_0 计算，假设所有采样点的条件报警概率为 λ，即 $P\left(N_2 \mid N_1\right) = P\left(N_3 \mid N_2, N_1\right) = \cdots = P\left(N_k \mid N_{k-1}, \cdots, N_1\right) = 1 - \lambda$，$P\left(A_2 \mid N_1\right) = P\left(A_3 \mid N_2, N_1\right) = \cdots = P\left(A_k \mid A_{k-1}, \cdots, N_1\right) = \lambda$。

由此，式（4.18）简化为：

$$
\begin{aligned}
\mathrm{ARL}_0 &= \alpha + \sum_{k=2}^{\infty} k \cdot (1-\alpha) \cdot (1-\lambda)^{k-2} \cdot \lambda \\
&= \alpha + (1-\alpha) \cdot \frac{\lambda}{1-\lambda} \cdot \left[\sum_{k=1}^{\infty} k \cdot (1-\lambda)^{k-1} - 1\right] \\
&= \alpha + (1-\alpha) \cdot \frac{\lambda}{1-\lambda} \cdot \left(\frac{1}{\lambda^2} - 1\right) \\
&= 1 + (1-\alpha) \cdot \frac{1}{\lambda}
\end{aligned}
$$

然后从中求解 λ，见式（4.22）：

$$\lambda = \frac{1-\alpha}{\mathrm{ARL}_0 - 1} \qquad （4.22）$$

当选择 α 足够小时，$\mathrm{ARL}_0 \approx \frac{1}{\lambda}$。根据仿真过程计算出 ARL_0 后，根据式（4.22）可估计 λ，λ 可认为是条件报警概率 $\mathrm{CAP}(k)$ 的权重均值。考虑到式（4.22）中的大小关系，则有 $\mathrm{LCAP}(1) = \mathrm{CAP}(1) > \lambda > \mathrm{CAP}(\infty)$。

由于 $\mathrm{CAP}(p) \approx \mathrm{CAP}(p+1) \approx \cdots \approx \mathrm{CAP}(\infty) \approx \mathrm{LCAP}(p)$［式（4.20）］，$\lambda$ 将会接近 $\mathrm{LCAP}(p)$，推理得出的这种关系将会在 $\mathrm{AR}(1)$ 过程数据中得到证实。最后，$\mathrm{LCAP}(p)$ 替代式（4.22）中的 λ 得到式（4.23）：

$$\mathrm{ARL}_0 = 1 + (1-\alpha) \cdot \frac{1}{\mathrm{LCAP}(p)} \qquad （4.23）$$

4.4.3　AR（1）过程案例分析

本部分将采用 AR（1）过程来验证推理得出的关系式 $\mathrm{LCAP}(1) > \lambda \approx \mathrm{LCAP}(p)$，

以支撑后续的控制限调整方法。仿真 AR（1）过程时，ε_t 服从标准正态分布 N（0，1），变量均值设为零。由于数据高自相关性才会对修正 Shewhart 控制图产生显著影响，案例中模拟自相关系数 ϕ 在 0.5～0.9 中取值。

LCAP（1）和 LCAP（p）根据变量概率分布函数计算得到，而 λ 由式（4.22）计算得到，其中 $\mathrm{ARL_0}$ 通过仿真过程估计得到。若 LCAP（1）、LCAP（p）与 λ 的关系得到验证，则证明式（4.23）可有效地描述 $\mathrm{ARL_0}$ 和 α 的关系。

1. 局部条件报警概率的计算

首先对不同的 ϕ 和 α，基于仿真结果计算 λ（表 4.14），其中 $\mathrm{ARL_0}$ 基于 10000 次蒙特卡洛仿真结果进行估计。

1）LCAP（1）计算

基于前一正常采样的条件报警概率 $P\left(A_t | N_{t-1}\right)=1-P\left(N_t | N_{t-1}\right)$，并且基于贝叶斯定理，

$$P\left(N_t | N_{t-1}\right)=\frac{P\left(N_t, N_{t-1}\right)}{P\left(N_{t-1}\right)}=\frac{P\left(N_t, N_{t-1}\right)}{1-\alpha}，\quad P\left(N_t, N_{t-1}\right)=\iint_B f\left(x_{t-1}, x_t\right) \mathrm{d}x_{t-1} \mathrm{d}x_t，其中 f\left(x_{t-1}, x_t\right)$$

是相邻两个采样点的联合概率密度函数。

对 Shewhart 控制图，积分区间 $B=\begin{bmatrix} x_{t-1} \in \left(\mu-c\sigma, \mu+c\sigma\right) \\ x_t \in \left(\mu-c\sigma, \mu+c\sigma\right) \end{bmatrix}$，联合概率密度函数为

$$f\left(x, y\right)=\frac{1}{2\pi\sigma^2\sqrt{1-\phi^2}}\exp\left\{-\frac{1}{2\left(1-\phi^2\right)}\left[\frac{\left(x-\mu\right)^2}{\sigma^2}+\frac{\left(y-\mu\right)^2}{\sigma^2}-\frac{2\phi\left(x-\mu\right)\left(y-\mu\right)}{\sigma^2}\right]\right\}。$$

采用 MATLAB 内置函数 integral2.m 计算二重积分，随后代入公式计算得到不同 ϕ 和 α 的 P（$A_t | N_{t-1}$），并与 λ 相比较（图 4.36）。

由图 4.36 可看出，$\lambda <$ LCAP（1）且两者之间的差距随着 ϕ 值的下降而缩小。当 $\phi=0.5$ 时，λ 接近于 P（$A_t | N_{t-1}$）。随着 ϕ 值升高，λ 与 P（$A_t | N_{t-1}$）的差距变大。这是由于 CAP（1）$>\lambda>$ CAP（∞），并且当 x_t 自相关性较低时，CAP（1）、CAP（∞）和 λ 接近。

2）LCAP（p）的计算

分析过程数据的自相关函数，选择自相关性对监控图影响可忽略时的采样跨度为 p 值，例如选择 ACF（p）<0.5 的最小采样跨度，因为当 $\phi=0.5$ 时，LCAP（1）与 λ 最接近。

LCAP（p）计算公式见式（4.24）：

$$\mathrm{LCAP}(p)=P\left(A_t | N_{t-1}, \cdots, N_{t-p}\right)=1-P\left(N_t | N_{t-1}, \cdots, N_{t-p}\right)=1-\frac{P\left(N_t, N_{t-1}, \cdots, N_{t-p}\right)}{P\left(N_{t-1}, \cdots, N_{t-p}\right)} \quad （4.24）$$

其中，$P\left(N_t, \cdots, N_{t-p}\right)=\iint_B f\left(x_t, \cdots, x_{t-p}\right) \mathrm{d}x_t \cdots \mathrm{d}x_{t-p}$。

表 4.14　修正 Shewhart 控制图对不同自相关数据在不同控制限下的 ARL_0 估计和 λ 计算

c	α	$\phi=0.9$ ARL_0	λ	$\phi=0.8$ ARL_0	λ	$\phi=0.7$ ARL_0	λ	$\phi=0.6$ ARL_0	λ	$\phi=0.5$ ARL_0	λ
2	0.0455	65.9484	0.014696	41.7699	0.023412	33.3719	0.029485	28.3006	0.034963	25.6022	0.038797
2.1	0.035729	83.2658	0.011721	51.4849	0.0191	41.0639	0.024068	35.3788	0.028048	32.576	0.030538
2.2	0.027807	103.918	0.009446	65.7781	0.015008	52.537	0.018864	45.1943	0.021998	41.7716	0.023845
2.3	0.021448	131.8144	0.00748	83.9145	0.011802	67.51	0.014713	58.7967	0.016931	54.2437	0.018379
2.4	0.016395	169.3292	0.005843	106.5444	0.009319	85.0652	0.011701	74.3789	0.013404	68.4925	0.014574
2.5	0.012419	215.2337	0.00461	135.8835	0.007322	108.2407	0.009209	97.3565	0.010249	90.9976	0.010973
2.6	0.009322	278.4533	0.003571	175.5004	0.005677	142.8608	0.006983	126.4785	0.007895	119.2669	0.008377
2.7	0.006934	365.2631	0.002726	236.3462	0.00422	192.761	0.005179	168.6855	0.005922	160.5603	0.006224
2.8	0.00511	462.7242	0.002155	303.9622	0.003284	252.3953	0.003957	231.4998	0.004316	215.7966	0.004632
2.9	0.003732	613.8987	0.001626	415.0821	0.002406	342.2423	0.00292	309.325	0.003231	291.8849	0.003425
3	0.0027	832.0431	0.0012	553.3128	0.001806	465.9422	0.002145	419.2702	0.002384	392.958	0.002544
3.1	0.001935	1112.667	0.000898	750.8495	0.001331	636.584	0.00157	574.2523	0.001741	537.6687	0.00186
3.2	0.001374	1525.256	0.000655	1040.266	0.000961	878.7823	0.001138	802.1808	0.001246	759.8276	0.001316
3.3	0.000967	2070.465	0.000483	1436.572	0.000696	1221.577	0.000818	1134.11	0.000882	1076.839	0.000929
3.4	0.000674	2867.518	0.000349	1997.383	0.000501	1732.797	0.000577	1638.849	0.00061	1536.052	0.000651
3.5	0.000465	4082.593	0.000245	2931.111	0.000341	2491.984	0.000401	2337.321	0.000428	2223.699	0.00045

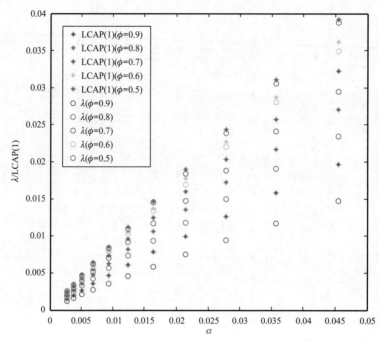

图 4.36　对不同 ϕ 和 α 的 AR（1）过程，对比基于仿真计算 λ 与基于贝叶斯定理和概率分布函数计算的
LCAP（1）

$p+1$ 个连续采样点的联合概率密度函数为 $f\left(x_t,\cdots,x_{t-p}\right)=\dfrac{\exp\left[-\dfrac{1}{2}\left(x-\mu\right)^{\mathrm{T}}\boldsymbol{\Sigma}^{-1}\left(x-\mu\right)\right]}{\sqrt{\left(2\pi\right)^{(p+1)}\left|\boldsymbol{\Sigma}\right|}}$，

其中 $\boldsymbol{\Sigma}$ 是数据协方差矩阵，对 AR（1）过程：

$$\boldsymbol{\Sigma}=\begin{bmatrix} \sigma^2 & \phi\cdot\sigma^2 & \cdots & \phi^p\cdot\sigma^2 \\ \phi\cdot\sigma^2 & \sigma^2 & \cdots & \phi^{p-1}\cdot\sigma^2 \\ \vdots & \vdots & \ddots & \vdots \\ \phi^p\cdot\sigma^2 & \phi^{p-1}\cdot\sigma^2 & \cdots & \sigma^2 \end{bmatrix}=\frac{\sigma_0^{\,2}}{1-\phi^2}\cdot\begin{bmatrix} 1 & \phi & \cdots & \phi^p \\ \phi & 1 & \cdots & \phi^{p-1} \\ \vdots & \vdots & \ddots & \vdots \\ \phi^p & \phi^{p-1} & \cdots & 1 \end{bmatrix}$$

为简化 $f\left(x_t,\ \cdots,\ x_{t-p}\right)$ 的计算，考虑到 $\left|\boldsymbol{\Sigma}\right|=\dfrac{\sigma_0^{\,2n}}{1-\phi^2}$、

$$\boldsymbol{\Sigma}^{-1}=\frac{1}{\sigma_0^{\,2}}\begin{bmatrix} 1 & -\phi & & & \\ -\phi & 1+\phi^2 & -\phi & & \\ & \ddots & \ddots & \ddots & \\ & & -\phi & 1+\phi^2 & -\phi \\ & & & -\phi & 1 \end{bmatrix}$$ 是带状矩阵并仅有三个对角线上有非零元素，带入

原始概率密度函数公式中，公式则简化为式（4.25）：

$$f\left(x_t,\cdots,x_{t-p}\right)=\left(2\pi\sigma_0^{\,2}\right)^{-(p+1)/2}\sqrt{1-\phi^2}\exp\left\{-\frac{1}{2}\left[\frac{1-\phi^2}{\sigma_0^{\,2}}x_1^2+\sum_{l=2}^{p+1}\frac{\left(x_l-\phi x_{l-1}\right)^2}{\sigma_0^{\,2}}\right]\right\}\quad（4.25）$$

对 Shewhart 控制图来说，LCAP（p）公式中多元积分的积分区间为

$$B = \begin{bmatrix} x_{t-p} \in (\mu - c\sigma, \mu + c\sigma) \\ ... \\ x_t \in (\mu - c\sigma, \mu + c\sigma) \end{bmatrix}$$

对 AR（1）模型中 ϕ 取值 0.5～0.9 时，根据过程数据的 ACF 确定 p 值（图 4.37），随后分别计算不同 ϕ 下的 LCAP（p）并与相应的 λ 对比。为计算多元积分，对 ϕ 取值 0.5～0.7 使用 MATLAB 中的 "integralN.m" 函数。对于 ϕ=0.8 和 0.9，p 值选择较大导致多元积分维度较大，采用数值方法无法得到精确的结果，因此该部分采用蒙特卡洛方法基于 10^{10} 的随机点估算多元积分。蒙特卡洛积分的相关信息可见相应的文献。

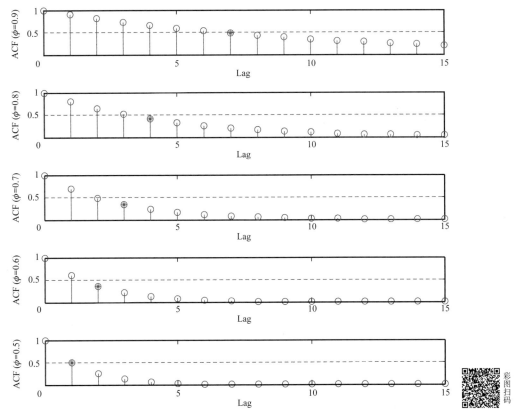

图 4.37　ϕ 取值 0.5 至 0.9 时的对 AR（1）过程数据分析的 ACF 图

如图 4.38 所示，对每一个 ϕ，λ 都接近对应的 LCAP（p），由此证明 LCAP（p）可在式（4.22）中作为 λ 的替代变量对特定 α 值估算 ARL_0。

然而，在实际的 Shewhart 控制图设计中，控制限的调整是调整 α 值以使控制图取得特定的 ARL_0 水平。结合式（4.21）和式（4.22），$g(ARL_0, \alpha) = \lambda \approx LCAP(p) = f(\phi, \alpha)$，其中 g 和 f 分别代表式（4.22）和式（4.21）。从这样一个复杂等式中求解 α 是很困难的。若等式可以简化成一个简单形式，如多项式，那么 α 目标值就可以根据 ARL_0 期望值顺利解出。

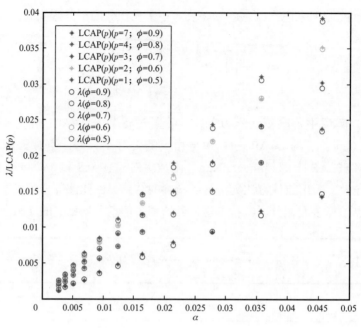

图 4.38　在不同 ϕ 和 α 设置下由仿真结果计算得到的 λ 值与根据贝叶斯定理计算得到的 $P\left(A_t|N_{t-1}, \cdots, N_{t-p}\right)$ 对比

2. 针对 AR（1）过程的 Shewhart 控制图控制限调整

根据表 4.14 所示的仿真结果，绘制在不同自相关系数下（ϕ=0.5～0.9），（$\alpha-\lambda$）与 α 的关系图（图 4.39）。随着控制限加宽（α 变小），λ 也逐渐降低并接近 α。这种现象可以解释为若控制限宽度足够大则误报警非常少，上一个采样点的受控状态对下一采样点的影响可忽略，则 $\lambda \approx \alpha$。此外，当选择同一 α 时，λ 与 α 的距离随着自相关性的增加而增加。特别地，对 ϕ=0.5 的情况，条件报警概率的权重均值 λ 与 α 最接近，意味着这种情况下的 Shewhart 控制图与在独立同分布数据情况下的监控行为相似。

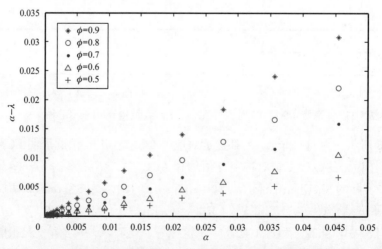

图 4.39　对五个不同自相关性的 AR（1）过程的 Shewhart 控制图的 $\alpha-\lambda$ 与 α 的关系

此外，从图 4.39 还可观察到，对特定 ϕ，$\alpha-\lambda$ 与 α 的关系表现出线性。因此，可将在特定 ϕ 下 λ 与 α 的关系可近似地表示为线性函数。据此，式（4.22）可改为 $\mathrm{ARL}_0(\phi)=F[\alpha, H(\alpha)]$，若关于 λ 与 α 的函数 H 能表示为线性形式 $\lambda = p1 \cdot \alpha + p2$，其中 $p1$ 和 $p2$ 是线性函数的系数。由此，取得指定 ARL_0 值的 α 目标值可根据式（4.26）得出：

$$\alpha = (1 + p2 - p2 \cdot \mathrm{ARL}_0) / (p1 \cdot \mathrm{ARL}_0 + 1 - p1) \tag{4.26}$$

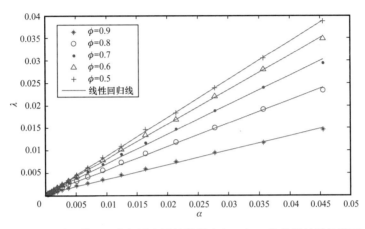

图 4.40　对五种不同自相关水平的数据建立 λ 与 α 的线性关系函数图

根据表 4.14 中的仿真结果，对各自相关水平的 AR（1）过程数据，参数 λ 和 α 的关系经过最小二乘法拟合为线性函数（图 4.40）。随着自相关系数的下降，函数曲线逐渐变陡，λ 逐渐接近 α。针对 AR（1）过程，对不同自相关水平的数据分别建立简化后的 α 与 ARL_0 的关系式。

（1）对 $\phi=0.9$，得到 $\lambda(\phi=0.9)=0.3216 \cdot \alpha + 0.0004$。当 ARL_0 的期望值为 370 时，计算得出控制限相应的 α 值为 0.0072。采用该 α 值计算控制限并将构造的 Shewhart 控制图用于仿真过程中，经过 10000 次的测试得出平均运行长度为 350.48。

（2）对 $\phi=0.8$，得到 $\lambda(\phi=0.8)=0.518 \cdot \alpha + 0.0005$。当 ARL_0 的期望值为 370 时，计算得出控制限相应的 α 值为 0.0043。采用该 α 值计算控制限并将构造的 Shewhart 控制图用于仿真过程中，经过 10000 次的测试得出平均运行长度为 356.48。

（3）对 $\phi=0.7$，得到 $\lambda(\phi=0.7)=0.6545 \cdot \alpha + 0.0005$。当 ARL_0 的期望值为 370 时，计算得出控制限相应的 α 值为 0.0034。采用该 α 值计算控制限并将构造的 Shewhart 控制图用于仿真过程中，经过 10000 次的测试得出平均运行长度为 372.25。

（4）对 $\phi=0.6$，得到 $\lambda(\phi=0.6)=0.772 \cdot \alpha + 0.0004$。当 ARL_0 的期望值为 370 时，计算得出控制限相应的 α 值为 0.0030。采用该 α 值计算控制限并将构造的 Shewhart 控制图用于仿真过程中，经过 10000 次的测试得出平均运行长度为 373.10。

（5）对 $\phi=0.5$，得到 $\lambda(\phi=0.5)=0.85 \cdot \alpha + 0.0002$。当 ARL_0 的期望值为 370 时，计算得出控制限相应的 α 值为 0.0029。采用该 α 值计算控制限并将构造的 Shewhart 控制图用于仿真过程中，经过 10000 次的测试得出平均运行长度为 370.66。

对于 AR（1）过程，α 值根据公式计算得出，采用调整后的控制限，Shewhart 控制图可得到期望的 ARL_0 值。

此外，当 Shewhart 控制图监控 AR（1）过程时，λ，α 和 ϕ 的三维一般关系图显示在图 4.41 中。一旦 AR（1）过程的 ϕ 值确定，在图 4.41 中投影相应的 ϕ 值即可得到函数 $\lambda(\phi)=H(\alpha)$。据此，即可根据式（4.26）确定 Shewhart 控制图的控制限以达到期望 ARL_0。

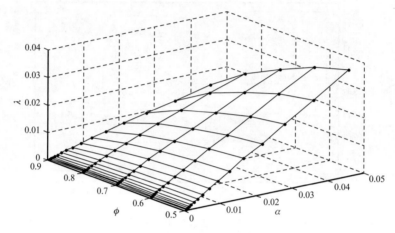

图 4.41 λ，α 和 ϕ 的三维一般关系图

3. 分析与讨论

（1）采用 AR（1）模拟过程数据验证式（4.23）的正确性。

对不同自相关系数下的 AR（1）过程计算 LCAP（p），与通过蒙特卡洛测试计算的 λ 比较，两者在不同 α 设置下均数值相近。说明式（4.22）中的 λ 可由 LCAP（p）替代，得到式（4.23）。

（2）针对 AR（1）过程的控制限计算简化。

观察仿真中 λ 与 α 的表现出的函数关系，发现在 AR（1）案例中 λ 与 α 表现出近似的线性关系，由此式（4.22）可转换为 α 与 ARL_0 的关系式，从而简化在期望 ARL_0 下的 α（即控制限）求解。

4.4.4 实际过程案例分析

由于实际工业过程的变量少有满足 AR（1）动态模型，图 4.41 中 λ 和 α 的函数关系可能不适用于实际工业数据。虽然对于实际油气生产过程，由于其过程模型未知也难以正确估计，修正 Shewhart 控制图不能建立起来，但是式（4.23）中的表示的关系对建立传统 Shewhart 控制图也很有帮助。传统 Shewhart 控制图的参数是基于阶段 I 数据估计得到。在工业过程中系统工况的动态变化往往较采样慢，从而导致了较高的时序相关性。本部分选取了某炼化厂中的气分装置的脱丙烷塔，采用多个 Shewhart 控制图进行监控，塔液位的监控为例采用式（4.23）中的关系选择控制限。为了减少式（4.21）中多元积分的计算复杂度，变量每 12.5min 测量一次。

根据 500 个塔液位的历史数据（图 4.42）获得变量的自相关函数（图 4.43），并估计变量均值和标准差分别为 $\hat{\mu}=49.216$、$\hat{\sigma}=1.904$。

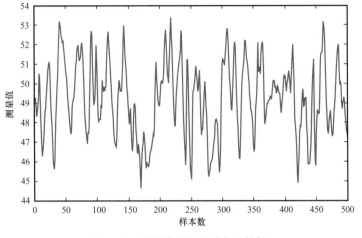

图 4.42　塔液位变量的阶段 I 数据

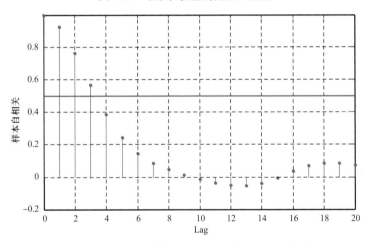

图 4.43　基于阶段 I 的数据对变量估计样本自相关函数

根据图 4.42 选择 p 值为 4，维度为 $p+1$ 的协方差矩阵估计为：

$$\boldsymbol{\Sigma}=\hat{\sigma}^2\cdot\begin{bmatrix} ACF(0) & ACF(1) & ACF(2) & ACF(3) & ACF(4) \\ ACF(1) & ACF(0) & ACF(1) & ACF(2) & ACF(3) \\ ACF(2) & ACF(1) & ACF(0) & ACF(1) & ACF(2) \\ ACF(3) & ACF(2) & ACF(1) & ACF(0) & ACF(1) \\ ACF(4) & ACF(3) & ACF(2) & ACF(1) & ACF(0) \end{bmatrix}=\begin{bmatrix} 3.63 & 3.36 & 2.77 & 2.06 & 1.40 \\ 3.36 & 3.63 & 3.36 & 2.77 & 2.06 \\ 2.77 & 3.36 & 3.63 & 3.36 & 2.77 \\ 2.06 & 2.77 & 3.36 & 3.63 & 3.36 \\ 1.40 & 2.06 & 2.77 & 3.36 & 3.63 \end{bmatrix}$$

根据式（4.21）和式（4.23），估计不同 α/c 取值下的 LCAP（p），并随即计算出相应的 ARL_0（表 4.15），据此，选择控制限调整目标值以使控制图的 ARL_0 达到期望值。例如，若要求构造的 Shewhart 控制图的期望 ARL_0 为 428，根据表 4.15，选择控制限参数 c 为 2.8，上下控制限计算为 $\hat{\mu} \pm 2.8 \cdot \hat{\sigma}$。如图 4.44 所示，在调整后的控制限下，对塔液位新的测量值进行监控。

表 4.15 基于式（4.23）对不同控制限参数 c 的 ARL_0 估计

c	α	LCAP（p）	ARL_0
2	0.0455	0.01725	56.3094
2.1	0.035729	0.01381	70.8131
2.2	0.027807	0.01097	89.5767
2.3	0.021448	0.00865	114.053
2.4	0.016395	0.00677	146.248
2.5	0.012419	0.00525	188.959
2.6	0.009322	0.00404	246.126
2.7	0.006934	0.00308	323.340
2.8	0.00511	0.00232	428.521
2.9	0.003732	0.00174	573.114
3	0.0027	0.00129	773.516

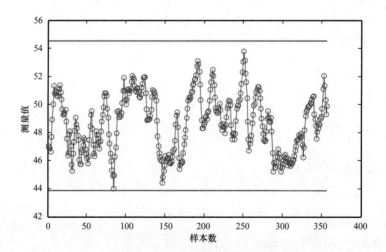

图 4.44 在 Shewhart 控制图下的塔液位参数监控

参 考 文 献

[1] Khalilian H, Bajic I V. Video watermarking with empirical PCA-based decoding [J]. IEEE transactions on image processing, 2013, 22（12）: 4825-4840.

[2] Kuehn D R, Davidson H. Computer control II. Mathematics of control [J]. Chemical Engineering Progress, 1961, 57（6）: 44-47.

［3］Almasy G A, Mah R S H. Estimation of measurement error variances from process data［J］. Industrial & Engineering Chemistry Process Design & Development, 1984, 23（4）: 779−784.

［4］Crowe C M, Garcia C Y A, Hrymak A. Reconciliation of process flow rates by matrix projection. I: Linear case［J］. Aiche Journal, 1983, 32（4）: 616−623.

［5］Bakhtazad A, Palazoglu A, Romagnoli J A. Process data de−noising using wavelet transform［J］. Intelligent Data Analysis, 1999, 3（4）: 267−285.

［6］郑玉鑫. 基于贝叶斯小波包降噪方法的数据校正［D］. 华东理工大学, 2012.

［7］Albuquerque J S, Biegler L T. Data reconciliation and gross−error detection for dynamic systems［J］. Aiche Journal, 1996, 42（10）: 2841−2856.

［8］Tamhane A, Mah R H. Data reconciliation and gross error detection in chemical process networks［J］. Technometrics, 1985, 27（4）: 409−422.

［9］Karjala T W, Himmelblau D M. Dynamic data rectification by recurrent neural networks vs. Traditional methods［J］. Aiche Journal, 1994, 40（11）: 1865−1875.

［10］Kramer M A, Mah R S H. Model−based monitoring［C］//Proc. Second Int. Conf. on Foundations of Computer Aided Process Operations. CACHE, 1994: 45−68.

［11］Tamhane A C, Mah R S H. Data reconciliation and gross error detection in chemical process networks［J］. Technometrics, 1985, 27（4）: 409−422.

［12］Mah R S H. Chemical process structures and information flows［J］. Chemical Engineering Progress, 1982, 78（7）: 84−89.

［13］Crowe C M. Observability and redundancy of process data for steady state reconciliation［J］. Chemical Engineering Science, 1989, 44（12）: 2909−2917.

［14］Veverka V. A method of reconciliation of measured data with nonlinear constraints［J］. Applied Mathematics and Computation, 1992, 49（2−3）: 141−176.

［15］Haddad A H. Applied optimal estimation［J］. Proceedings of the IEEE, 2005, 64（4）: 574−575.

［16］Sorenson H W. Kalman filtering: theory and application［M］. IEEE, 1985.

［17］Islam K A, Weiss G H, Romagnoli J A. Non−linear data reconciliation for an industrial pyrolysis reactor［J］. Computers & Chemical Engineering, 1994, 18: S217−S221.

［18］Kim I W, Liebman M J, Edgar T F. A sequential error−in−variables method for nonlinear dynamic systems［J］. Computers & Chemical Engineering, 1991, 15（9）: 663−670.

［19］Leibman M J, Edgar T F, Lasdon L S. Efficient data reconciliation and estimation for dynamic processes using nonlinear programming techniques［J］. Computers & Chemical Engineering, 1992, 16（10−11）: 963−986.

［20］Tjoa I B, Biegler L T. Simultaneous strategies for data reconciliation and gross error detection of nonlinear systems［J］. Computers & Chemical Engineering, 1991, 15（10）: 679−690.

［21］Chiari M, Bussani G, Grottoli M G, et al. On−line data reconciliation and optimisation: refinery applications［J］. Computers & Chemical Engineering, 1997, 21: 1185−1190.

［22］Karjala T W, Himmelblau D M. Dynamic data rectification by recurrent neural networks vs. traditional methods［J］. AIChE JOURNAL, 1994, 40（11）: 1865−1875.

［23］Kao C S, Tamhane A C, Mah R S H. Gross error detection in serially correlated process data［J］. Industrial & Engineering Chemistry research, 1990, 29（6）: 1004−1012.

油气生产多模态系统模态识别与故障监测

5.1 自适应多模型故障监测方法

在多模态油气生产过程故障监测的研究中，一般采用多模型的思路来刻画数据特征迥异的不同运行模态，常用的方法有多向 PCA、PLS 方法和高斯混合模型（Gaussian Mixture Model，GMM）。在先验知识不足的前提下，需要对过程数据进行模态识别，一般通过聚类方法来达到识别工况的目的。k 均值（k-means）算法和模糊 c 均值（Fuzzy c-means，FCM）算法是模态识别领域较常使用的两类聚类算法。目前计算最佳聚类数的方法有，期望最大化（Expectation-Maximization，EM）算法，k-means 算法结合聚类有效性指标，基于模型间的相似度指标方法。然而，传统确定聚类数的方法易受聚类算法本身、聚类参数和数据集等客观因素的影响，这些因素的不确定性会降低最佳聚类数估算的准确性。奇异值分解（Singular Value Decomposition，SVD）方法能够捕捉到不同的过程模态特征，且不受客观因素影响，可准确判断出过程模态数。

因此，本章将针对先验知识不足前提下，多模态油气生产过程的多工况和时变性特点及聚类数不能准确计算的问题，提出自适应多模型的故障监测方法。用 SVD 方法求解最佳聚类数，使用 FCM 算法划分训练数据的模态类别，建立各种模态的 PCA 监测模型，实现对过程状态的监测。将该方法应用到丙烯计量罐装置，并与基于类内类间划分（Between-Within Proportion，BWP）聚类有效性指标的方法进行对比，证明该方法的优势。

5.1.1 自适应多模型故障监测方法基本理论

1. 奇异值识别方法

奇异值分解（SVD）可以从数据矩阵中提取数据特征，它的数学表达式见式（5.1）：

$$X = U \sum V^T \tag{5.1}$$

式中：$X \in R_{n \times m}$ 表示 $n \times m$ 阶的实数矩阵；$V \in R_{m \times m}$ 是 $X^T X$ 的右特征矩阵，为 $m \times m$ 阶的标准正交矩阵，T 是转置符号；$U \in R_{n \times n}$ 是 XX^T 的左特征矩阵，为 $n \times n$ 阶的标准正交矩

阵；$\sum\in R_{n\times m}$ 表示对角线元素是由奇异值 σ_i 构成的 $n\times m$ 阶对角矩阵，对角元素的大小反映了在该对角矩阵作用下的伸缩变换幅度，位置一般按数值大小倒序排列。

油气生产过程的模态变迁会体现在观测数据 $X\in R_{n\times m}$ 和观测数据相应的奇异值的变化上。这里采用一种新的方法来度量奇异值变化，即综合奇异值数值和方向双重信息进行奇异值变化量的描述。

假设 k 采样时刻 $2L$ 长度观测数据 $X(k)\in R_{2L\times m}$ 的奇异值向量见式（5.2）：

$$\sum_{v,2L}(k)=[\sigma_1,\sigma_2,\ldots,\sigma_r]^T \tag{5.2}$$

式中：v 是向量符号，σ_1，σ_2，$\cdots$，σ_r 表示一系列奇异值，L 是窗宽的一半，m 是数据维数，$L>m$。则 $k+1$ 时刻相对于 k 时刻的奇异值向量的变化量 $R_{2L}(k)$ 见式（5.3）：

$$R_{2L}(k)=\frac{D_{2L}(\Delta k)}{D_{2L}(k)}=\frac{\|\sum_{v,2L}(k+1)-\sum_{v,2L}(k)\|^2}{\|\sum_{v,2L}(k)\|^2} \tag{5.3}$$

式中：R 表示相对变化距离，$\|\cdot\|^2$ 表示向量 2－ 范数的平方（或欧式距离的平方）。则上式中的距离 $D_{2L}(k)$ 的计算过程见式（5.4）：

$$D_{2L}(k)=\|\sum_{v,2L}(k)\|^2=\sum_{i=1}^{r}(\sigma_i)^2 \tag{5.4}$$

在油气生产过程中，取窗宽长度为 $2L$，若 k 采样时刻窗内的观测数据符合不等式 $R_{2L}(k)\geqslant\delta$，表明 k 时刻过程发生了模式切换（模态变迁），由此判断模态变迁点的个数 a。模态变迁点是过渡过程与前后两个平稳过程的临界点，因此，a 是偶数。那么，聚类数 $b=1+a/2$。其中，δ 是反映过程本身时间动态特性的模态变迁阈值，其数值由核密度估计方法获得，表达式见式（5.5）：

$$f(\omega)=\frac{1}{rh^d}\sum_{i=1}^{r}k\left(\frac{\omega-\omega_i}{h}\right) \tag{5.5}$$

式中：ω_i 为归一化后的自变量；$f(\omega)$ 为自变量概率密度的估计值，取 $f(\omega)=0.99$ 时的自变量，反归一化后得到自变量阈值 δ；r 为样本数；d 为空间的维数；$k(\omega)$ 为核函数，本章选用高斯核函数；h 为窗宽，则根据式（5.6）计算一维最优窗宽：

$$h=1.059\xi r^{-\frac{1}{5}} \tag{5.6}$$

式中：$\xi=\left[\frac{1}{r}\sum_{i=1}^{r}(\omega_i-\bar{\omega})\right]^{\frac{1}{2}}$，$r$ 为样本数。

2. 模糊 c 均值聚类算法

模糊 c 均值聚类（FCM）算法是基于模糊理论的一种模态识别算法，该算法认为每个数据点都会不同程度地隶属于每个类，并用隶属度来判断数据点属于某个类别的程度。FCM 算法先初始化聚类中心，然后按照目标函数最小化的原则迭代计算隶属度和聚类中心。

给定 n 个样本的集合 $X=\{x_1, x_2, \cdots, x_n\}\subset R^s$，$S$ 是样本空间的维数。将这 n 个样本划分为 c（$1<c\leq n$）个类。目标函数最小化形式见式（5.7）：

$$\min J_{\text{fcm}}(U,V)=\sum_{i=1}^{c}\sum_{j=1}^{n}u_{ij}^{\ m}d_{ij}^{\ 2} \tag{5.7}$$

式中：$U=(u_{ij})_{c\times n}$ 为模糊划分矩阵，u_{ij} 表示样本 x_j 隶属于类 c_j 的程度。模糊划分矩阵有三个必要条件：

（1）矩阵中的每一个元素 $0\leq u_{ij}\leq 1$。

（2）$\sum\limits_{i=1}^{c}u_{ij}=1$，即对于某个样本来说，其相对于 c 个类的隶属度总和必须为 1。

（3）$\sum\limits_{j=1}^{n}u_{ij}>0$，即不会存在一个类是空集。

$V=[v_1, v_2, \cdots, v_c]$ 表示一个 $s\times c$ 的矩阵，由 c 个聚类中心向量构成；$d_{ij}=\|x_j-v_i\|$ 表示样本 x_j 与第 i 个聚类中心 v_i 的距离大小；m 表示模糊系数，一般取 2。

结合式（5.7），由 Lagrange 的极值必要条件推出 U 和 V 的迭代式，分别如式（5.8）和式（5.9）所示：

$$v_i=\frac{\sum_{j=1}^{n}u_{ij}^{\ m}x_j}{\sum_{j=1}^{n}u_{ij}^{\ m}}, i=1,2,\dots c \tag{5.8}$$

$$u_{ij}=\begin{cases}\left[\sum_{r=1}^{c}\left(\dfrac{d_{ij}}{d_{rj}}\right)^{\frac{2}{m-1}}\right]^{-1}, I_j=\phi \\[4mm] \dfrac{1}{|I_j|}, I_j=\phi, i\in I_j \\[3mm] 0, I_j=\phi, i\notin I_j\end{cases} \tag{5.9}$$

3. 基于主元分析的过程监控算法

主元分析（PCA）也叫主成分分析或者主分量分析，主要思想是以保证原始数据主要信息不丢失为前提来降低数据"维数"，从而把多个指标变换成少数的综合指标。通常把转化生成的综合指标称之为主元（主要分量，PC），主元反映原始数据中方差最高的那部分，且主元之间互不相关，而次要分量仅仅由噪声组成，可以忽略。一般来说，主元应该按照所包含的原始数据方差的大小进行倒叙排列。

PCA 的数学模型如式（5.10）所示：

$$X = \sum_{i=1}^{A} t_i p_i^T + E \tag{5.10}$$

式中：X 为观测矩阵；p_i 和 t_i 分别为观测矩阵 X 的第 i 个主元和主元系数（主元得分）；A 为保留在模型中的主元数；E 是次要分量。

PCA 的这一数学模型已经被众多学者应用在工业过程监测领域内。根据正常历史数据建立好 PCA 模型后，可将其作为未来过程行为的一个参考。在线采集多个变量的观测值 X_{new}，将观测值矩阵投影于主元平面，便可求得主元得分 $t_{i,new}=p_i^T X_{new}$ 和残差 $e_{new}=X_{new}-\hat{X}_{new}$。其中，$\hat{X}_{new}=P_A t_{A,new}$，$t_{A,new}$（$A\times 1$）为模型的得分向量，$P_A$（$q\times A$）为由所有主元构成的负载矩阵，$q$ 为观测变量数。

油气生产过程通常使用 Hotelling's T^2 统计量实现故障监测，前 A 个主元对应的 T_A^2 统计量按照式（5.11）计算：

$$T_A^2 = \sum_{i=1}^{A} \frac{t_i^2}{s_{t_i}^2} \tag{5.11}$$

式中：$s_{t_i}^2$ 为 t_i 的估计方差。这里，T_A^2 统计量服从 F 分布（一般假设 X 服从正态分布），故可根据 T_A^2 统计量的 F 分布近似结果计算 T_A^2 的上控制限 $t_{T_A^2}$。

不过，Hotelling's T^2 统计量仅能表征主元模型内部的变量波动。若新的观测值 x_{new} 脱离模型平面，即过程出现新的故障，那么这种新故障就需要由平方预测误差（SPE）统计量（也叫 Q 统计量或相对模型距离）来检测，SPE 统计量的计算公式见式（5.12）：

$$SPE_x = \sum_{i=1}^{q} \left(X_{new,i} - \hat{X}_{new,i} \right)^2 \tag{5.12}$$

式中：$X_{new,i} - \hat{X}_{new,i}$ 代表第 i 个主元的残差，q 为观测变量数。

假设 X 服从正态分布，则 SPE 统计量服从 χ^2 分布，它的上控制限 t_{SPE} 可以根据 χ^2 分布的近似结果计算。SPE 统计量代表不能由 PCA 模型解释的过程噪声。本章选用 SPE 统计量（指标）进行故障监测。

5.1.2　自适应多模型故障监测方法

针对先验知识不足前提下，多模态油气生产过程的多工况和时变性特点及聚类数不能准确计算的问题，提出自适应多模型的故障监测方法，分别针对不同工况下的平稳过程和过渡过程建立各自的故障监测模型，实现对多模态油气生产过程的准确监测。方法的工作流程如图 5.1 所示，具体步骤如下。

1. 步骤 1：选择监控变量

采集所选变量的正常历史数据作为训练样本集 $X \in R_{N \times M}$，每一时刻数据作为一个样本，N 是样本数，M 是变量数。

2. 步骤 2：求解 FCM 的聚类数 b

（1）根据式（5.1）至式（5.3）计算 k 采样时刻训练样本的奇异值变化量 $R(k)$。

（2）判断关系式 $R(k) \geqslant \delta$ 和 $R(k \pm 1) < \delta$ 是否同时成立，其中，δ 为模态变迁阈值，具体数值由核密度估计方法计算。令模态变迁点个数 $a=0$，若上面不等式同时成立，说明过程发生模态变迁，$a=a+1$；否则，过程状态无变化，继续读数判断，直到读取完所有的奇异值变化量 R 为止。

（3）计算聚类数 $b=1+a/2$。

3. 步骤 3：用 FCM 离线划分过程模态

将训练样本 X 和聚类数 b 作为 FCM 的输入，用 FCM 对训练样本 X 聚类，将 X 划分为 i 个平稳模态和 $i-1$ 个过渡模态，并输出最佳聚类中心矩阵 C。

4. 步骤 4：建立不同模态的 PCA 故障监测模型

（1）训练样本 X 归一化处理，见式（5.13）：

$$x_{new}(k) = \frac{x(k) - x_{min}}{x_{max} - x_{min}} \tag{5.13}$$

式中：$x(k)$ 为训练样本在第 k 时刻的采样点，将 $x(k)$ 归一化后得到新的样本 $x_{new}(k)$；x_{max} 为训练样本 X 的最大值；x_{min} 为训练样本 X 的最小值。

（2）平稳模态和过渡模态分别建模：根据文献计算平稳态的平方预测误差（Squared Prediction Error，SPE）指标 SPE_1 和控制限 t_{SPE_1}，根据文献计算过渡态指标 SPE_2 和控制限 t_{SPE_2}。

5. 步骤 5：在线模态识别与故障监测

在线阶段，同一种模态正常数据的运行特征与离线建模数据的特征一致，因此，将步骤 4 求得的最佳聚类中心矩阵 C 和故障监测指标控制限 t_{SPE} 作为在线模态识别与故障监测算法的输入。读取新数据 $x(k)$，由式（5.13）归一化后得到 $x_{new}(k)$，用 FCM 聚类算法求 $x_{new}(k)$ 对于不同模态的隶属度，并判断 $x_{new}(k)$ 所属模态类别。根据模态类别选用相应的故障监测模型，计算监测指标 $SPE(k)$，并与指标控制限 t_{SPE} 比较。假设 $k-1$ 时刻过程运行正常：

（1）若 $SPE(k) \leqslant t_{SPE}$，判断过程处于正常状态，$k=k+1$，重新读取数据，继续计算。

（2）若 $SPE(k) > t_{SPE}$，调用下一个相邻模型对 $x_{new}(k)$ 重新进行监测：① 若监测结果正常，则说明过程模态发生改变，进入下一个相邻模态，$k=k+1$，重新读取数据并计算；② 若监测结果不正常，则说明过程出现故障或未知新模态。

自适应多模型的故障监测方法步骤如图 5.1 所示。

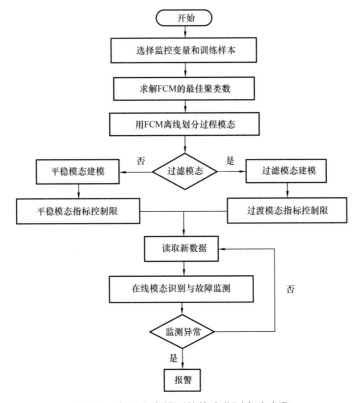

图 5.1　自适应多模型的故障监测方法步骤

5.1.3　案例分析

为了证明自适应多模型故障监测方法的有效性，将该方法与基于 BWP 聚类有效性指标的方法分别应用到聚丙烯生产装置的丙烯投料计量控制系统中，并对比结果。丙烯投料计量控制系统（图 5.2）是聚合反应控制系统必不可少的前提和准备，其作用是准确计量投入聚合釜中的丙烯量，扮演着保证聚合反应正常进行的重要角色。平时丙烯经气动"三通"球阀直接回丙烯中间罐循环，由可编程控制器控制气动"三通"球阀进行投放料。丙烯投料计量控制系统有 5 个主要监控参数，见表 5.1。

在正常状态下，每 5s 采集一组数据，一共采集 537 组数据。前 204 时刻，进料压力 PI6113 控制在 1.7MPa 以内，进料流量 FT6101 控制在 0.01t/h，进料温度 TR6102 控制在 35～37℃，丙烯计量罐压力 PT6120 控制在 1.4±0.05MPa，丙烯计量罐液位 LT6101 控制在 45.4%±0.2%，过程处于平稳状态。在第 205 时刻到 352 时刻，系统调节进料流量 FT6101，使得其他参数均有不同程度的变化，过程处于过渡状态。在 353 时刻以后，进料流量 FT6101 控制在 10.65 ± 0.35 t/h，过程再次处于平稳状态。整个油气生产过程经历了 2 次模态变迁，即平稳态 1—过渡态—平稳态 2。

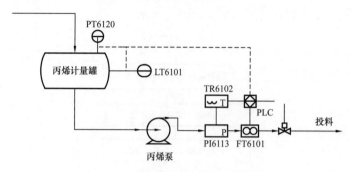

图 5.2　丙烯投料计量控制点流程图

表 5.1　监控参数

位号	参数	阈值
PI6113	进料压力 /MPa	0～3
TR6102	进料温度 /℃	0～50
FT6101	进料流量 /t·h^{-1}	0～30
PT6120	计量罐压力 /MPa	0～1.85
LT6101	计量罐液位 /%	10～90

在故障状态下，每 5s 采集一组数据，一共采集 537 组数据。与上面保持同样的操作条件，第 255 至第 286 时刻，进料阀门开度过大，进料流量 FT6101 由 21.68t/h 左右升高至 42.8t/h 左右，丙烯计量罐液位 LT6101 大幅下降，经调节进料阀门开度，液位和进料流量在第 299 时刻升高至 23.72%，此后过程恢复正常状态。

1. 自适应多模型故障监测方法

（1）步骤 1：研究表 5.1 中的所有变量，选取正常状态下的 537 组数据为训练样本集 $X \in R_{537 \times 5}$。测试样本集则选用 X 与故障状态下的 537 组数据 $Y \in R_{537 \times 5}$。

（2）步骤 2：求解聚类数 b。图 5.3 中绘制了奇异值变化量 R 的监测曲线，分别以时刻 t 和奇异值变化量 R 作为横、纵坐标。每 5s 采集一次训练数据，故单位时刻间隔相当于 5s。可以看出，奇异值变化量 R 在前 195 时刻较为平稳，数值趋近于 0，维持在阈值 δ 之下。而在第 196 时刻发生阶跃式增长，超过阈值 δ，并持续较大波动至第 354 时刻。在第 355 时刻突然回落至阈值 δ 之下，数值再次趋近于 0，并随着时间的增长保持较小的波动。其中，第 196 时刻和第 355 时刻存在突变点，即模态变迁点。故得到模态变迁点数 $a=2$，进而计算出最佳聚类数 $b=2$。

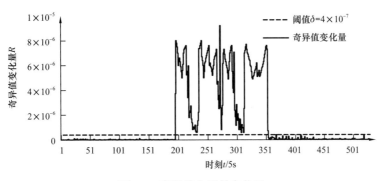

图 5.3　奇异值向量的变化量

（3）步骤 3：用 FCM 离线划分过程模态。模态划分结果如图 5.4 所示。以时刻作为横坐标，模态类别作为纵坐标。共划分为 3 类模态：前 204 时刻的数据为第一类模态，属于平稳模态 1；第 205 时刻至第 352 时刻间的数据为第二类模态，属于过渡模态；第 353 时刻至第 537 时刻间的数据为第三类模态，属于平稳模态 2。

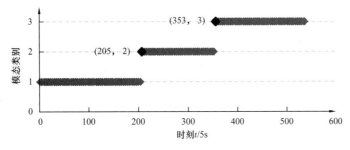

图 5.4　模态划分结果

（4）步骤 4：故障监测模型的建立与测试。分别用正常样本 X 和故障样本 Y 测试 PCA 故障监测模型，并以时刻作为横坐标，SPE 指标作为纵坐标绘制监测曲线图。图 5.5 展示了正常数据的监测结果，平稳模态 1 与平稳模态 2 的数据，PCA 故障监测模型均采用静态控制限监测，而对过渡模态采用动态控制限进行监测。可以看出，前 204 时刻和第 353 时刻至第 537 时刻间的平稳态数据几乎在各自的 SPE 控制限内随机波动，服从高斯分布，只有极少数数据超过控制限。而第 205 时刻至第 352 时刻间的过渡态数据呈现明显

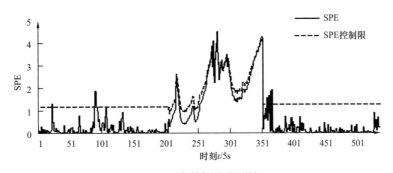

图 5.5　正常数据的监测结果

的动态性，SPE 数值在区间内具有较大波动，但仍控制在动态控制限以内。图 5.6 中展示的是故障数据的监测结果，横纵坐标设置同图 5.5。可以看出，故障发生在过渡过程，第 255 时刻至第 293 时刻数据明显超过动态控制限，在第 294 时刻数据回落至控制限以内，此后几乎维持正常状态。

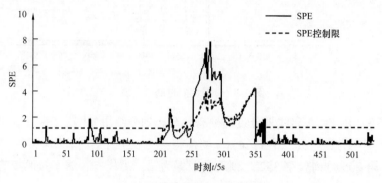

图 5.6　故障数据的监测结果

2. 基于 BWP 聚类有效性指标的方法

（1）步骤 1：与自适应多模型方法相同。

（2）步骤 2：根据 BWP 聚类有效性指标求得最佳聚类数为 3。

（3）步骤 3：用基于 BWP 聚类有效性指标的方法离线划分过程模态。模态划分结果如图 5.7 所示，总共把数据划分为 5 类：前 204 时刻数据为第一类模态，是平稳模态 1；第 205 时刻至第 253 时刻数据为第二类模态，为平稳模态 1 往平稳模态 2 过渡的过渡模态；第 254 时刻至第 301 时刻数据为第三类模态，是平稳模态 2；第 302 时刻至第 350 时刻数据为第四类模态，为平稳模态 2 向平稳模态 3 过渡的过渡模态；第 351 时刻至第 537 时刻数据为第五类模态，为平稳模态 3。

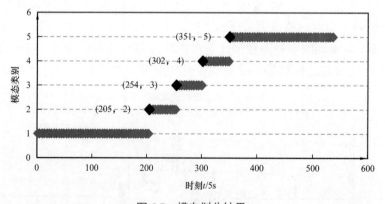

图 5.7　模态划分结果

（4）步骤 4：故障监测模型的建立与测试。分别用正常样本 X 和故障样本 Y 测试基于 BWP 聚类有效性指标的方法所建立的 PCA 故障监测模型，并以时刻 t 作为横坐标，SPE

作为纵坐标绘制监测曲线图。正常数据的监测结果如图 5.8 所示，可以看出，在第 276 时刻至第 288 时刻和第 351 时刻至第 357 时刻数据超出控制限，发生较多误报警。故障数据的监测结果如图 5.9 所示，可以看出，在第 252 时刻至第 302 时刻和第 334 时刻至第 351 时刻数据明显超过控制限，判断为故障状态。而故障样本的故障范围是第 255 时刻至第 298 时刻，故此时发生较多误报警。

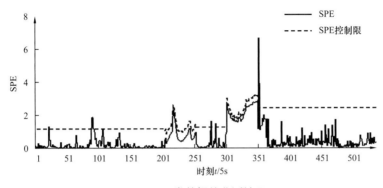

图 5.8　正常数据的监测结果

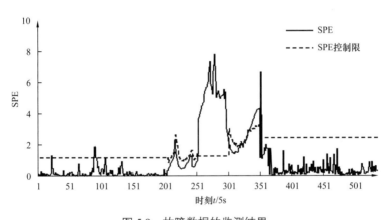

图 5.9　故障数据的监测结果

3. 分析与小结

自适应多模型方法与基于 BWP 聚类有效性指标方法的误报率和漏报率对比结果见表 5.2。

表 5.2　故障监测的误报率和漏报率

方法	正常		故障	
	误报率 /%	漏报率 /%	误报率 /%	漏报率 /%
自适应多模型	1.49	—	2.79	0
BWP	5.03	—	8.38	0

由表 5.2 可知，与基于 BWP 聚类有效性指标方法相比，自适应多模型方法在正常状态下和故障状态下的误报率分别降低了 3.54% 和 5.59%，而正常状态下没有漏报率统计，故障状态下 2 种方法的漏报率均为 0。由对比结果不难看出，自适应多模型方法能够降低多模态油气生产过程故障监测系统的误报率，提高过程故障监测的准确性。

5.2　全局寻优的非高斯多模型故障监测方法

目前多模态工业过程故障或异常工况监测领域内的国内外研究方法分为以下两种：

（1）基于多元统计分析的方法，较为常见的有多向主元分析（Principal Component Analysis，PCA）模型、多向偏最小二乘（Partial Least Squares，PLS）模型和高斯混合模型。

（2）基于微分几何特征提取的方法，该类方法借助分析过程参数曲线的几何特征来建立监测模型。

不过，以上研究的假设条件为多模态生产过程的观测数据服从高斯分布。然而，系统自身控制环节的一些特性会使实际油气生产过程中的某些变量数据存在强非高斯性，这时假设与实际不符。

作为盲源分离方法的核心，固定点独立成分分析（Fast Independent Component Analysis，Fast ICA）算法（又称快速独立成分分析算法）适用于处理非高斯信号，且已经被应用于多模态过程非高斯变量的监测。但是 Fast ICA 算法复杂度高，其准确性跟初始点的选取有很大关系，易受初始点的影响而陷入局部极值。而粒子群寻优算法能够帮助 ICA 算法在全局展开寻优。

因此，本节针对上述问题，提出一种全局寻优的非高斯多模型故障监测方法。采用 lilliefors test 正态性检验方法识别非高斯变量，用模糊 c 均值聚类（Fuzzy c-means Algorithm，FCM）算法离线划分过程模态，用粒子群优化的独立成分分析算法代替 Fast ICA 算法建立不同过程模态的非高斯监测模型，实现在线监测。案例分析中将此方法应用到丙烯计量罐装置，与 Fast ICA 方法的对比结果证明，该方法能够提高多模态油气生产过程非高斯变量故障监测的准确性。

5.2.1　全局寻优的非高斯多模型故障监测方法基本理论

1. 独立成分分析

独立成分分析（Independent Component Analysis，ICA）最初的应用是盲源分离。只要各路源信号满足非高斯分布和相互独立，即便没有先验知识，ICA 也可以将各路源信号从混合信号中分离出来，达到很好的效果。ICA 方法最富有前景的两项应用分别是盲源分离和特征提取，本节将它的特征提取功能应用于多模态油气生产过程故障监测模型的建立。

1）ICA 的模型估计

可将 ICA 的应用条件放宽，即各路源信号相互独立并且高斯源信号的个数不超过一个。定义 ICA 线性模型见式（5.14）：

$$x(t) = AS(t) + n(t), \ t=1, \ 2, \ \cdots \qquad (5.14)$$

式中：$S(t) = [S_1(t), \ S_2(t), \ \cdots, \ S_N(t)]^T$ 为源信号；t 为离散时间变量；N 为源信号的个数；$x(t)$ 为 M 维随机观测向量，即 $x(t) = [x_1(t), \ x_2(t), \ \cdots, \ x_M(t)]^T$；$A$ 为 $M \times N$ 阶未知混合矩阵；$n(t)$ 为 M 维观测噪声向量。

当混合矩阵 A 和信号源 $S(t)$ 均不知道的时候，若要根据观测信号 $x(t)$ 估计源信号，需构建一个分离矩阵（解混矩阵）W。假设估计信号表示成 $y(t)$，则 ICA 的解混模型可表示为式（5.15）：

$$y(t) = Wx(t), \ t=1, \ 2, \ \cdots \qquad (5.15)$$

通俗地说，ICA 的模型估计即最大化（或最小化）事先选好的目标函数，这一过程一般由最优化算法实现。目标函数主要包括最小互信息法、最大熵法及最大似然估计法三类。

2）信号预处理

为了满足 ICA 的使用前提条件，并简化计算，需要提前预处理观测信号（原始信号 x），即去均值和白化。去均值的目的是简化计算，操作比较简单，就是将原始信号 x 减去其均值变成零均值信号。白化是去均值的下一步，扮演着消除观测变量间相关性的角色，遵循式（5.16）：

$$x' = Qx \qquad (5.16)$$

式中：x 为去均值化后的观测信号（这里直接设定 x 是零均值原始信号）；x' 为白化后的信号；Q 为白化变换矩阵，可使得 x' 方差为 1，即满足式（5.17）：

$$R_{x'} = E(x'x'^T) = 1 \qquad (5.17)$$

3）Hotelling's T^2 统计量和平方预测误差统计量 SPE

为实现基于 ICA 算法的油气生产过程故障监测，需分别计算源信号 $S(t)$ 和噪声信号 $n(t)$ 所对应的 Hotelling's T^2 统计量和平方预测误差统计量 SPE，即 T_d^2、SPE_d 与 T_e^2、SPE_e。以源信号 $S(t)$ 为例，T_d^2 与 SPE_d 在第 t 采样时刻的数值分别根据式（5.18）和式（5.19）计算：

$$T_d^2(t) = S_d'(t)^T S_d'(t) \qquad (5.18)$$

$$\text{SPE}_d(t) = e(t)^T e(t) = [x(t) - Q_d^{-1} B_d W_d x(t)]^T [x(t) - Q_d^{-1} B_d W_d x(t)] \qquad (5.19)$$

式中：$S_d'(t) = W_d x(t)$；Q_d 为白化变换矩阵；B_d 为正交矩阵；W_d 是分离矩阵。

4）固定点独立成分分析算法

固定点独立成分分析（Fast ICA）算法，也叫快速独立成分分析算法，能快速有效地分离非高斯信号。Fast ICA 算法的目标函数选取最大化负熵或峭度，利用牛顿迭代算法逐一分离观测信号中的独立成分。

负熵的表达式见式（5.20）：

$$J(x') = \{E[G(x')] - E[G(x'_{gauss})]\}^2 \qquad (5.20)$$

式中：函数 G 是某些非二次函数；x' 是预处理之后的信号；x'_{gauss} 是标准高斯信号。

峭度的表达式见式（5.21）：

$$K_4(y) = E\{y^4\} = 3E^2\{y^2\} \qquad (5.21)$$

式中：y 是源信号的估计，由式（5.15）计算。

2. 粒子群算法

粒子群算法（PSO）是一种可以解决复杂寻优问题的简单算法，于 1995 年在 IEEE 国际会议上被提出，启发于模拟鸟群觅食行为。鸟类能够记住自己随机选取的栖息地，却事先不知道食物地点，但最终在同一个食物地点会聚集大量鸟类。在粒子群算法中，用一个极轻极小的粒子 i 来代替小鸟，将食物地点看作所需求解的最优解，即粒子群体的最优位置 $\overline{p}_g = (p_{g1}, p_{g2}, \cdots, p_{gN})$。随机生成 m 个粒子，使其在 N 维的特定空间中交互个体间的位置信息，并不断调整自身移动速度 v_{in}，逐步指引群体中所有粒子聚集，同时朝着最优解方向移动。评判适应度大小来重新搜寻粒子个体和群体的最优位置。

粒子根据式（5.22）和式（5.23）来更新其速度和位置：

$$v_{in} = wv_{in} + c_1 r_1 (p_{in} - x_{in}) + c_2 r_2 (p_{gn} - x_{in}) \qquad (5.22)$$

$$x_{in} = x_{in} + v_{in} \qquad (5.23)$$

式中：$i=1, 2, \cdots, m$；$n=1, 2, \cdots, N$；p_{in} 和 x_{in} 分别是粒子 i 的历史最优位置和当前位置的第 n 分量；速度权重 w 是随机取值于 $[-1, 1]$ 的值；学习因子 c_1，c_2 均是非负常数；r_1 和 r_2 在区间 $[0, 1]$ 内随机取值；$v_{in} \in [-v_{max}, v_{max}]$，$v_{max}$ 是常数，数值取决于实际情况。

5.2.2　粒子群优化的独立成分分析算法

在油气生产过程监测领域，Fast ICA 算法较其他非高斯算法应用较多，计算高效。但是，该算法易陷入局部极值，且当初始值远离极值点时，算法不容易收敛。为了解决上述问题，有学者提出基于粒子群优化的独立成分分析算法，该算法在全局寻优且易收敛，适用于建立非高斯变量监测模型。新算法的步骤如下。

（1）预处理观测数据矩阵 $x \in R_{n \times m}$（包括去均值化和白化）见式（5.24）：

$$x'(t) = Q \times \frac{x(t) - \bar{x}}{\sigma} \qquad (5.24)$$

式中：m 和 n 分别是 x 的样本个数和变量个数；$\bar{x}$ 和 σ 分别是 x 的均值向量和标准差向量；x' 为观测数据预处理后的值；Q 为白化矩阵。

（2）用四阶累积量构建粒子群优化算法的适应度（目标函数值），见式（5.25）：

$$\max J\left(w_i\right)=\left|K_4\left(y_i\right)\right|,\ s.t.\|w_i\|=1 \tag{5.25}$$

式中：y_i 和 w_i 分别是第 i 次分离的独立成分估计和分离行向量，y_i 由式（5.15）计算；四阶累积量 $K_4\left(y_i\right)$ 由式（5.21）计算；这里默认独立成分个数等于观测变量个数 n，故 $i=1$，2，$\cdots$，n。

（3）设定参数：粒子个体学习因子 $c_1=2.0$，粒子群体学习因子 $c_2=2.0$，速度惯性权重 $w=0.7$，粒子群规模 $N_p=100$，误差精度 $\alpha=10^{-3}$，最大迭代次数 $M_p=1000$。

（4）记粒子代数 $k=1$，独立成分的分离矩阵 $\boldsymbol{W}_j=\left[w_1^j;w_2^j;\cdots w_i^j;\cdots w_n^j\right]\in R_{n\times n}$ 作为第 j 个粒子的位置和粒子速度 $\boldsymbol{v}_j\in R_{n\times n}$ 一起进行初始化，使得 $\|w_i^j\|=1$，其中 $j=1$，2，$\cdots$，N_p。

（5）设当代粒子最好位置 $P\text{best}_j\left(k\right)=\left[p\text{best}_1^j\left(k\right);\cdots p\text{best}_i^j\left(k\right);\cdots p\text{best}_n^j\left(k\right)\right]$，令 $p\text{best}_i^j\left(k\right)=w_i^j\left(k\right)$。

（6）计算第 k 代粒子群的全局最好位置 $G\text{best}\left(k\right)$，计算方法见式（5.26）和式（5.27）：

$$G\text{best}\left(k\right)=\left[g\text{best}_1\left(k\right);\cdots g\text{best}_i\left(k\right);\cdots g\text{best}_n\left(k\right)\right] \tag{5.26}$$

$$J\left[g\text{best}_i\left(k\right)\right]=\max\left\{J\left[p\text{best}_i^1\left(k\right)\right],\cdots J\left[p\text{best}_i^j\left(k\right)\right],\cdots J\left[p\text{best}_i^{N_p}\left(k\right)\right]\right\} \tag{5.27}$$

式中：$g\text{best}_j\left(k\right)$ 和 $p\text{best}_i^j\left(k\right)$ 分别是第 i 个独立成分在第 k 代的粒子全局最好位置向量和第 j 个粒子的历史最好位置向量，$J\left[g\text{best}_i\left(k\right)\right]$ 和 $J\left[p\text{best}_i^j\left(k\right)\right]$ 分别是二者的适应度。

（7）分别根据式（5.28）和式（5.29）更新粒子的速度和位置，并根据式（5.30）对位置进行归一化：

$$v_j\left(k+1\right)=v_j\left(k\right)+c_1 r_1\left[p\text{best}_j\left(k\right)-W_j\left(k\right)\right]+c_2 r_2\left[G\text{best}\left(k\right)-W_j\left(k\right)\right] \tag{5.28}$$

$$W_j\left(k+1\right)=W_j\left(k\right)+v_j\left(k+1\right) \tag{5.29}$$

$$W_j\left(k+1\right)=\frac{W_j\left(k+1\right)}{\left\|W_j\left(k+1\right)\right\|} \tag{5.30}$$

式中：$v_j\left(k\right)$ 是第 k 代第 j 个粒子的速度；r_1 和 r_2 为 $\left[0，1\right]$ 均匀分布的随机数；c_1 和 c_2 分别是粒子个体学习因子和群体学习因子；$G\text{best}\left(k\right)$ 和 $p\text{best}_j\left(k\right)$ 分别是第 k 代的粒子群全局最好位置和第 j 个粒子的历史最好位置；$W_j\left(k+1\right)$ 是第 $k+1$ 代第 j 个粒子的位置矩阵；$\|\cdot\|$ 是取模符号。

（8）计算下一代粒子搜寻到的最好位置 $p\text{best}_i^j\left(k+1\right)$，计算方法式（5.31）：

$$p\text{best}_i^j\left(k+1\right)=\begin{cases}p\text{best}_i^j\left(k\right),\text{if}\ J\left[w_i^j\left(k+1\right)\right]<J\left[p\text{best}_i^j\left(k\right)\right]\\w_i^j\left(k+1\right),\text{if}\ J\left[w_i^j\left(k+1\right)\right]\geqslant J\left[p\text{best}_i^j\left(k\right)\right]\end{cases},i=1,2,\cdots n \tag{5.31}$$

式中：$p\text{best}_i^j\left(k\right)$ 和 $p\text{best}_i^j\left(k+1\right)$ 分别是第 i 个独立成分的第 j 个粒子在第 k 代和第

$k+1$ 代的历史最好位置；$w_i^j(k+1)$ 是第 i 个独立成分的第 j 个粒子在第 $k+1$ 代的位置向量；$J\left[w_i^j(k+1)\right]$ 和 $J\left[pbest_i^j(k)\right]$ 分别是 $w_i^j(k+1)$ 和 $pbest_i^j(k)$ 的适应度。

（9）计算下一代的粒子群全局最好位置 Jbest $(k+1)$，计算方法见式（5.32）：

$$J\left[gbest_i(k+1)\right]=\max\left\{J\left[pbest_i^1(k+1)\right],J\left[pbest_i^2(k+1)\right],\cdots\right.$$
$$\left.J\left[pbest_i^j(k+1)\right],\cdots J\left[pbest_i^{N_p}(k+1)\right]\right\} \tag{5.32}$$

式中：$gbest_i(k+1)$ 是第 i 个独立分量在第 $k+1$ 代的全局最好位置向量，$J\left[gbest_i(k+1)\right]$ 是其适应度。

（10）正交化 Gbest $(k+1)$，消除重复的分离行向量，方法见式（5.33）：

$$gbest_i(k+1)=gbest_i(k+1)\times\left\{1-\sum_{r=1}^{i-1}\left[gbest_r(k+1)^T\times gbest_r(k+1)\right]\right\} \tag{5.33}$$

式中：T 是转置符号。

（11）判断迭代终止条件 $\max\{D_1,D_2,\cdots,D_i,\cdots,D_n\}<\alpha$ 满足与否：① 若没有满足，判断 $k>M$ 是否满足，是，则 $W=G$best $(k+1)$，返回（11）；否，则 $k=k+1$，返回（7）。② 若满足，$W=G$best $(k+1)$，进行（12）。式中：$D_i=|J\left[gbest_i(k+1)\right]-J\left[gbest_i(k)\right]|$。

（12）计算观测数据的独立成分，方法见式（5.34）：

$$y=Wx' \tag{5.34}$$

式中：y 是独立成分矩阵；x' 是预处理后的观测数据；W 是独立成分的分离矩阵。

（13）计算混合矩阵，计算方法见式（5.35）：

$$a=\frac{W^T}{W^TW} \tag{5.35}$$

（14）计算 Hotelling's T^2 统计量及平方预测误差统计量 SPE，方法见式（5.36）和式（5.37）：

$$T^2=y^Ty \tag{5.36}$$

$$\text{SPE}=e^Te=(x'-ay)^T(x'-ay) \tag{5.37}$$

式中：e 是观测数据与重构信号的差值。

5.2.3　过渡过程特性分析

过渡过程的采样点数据随着时间推进呈现出明显的动态性，即时变性。这一点与平稳模态有很大区别。因此，处理多模态油气生产过程的监测问题，应该将过渡过程单独划分开来，提取并分析过渡过程特性，从而建立适合过渡过程的动态故障监测模型。为了分析问题的简便性，本节取两个模态及它们之间的过渡过程进行分析，多个模态及过渡过程可以采用类似的方法进行分析和监测。

过程开始时处在平稳模态 1，过程发生变化要变成平稳模态 2 时，先进入过渡过程。当过程进入到平稳模态 1 结束而过渡过程刚开始时的临界状态，过渡过程具有与平稳模态 1 相似的特性。随着时间推进，过渡过程中类似平稳模态 1 的属性逐渐减少，类似平稳模态 2 的属性逐渐增加，直到过渡过程结束，过程进入平稳模态 2。因此，过渡过程特性可以看作前后两个平稳模态特性的叠加。

5.2.4　全局寻优的非高斯多模型故障监测方法过程

针对油气生产过程的多模态和非高斯性，以及传统的 Fast ICA 算法易陷入局部极值的问题，本节提出全局寻优的非高斯多模型故障监测方法。采用 lilliefors test 正态性检验方法识别非高斯变量，用模糊 c 均值聚类（Fuzzy c-means Algorithm，FCM）算法划分过程模态，用基于粒子群算法优化的独立成分分析算法建立不同过程模态的非高斯监测模型，并实现在线监测。新方法的具体步骤如下。

1. 离线建模

步骤 1：采集正常状态下所有过程变量的历史数据作为分析样本 $Z \in R_{N \times M}$，N 和 M 分别是变量个数和采样点数。

步骤 2：识别非高斯变量。基于分析样本 Z 对过程变量做 lilliefors test 正态性检验，根据检验标准（表 5.3）挑选出非高斯变量，记非高斯变量个数为 N_{in}。训练样本 $X \in R_{N_{in} \times M}$ 取非高斯变量对应的分析数据。

表 5.3　正态分布检验标准

检验结果输出	服从正态分布条件
测试结果 H	$H=0$
接受正态分布假设的概率值 P	P 接近 0
测试统计量的值 L	$L < CV$
拒绝原假设的临界值 CV	——

步骤 3：划分模态。参考文献，用 k-means 算法确定最佳聚类数 c，利用 FCM 算法离线划分非高斯变量数据，得到 c 个不同平稳模态和 $c-1$ 个过渡过程，以及聚类中心向量 $C(i)$，$i=1$，2，$\cdots$，c。

步骤 4：建立非高斯过程监测模型。

（1）平稳过程：调用粒子群优化的独立成分分析算法处理训练样本 X 完成非高斯过程建模，计算 Hotelling's T^2 统计量 T_s^2 和平方预测误差（Squared Prediction Error，SPE）统计量 SPE_s，两种统计量的控制限 $t_{T_s^2}$ 和 t_{SPE_s} 均用 3σ 法求得；

（2）过渡过程：设过渡过程开始后第 k 时刻的数据为 $x_t(k)$，数据均值 $\bar{x}_t(k)$ 根据公式（5.38）计算：

$$\bar{x}_t(k) = u_{s1}\bar{x}_{s1} + u_{s2}\bar{x}_{s2} \tag{5.38}$$

式中：$\bar{x}_{s1}$ 和 $\bar{x}_{s2}$ 分别是平稳态 1 和平稳态 2 训练数据均值；u_{s1} 和 u_{s2} 是 $x_t(k)$ 相对于两个平稳态的隶属度，由步骤 3 得到。同理，求得方差 $\sigma_t(k)$、线性变换矩阵 $T_t(k)$、分离矩阵 $W_t(k)$ 和混合矩阵 $a_t(k)$。参考文献计算 Hotelling T^2 统计量 $T_t^2(k)$ 和平方预测误差统计量 $\text{SPE}_t(k)$，根据 3σ 法求得统计量控制 $t_{T_t^2}$ 和 t_{SPE_t}。

2. 在线监测

步骤 1：FCM 在线模态识别。根据式（5.39）和式（5.40）计算新数据 $x(k)$ 相对于第 i 个平稳模态的隶属度 u_{ik}：

$$\begin{cases} u_{ik} = \dfrac{(d_{ik})^{-2/(p-1)}}{\sum_{r=1}^{c}(d_{rk})^{-\frac{2}{p-1}}} & d_{rk} > 0 \\ u_{ik} = 0 & u_{rk} = 1, \ 且\ i \neq r \end{cases} \tag{5.39}$$

$$d_{ik} = \| x(k) - C(i) \|^2 \tag{5.40}$$

式中：c 表示聚类中心数；p 表示聚类指数，这里 $p=2$；$C(i)$ 为平稳模态 i 的聚类中心向量；d_{ik} 为 $x(k)$ 与 $C(i)$ 的欧式距离。

参照式（5.41）规则，判断 $x(k)$ 所属模态类别：

$$x(k)属于 \begin{cases} 第i个平稳模态， \ u_{ik} > \alpha \\ 第i与第i+1个平稳模态之间的过渡过程， \ 1-\alpha < u_{ik} < \alpha \end{cases} \tag{5.41}$$

式中：α 是模态划分阈值，这里取值 0.98。

步骤 2：数据预处理。把训练样本均值 $\bar{x}$、标准差 σ 和白化矩阵 Q 代入式（5.24）进行新数据 $x(k)$ 预处理，得到预处理后的数据 $x'(k)$。

步骤 3：统计量监测。用监测模型的分离矩阵 W 和混合矩阵 a 来计算新数据的统计量 T^2 和 SPE，并用统计量控制限 t_{T^2} 和 t_{SPE} 实施监测。若 $T^2(k) > t_{T^2}$ 或 $\text{SPE}(k) > t_{\text{SPE}}$，则过程出现异常，否则，$k=k+1$，返回步骤 1。

全局寻优的非高斯多模型油气生产过程故障监测方法步骤如图 5.10 所示。

5.2.5 案例分析

为了证明全局寻优的非高斯多模型故障监测方法的有效性，将该方法与已有研究中常用的 Fast ICA 算法分别应用到聚丙烯生产装置的丙烯投料计量控制系统（过程设置与 5.2.4 相同）中进行对比。

1. 全局寻优的非高斯多模型故障监测方法

步骤 1：选择 5.2.4 中的建模数据作为本节案例的分析样本数据。

步骤 2：识别非高斯变量。对分析样本数据进行 lilliefors test 正态性检验，结果见

表 5.4，显然所有变量均不满足正态（高斯）分布的条件，因此都是非高斯变量。故选择所有变量的分析样本作为监测模型训练样本，选择 5.2.4 中的故障测试样本作为本节案例的测试样本。

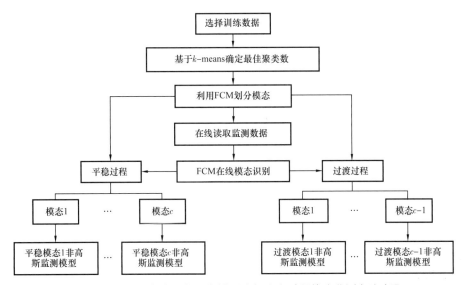

图 5.10　全局寻优的非高斯多模型油气生产过程故障监测方法步骤

表 5.4　Lilliefors test 正态性检验结果

数据	PI6113	TR6102	FT6101	PT6120	LT6101
H	1.0000	1.0000	1.0000	1.0000	1.0000
P	0.0010	0.0010	0.0010	0.0010	0.0010
L	0.1602	0.1489	0.4534	0.1564	0.2335
CV	0.0389	0.0389	0.0389	0.0389	0.0389

步骤 3：划分模态。在图 5.11 中分别以时刻和模态类别作为横纵坐标，绘制模态划分结果。共划分为 3 类模态：前 204 时刻的数据为第一类模态，属于平稳模态 1；第 205 时刻至第 352 时刻间的数据为第二类模态，属于过渡模态；第 353 时刻至第 537 时刻间的数据为第三类模态，属于平稳模态 2。

步骤 4：用粒子群优化的独立成分分析算法进行故障监测模型的建立与测试，并以时刻为横坐标、Hotelling T^2 统计量或 SPE 统计量为纵坐标，绘制监测结果，如图 5.12 所示。图 5.12（a）是全过程 Hotelling T^2 指标监测结果，平稳模态 1 和平稳模态 2 的 Hotelling T^2 指标数据在控制限以下随机波动，故障发生在过渡过程。图 5.12（c）是过渡过程 Hotelling T^2 指标监测结果，可以看出，数据随着时间的增长呈现明显的下降趋势。但在第 255 时刻，Hotelling T^2 指标超过动态控制限，系统发生异常，在第 300 时刻下降至动态控制限以下，恢复正常。图 5.12（b）是全过程 SPE 指标监测结果，平稳模态 1 和平稳模态 2 的 SPE 指标数据在控制限以下随机波动，也能看出故障发生在过渡过程。图 5.12（d）

是过渡过程 SPE 指标监测结果，可以看出，随着时间的增长，数据整体趋势较平稳，但存在上下小幅波动。在第 255 时刻，SPE 指标数据超过动态控制限，系统发生异常，在第 300 时刻恢复正常。

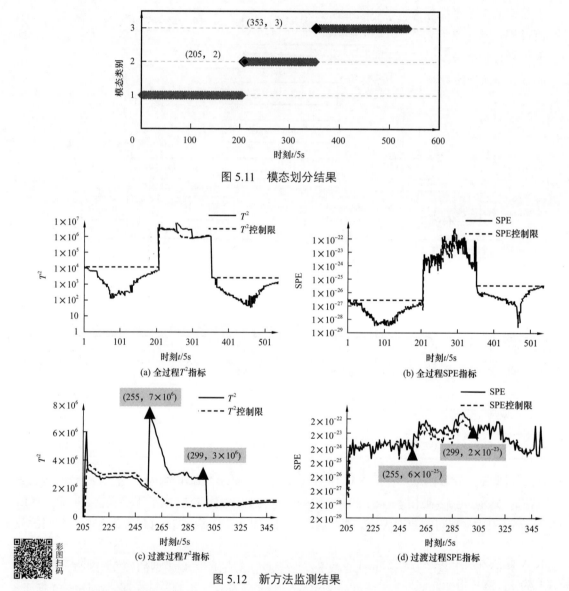

图 5.11　模态划分结果

图 5.12　新方法监测结果

2. Fast ICA 算法

基于 3.6.1 节步骤 3 的结果，利用 Fast ICA 算法进行故障监测模型的建立与测试，并以时刻为横坐标、Hotelling T^2 统计量或 SPE 统计量为纵坐标，绘制监测结果，如图 5.13 所示。图 5.13（a）是全过程 Hotelling T^2 指标监测结果，平稳模态 1 和平稳模态 2 的 Hotelling T^2 指标数据在控制限以下随机波动，故障发生在过渡过程。图 5.13（c）是过渡过程 Hotelling T^2 指标监测结果，可以看出，数据随着时间的增长呈现明显的动态性，波动较大。但在第 255 时刻，Hotelling T^2 指标明显超过动态控制限，系统发生异常，在第 297 时刻下降至动态控制限以下，恢复正常。图 5.13（b）是全过程 SPE 指标监测结果，平稳模态 1 和平稳模态 2 的 SPE 指标数据在控制限以下随机波动，可看出故障发生在过渡过程。图 5.13（d）是过渡过程 SPE 指标监测结果，可以看出，随着时间的增长，数据整体趋势较平稳，但仍存在上下小幅波动。在第 238 时刻，SPE 指标数据开始超过动态控制限，系统发生异常，在第 303 时刻恢复正常。

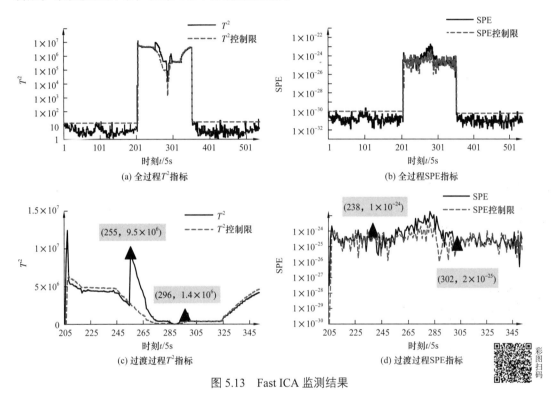

图 5.13　Fast ICA 监测结果

3. 分析与小结

本章节所提出的方法与 Fast ICA 算法的监测结果对比见表 5.5。结果表明，和 Fast ICA 算法相比，新方法的漏报率几乎不变并维持在低水平，而 T^2 指标误报率降低了 1.49%，SPE 指标的误报率降低了 2.42%。

表 5.5　误报率和漏报率

方法	T^2		SPE	
	误报率	漏报率	误报率	漏报率
新方法	0.93%	0.19%	7.45%	0.74%
Fast ICA	2.42%	0.20%	9.87%	0.73%

5.3　动态多点故障监测方法

实际生产中，多模态油气生产过程除了可能存在模态数未知和非高斯特性以外，还会受到环境和操作干扰，产生噪声。目前，在多模态油气生产过程监测领域应用最多的是多元统计过程故障监测技术。

近年来，国内外学者也开展了相应的研究，总共分为以下三类：（1）基于主元分析方法的技术，大多针对多模态工业过程的特点采取主元分析与其他方法相结合的手段对过程进行监控。相关的研究有主元分析结合核函数处理高斯数据的非线性问题，主元分析结合聚类算法解决过程的多模态问题。（2）基于独立成分分析方法的技术，主要处理过程的非高斯问题，也与其他方法结合处理多模态过程中的其他问题。相关的研究有 ICA 结合核函数解决非高斯数据的非线性问题，ICA 结合聚类算法解决过程的多模态问题。（3）基于偏最小二乘法的技术。然而，已有的多元统计监测方法均采用静态控制限对统计量进行监测，鲁棒性差，会因噪声产生误报。

因此，针对上述问题，本节拟提出多模态油气生产过程动态多点故障监测方法。基于粒子群优化的 ICA 算法和自回归（Autoregressive，AR）模型构造不同平稳过程的非高斯监测模型，计算平稳过程的单点监测统计量和多点异常统计量。基于粒子群优化的 ICA 算法构造过渡过程的非高斯监测模型。平稳过程和过渡过程均采用动态控制限实施监控。案例分析中，分别将传统的统计量控制限求解方法 3σ 法与动态多点监测方法应用到丙烯计量罐装置进行对比。

5.3.1　动态多点故障监测方法基本理论

1. AR 模型

本节将过程采样点看作时间序列，用自回归 AR 模型建立多模态油气生产过程的故障监测模型。时间序列理论要求相邻观测值之间具有相关性，而多模态油气生产过程工艺参数的一系列观测值满足这一条件，故可利用观测数据之间的相关性建立数学模型来描述过程数据的动态特征。为了解决多模态油气生产过程监测数据的非高斯性和高维度，本节引入粒子群优化的 ICA 算法来计算不同过程模态的非高斯统计量，最后基于非高斯统计量建立平稳过程的 AR 监测模型。

AR 模型要求时间序列 $\{X\}$ 趋势平稳、均值为零。根据时间序列原理，X 当前的取值可由前面若干个取值近似预测得到。AR 模型计算简单、快速，能实时检测过程异常。AR 模型是 p 阶自回归模型，记为 AR（p）。其中 p 是模型的阶数，即当前的观测值与当前时刻前 p 个观测值有关，当前时刻的值由前 p 个观测值通过线性计算得出。根据式（5.42）拟合时间序列 $\{x_1, x_2, \cdots, x_N\}$ 的 p 阶自回归模型。其中，N 是时间窗宽，取值根据具体数据确定。

$$x_t = \varphi_1 x_{t-1} + \varphi_2 x_{t-2} + \cdots + \varphi_p x_{t-p} + e_t \tag{5.42}$$

式中：φ_1，φ_2，$\cdots$，φ_p 是 AR（p）的一系列系数；e_t 是零均值、方差为 σ^2 的独立同分布高斯随机白噪声。注意，本节不考虑高斯白噪声的影响。

AR 模型的参数根据时间序列 $\{x_1, x_2, \cdots, x_N\}$ 及其窗宽 N 来确定。

1）模型阶数 p

根据文献，AR 模型的阶数 p 与窗口 N 满足约束条件见式（5.43）：

$$0 \leqslant p \leqslant 0.1N \tag{5.43}$$

2）模型系数 φ

以 2 阶模型 AR（2）为例，系数 φ 估计式见式（5.44）～式（5.46）：

$$\begin{bmatrix} \hat{\varphi}_1 \\ \hat{\varphi}_2 \end{bmatrix} = \left(\boldsymbol{X}^T \boldsymbol{X} \right)^{-1} \boldsymbol{X}^T \boldsymbol{Y} \tag{5.44}$$

$$\boldsymbol{X}^T \boldsymbol{X} = \begin{pmatrix} \sum\limits_{t=3}^{N} X_t X_{t-1} \\ \sum\limits_{t=3}^{N} X_t X_{t-2} \end{pmatrix} \tag{5.45}$$

$$\boldsymbol{X}^T \boldsymbol{Y} = \begin{pmatrix} \sum\limits_{t=2}^{N-1} X_t^2 & \sum\limits_{t=1}^{N} X_t X_{t-1} \\ \sum\limits_{t=1}^{N} X_t X_{t-1} & \sum\limits_{t=2}^{N-1} X_t^2 \end{pmatrix} \tag{5.46}$$

2. 单点监测统计量

本节参考文献中的网络流量异常定义准则，用观测值与 AR 模型预测值的残差来定义油气生产过程异常，而过程的最终监测统计量则采用单点监测统计量和多点异常统计量。

1）残差 e

定义零均值化后的观测值序列为 $\{\cdots, x(t+1), x(t+2), x(t+3), \cdots\}$，由 AR 模型拟合所得的预测值序列为 $\{\cdots, y(t+1), y(t+2), y(t+3), \cdots\}$，那么，残差序列 $\{\cdots, e(t+1), e(t+2), e(t+3), \cdots\}$ 按照式（5.47）计算：

$$e(t+i) = x(t+i) - y(t+i) \tag{5.47}$$

2）单点监测统计量 W

计算公式见式（5.48）：

$$W(t+N+1) = \frac{e(t+N+1)}{\xi} \tag{5.48}$$

其中，$\xi^2=[e^2(t+1)+e^2(t+2)+\cdots+e^2(t+N+1)]/(N+1)$。

通过单点监测统计量 $W(t+N+1)$ 判断预测值 $y(t+N+1)$ 是否正常，当 $W(t+N+1)$ $>U(t+N+1)$ 时，$y(t+N+1)$ 是异常的，否则，$y(t+N+1)$ 是正常的。$U(t+N+1)$ 代表单点监测统计量 $W(t+N+1)$ 在 $t+N+1$ 时刻的控制限，数值由式（5.49）计算：

$$U(t+N+1)=\mu+k\times\sigma \tag{5.49}$$

其中，μ 和 σ 分别是正常历史观测值对应的残差正序列的均值和标准差，k 取值为 2 或 3，初值为 2。若前一时刻的预测值 $y(t+N)$ 被判断为正常状态，则令当前时刻 $k=2$。当 $y(t+N)$ 指示异常时，并不能立刻判断此时发生异常，也有可能是油气生产过程的正常波动或者噪声影响所致。此时若真的发生异常，会对后面的检测点产生放大作用，使其更大程度地偏离控制限。因此，为了减少过程干扰产生的误判，此时令 $k=3$，即适当降低检测点的监测标准。

3. 多点异常统计量

多模态油气生产过程由于其自身的复杂特性和员工的频繁操作，即使处于正常状态，过程检测点数值也有可能具有短暂的较大波动。要是这些非故障干扰无法被排除，必然会有很多误报警。若是油气生产过程发生异常，势必不会只有某个孤立的检测点异常，而是一系列连续的检测点都异常。因此，为了确保有效报警率，有必要设置多点异常统计量 λ，根据多个连续检测点的状态来判定是否需要报警。

定义多点异常统计量 λ 为当前检测点距离前一个异常检测点的时间间隔 a 和一定时间内异常发生次数的函数。在一定时间内，过程发生异常的次数越多，多点异常统计量 λ 的值就越大，证明过程异常程度越大。记 λ_t 为检测点在单点时刻 t 的异常统计量，初值为 0。在初次检测到异常发生时，根据单点监测统计量超出控制限的部分计算 λ_t 和 λ，见式（5.50）和式（5.51）：

$$\lambda_t=W(t+N+1)-U(t+N+1),\ W(t+N+1)>U(t+N+1) \tag{5.50}$$

$$\lambda=\begin{cases}\left(1+\dfrac{1}{a}\right)\lambda_{t-1}+\lambda_t,\lambda_t>0\\[2mm]\left(1-\dfrac{1}{a}\right)\lambda_{t-1},\lambda_t=0\end{cases} \tag{5.51}$$

式中：a 为前一个异常检测点与当前检测点的时间差。当多点异常统计量 λ 超过其控制限 U_λ，说明在当前时间窗口中有多个连续的检测点发生异常，报告异常发生。λ 的控制限 U_λ 为发生异常的点数 n 与 $k=3$ 时的单点监测统计量控制限的积，计算见式（5.52）：

$$U_\lambda=n\times(\mu+3\sigma) \tag{5.52}$$

若单点监测统计量 $W(t+N+1)$ 在某一时刻检测出异常，暂时保留检测结果，不发布警报。为避免误报警并确保检测结果无误，需进一步计算多点异常统计量 λ 来判断异常。增大 k 值，减小 λ_t，放缓多点异常统计量 λ 的增长。这样，如果有两个以上连续相邻的点

的单点异常统计量 λ_t 超过阈值,无论其超限程度多大,都会积累到多点异常统计量 λ,使其以 2 倍指数的形式呈现爆炸式增长,迅速越过报警限。如果没有连续的异常点出现,仅仅一个检测点异常,那么要使多点异常统计量 λ 越过控制限,这个异常检测点的单点监测统计量 $W(t+N+1)$ 必须远远超出阈值。若单点异常统计量 λ_t 不大,且相邻的点没有检测到异常,则多点异常统计量 λ 会随着时间的推移逐渐递减为零。因此,油气生产过程的偶尔波动只会使单点监测统计量超出控制限,但不会导致误报警。

5.3.2　动态多点故障监测方法过程

针对目前多元统计监测方法中所采用的统计量静态控制限,鲁棒性差,易因噪声产生误报的问题,本节提出多模态油气生产过程动态多点故障监测方法。基于自回归(Autoregressive,AR)模型和粒子群优化的 ICA 算法,构造平稳模态的单点监测统计量和多点异常统计量,建立起平稳模态的非高斯监测模型。基于粒子群优化的 ICA 算法构造过渡模态的非高斯监测模型。平稳模态监测模型和过渡模态监测模型均采用动态监控策略,实现在线故障监测。本节仅以 Hotelling's T^2 统计量为例展示动态多点故障监测方法的具体步骤,平方预测误差(Squared Prediction Error,SPE)统计量同样适用于该方法。

1. 离线建模

步骤 1:挑选模型训练数据。对多模态油气生产过程变量的正常历史数据进行 lilliefors test 正态性检验,根据检验标准(见表 5.3)挑选出 N 个非高斯变量。取这 N 个非高斯变量的 M 个时刻的正常历史数据作为训练样本 $\boldsymbol{X} \in R_{N \times M}$。

步骤 2:模态划分。用模糊 c 均值(Fuzzy c-means,FCM)算法将训练样本 $\boldsymbol{X}$ 离线划分为 c 个不同的平稳模态和 $c-1$ 个过渡过程。

步骤 3:计算非高斯统计量。调用粒子群优化的 ICA 算法计算训练样本平稳模态的 Hotelling's T^2 统计量 $T_s^2 = \{T_{s,1}^2, T_{s,2}^2, \cdots, T_{s,c}^2\}$ 和过渡过程统计量 T_t^2。

步骤 4:计算过渡过程第 r 时刻统计量的均值 $\mu_t(r)$ 和标准差 $\sigma_t(r)$。控制过程操作条件不变,采集 f 批训练样本 $\{X_1, X_2, \cdots, X_f\} \in R_{f \times N \times M}$,调用粒子群优化的 ICA 算法计算 f 批过渡过程统计量 $\{T_{t,1}^2, T_{t,2}^2, \cdots, T_{t,f}^2\}$。分别根据式(5.53)和式(5.54)计算过渡过程第 r 时刻统计量 $T_t^2(r)$ 的均值 $\mu_t(r)$ 和标准差 $\sigma_t(r)$,$r=1, 2, \cdots, M$。

$$\mu_t(r) = \frac{\sum_{b=1}^{f} T_{t,b}^2(r)}{f} \qquad (5.53)$$

$$\sigma_t(r) = \sqrt{\frac{\sum_{b=1}^{f} \left[T_{t,b}^2(r) - \mu_t(r) \right]^2}{f-1}} \qquad (5.54)$$

步骤 5:预处理平稳模态统计量数据。采用标准差标准化法处理 c 个不同平稳模态的统计量数据,得到新的统计量 $\hat{T}_s^2 = \{T_{s,1}^2, T_{s,2}^2, \cdots, T_{s,c}^2\}$,新统计量数据应服从标准正态分布。

步骤 6：预测统计量观测值。基于 AR 模型预测 c 个不同平稳模态统计量 $\{\hat{T}^2_{s,1}, T^2_{s,2}, \cdots, T^2_{s,c}\}$ 的观测值 $\{Y_1, Y_2, \cdots, Y_c\}$。这里，通过历史数据测试可知，对于所有平稳模态，选取窗宽 $L=10$ 较合适。

步骤 7：计算平稳模态统计量的残差序列。根据式（5.47）计算 c 个不同平稳模态统计量 $\{\hat{T}^2_{s,1}, T^2_{s,2}, \cdots, T^2_{s,c}\}$ 的残差序列 $\{e_1, e_2, \cdots, e_c\}$。

步骤 8：计算正残差序列的均值和标准差。c 个残差序列 $\{e_1, e_2, \cdots, e_c\}$ 的正序列 $\{e_1^+, e_2^+, \cdots, e_c^+\}$ 的均值 $\{\mu_{e_1^+}, \mu_{e_2^+}, \cdots, \mu_{e_c^+}\}$ 和标准差 $\{\sigma_{e_1^+}, \sigma_{e_2^+}, \cdots, \sigma_{e_c^+}\}$ 根据式（5.53）和式（5.54）进行计算。

2. 在线监测

步骤 1：新数据读取与模态识别。读取新数据 $x_{new}(k)$，用第 3 章提出的全局寻优的非高斯多模型在线故障监测方法进行模态识别，并计算统计量 $T^2_{new}(k)$。若 $x_{new}(k)$ 属于平稳模态 i，令 $T^2_{s,i}(k)=T^2_{new}(k)$，继续步骤 2；若 $x_{new}(k)$ 属于过渡过程 j，则转到步骤 11。其中，$i=1, 2, \cdots, c$，$j=1, 2, \cdots, c-1$，$k>L$，即数据序列中至少包含 L 个（一个窗口长度）正常历史数据。记平稳模态 i 的历史异常数据为 n_i 个，过渡过程 j 的历史异常数据为 m_j 个。

步骤 2：数据预处理。应用标准差标准化法处理第 k 时刻统计量 $T^2_{s,i}(k)$，得到新的统计量 $\hat{T}^2_{s,i}(k)$，其中，$i=1, 2, \cdots, c$。新统计量数据应服从标准正态分布。

步骤 3：预测统计量观测值。基于 AR 模型和前一个窗口的统计量正常历史数据，来预测当前时刻统计量 $\hat{T}^2_{s,i}(k)$，记预测值为 $Y_i(k)$。

步骤 4：根据式（5.47）计算统计量 $\hat{T}^2_{s,i}(k)$ 的残差 $e_i(k)$。

步骤 5：根据式（5.48）计算当前时刻的单点监测统计量 $W_i(k)$。

步骤 6：根据式（5.55）计算当前时刻的单点监测统计量控制限 $U_{s,i}(k)$：

$$U_{s,i}(k)=\mu_{e_i}+d_1\times\sigma_{e_i} \qquad (5.55)$$

其中，d_1 初始值取 2。

步骤 7：判断单点监测统计量 $W_i(k)$ 超限与否。若 $W_i(k)>U_{s,i}(k)$，$d_1=3$，则继续下一步；否则，$d_1=2$，$\lambda_i(k)=0$，$k=k+1$，返回步骤 1。

步骤 8：根据式（5.50）和式（5.51）计算当前时刻的多点异常统计量 $\lambda_i(k)$，并剔除当前观测值。

步骤 9：根据式（5.52）计算当前时刻的多点异常统计量 $\lambda_i(k)$ 的控制限 $U_{\lambda,i}(k)$。

步骤 10：判断多点异常统计量 $\lambda_i(k)$ 超限与否。若 $\lambda_i(k)>U_{\lambda,i}(k)$，则报告异常发生，$n_i=n_i+1$；否则，$k=k+1$，返回步骤 1。

步骤 11：根据式（5.56）计算当前时刻过渡过程统计量控制限 $U_t(k)$：

$$U_t(k)=\mu_t(k)+d_2\times\sigma_t(k) \qquad (5.56)$$

若 $T^2_{new}(k-1)>U_t(k-1)$，则 $d_2=3$，否则，$d_2=2$。其中，d_2 初始值取 2。

步骤 12：判断统计量 $T^2_{\text{new}}(k)$ 是否超限。若 $T^2_{\text{new}}(k-1)>U_t(k-1)$ 和 $T^2_{\text{new}}(k)>U_t(k)$ 同时成立，则报告异常发生，$m_j=m_j+1$；若不成立，则过程运行正常。$k=k+1$，返回步骤 1。

3. 方法流程图

动态多点故障监测方法流程图如图 5.14 所示。

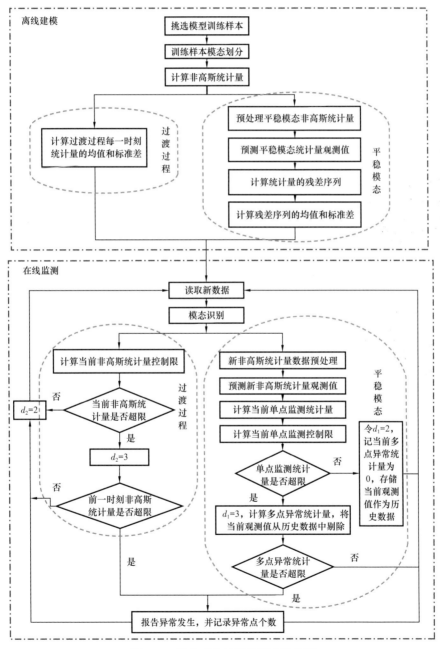

图 5.14　动态多点故障监测方法步骤

5.3.3 案例分析

为证明动态多点故障监测方法的有效性，将该方法与基于非高斯模型的 3σ 法分别应用到聚丙烯生产装置的丙烯投料计量控制系统（过程设置与 5.2.4 小节相同）中进行对比。

1. 动态多点故障监测方法

步骤 1：挑选模型训练数据。选择与 5.2.5 小节相同的监测模型训练样本。

步骤 2：模态划分。结果与 5.2.5 小节的步骤 3 相同，将训练数据划分为两个平稳模态和一个过渡过程（图 5.11）。

步骤 3：计算训练数据的 Hotelling's T^2 统计量和 SPE 统计量，并以时刻为横坐标、Hotelling's T^2 统计量或 SPE 统计量为纵坐标绘制曲线，如图 5.15 所示。图 5.15（a）是 Hotelling's T^2 统计量，可以看出，前 204 时刻数据随着时间的增长整体呈现先下降后增长的趋势，并上下小幅波动，此时处于平稳模态 1。在第 205 时刻，数据发生阶跃式增长，进入过渡过程，过渡过程数据呈现明显的动态性，略有下降趋势。在 353 时刻，数据发生阶跃式下降，进入平稳模态 2。此后，数据随着时间的增长整体呈现先下降后增长的趋势，并上下小幅波动。图 5.15（b）是 SPE 统计量，同图 5.15（a），模态变迁点相同，且三个模态的整体趋势类似，但 SPE 统计量上下波动幅度较大。

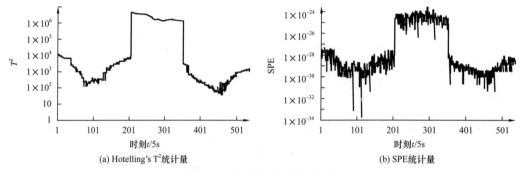

图 5.15　训练数据的统计量

步骤 4：分别计算过渡过程的 Hotelling's T^2 统计量和 SPE 统计量均值和标准差，并绘制均值和标准差曲线。图 5.16（a）是 Hotelling's T^2 统计量均值曲线，曲线较为光滑，随着时间的增长整体上呈现下降趋势。图 5.16（b）是 SPE 统计量均值曲线，随着时间增长数值有小幅随机波动，近似呈高斯分布，整体趋势较平稳。图 5.17（a）是 Hotelling's T^2 统计量标准差曲线，随着时间增长数值有大幅随机波动，无明显变化趋势。图 5.17（b）是 SPE 统计量标准差曲线，随着时间增长数值有随机波动，近似呈高斯分布，整体趋势较平稳。

步骤 5：预处理训练数据平稳模态的 Hotelling's T^2 统计量和 SPE 统计量数据。

步骤 6：计算训练数据平稳模态 Hotelling's T^2 统计量和 SPE 统计量的残差序列，序列曲线如图 5.18 所示。图 5.18（a）是平稳模态 1 的 Hotelling's T^2 统计量残差时间序列曲线，随着时间的增长曲线趋于平稳。图 5.18（b）是平稳模态 1 的 SPE 统计量残差时间序列曲线，

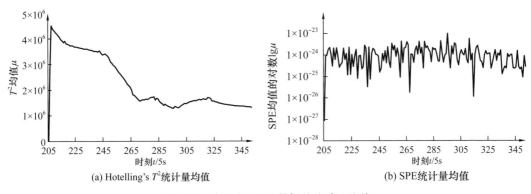

(a) Hotelling's T^2 统计量均值　　　　　　　(b) SPE 统计量均值

图 5.16　过渡过程训练数据的统计量均值

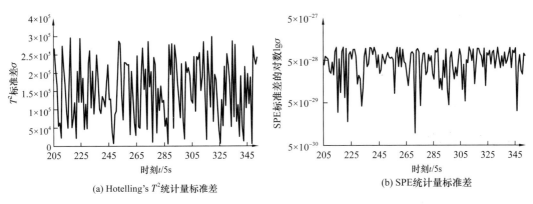

(a) Hotelling's T^2 统计量标准差　　　　　　(b) SPE 统计量标准差

图 5.17　过渡过程训练数据的统计量标准差

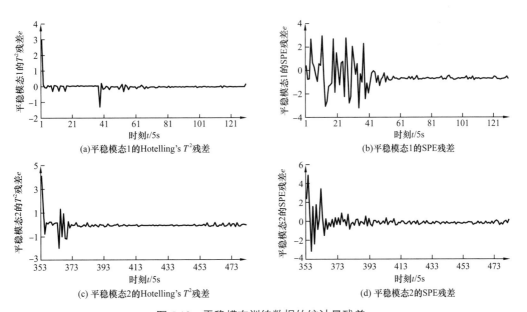

(a)平稳模态1的Hotelling's T^2残差　　　　(b)平稳模态1的SPE残差

(c) 平稳模态2的Hotelling's T^2残差　　　　(d) 平稳模态2的SPE残差

图 5.18　平稳模态训练数据的统计量残差

在前 40 时刻，曲线有大幅随机波动，但随着时间的增长曲线趋于平稳。图 5.18（c）是平稳模态 2 的 Hotelling's T^2 统计量残差时间序列曲线，在第 353 时刻至第 373 时刻，曲线有较大波动，但随着时间增长趋于平稳。图 5.18（d）是平稳模态 2 的 SPE 统计量残差时间序列曲线，在第 353 时刻至第 365 时刻，曲线波动较大，随着时间增长趋于平稳。

步骤 7：计算正残差序列的均值和标准差。计算结果如下：平稳模态 1 的残差均值为 0.0089，标准差为 0.2973；平稳模态 2 的残差均值为 0.0203，标准差为 0.4927。

步骤 8：采用事先建立的故障监测模型来监测测试样本数据，并绘制监测曲线。图 5.19（a）是平稳模态 1 的 Hotelling's T^2 单点监测统计量监测曲线，可以看出，曲线在第 153 时刻至第 176 时刻间有较大波动，在个别点控制限有所提高，但在第 168 时刻和第 172 时刻仍有数据超过控制限，这两点是连续异常点，初步判断此时系统异常。图 5.19（b）是平稳模态 1 的 Hotelling's T^2 多点异常统计量监测曲线，只有在第 168 时刻和第 172 时刻，多点异常统计量有数值，但均未超过控制限。故平稳模态 1 的 Hotelling's T^2 监测结果为全过程处于正常状态。图 5.19（c）是平稳模态 1 的 SPE 单点监测统计量监测曲线，可以看出，曲线随着时间增长随机波动，整体上无明显趋势。控制限数值几乎固定在 2.7，只有在第 148 时刻、第 174 时刻和第 194 时刻控制限数值稍有提高，但无数据点超过控制限，系统全过程处于正常状态。

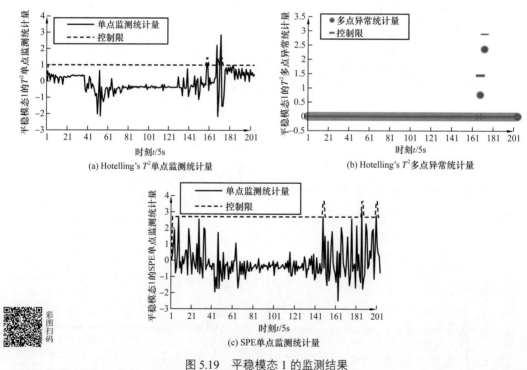

(a) Hotelling's T^2 单点监测统计量

(b) Hotelling's T^2 多点异常统计量

(c) SPE 单点监测统计量

图 5.19 平稳模态 1 的监测结果

图 5.20（a）是过渡过程的 Hotelling's T^2 统计量监测曲线，图中前 254 时刻曲线随着时间增长逐渐下滑，第 255 时刻阶跃增长，并越过动态控制限，系统有异常，第 293 时刻突降，回落至控制限以下，此后过渡阶段曲线趋于平稳。图 5.20（b）是过渡过程的 SPE

统计量监测曲线，图中前 254 时刻曲线随着时间增长有小幅随机波动，在第 255 时刻越过动态控制限，系统出现异常，在第 293 时刻发生突降，回落至动态控制限以下，此后的过渡阶段曲线在动态控制限以下维持小幅波动。

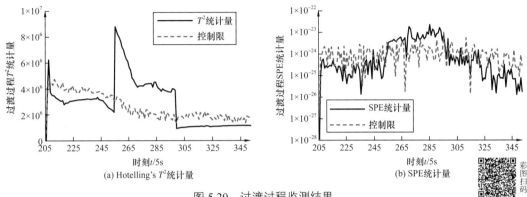

图 5.20　过渡过程监测结果

图 5.21（a）是平稳模态 2 的 Hotelling's T^2 单点监测统计量监测曲线，可以看出，曲线在第 353 时刻至第 486 时刻间虽有波动，但整体趋势较平稳。在第 487 时刻，统计量数值略微增长，此后维持小幅随机波动。在第 487 时刻和第 531 时刻，曲线存在突然增长点，控制限也相应提高。除了这两点，整个平稳模态 2，控制限几乎保持平稳，而 Hotelling's T^2 单点监测统计量没有超过控制限，系统处于正常状态。图 5.21（b）是平稳模态 2 的 SPE 单点监测统计量监测曲线，可以看出，曲线随着时间增长上下大幅波动，没有明显趋势。在第 513 时刻至第 519 时刻间有个别点波动较大，控制限也相应提高。过程的所有数据点均未超过控制限，说明系统维持在正常状态。另外，因平稳模态 2 没有连续异常点出现，故多点异常统计量始终为 0，多点异常统计量监测曲线图省略。

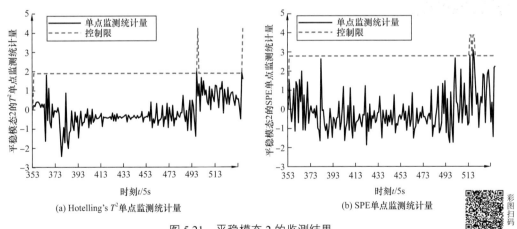

图 5.21　平稳模态 2 的监测结果

2. 基于非高斯模型的 3σ 法

本节只需求统计量的上限，根据 3σ 法，统计量控制限为统计量均值与其 3 倍标准差的和。5.2.5 中，应用 3σ 法监测 Hotelling's T^2 统计量和 SPE 统计量，监测结果如图 5.12 所示。

3. 分析与讨论

将动态多点故障监测方法与传统的基于非高斯模型的 3σ 法的监测效果以误报率和漏报率的形式统计在表 5.6 中。结果表明，两种方法的漏报率相同，但相比较基于非高斯模型的 3σ 法，动态多点故障监测方法的 Hotelling's T^2 统计量和 SPE 统计量的误报率分别降低了 0.74% 和 6.33%。

表 5.6　误报率和漏报率

方法	T^2		SPE	
	误报率	漏报率	误报率	漏报率
动态多点法	0.19%	0.19%	1.12%	0.74%
3σ 法	0.93%	0.19%	7.45%	0.74%

（1）本节针对传统方法所采用的静态控制限因不能排除噪声的干扰而产生误报警的问题，提出多模态化工过程动态多点故障监测方法。用粒子群优化的 ICA 算法计算不同过程模态的非高斯统计量，平稳过程基于自回归（Autoregressive，AR）模型构造非高斯统计量的单点监测统计量和多点异常统计量，采用动态控制限监测，过渡过程直接采用动态控制限对非高斯统计量进行监测。

（2）案例分析中，将动态多点监测方法应用到丙烯计量罐装置，离线划分过程模态，计算不同过程模态的非高斯统计量，构造平稳过程的单点监测统计量和多点异常统计量，分别采用动态控制限进行平稳模态和过渡模态的监测。

（3）结果表明，两种方法的漏报率相同，但相比较基于非高斯模型的 3σ 法，动态多点故障监测方法的 Hotelling's T^2 统计量和 SPE 统计量的误报率分别降低了 0.74% 和 6.33%。因此，新方法能够提高多模态化工过程故障监测的准确率。

（4）该方法计算简单，运行速度快，准确率高，能够保证监测系统实时且高效运行。不过，该方法依赖历史数据，对于新投产的化工设备运行过程不适用。

参 考 文 献

[1]周东华，李钢，李元.数据驱动的工业过程故障诊断技术：基于主元分析与偏最小二乘的方法［M］. 北京：科学出版社，2011：1–11.

[2]Zhang Y W, Li S, Teng Y D. Dynamic processes monitoring using recursive kernel principal component analysis［J］. Chemical Engineering Science, 2012, 72: 78–86.

[3]张颖伟.基于数据的复杂工业过程监测［M］.沈阳：东北大学出版社，2011：1–3.

[4]胡封，孙国基.过程监控与容错处理的现状及展望［J］.测控技术，1999，18（12）：1–5.

[5]刁英湖.间歇过程过渡状态建模和故障诊断方法的研究与应用［D］.南京：南京航空航天大学，2008：1–14.

［6］ZHAO S J，ZHANG J，XU Y M. Monitoring of processes with multiple operating modes through multiple principal component analysis models［J］. Industrial & Engineering Chemistry Research，2004，43（22）：7025−7035.

［7］YAO Y，GAO F R. Phase and transition based batch process modeling and online monitoring［J］. Journal of Process Control，2008，19（5）：816−826.

［8］解翔. 基于统计理论的多模态工业过程建模与监控方法研究［D］. 上海：华东理工大学，2013：1−45.

［9］刘吉臻，李露，房方. 多模态控制的研究与应用综述［J］. 控制工程，2015，22（5）：869−874.

［10］李帅. 基于子空间分离的多模式工业过程监测方法研究［D］. 沈阳：东北大学，2013：1−19.

［11］CHO H W，KIM K J. A method for predicting future observation in the monitoring of a batch process［J］. Journal of Quality Technology，2003，35：59−69.

［12］胡殊. 一类多模式过程监控方法研究［D］. 北京：北京化工大学，2010：9−19.

［13］UNDEY C，CINAR A. Statistical monitoring of multistage，multiphase batch processes［J］. IEEE Control Systems，2002，22（5）：40−52.

［14］GOLLMER K，POSTEN C. Supervision of bioprocesses using a dynamic time warping algorithm［J］. Control Engineering and Practice，1996，4：1287−1295.

［15］Muthuswamy K，Srinivasan R. Phase−based supervisory control for fermentation process development［J］. Journal of Process Control，2003，13：367−382.

［16］Xuan T D，Rajagopalan S. Online monitoring of multi−phase batch processes using phase−based multivariate statistical process control［J］. Computers and Chemical Engineering，2008，32：230−243.

［17］Kosanovich K A，Dahl K S，Piovoso M J. Improved process understanding using multiway principal component analysis［J］. Industrial Engineering and Chemical Research，1996，35：138−146.

［18］Lu N，Gao F，Wang F. A sub−PCA modeling and online monitoring strategy for batch processes［J］. AIChE JOURNAL，2004，50（1）：255−259.

［19］Yu J，Qin S J. Multiway Gaussian mixture model based multiphase batch process monitoring［J］. Industrial & Engineering Chemistry Research，2009，48（18）：8585−8594.

［20］Zhao C H，Wang F L，Yao Y，et al. Phase−based statistical modeling online monitoring and quality prediction for batch processes［J］. Acta Automatica Sinica，2010，36（3）：366−374.

［21］赵春晖，王福利，姚远，等. 基于时段的间歇过程统计建模、在线监测及质量预报［J］. 自动化学报，2010，36（3）：366−374.

［22］Ge Z Q，Song Z H. Multimode process monitoring based on Bayesian method［J］. Journal of Chemometrics，2009，23（12）：636−650.

［23］Wang F L，Tan S，Peng J，et al. Process monitoring based on mode identification for multi−mode process with transition［J］. Chemometrics and Intelligent Laboratory Systems，2012，110（1）：144−155.

［24］Tan S，Wang F L，Peng J，et al. Multimode process monitoring based on mode identification［J］. Industrial & Engineering Chemistry Research，2012，51（1）：374−388.

［25］Yew S N，Rajagopalan S. An adjoined multi model approach for monitoring batch and transient operations［J］. Computers and Chemical Engineering，2009，33（4）：887−902.

［26］尤博，彭开香. 基于有效分类的多模态过程故障检测及应用［J］. 上海应用技术学院学报（自然科学版），2015，15（3）：242−259.

［27］袁杰，郭小萍，刘如有，等. CPV（1）分段法在间歇过程中的应用［J］. 沈阳化工大学学报，2013，27（1）：63−68.

［28］于涛，李和平，王健林，等．基于滑动时间窗口加权 MPCA 的间歇过程监测方法［J］．北京化工大学学报（自然科学版），2015，42（4）：112-119.

［29］解翔，侍洪波．多模态化工过程的全局监控策略［J］．化工学报，2012，63（7）：2156-2162.

［30］齐咏生，王普，高学金，等．一种新的多阶段间歇过程在线监控策略［J］．仪器仪表学报，2011，32（6）：1290-1297.

［31］常鹏，王普，高学金，等．基于核熵投影技术的多阶段间歇过程监测研究［J］．仪器仪表学报，2014，35（7）：1654-1661.

［32］Frey B J，Dueck D. Clustering by passing messages between data points［J］. Science，2007，315（5814）：972-976.

［33］李丽娟，潘磊，张湜．基于 AP 聚类算法的跳汰机床层松散度软测量建模［J］．化工学报，2012，63（9）：2675-2680.

［34］胡永兵，高学金，李亚芬，等．批次加权软化分的多阶段 AR-PCA 间歇过程监测［J］．仪器仪表学报，2015，36（6）：1291-1300.

［35］王晶，魏华彤，曹柳林，等．基于 SVDD 时段细化的间歇过程故障监控［J］．清华大学学报（自然科学版），2012，52（9）：1176-1181.

［36］Jose C，Jesus P. Online monitoring of batch process using multi-phase principal component analysis［J］. Journal of Process Control，2006，16（10）：1021-1035.

［37］Jackson J E. Principal components and factor analysis：part I-principal components［J］. Journal of Quality Technology，1980，12（4）：201-213.

［38］张新民，李元，王国柱．一种新的多阶段改进 MPCA 间歇过程监视方法的研究［J］．测控技术，2014，33（11）：29-33.

［39］王姝，常玉清，杨洁，等．时段划分的多向主元分析间歇过程监测及故障变量追溯［J］．控制理论与应用，2011，28（2）：149-156.

［40］谭帅，常玉清，王福利，等．基于 GMM 的多模态过程模态识别与过程监测［J］．控制与决策，2015，30（1）：53-58.

［41］郭小萍，陆宁云，高福荣，等．间歇过程滑动窗口子时段 PCA 建模和在线监测［J］．控制与决策，2005，20（9）：1034-1037.

［42］唐凯．基于多元统计过程控制的故障诊断技术［D］．杭州：浙江大学，2004：12-41.

［43］牛征，刘吉臻，牛玉广，等．动态多主元模型故障检测方法在变工况过程中的应用［J］．动力工程，2005，25（4）：554-598.

［44］郭金玉，赵璐璐，李元，等．基于统计特征的不等长间歇过程故障诊断研究［J］．计算机应用研究，2014，31（1）：128-130.

［45］张子羿，胡益，侍洪波，等．一种基于聚类方法的多阶段间歇过程监控方法［J］．化工学报，2013，64（12）：4522-4528.

［46］Zhao S J，Zhag J，Xu Y M. Performance monitoring of processes with multiple operating modes through multiple PLS models［J］. J Process Control，2006，16（7）：763-772.

［47］Doan X T，Srinivasan R. Online monitoring of multiphase batch processes using phase-based multivariate statistical process control［J］. Computers Chem Eng，2008，32（1-2）：230-243.

［48］宋冰，马玉鑫，方永锋，等．基于 LSNPE 算法的化工过程故障检测［J］．化工学报，2014，65（2）：620-627.

［49］刘帮莉．基于局部信息保存的多模态过程监测方法研究［D］．上海：华东理工大学，2015：2-10.

［50］徐莹，邓晓刚．基于 ALSICA 算法的多工况非高斯过程故障检测方法［J］．计算机与应用化学，

2014, 31 (12): 1522-1526.

[51] Yuan X F, Ge Z Q, Song Z H. Soft sensor model development in multiphase/ multimode processes based on Gaussian mixture regression [J]. Chemometrics & Intelligent Laboratory Systems, 2014, 138 (1): 97-109.

[52] 马贺贺. 基于数据驱动的复杂工业过程故障检测方法研究 [D]. 上海: 华东理工大学, 2013: 1-21.

[53] Garrett M, Inseok H. State estimation and fault detection and identification for constrained stochastic linear hybrid systems [J]. IET Control Theory & Application, 2013, 7 (1): 1-15.

[54] 谭帅, 王福利, 常玉清, 等. 基于差分分段 PCA 的多模态过程故障监测 [J]. 自动化学报, 2010, 36 (11): 1626-1636.

[55] Li L, Ma J W. A BYY scale-incremental EM algorithm for Gaussian mixture learning [J]. Applied Mathematics and Computation, 2008, 205 (2): 832-840.

[56] Yao Y, Dong W W, Zhao L, et al. Multivariate statistical monitoring of multiphase batch processes with uneven operation durations [J]. The Canadian Journal of Chemical Engineering, 2012, 90 (6): 1383-1392.

[57] 周福娜, 杨书娜, 张玉, 等. 基于数据特征抽取技术的多模态异常监测 [J]. 自动化与仪器仪表, 2014, 1 (4): 135-139.

[58] 谭帅, 王福利, 彭俊, 等. 基于历史过渡特性的新过渡模态建模方法 [J]. 仪器仪表学报, 2012, 33 (7): 1533-1540.

[59] 王振恒, 赵劲松. 精馏塔开车过程混合故障诊断策略 [J]. 华东理工大学学报 (自然科学版), 2009, 35 (4): 639-643.

[60] Zhao S J, Zhang J, Xu Y M. Monitoring of processes with multiple operating modes through multiple principal component analysis models [J]. Ind Eng Chem Res, 2004, 43 (22): 7025-7035.

[61] Jackson J E, Mudholkar G S. Control procedures for residuals associated with principal component analysis [J]. Technometrics, 1979, 21 (3): 341-349.

[62] Zhao C H, Wang F, Lu N Y, et al. Improved batch process monitoring and quality prediction based on multiphase statistical analysis [J]. Industrial and Engineering Chemistry Research, 2008, 47 (3): 835-849.

[63] Hyvarinen A, Oja E. Independent component analysis: algorithms and applications [J]. Neural Networks, 2000, 13 (4): 411-430.

[64] Cichocki A, Amari S. Adaptive blind signal and image processing: learning algorithms and applications [M]. New York: John Wiley & Sons, 2003: 100-101.

[65] 张杨. 基于粒子群优化的工业过程独立成分分析方法研究与应用 [D]. 沈阳: 东北大学, 2010: 15-24.

[66] 许仙珍, 谢磊, 王树青, 等. 基于 PCA 混合模型的多工况过程监控 [J]. 化工学报, 2011, 62 (3): 743-752.

[67] 李中魁. 基于动态阈值的网络流量异常检测方法研究与实现 [D]. 成都: 电子科技大学, 2010: 1-27.

[68] 罗静, 胡瑾秋, 张来斌, 等. 化工过程自适应多模型故障监测方法研究 [J]. 中国安全科学学报, 2016, 26 (7): 130-134.

[69] 罗静, 胡瑾秋. 自适应综合指标的化工过程参数报警阈值优化方法研究 [M]// 中国石油大学 (北京). 第六届世界石油天然气工业安全大会 [C]. 北京: 中国石油大学 (北京), 2016: 147-158.

[70] 罗静, 胡瑾秋. 自适应综合指标的化工过程参数报警阈值优化方法研究 [J]. 石油科学通报, 2016, 1 (3): 414-415.

第 6 章

复杂系统异常工况根原因溯源

为了预防和减少事故的发生，油气生产系统通常配备了 DCS 系统来对生产过程中的过程参数进行监测及控制。过程参数是系统运行状态的直观反映，过程参数偏离预定的范围则可以认为系统发生了异常工况或设备设施存在故障，轻则造成生产中止、产品质量下降，重则发生人员财产损失的事故。因此，快速诊断并溯源油气生产复杂系统异常工况的故障根原因，对实现及时、精准的处置至关重要。

本章提出基于关联规则的异常工况推理溯源方法、基于格兰杰因果关系检验的系统故障溯源方法、基于 BN-FRAM 的油气生产异常工况溯源方法、过程风险传播路径自适应分析及溯源方法，能够应用于石油炼化生产、油气管道输运过程，以及非常规油气开采系统中异常工况的准确、快速溯源及风险传播路径的推理及预测。

6.1 基于关联规则的异常工况推理溯源方法

油气生产过程复杂多变，为了减少事故发生频率、降低后果损失，预警系统已经开始逐渐应用到油气生产过程中。但现有预警系统大多只针对异常工况进行监测报警，无法对报警根原因进行准确的判别和溯源。因此，及时并准确地推理分析出报警发生的深层次根原因，能有效帮助操作人员最快地处理异常工况，降低事故发生概率。

近年来，国内学者针对报警原因分析做了大量的工作，主要分为两类：（1）基于参数间因果关系的方法，主要为符号有向图方法，但该方法未考虑参数间的相关关系，且需要大量的专家经验和前期分析工作，建模复杂，在线效果差。（2）基于参数间相关关系的方法，包括 Pearson 相关系数法、Spearman 相关系数法和关联规则。Pearson 相关系数法只能分析数据间的线性关系，对于非线性特征的油气生产数据效果不好。相比 Pearson 相关系数法，Spearman 相关系数法可以分析变量间的非线性关系。关联规则算法通过分析参数间的相关关系，根据计算出的关联规则判断一个参数变化时是否会影响其他参数，从而进行故障诊断。但是关联规则算法需要事先对变量间的关系进行大量的人工分析，得出布尔矩阵，才能计算支持度和置信度，主观影响较大。

因此，针对以上问题，本节提出一种结合 Spearman 相关系数和关联规则的油气生产过程异常工况智能推理溯源方法，对变量进行相关性分析，并将相关系数矩阵转换成布尔矩阵应用于关联规则算法中，得出强关联规则，用于过程参数异常工况的根原因分析。

6.1.1　关联规则分析基本理论

1. Spearman 相关系数方法

假设生产过程中一段时间内两个参数的历史数据序列分别为 $X=[X_1, X_2, \cdots, X_n]$，$Y=[Y_1, Y_2, \cdots, Y_n]$，$n$ 为样本点个数。为了实时地计算相关系数，设置时间窗中样本点的个数为 50，时间窗的步长为 20 个样本点。Spearman 相关系数又称为秩相关系数，是对两个变量的秩作线性分析，以此来衡量变量间是否单调相关。向量 X 和 Y 的秩之间的相关系数计算公式见式（6.1）：

$$\rho = \frac{\sum_{i=1}^{n}(r_i - \bar{r})(s_i - \bar{s})}{\sqrt{\sum_{i=1}^{n}(r_i - \bar{r})^2}\sqrt{\sum_{i=1}^{n}(s_i - \bar{s})^2}} \tag{6.1}$$

式中，r_i 和 s_i 分别是向量 X 和 Y 的秩，$i=1, 2, \cdots, n$。ρ 的取值范围为 $[-1, 1]$，ρ 为正数代表两个参数正相关，ρ 为负数，代表两个参数负相关，ρ 为 0 时，代表两个参数无关。

参数间的相关系数代表着过程中两个参数间的关联程度，相关系数越大，两个参数的关联程度越高。但关联规则算法的输入必须为布尔矩阵，因此，需要设定一个强关联系数将相关系数矩阵转化为布尔矩阵。参数间的强关联系数的设定对于参数间布尔矩阵的得出有很大影响，强关联系数过大，得出的关联规则个数会过少，反之，关联规则个数则过多。本节选取相关系数 $\rho < -0.6$ 或者 $\rho > 0.6$ 的两变量看作强相关，$-0.6 \leqslant \rho \leqslant 0.6$ 之间的两变量看作弱相关或不相关，并以此作为关联规则算法的输入，见表 6.1。

表 6.1　相关系数与布尔矩阵对应关系

相关系数取值	布尔值
$\rho < -0.6$	1
$-0.6 \leqslant \rho \leqslant 0.6$	0
$\rho > 0.6$	1

2. 关联规则算法

根据表 6.1 得到布尔矩阵，将其作为关联规则算法的输入，从而计算出变量之间的关联规则。比较各关联规则的支持度和置信度大小，选出最大支持度和置信度的强关联规则，并分析出参数异常报警的原因。布尔矩阵的每一行都可以看作为一个项集，支持度即为一个项集在所有项集中出现的频率，参数 $X \Rightarrow$ 参数 Y 的支持度就是指 X 和 Y 同时出现在一个项集中的次数在总项集中的概率。若项集支持度大于最小支持度，则称它为频繁项集。参数 $X \Rightarrow$ 参数 Y 的置信度是指参数 X 和参数 Y 同时出现在一个项集的次数在所有

含参数 X 的项集中占的比例。用 Apriori 算法对布尔矩阵进行不断地扫描和非频繁项集的剪枝，得到参数间的关联规则，关联规则需要满足最小支持度（min-sup）和最小置信度（min-con）。

Apriori 算法是关联规则中最经典的算法，是寻找频繁项集的基本算法，即用 $k-$ 项集去探索（$k+1$）- 项集。Apriori 算法使用频繁项集性质的先验知识，首先找出频繁 1- 项集的集合，记作 L_1。利用 L_1 找出频繁 2- 项集的集合 L_2，如此反复，直到不能找出频繁 $k-$ 项集。在此算法中需不断重复连接和剪枝。

（1）连接。为找到 F_k，通过 F_{k-1} 与自己连接产生候选 $k-$ 项集。该候选项集的集合记做 L_k。设 F_1 和 F_2 是 F_{k-1} 中的项集，执行连接 $F_{k-1} \infty F_{k-1}$，其中 F_{k-1} 的元素 F_1 和 F_2 是可以连接的。

（2）剪枝。L_k 的成员不一定都是频繁的，所有的频 $k-$ 项集都包含在 L_k 中。扫描数据库，确定 L_k 中每个候选集计数，并利用 F_{k-1} 剪掉 L_k 中的非频繁项，从而确定 F_k。

6.1.2 异常工况智能推理溯源方法及实施步骤

针对现有复杂系统异常工况原因分析方法在进行变量间相关关系分析时需要依赖大量专家经验，并无法实现在线原因推理计算等问题，提出一种异常工况智能推理溯源方法，具体步骤如下：

步骤 1：选取两个变量 $X=[X_1, X_2, \cdots, X_n]$，$Y=[Y_1, Y_2, \cdots, Y_n]$，设置窗口长度为 M，步长为 N，将变量分为若干组，根据公式（6.1）利用 Spearman 相关系数法计算出两个变量的相关系数矩阵 ρ。

步骤 2：根据表 6.1 中相关系数与布尔矩阵的对应关系，将得到的布尔矩阵作为关联规则算法的输入。

步骤 3：设置 min-sup 和 min-con，扫描布尔矩阵 D，对每个候选项进行支持度计数，比较候选项支持度计数与最小支持度 min-sup，重复连接和剪枝操作，直到不能找到频繁 $k-$ 项集，从而得到变量间的关联规则。

步骤 4：根据支持度和置信度大小，选出支持度和置信度最大的作为强关联规则，并以此推理出参数异常报警原因。

6.1.3 案例分析

1. 丙烷塔超压异常工况案例分析

丙烷塔作为气分装置的一部分，起着至关重要的作用。其作用为分离碳三和碳四，塔顶采出碳三组分，流入乙烷塔继续分离，最后乙烷塔的塔底采出作为丙烯塔进料。丙烷塔装置有 14 个参数，见表 6.2。

异常工况智能推理溯源方法分为 4 个步骤。

步骤 1：选取一次丙烷塔底液位偏低的异常数据，共 200 组参数数据作为测试数据。

设窗口长度 M 为 50 组，步长 N 为 20 组，利用 Spearman 相关系数法分别计算出两个变量的相关系数 ρ，见表 6.3。

表 6.2　丙烷塔参数

序号	名称	序号	名称	序号	名称
1	进料缓冲罐顶压力	6	顶压控	11	回流罐底液位
2	顶温度	7	进料流量	12	气烃返塔温度
3	底温度	8	回流量	13	蒸气流量
4	进料温度	9	底液位	14	原料缓冲罐液位
5	底液温度	10	回流罐顶压控		

表 6.3　参数间 Spearman 相关系数

参数 1	参数 2	参数 3	……	参数 13	参数 14
0.8251	−0.3171	−0.7428	…	−0.5079	−0.5277
0.8076	−0.4971	−0.7483	…	0.6691	−0.1749
0.4038	−0.0252	−0.3665	…	0.4568	0.1253
−0.5884	0.2671	0.5155	…	−0.5537	−0.3039
…	…	…	…	…	…
−0.8640	−0.2470	0.3210	…	0.4260	−0.5144

步骤 2：根据表 6.1 和 6.3 确定关联规则布尔矩阵，见表 6.4。

表 6.4　关联规则布尔矩阵

参数 1	参数 2	参数 3	……	参数 13	参数 14
1	0	1	…	0	0
1	0	1	…	1	0
0	0	0	…	0	0
0	0	0	…	0	0
…	…	…	…	…	…
1	0	0	…	0	0

步骤 3：设置 min-sup=0.4，min-con=0.5，将布尔矩阵作为关联规则算法的输入，经过算法的扫描和计算，得到与底液位相关的强关联规则，见表 6.5。

表 6.5　强关联规则

强关联规则	支持度	置信度
顶压控高 ⇒ 底液位低	0.78	1
回流罐液位低 ⇒ 底液位低	0.56	1

步骤 4：由表 6.4 可以看出当顶压控偏高时，底液位会出现变低的置信度为 1，并且顶压控偏高和底液位变低现象同时出现的支持度为 0.78；当塔顶回流罐液位变低时，底液位变低的置信度也为 1，这两条关联规则的支持度都为 0.56。因此，通过本文方法对底液位低的异常情况分析，得出该异常情况是由于顶压控偏高导致的。

为了验证方法的有效性，对底液位、顶压力和回流罐液位进行了图像分析，确定后两个参数的变化确实与底液位有关，参数变化图如图 6.1 所示。图 6.1（b）可以看出顶压力开始逐渐升高，在第 325s 时达到峰值，为 1.815MPa，同时，图 6.1（a）可以看出底液位随着顶压力的不断升高开始下降，130s 时低于报警下限，405s 时达到最低值 44.58%。但随着顶压力出现下降，底液位也随之上升，逐渐回到正常值。经过现场分析，底液位发生低位报警是由于在调节顶压力时幅度过大，造成压力值上升过快并欲超过报警上限导致的。在 325s 后，操作人员采取加大塔顶冷凝器循环水量，增大了回流量，使底液位回到正常值，如图 6.1（c）所示。

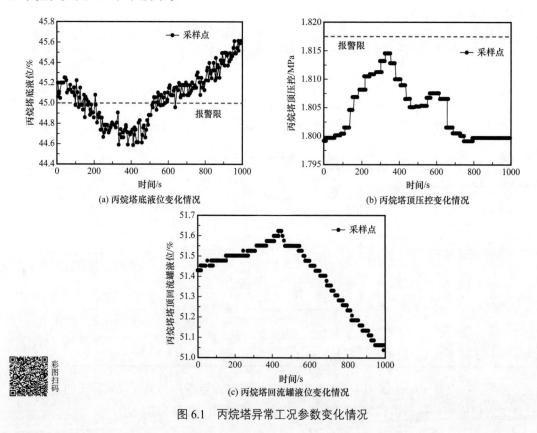

（a）丙烷塔底液位变化情况

（b）丙烷塔顶压控变化情况

（c）丙烷塔回流罐液位变化情况

图 6.1　丙烷塔异常工况参数变化情况

2. 乙烷塔塔顶回流罐液位低异常工况案例分析

乙烷塔是分离乙烷和丙烯及重组分的精馏装置，是制造聚丙烯产品中重要的一环。通过乙烷塔的精馏，塔顶分离出乙烷和乙烯，塔底采出丙烯和更重组分。乙烷塔的重要参数共 8 个，见表 6.6。

表 6.6　乙烷塔参数

序号	名称	序号	名称
1	底压力	5	回流罐底液位
2	顶温度	6	气烃返塔温度
3	底温控	7	顶压力
4	进料温度	8	底液位

异常工况智能推理溯源方法分为 4 个步骤。

步骤 1：选取一次乙烷塔塔顶回流罐液位偏低的异常数据，共 200 组参数数据作为测试数据。设窗口长度 M 为 50 组，步长 N 为 20 组，利用 Spearman 相关系数法分别计算出两个变量的相关系数 ρ，见表 6.7。

表 6.7　参数间 Spearman 相关系数

参数 1	参数 2	参数 3	……	参数 7	参数 8
0.9238	0.1276	0.2570	…	0.9027	0.3039
0.8550	0.4453	0.4574	…	0.9161	0.7069
0.8385	0.1212	0.1136	…	0.8219	0.7514
0.7020	−0.0196	−0.1667	…	0.1884	0.5715
…	…	…	…	…	…
−0.9408	0.5449	−0.2836	…	−0.9436	−0.8684

步骤 2：根据表 6.1 和 6.3 将原始数据转换为关联规则布尔矩阵，见表 6.8。

表 6.8　关联规则布尔矩阵

参数 1	参数 2	参数 3	……	参数 7	参数 8
1	0	0	…	1	0
1	0	0	…	1	1
1	0	0	…	1	1
1	0	0	…	0	0
…	…	…	…	…	…
1	0	0	…	1	1

步骤 3：设置 min-sup=0.4，min-con=0.8，将布尔矩阵作为关联规则算法的输入，经过算法的扫描和计算，得到与塔顶回流罐液位低相关的强关联规则，见表 6.9。

表 6.9　强关联规则

强关联规则	支持度	置信度
底压力高 ⇒ 塔顶回流罐液位低	0.88	0.88
顶压力高 ⇒ 塔顶回流罐液位低	0.50	0.80

步骤 4：由表 6.9 可以得出当底压力偏高时，塔顶回流罐液位偏低的置信度为 0.88，并且塔顶回流罐液位偏低和底压力偏高现象同时出现的支持度为 0.88。因此，通过本节方法对塔顶回流罐液位偏低的异常情况分析，得出该异常情况是由于底压力偏高导致的。

为了验证本节方法的有效性，对乙烷塔塔顶回流罐液位、底压力和顶压力进行图像分析，确定后两个参数的变化与回流罐液位变化有关联，参数变化图如图 6.2 所示。图 6.2（a）中可以看出，乙烷塔回流罐液位在 505s 时低于报警下限，在 765s 时开始回升，而图 6.2（b）中底压力在 695s 时出现一段上升，直到 750s 时回落，之后一直下降，这表明顶压力的上升对于回流罐的液位有影响。此次乙烷塔异常工况是由于回流罐中存在不凝气，造成回流罐液位偏低，底压力偏高，经过现场人员手动调节回流罐顶端的放气阀排除不凝气，回流罐液位逐渐回到正常值。

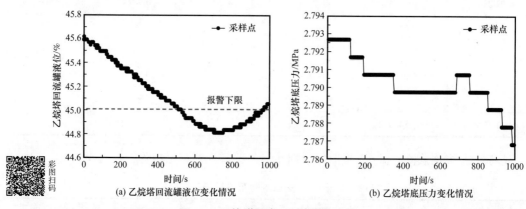

（a）乙烷塔回流罐液位变化情况　　　　（b）乙烷塔底压力变化情况

图 6.2　乙烷塔异常工况参数变化图

3. 乙烷塔底液位低异常工况案例分析

异常工况智能推理溯源方法分为 4 个步骤。

步骤 1：选取一次乙烷塔底液位偏低的异常数据，共 210 组参数数据作为测试数据。设窗口长度 M 为 50 组，步长 N 为 20 组，利用 Spearman 相关系数法分别计算出两个变量的相关系数 ρ，见表 6.10。

表 6.10　参数间 Spearman 相关系数

参数 1	参数 2	参数 3	……	参数 6	参数 7
0.9129	−0.8897	−0.0236	…	−0.2776	0.9145
0.6152	−0.8256	−0.2025	…	−0.6418	0.8174
−0.2803	−0.8141	0.0707	…	0.2151	0.8335
−0.0966	−0.4375	−0.0989	…	−0.0080	0.8153
…	…	…	…	…	…
0	−0.3353	−0.3667	…	−0.1455	−0.1049

步骤 2：根据表 6.1 和 6.3 确定关联规则布尔矩阵，见表 6.11。

表 6.11　关联规则布尔矩阵

参数 1	参数 2	参数 3	……	参数 6	参数 7
1	1	0	…	0	1
1	1	0	…	1	1
0	1	0	…	0	1
0	0	0	…	0	1
…	…	…	…	…	…
0	0	0	…	0	0

步骤 3：设置 min-sup=0.7，min-con=0.8，将布尔矩阵作为关联规则算法的输入，经过算法的扫描和计算，得到与底液位相关的强关联规则见表 6.12。

表 6.12　强关联规则

强关联规则	支持度	置信度
回流罐液位高 ⇒ 底液位低	0.78	1
顶压力低 ⇒ 底液位低	0.78	1
回流罐液位高、顶压力低 ⇒ 底液位低	0.78	1

步骤 4：由表 6.12 可以看出当塔顶回流罐液位偏高、顶压力偏低时，底液位会出现变低的置信度为 1，并且塔顶回流罐液位偏高、顶压力偏低和底液位变低现象同时出现的支持度为 0.78。因此，通过本节方法对底液位低的异常情况分析，得出该异常情况是由于塔顶回流罐液位偏高且顶压力偏低导致的。

对乙烷塔的底液位、回流罐液位和顶压力的变化情况进行图像分析，验证三种参数间确实存在一定的关联关系，参数变化图如图 6.3 所示。图 6.3（a）可以看出在 585s 时底液位开始低于报警值，865s 后回升。图 6.3（b）中乙烷塔回流罐液位自 215s 后一直上升，到 860s 处开始回落，图 6.3（c）中顶压力自 220s 一直下降。回流罐液位升高时，乙烷塔底液位会变低，而顶压力偏低时对塔底的液位也会有影响。此次异常工况是由于乙烷塔内气体量增多造成的，经过现场人员调节降低塔顶的乙烷采出量，底液位逐渐回到正常值。

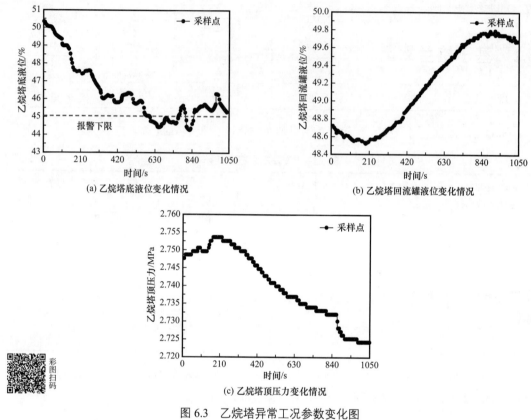

(a) 乙烷塔底液位变化情况

(b) 乙烷塔回流罐液位变化情况

(c) 乙烷塔顶压力变化情况

图 6.3　乙烷塔异常工况参数变化图

应用本节所提异常工况智能推理溯源方法于丙烷塔底液位低、乙烷塔回流罐液位低和乙烷塔底液位低等异常工况，可以实时地对于异常工况进行诊断分析，并且所提方法不需要大量的数据样本，运算速度快。为了验证本节所得结论的有效性，对 3 种异常工况中涉及的变化情况进行图像分析，如图 6.1、图 6.2 和图 6.3 所示。验证发现，所提方法可以有效地诊断出造成异常工况的原因。

4. 分析与小结

（1）针对油气生产现场中控室现有的监测报警系统无法对报警根原因进行推理与判别等问题，提出了异常工况根原因智能推理溯源方法，通过实时分析参数间的相关关系，有效地实现参数异常预警原因分析且运算速度较快，能够满足现场安全与应急决策的时间要求。

（2）应用 Spearman 相关系数法分析计算参数间相关系数矩阵，转换成布尔矩阵后，采用关联规则算法对矩阵进行分析，得出参数间强关联规则，继而判定参数报警的根原因。

（3）将本节所提方法应用于丙烷塔底液位低、乙烷塔回流罐液位低和乙烷塔底液位低等异常工况，经过验证，所计算分析出的各个异常工况根原因与实际情况符合，方法有效，溯源结果准确。

6.2　基于格兰杰因果关系检验的系统故障溯源方法

现有的复杂工业系统故障溯源方法存在以下不足：

（1）现有的基于模型的溯源方法对多参量、耦合参量报警的根原因无法准确地进行溯源。

（2）现有的基于人工神经网络的方法需要大量的异常工况及故障样本进行训练，而实际生产运行过程中样本极度不平衡，海量正常工况样本而异常工况样本匮乏，限制了该方法的使用范围，同时该方法无法对判断的结果进行解释。

针对现有方法的不足，本节提出基于格兰杰因果关系检验的系统自适应数据驱动故障溯源方法，在装置工艺过程分析和第 3 章中系统动力学（SD）建模分析的基础上，确定装置过程参数之间的关联关系，然后使用格兰杰因果关系检验对过程参数的时间序列数据进行分析，明确过程参数变化的因果关系，并最终确定系统中故障传播路径与报警的根原因。

6.2.1　格兰杰因果关系检验概述

1. 格兰杰因果关系

在工程学中，因果关系被定义为"系统的输出和内部状态取决于当前和以前的输入值"。一个具有普适性的因果定义为："依据一定规律的一事物对另一事物的可预测性。"

在计量经济学研究领域中，格兰杰（Granger）提出了一种基于预测的因果关系，即格兰杰因果关系，他给格兰杰因果关系的定义为"依赖于使用过去某些时点上所有信息的最佳最小二乘预测的方差"。

在时间序列情形下，两个变量 X、Y 之间的格兰杰因果关系可以定义为："若在包含了变量 X、Y 过去信息的条件下，对变量 Y 的预测效果要优于只有 Y 的过去信息的预测效果，则变量 X 是变量 Y 的格兰杰原因"。

变量 X 与变量 Y 之间的格兰杰因果关系可以分为以下 3 种：

（1）单向因果关系。即 X 是 Y 的原因，但 Y 不是 X 的原因。

（2）双向因果关系。即 X 是 Y 的原因，且 Y 是 X 的原因。

（3）无因果关系。即 X 不是 Y 的原因，Y 也不是 X 的原因，二者独立。

在不同的研究领域中，因果关系有不同的定义，同时也有不同的判别方法，格兰杰因果关系表达的是统计学上的相关性，是现象在时间意义上的前后连续性。过程参数之间复杂的因果关系和传播特性与经济系统中变量之间复杂的关联性有较强的可比性，两者都是复杂的非线性大系统，因此，将研究经济系统中变量因果关系的方法格兰杰因果关系引入炼化系统的研究是可行的。

2. 格兰杰因果关系检验原理

确定变量之间格兰杰因果关系的方法被称为格兰杰因果关系检验，根据格兰杰因果关系的定义，判断 X 和 Y 之间是否有格兰杰因果关系意味着建立两个回归方程，并对两个回归方程的解释能力进行比较。

对两个变量 X、Y 进行格兰杰因果关系检验，需要构造含有 X 和 Y 的滞后项的回归方程，见式（6.2）和式（6.3）：

$$y_t = \sum_{i-1}^{q} \alpha_i x_{t-i} + \sum_{j-1}^{q} \beta_j y_{t-j} + u_{1t} \tag{6.2}$$

$$x_t = \sum_{i-1}^{s} \lambda_i x_{t-i} + \sum_{j-1}^{s} \delta_j y_{t-j} + u_{2t} \tag{6.3}$$

其中 u_{1t} 和 u_{2t} 为白噪声；α_i 和 λ_i 为 x 的系数估计值；β_i 和 δ_i 为 y 的系数估计值；q 和 s 为滞后长度，滞后期长度的最大值为回归模型阶数。若式（6.2）中 α_i（$i=1$，$\cdots$，q）在统计学上整体显著不为零，则 X 是 Y 的格兰杰原因。同理，若式（6.3）中 δ_j（$i=1$，$\cdots$，s）在统计上整体显著不为零，则 Y 是 X 的格兰杰原因。

需要注意的是，进行格兰杰因果关系检验前必须检验变量时间序列是否协方差平稳，使用非协方差平稳的时间序列进行格兰杰因果关系检验可能会得出错误的结果。为了避免该问题的发生，在进行格兰杰因果关系检验前需要使用增广迪基—福勒（Augmented Dickey–Fuller，ADF）检验对变量进行检验，如果 ADF 检验结果证明变量非协方差平稳，则在进行格兰杰因果关系检验前对其进行一阶差分处理。

6.2.2 基于格兰杰因果关系检验的炼化系统故障溯源方法

使用格兰杰因果关系检验进行油气生产系统故障溯源的步骤如下。

1. 系统工艺过程分析及过程参数选取

根据 P&ID 图、系统危险与可操作性（HAZOP）分析数据，以及第 3 章系统动力学（SD）建模分析得出的过程参数之间的关联关系，进一步分析明确这些过程参数之间的相互作用与影响关系。为了方便结果的表示和后续步骤的需要，建立过程参数作用关系图。

在过程参数发生报警后，根据过程参数作用关系图，选出可能造成该过程参数报警的其他过程参数，即报警的可能原因，待后续做进一步的甄别检验。

2. 提取过程参数的时间序列数据

为第一步中选出的过程参数和发生报警的过程参数提取时间序列数据。时间序列数据时间范围是从发生报警的时刻开始，向前 20min 的历史数据。

假设第一步中选出的可能造成报警的过程参数有 m 个，将它们的时间序列分别设为 $\{x_{1t}\}$，$\{x_{2t}\}$，$\cdots$，$\{x_{rt}\}$，$\cdots$，$\{x_{mt}\}$，同时将发生报警的过程参数的时间序列设为 $\{y_t\}$。

3. 格兰杰因果关系检验

将可能造成报警的过程参数时间序列 $\{x_{1t}\}$，$\{x_{2t}\}$，$\cdots$，$\{x_{rt}\}$，$\cdots$，$\{x_{mt}\}$ 与报警的过程参数时间序列 $\{y_t\}$ 进行格兰杰因果关系检验，以过程参数时间序列 $\{x_{rt}\}$ 为例来说明格兰杰因果关系检验流程。

1）检验数据协方差平稳性及数据预处理

首先，使用 ADF 检验对 $\{x_{rt}\}$、$\{y_t\}$ 进行检验，验证其是否协方差平稳，若时间序列非协方差平稳，则对时间序列进行一阶差分处理，一阶差分计算公式见式（6.4），其中 $\{w_t\}$ 为需要进行差分运算的时间序列，∇w_t 为 w_t 的一阶差分。

$$\nabla w_t = w_t - w_{t-1} \qquad (6.4)$$

2）构造回归方程

研究时间序列 $\{x_{rt}\}$ 是否是 $\{y_t\}$ 的格兰杰原因时，需要构造含有 x_r 的滞后项和 y 的滞后项的回归方程，见式（6.5）：

$$y_t = \sum_{i=1}^{q} \alpha_i x_{r(t-i)} + \sum_{i=1}^{q} \beta_i y_{t-i} + u_{1t} \qquad (6.5)$$

其中 u_{1t} 为白噪声；q 为滞后项的个数；α_i（$i=1,\cdots,q$）为 x_r 的系数估计值；β_i（$i=1,\cdots,q$）为 y 的系数估计值，同时计算此回归方程残差平方和 RSS_{UR}。

构造 y 对所有滞后项 y_{t-i}（$i=1,\cdots,q$）及其他变量的回归方程，此回归中不包括 x_r 的滞后项 $x_{r(t-i)}$（$i=1,\cdots,q$），公式见式（6.6），计算此回归方程残差平方和 RSS_R。

$$y_t = \sum_{i=1}^{q} \beta_i y_{t-i} + u_{2t} \qquad (6.6)$$

3）建立零假设及 F 检验

建立零假设：H_0：$\alpha_i = 0$（$i=1,\cdots,q$），即 $\{x_{rt}\}$ 不是 $\{y_t\}$ 的格兰杰原因。使用 F 检验来检验此假设，见式（6.7）：

$$F = \frac{\dfrac{RSS_R - RSS_{UR}}{q}}{\dfrac{RSS_{UR}}{n-k}} \qquad (6.7)$$

式（6.7）遵循自由度为 q 和（$n-k$）的 F 分布；n 是样本容量；q 是滞后项的个数；k 为 y_t 对不包括 x_r 的滞后项 $x_{r(t-i)}$（$i=1$，$\cdots$，q）的回归中待估参数的个数。

确定需要的显著性水平 a 并计算 F_a 的值，如果 $F>F_a$，则拒绝零假设 H_0，说明 $\{x_{rt}\}$ 是引致 $\{y_t\}$ 的格兰杰原因，其因果关系的量值可由 F 值表示。

对 $\{x_{rt}\}$ 与 $\{y_t\}$ 进行格兰杰因果关系检验的流程如图 6.4 所示。

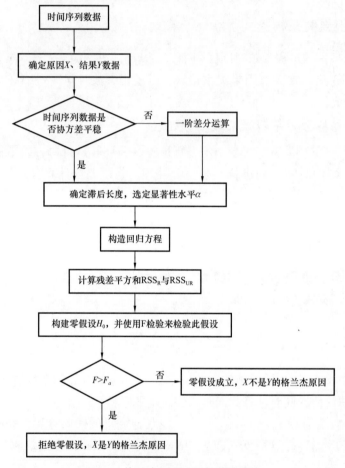

图 6.4　格兰杰因果关系检验流程图

重复 1）～3）步，将可能造成报警的过程参数时间序列 $\{x_{1t}\}$，$\{x_{2t}\}$，$\cdots$，$\{x_{rt}\}$，$\cdots$，$\{x_{mt}\}$ 和报警的过程参数时间序列 $\{y_t\}$ 两两进行格兰杰因果关系检验。

4. 故障根原因诊断及传播路径分析

根据计算得出的各个过程参数之间的因果关系量值，建立故障的定量因果关系图，使用定量因果关系图从发生报警的过程参数开始，寻找图中因果关系量值最大的路径，该路径即故障在系统中的传播路径，该路径终点的过程参数即故障的根原因。

当第一步中选出的过程参数过多时，建立的定量因果关系图就会变得较为复杂，不方便故障的推理诊断，为了提高推理的效率，根据下面的规则对建立的定量因果关系图进行简化。

（1）当出现串级控制时，将串级控制中的过程参数合并为一个，新的过程参数和其他过程参数的因果关系根据下面的原则来确定：新的过程参数与其他过程参数因果关系的方向不变，因果关系的量值为合并前过程参数因果关系量值的和。

（2）格兰杰因果关系检验的核心是预测性，当出现两个过程参数的变化趋势相似时，就会得出两个变量之间有格兰杰因果关系的结论，而该结论有时是没有实际意义的，故在第一步中分析过程参数之间的相互作用、影响的关系的基础上，删去定量因果关系图中一些实际中无意义的路线。

（3）在定量因果关系图中出现类似 $\begin{array}{c} A \\ \downarrow \quad \searrow \\ B \rightarrow C \end{array}$ 结构的因果关系时，为了方便推理的进行，将上述因果关系简化为 $A \rightarrow B \rightarrow C$，忽略 $A \rightarrow C$ 之间的因果关系。

6.2.3　炼化系统故障溯源案例分析

在炼化系统故障诊断案例分析中，所有数据均来自某化工厂的常减压蒸馏装置现场数据，现场装置如图 6.5 所示。

彩图扫码

图 6.5　常减压蒸馏装置

1.减压炉装置案例分析

2014 年 3 月 6 日，减压炉装置发生减压炉出口温度偏低的故障，通过分析可知与减压炉出口温度（T1215）相关的过程参数有：减压炉炉膛温度（T1216）、减压炉进料流量（F1112）及减压炉燃料气流量（FI1513）。图 6.6 为上述过程参数随时间变化的曲线，图中纵坐标为过程参数的值，横坐标为时间，图中第 20min 为故障发生的时刻。

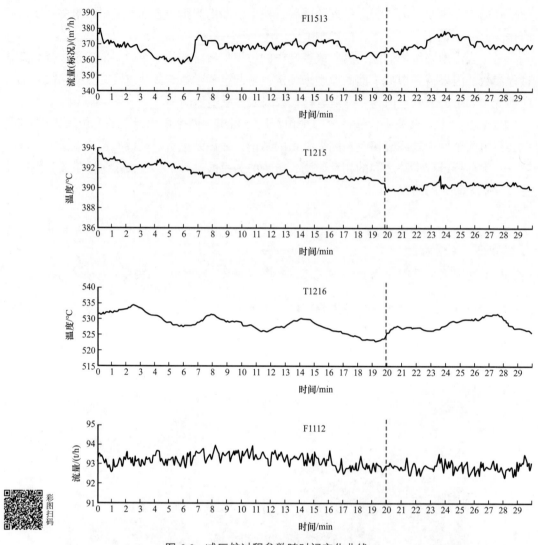

图 6.6　减压炉过程参数随时间变化曲线

　　使用前述章节中所确定的方法，对上述过程参数两两进行格兰杰因果关系检验，其结果见表 6.13，在表 6.13 中列变量为可能原因变量，行变量为结果变量。

　　根据表 6.13 所示结果，绘制减压炉的定量因果关系图，如图 6.7 所示。由于减压炉中存在炉腔温度（T1216）与出口温度（T1215）的串级控制，根据已经确定的规则进行因果关系图的简化，简化后的图如图 6.8 所示。

　　由图 6.8 可知，在发生减压炉出口温度（T1215）偏低故障的情况下，有可能的原因是进料流量（F1112）偏少及减压炉燃料气流量（FI1513）偏低。分别对比进料流量、减压炉燃料气流量与减压炉出口温度之间的格兰杰因果关系值可以看出，最可能导致减压炉出口温度偏低的原因是减压炉燃料气流量偏低，故根据格兰杰因果关系检验得出的故障原因为减压炉燃料气流量偏低。

表 6.13　格兰杰因果关系检验结果

可能原因	结果			
	F1513	T1215	T1216	F1112
F1513			6.43	
T1215	6.20		5.46	
T1216	4.39	6.31		
F1112			3.37	

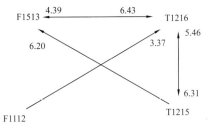

图 6.7　简化前的定量因果关系图

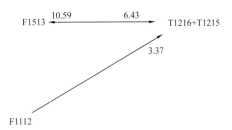

图 6.8　简化后定量因果关系图

由图 6.6 可知，在故障发生前减压炉进料流量（F1112）在 93 上下小幅波动，而减压炉燃料气流量（FI1513）则在故障发生前有明显的下降，查阅现场记录可以确定，减压炉发生出口温度偏低故障原因为燃料气流量偏低，该结论与格兰杰因果关系检验得出的结论一致。

由减压炉案例的分析可以看出，基于格兰杰因果关系检验的炼化系统故障诊断方法可以准确诊断出故障的根原因，同时找出故障的传播路径。在本案例中，减压炉装置只有一个过程参数出口温度发生报警，对于 SDG 等基于模型的方法，单个参数报警意味着模型中只有一个节点的状态为异常，无法对故障的原因进行推理，而本方法则可以较好地解决这个问题。

2. 常压塔装置案例分析

2014 年 3 月 7 日，常压塔装置发生常三线馏出温度偏高的故障，通过分析可知与常三线馏出温度（TI1115）相关的过程参数有：常压塔进料温度（TI1501）、常压塔进料流量（FI1501）、常压塔底蒸气流量（FI1110）、常压塔底温度（TI1110）、常一线馏出温度（TI1117）、常二线馏出温度（TI1116）。图 6.9 为各过程参数随时间变化曲线，图中纵坐标为过程参数的值，横坐标为时间，图中第 20min 为故障发生的时刻。

使用前述章节中所确定的方法，对上述过程参数两两进行格兰杰因果关系检验，其结果见表 6.14，在表 6.14 中列变量为可能原因变量，行变量为结果变量。

根据表 6.14 所示结果，绘制减压炉的定量因果关系图，如图 6.10 所示。同时，根据已确定的规则对定量因果关系图进行简化，简化后的关系图如图 6.11 所示。

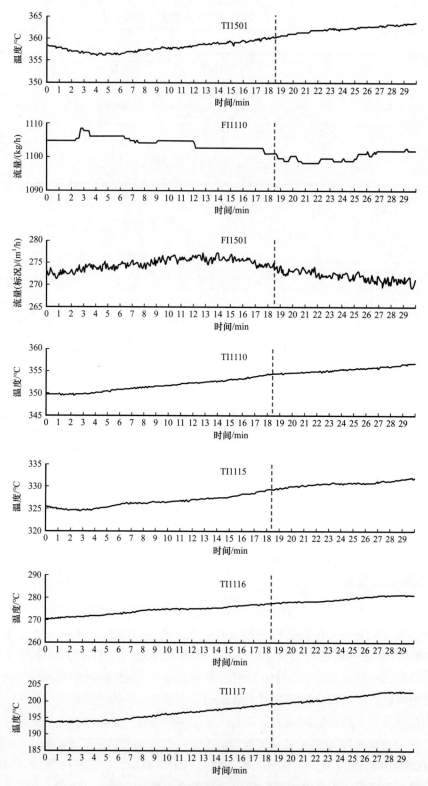

图 6.9　常压塔过程参数随时间变化曲线

表 6.14　格兰杰因果关系检验结果

可能原因	结果						
	TI1501	FI1110	FI1501	TI1110	TI1115	TI1116	TI1117
TI1501		8.72	5.16	4.17	8.03		
FI1110	6.78		5.31				
FI1501							
TI1110	21.04	10.29			12.72	4.62	7.27
TI1115						4.49	4.15
TI1116					6.79		7.72
TI1117							

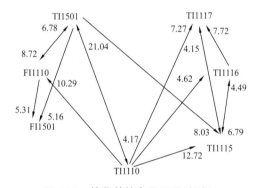

图 6.10　简化前的定量因果关系图

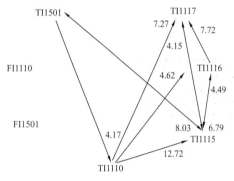

图 6.11　简化后的定量因果关系图

由图 6.11 可以明显地看出，在发生常三线馏出温度（TI1115）偏高故障的情况下，可能的原因是进料温度（TI1501）偏高；同时，造成常压塔底温度（TI1110）偏高的可能原因是进料温度偏高（TI1501）。由进料温度与常压塔底温度之间的格兰杰因果关系值可以看出，可能导致常压塔底温度偏高的原因是进料温度偏高，故根据格兰杰因果关系检验得出的故障原因为进料温度偏高。

由图 6.9 可知，在常三线馏出温度发生高位报警前约 16min 开始，进料温度逐步升高；同时，常压塔底温度也在同步升高，查阅现场记录可以确定，造成常三线馏出温度偏高故障的原因为进料温度偏高，该结论与格兰杰因果关系检验得出的结论一致。

常压塔案例中涉及的过程参数较减压炉案例更多，更接近实际使用中会遇到的情况。由案例分析可以看出，在过程参数增加的情况下，该方法仍然可以诊断出故障的根原因，且该案例中同样只有一个过程参数常三线馏出温度报警，SDG 等基于模型的方法依然无法使用。单个参数报警继续发展可能会出现更多的报警，这时候基于模型的方法就可以使用了，但这也意味着故障对炼化系统造成了更恶劣的影响，已经错过了故障处置的最佳时机。若使用人工神经网络进行诊断，则需要大量的故障样本进行训练，而实际生产装置在运行过程中出现故障的概率很低，无法积累大量的故障样本，这会造成神经网络诊断精度的不足。

3. 分析与小结

（1）本节提出基于格兰杰因果关系检验的炼化系统自适应数据驱动故障溯源方法，在分析确定装置过程参数之间关联关系的基础上，使用格兰杰因果关系检验对过程参数的时间序列数据进行分析，明确过程参数之间变化的因果关系，最终确定炼化系统中故障传播路径与报警的根原因。

（2）以某化工厂的减压炉和常压塔为对象，经现场案例分析与验证，使用该方法进行故障溯源，结果表明该方法可以准确诊断出系统中存在的故障并找出故障在系统中的传播路径从而推理出系统故障的根原因，且整个分析过程所需数据为过程参数的历史数据，数据容易获取，方便实际应用。

6.3　过程风险传播路径自适应分析及溯源方法

现代工业过程复杂，生产条件苛刻，过程报警极易通过过程设备间的连接性影响并传播至其他相邻设备，引发一系列风险（即可能发生的危险）甚至灾害性的事故。过程故障往往是一个逐渐发展变化的过程，最初由某种异常扰动、或设备早期缺陷等引起，通过设备间的不断传播最终造成整个系统的崩溃。现有分析方法主要关注于对故障根原因的分析，以期降低事故后果，却忽视了对风险传播过程的预测及预防，致使故障通过不断传播引发大量报警，造成严重的报警泛滥问题。因此，分析由过程变量报警引起的风险传播路径是防止关联报警产生的有效途径。

由于工业过程装置规模庞大、集成度高，其生产过程具有高度复杂性和强非线性特征，使得过程变量间具有复杂的非线性关联关系。现有的许多因果分析方法可用于辨识过程变量间存在的多种因果关系，但这些方法普遍缺乏推理机制，或在因果关系推理上存在主观性及不确定性因素（如 Petri 网建模、模糊逻辑推理方法等），从而限制了其在工业过程中的实际应用。

为了防止关联报警的产生及过程报警泛滥现象的出现，基于现有因果推理方法大多存在主观性及不确定性因素、缺乏自适应量化推理机制等难点问题，结合过程设备间连接性及变量间复杂的因果关联关系，本节提出了一种基于传递熵与核极限学习机（Kernel Extreme Learning Machine，KELM）的过程风险传播路径自适应分析方法。首先基于传递熵方法分析不同过程变量间的非线性关联关系及传播方向，建立过程风险传播推绎模型。为了量化过程风险因果推理机制，基于各过程变量间的关联程度及变化趋势信息，提出一种基于核极限学习机的风险传播自适应搜索方法，辨识风险传播路径，从而有助于及时通过预控策略防止关联报警的相继发生，提升报警系统的有效性，保障工业过程的安全运行。

6.3.1　传递熵与核极限学习机

传递熵分析法是一种基于概率分布、信息熵及统计方法得出时间序列间因果性的方法，可用于分析过程监控变量间的非线性相关关系及两变量间信息传递的方向。核极限学习机方法可用于实现过程监控变量的时间序列预测，是一种具有较强泛化能力及稳定性的预测方法。下面分别介绍两种方法的基本原理。

1. 传递熵分析法

信息熵是信息论中用于度量信息量的一个概念，其定义见式（6.8）：

$$H_X = -\sum_x p(x)\log_2 p(x) \tag{6.8}$$

其中 $p(x)$ 表示变量 X 的概率分布。

两个变量 X 和 Y 的信息熵大小可用联合熵表示，其定义见式（6.9）：

$$H_{XY} = -\sum_{x,y} p(x,y)\log_2 p(x,y) \tag{6.9}$$

式中 $p(x,y)$ 为 X 和 Y 的联合概率分布。

互信息是信息论中用于表示信息之间相关性的一个概念，可看作一个随机变量中包含的关于另一个随机变量的信息量，其定义见式（6.10）：

$$
\begin{aligned}
I_{XY} &= H_X + H_Y - H_{XY} \\
&= -\sum_x p(x)\log_2 p(x) - \sum_y p(y)\log_2 p(y) + \sum_{x,y} p(x,y)\log_2 p(x,y) \\
&= \sum_{x,y} p(x,y)\log_2 \frac{p(x,y)}{p(x)p(y)}
\end{aligned}
\tag{6.10}
$$

但互信息仅能表示两变量间关联性的大小，而无法体现两变量间信息传递的方向。为了准确度量动态过程中随机变量之间的关联性及传播方向，在信息熵的基础上，文献提出了传递熵分析法，用于分析时间序列间的因果性。

变量 Y 到变量 X 的传递熵 $T_{Y \to X}$ 定义见式（6.11）：

$$
\begin{aligned}
T_{Y \to X} &= \sum_{x,y} p\left(x_{n+1}, x_n^k, y_n^l\right)\log_2 \frac{p\left(x_{n+1} \middle| x_n^k, y_n^l\right)}{p\left(x_{n+1} \middle| x_n^k\right)} \\
&= \sum_{x,y} p\left(x_{n+1}, x_n^k, y_n^l\right)\log_2 \frac{p\left(x_{n+1}, x_n^k, y_n^l\right) p\left(x_n^k\right)}{p\left(x_{n+1}, x_n^k\right) p\left(x_n^k, y_n^l\right)} \\
&\left(x_n^k = x_n, x_{n-1}, \ldots, x_{n-k+1}; \; y_n^l = y_n, y_{n-1}, \ldots, y_{n-l+1}\right)
\end{aligned}
\tag{6.11}
$$

其中，x_n^k 是由变量 X 当前及过去的 k 个测量值组成的向量；y_n^l 是由变量 Y 当前及过去

的 l 个测量值组成的向量；联合概率密度函数 $p(x_{n+1}, x_n^k, y_n^l,)$ 考虑了 X 与 Y 的相互作用及其随时间变化的动态特征；根据贝叶斯方程，可将条件概率密度函数 $p(x_{n+1}|x_n^k, y_n^l)$

表示为 $\dfrac{p(x_{n+1}, x_n^k, y_n^l)}{p(x_n^k, y_n^l)}$，$p(x_{n+1}|x_n^k, y_n^l)$ 表示已知 x_n^k 及 y_n^l 发生时未来值 x_{n+1} 出现的概率。

Y 到 X 的传递熵实质为 Y 的信息对于 X 不确定性大小的改变，即 Y 传递给 X 的信息量的大小。因此，可采用传递熵衡量变量间的因果性。由于传递熵主要依据变量间的信息量传递，而无须假设变量之间有特定形式的关系，因此具有比格兰杰因果性更好的适用性，尤其是对于具有非线性特征的工业过程变量。

2. 核极限学习机

核极限学习机（Kernel Extreme Learning Machine，KELM）是极限学习机（Extreme learning machine，ELM）的扩展版本，可用于解决多种回归及多分类问题。

ELM 是一种单隐层前馈神经网络学习算法。传统的神经网络学习算法如反向传播算法（Back Propagation，BP），需设置大量的网络参数且易得到局部最优解，而 ELM 只需设置网络的隐层节点数，运行过程中无须调整网络的输入权值及隐层节点偏置，并可产生唯一的最优解，故 ELM 学习速度较快且泛化性能更好。

ELM 网络模型如图 6.12 所示，假设有 W 个训练样本 $\{(x_j, u_j)\}_{j=1}^W$，$x_j = [x_{j1}, x_j, \cdots, x_{jz}]^T$ 为一个 z 维输入样本，u_j 为其对应期望输出值，可将激活函数为 $g(x_j)$ 的 ELM 网络模型表示为式（6.12）：

$$\sum_{i=1}^{L} \beta_i g(\omega_i x_j + b_i) = o_j, j = 1, \dots, W \tag{6.12}$$

其中，L 为隐层节点个数；$\omega_i = [\omega_{i1}, \omega_{i2}, \omega_{iz}]^T$ 为第 i 个隐层节点的输入权重；β_i 为第 i 个隐层节点的输出权重；b_i 为第 i 个隐层节点的偏置；o_j 为 ELM 网络模型的实际输出值。

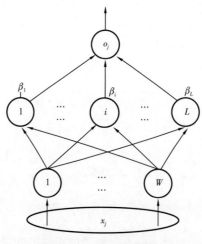

图 6.12　ELM 网络模型

ELM 网络学习的目标是使得输出的误差最小为 $\sum_{j=1}^{W} \left\| o_j - u_j \right\| = 0$，见式（6.13）：

$$\sum_{i=1}^{L} \beta_i g\left(\omega_i x_j + b_i\right) = u_j, j = 1, \ldots, W \tag{6.13}$$

上式可由矩阵表示，见式（6.14）：

$$H\boldsymbol{\beta} = U \tag{6.14}$$

其中，$H = \begin{bmatrix} g\left(\omega_1 x_1 + b_1\right) & \cdots & g\left(\omega_L x_1 + b_L\right) \\ \cdots & \ddots & \cdots \\ g\left(\omega_1 x_W + b_1\right) & \cdots & g\left(\omega_L x_W + b_L\right) \end{bmatrix}_{W \times L}$ 为 ELM 的隐层输出矩阵，$\boldsymbol{\beta} = \left[\beta_1, \cdots, \beta_L\right]^T$ 为输出权重矩阵，$U = \left[u_1, \cdots, u_W\right]^T$ 为期望输出向量。

采用最小二乘法求取最优权重向量 β^*，使得实际输出与期望输出差值的平方和最小，其解见式（6.15）：

$$\beta^* = H^{\Psi} U \tag{6.15}$$

H^{Ψ} 是矩阵 H 的 Moore–Penrose 广义逆。

与 ELM 相比，KELM 具有更为理想的泛化能力和稳定性。KELM 将核函数引入到 ELM 中，设 ELM 的隐层节点数为 L，有 W 个训练样本 $\{(x_j, u_j)\}_{j=1}^{W}$，定义 KELM 核矩阵为式（6.16）：

$$\boldsymbol{\Omega} = HH^T, \Omega_{ij} = h\left(x_i\right) \cdot h\left(x_j\right) = K\left(x_i, x_j\right), i, j = 1, \cdots, W \tag{6.16}$$

核矩阵 $\boldsymbol{\Omega}$ 替代 ELM 中的随机矩阵 HH^T，利用核函数将 z 维输入样本映射到高维隐层特征空间。核函数 $K\left(x_i, x_j\right)$ 是核矩阵 $\boldsymbol{\Omega}$ 中第 i 行第 j 列的元素，包括径向基核函数（Radial Basis Function，RBF）和线性核函数等，通常选择 RBF 核函数，其表达式见式（6.17）：

$$K\left(x_i, x_j\right) = \exp\left[-\gamma\left(x_i - x_j\right)^2\right], \gamma > 0 \tag{6.17}$$

其中，γ 为核参数。

将参数 I/C 添加到 HH^T 中的主对角线上，使其特征根不为零，可得权重向量 $\boldsymbol{\beta}^*$ 为式（6.18）：

$$\boldsymbol{\beta}^* = H^T\left(I/C + HH^T\right)^{-1} U \tag{6.18}$$

其中 I 为单位对角矩阵，C 为惩罚系数，用于权衡结构风险和经验风险之间的比例。

可得 KELM 模型的实际输出为式（6.19）：

$$f\left(x\right) = \begin{bmatrix} K\left(x, x_j\right) \\ \vdots \\ K\left(x, x_j\right) \end{bmatrix}^T \alpha \tag{6.19}$$

其中，$\alpha = (I/C + HH^T)^{-1}U$ 为 KELM 网络的输出权值。

6.3.2 过程风险传播路径自适应分析方法

报警系统，是工业过程的重要组成部分，可有效监控过程的运行状态。当过程出现工艺波动，产生异常情况时，报警将以声光形式被触发。收到报警后，操作者将结合过程知识调查故障原因，并采取必要措施阻止其进一步恶化，使设备恢复到正常运行状态。由于过程设备之间的关联性，某一变量发生报警可能影响大量过程变量，若不能及时得到有效控制，可引起关联报警甚至报警泛滥现象的出现，降低报警系统的有效性，使得操作人员无法及时掌握过程风险动态，造成各种灾难性的后果。因此，本节提出基于传递熵与KELM 的过程风险传播路径自适应分析方法，自适应预测风险传播路径，以便操作人员及时采取预防措施，当报警发生时及时辨识并有效遏制风险传播途径。

所提方法流程图如图 6.13 所示，该方法主要包括推绎模型的建立及传播路径搜索方法两部分，其主要内容介绍如下。

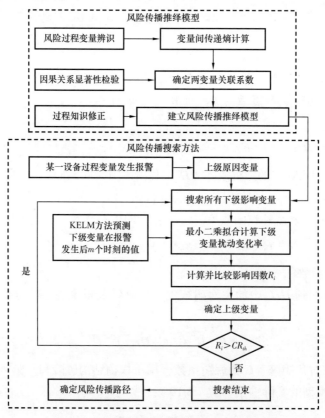

图 6.13　风险传播路径自适应分析方法流程图

1. 风险传播推绎模型

现代工业过程复杂，设备众多，同一过程设备及相邻设备间的监控变量往往具有关联性。采用传递熵分析方法可分析不同风险过程变量间的关联关系，推断他们固有的因果关系，从而建立过程风险传播推绎模型，方法如下。

对于过程监控变量 X 和 Y，变量 Y 到 X 的传递熵 $T_{Y \to X}$ 的计算见式（6.11）。

同样，可以求出变量 X 到 Y 的传递熵，两变量间的关联系数由式（6.20）确定：

$$\rho_{X,Y} = \begin{cases} T_{Y \to X}, & T_{Y \to X} - T_{X \to Y} > 0 \\ T_{X \to Y}, & T_{Y \to X} - T_{X \to Y} < 0 \\ 0, & T_{Y \to X} - T_{X \to Y} = 0 \end{cases} \qquad (6.20)$$

若 $\rho_{X,Y} = T_{Y \to X}$，表示两变量间传播方向为 $Y \to X$；若 $\rho_{X,Y} = T_{X \to Y}$，表示两变量间传播方向为 $X \to Y$；若 $\rho_{X,Y} = 0$，表示两变量无因果关系。

因为关联系数由统计方法计算得到，每两个时间序列可得到一确定值，但若 $T_{Y \to X}$ 与 $T_{X \to Y}$ 的差值过小，考虑两变量间的因果性将没有意义。因此有必要设置合适的阈值对两变量间因果关系的显著性水平进行检验。本节采用如下的假设检验方法。

选取多个相同长度的随机生成序列，令 $t_{X \to Y} = T_{X \to Y} - T_{Y \to X}$，通过式（6.11）计算每两个序列间的 $t_{X \to Y}$ 值，并求出所有 $|t_{X \to Y}|$（$t_{X \to Y}$ 的绝对值）的均值 $\mu_{t_{X \to Y}}$ 和标准差 $\sigma_{t_{X \to Y}}$，通过式（6.21）计算阈值，判断两变量间因果关系的显著性。若关联系数没有通过显著性检验，表明两变量间不具备显著的因果性。

$$|t_{X \to Y}| - \mu_{t_{X \to Y}} \geq 6\sigma_{t_{X \to Y}} \qquad (6.21)$$

通过生成 73 对长度为 500 的标准正态分布随机序列，计算可得 $\sigma_{t_{X \to Y}} = 0.038$，$\mu_{t_{X \to Y}} = 0.051$。

对于 N 个风险过程变量 $X1$，$\cdots$，XN，通过计算传递熵确定其中每两变量的关联系数及传播方向，并据此建立风险传播推绎模型，如图 6.14 所示。模型由有向弧和代表风险过程变量的节点组成。对于任意两过程变量 Xi 和 Xj，若 $t_{Xi \to Xj} > 0$，有向弧由 Xi 指向 Xj，即由上级原因变量指向下级影响变量，反之，则传播方向相反。

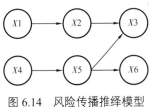

图 6.14　风险传播推绎模型示意图

最后结合过程知识检验传播路径的合理性，对模型进行适当修正。

2. 风险传播搜索方法

风险传播搜索方法主要包括如下四个步骤。

步骤 1：相同的报警可能产生不同的风险传播路径。为了准确辨识风险传播路径，当某一设备的过程变量 Xj 发生报警时，将其作为上级原因变量，建立的风险传播推绎模型搜索与其直接相连的同设备及其相邻设备中所有下级影响变量节点，例如图 6.21 中的 $X5$ 报警，可搜索到其两个下级变量节点 $X3$ 和 $X6$。

步骤 2：若变量 Xj 在 t_k 时刻发生报警，对于 Xj 的各相关下级变量 Xi（$i=1$，2，$\cdots$，I，

I 为下级变量个数），可通过式（6.22）计算变量 Xi 的扰动变化率（这里的扰动即指受某一变量报警影响的相关工艺波动），其值大小可近似反映各相关下级变量受上级变量影响产生的扰动程度。

其中，扰动变化率（Disturbance Rate，DR）定义如下：对于变量 Xi，考虑以时刻 t_k 为中心，选择时间间隔为 $[t_{\kappa-m}, t_{\kappa+m}]$（时间序列长度为 $2m+1$）的变量 Xi 的时间序列进行最小二乘线性拟合见式（6.22），令 $xi_k=a_it_k+b_i$，$k=\kappa-m, \cdots, \kappa, \cdots, \kappa+m$，$t_k=1, \cdots, 2m+1$，$i=1, \cdots, N$，$N$ 为过程变量个数，xi_k 为预处理后的变量 Xi 在第 t_k 个时刻的测量值，所求斜率 α_i 绝对值的大小 $\dot{a}_i$ 作为变量 Xi 的扰动变化率。

$$\begin{bmatrix} \sum\limits_{k=\kappa-m}^{\kappa+m} 1 & \sum\limits_{k=\kappa-m}^{\kappa+m} t_k \\ \sum\limits_{k=\kappa-m}^{\kappa+m} t_k & \sum\limits_{k=\kappa-m}^{\kappa+m} t_k^2 \end{bmatrix} \begin{bmatrix} a_i \\ b_i \end{bmatrix} = \begin{bmatrix} \sum\limits_{k=\kappa-m}^{\kappa+m} xi_k \\ \sum\limits_{k=\kappa-m}^{\kappa+m} t_k xi_k \end{bmatrix} \tag{6.22}$$

对变量 Xi 的预处理公式见式（6.23）：

$$xi_k = \frac{\hat{xi}_k - xi_\mathrm{L}}{xi_\mathrm{H} - xi_\mathrm{L}} \tag{6.23}$$

其中，$\hat{xi}_k$ 和 xi_k 分别为预处理前、后的变量 Xi 在第 t_k 个时刻的测量值，xi_L 为变量 Xi 的低报警阈值，xi_H 为变量 Xi 的高报警阈值。

变量 Xi 在 $t_{\kappa+1}$ 至 $t_{\kappa+m}$ 时刻的值通过 KELM 方法预测得到，以变量 Xi 在 t_κ 时刻前一段时间内（t_s 至 t_κ 时刻）的历史数据构造 KELM 的训练样本，输入样本 Xi^* 和输出样本 T_i 见式（6.24）：

$$Xi^* = \begin{bmatrix} xi_s & xi_{s+1} & \cdots & xi_{s+z-1} \\ xi_{s+1} & xi_{s+2} & \cdots & xi_{s+z} \\ \vdots & \vdots & \ddots & \vdots \\ xi_{\kappa-z} & \cdots & xi_{\kappa-2} & xi_{\kappa-1} \end{bmatrix}, \quad Ti = \begin{bmatrix} xi_{s+z} \\ xi_{s+z+1} \\ \vdots \\ xi_\kappa \end{bmatrix} \tag{6.24}$$

z 为输入样本维数，样本个数为 $W=\kappa-z-s+1$，xi_l（$l=s, s+1, \cdots, \kappa$）为变量 Xi 在第 t_l 时刻的值。

步骤 3：通过式（6.20）计算两过程变量 Xi 和 Xj 间的关联系数，通过式（6.22）计算变量 Xi 的扰动变化率，基于所求关联系数和扰动变化率，根据式（6.25）计算上级变量 Xj 对各下级变量 Xi 的影响因数 R_i，比较影响因数 R_i 的大小，将影响因数最大值对应的下级变量作为其下级影响变量。

$$R_i = \left(\frac{1-e^{-\alpha|\dot{a}_i|}}{1+e^{-\alpha|\dot{a}_i|}} \right) \rho_{Xi, Xj} \tag{6.25}$$

其中，α 是调整参数，本节设为 10^2；式中 $\rho_{Xi,\ Xj}$ 和 $\dot{a}_i$ 分别表示两变量 Xi 和 Xj 间关联系数和下级变量 Xi 的扰动变化率；R_i 作为一个影响因数，用于确定下级影响变量。

下级变量的影响因数 R_i 越大，其受上级变量变化的影响越大。通过 R_i 的大小可以比较上级变量对各相关下级变量产生扰动的影响大小，将 R_i 的最大值对应的下级变量作为其下级影响变量。若所求影响因数过小，说明该变量的时间序列数据趋于平稳，并未受到上级变量影响。因此，可根据专家经验及历史数据统计设置阈值 R_{th}，若 R_i 值小于预设阈值 R_{th}，将不考虑该下级变量。

步骤 4：重复步骤 2 和步骤 3，依次确定可能受到风险影响的各设备过程变量，并确定最可能的风险传播路径。

6.3.3　案例分析

催化裂化装置是将重质油转化为轻质油的关键装置，其运行状态不仅关系到整个厂区的安全，同时也决定了产品的收率。在催化裂化装置运行过程中，反应再生系统、分馏系统结焦，分馏塔冲塔，催化剂跑损，各种机泵、仪表故障及人为操作事故等都是导致过程无法安全平稳运行的主要因素。分馏单元是催化裂化生产装置的一部分，是一个非常复杂的原油分馏过程，油气经分馏后得到富气、粗汽油、柴油及油浆等。这里以某炼油厂催化裂化分馏单元某一由调节分馏塔顶循空冷引起的顶循返塔温度超高风险过程为例，进行风险传播路径推绎分析。

1. 过程风险传播推绎模型构建

考虑过程设备间的连接性，选取催化裂化分馏单元进行分析建模。催化裂化生产装置中的分馏单元主要包括分馏塔、分馏塔顶油气分离器、回炼油罐、原料油缓冲罐和柴油汽提塔，如图 6.15 所示，所涉及的主要监控变量见表 6.15。

根据分馏单元过程变量及其历史数据（采样间隔为 6s，数据长度为 500），通过传递熵计算可得到各过程变量间的关联系数，判断两变量间因果关系的显著性。最后结合过程知识修正，建立过程风险传播推绎模型如图 6.16 所示，图中各变量间的关联系数（即传递熵值 $\rho_{X,\ Y}=T_{X\to Y}$）见表 6.16。

2. 过程风险传播路径搜索分析

本节以由调节分馏塔顶循空冷引起的顶循返塔温度超高风险过程为例，采用所提风险传播搜索方法进行分析。由于现场人员在调节空冷时操作不当，引起顶循返塔温度过高，发生高报警，使得分馏塔顶压力升高，顶循抽出温度和分馏塔顶温度升高，造成分馏塔顶油气分离器液位升高。下面基于所建立的过程风险传播推绎模型，进行风险传播路径搜索分析，如图 6.16 所示。

步骤 1：因顶循返塔温度过高（$X14$）发生报警，故将其作为上级变量，根据因果图搜索与其直接相连的下级变量分馏塔顶压力（$X4$）和顶循抽出温度（$X13$）。

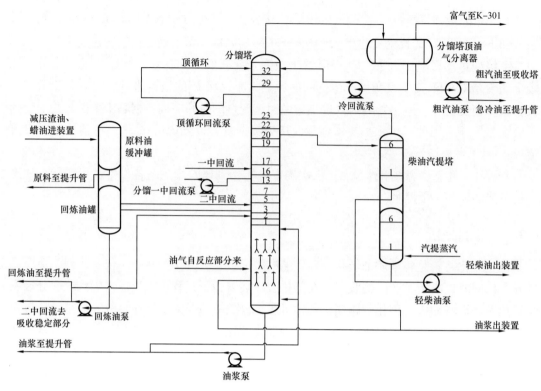

图 6.15　分馏单元

表 6.15　分馏单元过程变量

变量	变量描述	单位	高报警阈值	低报警阈值
$X1$	一中流量	t/h	180	140
$X2$	一中返塔温度	℃	220	175
$X3$	分馏塔底液位	%	70	30
$X4$	分馏塔顶压力	MPa	0.11	0.09
$X5$	分馏塔顶油气分离器液位	%	70	30
$X6$	分馏塔顶温度	℃	112	98
$X7$	回炼油流量	t/h	55	25
$X8$	回炼油罐液位	%	70	30
$X9$	柴油馏出温度	℃	230	180
$X10$	油浆下返塔流量	t/h	120	80
$X11$	油浆上返塔流量	t/h	100	80
$X12$	轻柴油汽提塔液位	%	90	60
$X13$	分馏塔顶循抽出温度	℃	135	120
$X14$	分馏塔顶循返塔温度	℃	90	76

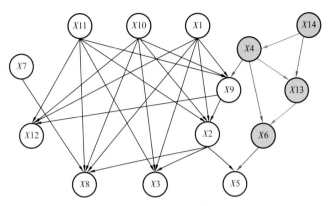

彩图扫码

图 6.16　过程风险传播推绎模型

表 6.16　各过程变量间关联系数

关联系数	$\rho_{Xi, Xj}$	关联系数	$\rho_{Xi, Xj}$	关联系数	$\rho_{Xi, Xj}$	关联系数	$\rho_{Xi, Xj}$
$\rho_{X7, X8}$	2.92	$\rho_{X10, X3}$	2.87	$\rho_{X1, X9}$	2.68	$\rho_{X9, X2}$	2.27
$\rho_{X11, X2}$	2.54	$\rho_{X10, X8}$	2.85	$\rho_{X1, X12}$	2.85	$\rho_{X9, X12}$	2.26
$\rho_{X11, X3}$	2.59	$\rho_{X10, X9}$	2.73	$\rho_{X14, X13}$	2.24	$\rho_{X13, X6}$	2.41
$\rho_{X11, X8}$	2.61	$\rho_{X10, X12}$	2.87	$\rho_{X14, X4}$	2.25	$\rho_{X6, X5}$	2.33
$\rho_{X11, X9}$	2.50	$\rho_{X1, X2}$	2.81	$\rho_{X4, X6}$	2.17	$\rho_{X2, X3}$	2.13
$\rho_{X11, X12}$	2.60	$\rho_{X1, X3}$	2.81	$\rho_{X4, X9}$	2.44	$\rho_{X2, X5}$	2.05
$\rho_{X10, X2}$	2.80	$\rho_{X1, X8}$	2.88	$\rho_{X4, X13}$	2.44	$\rho_{X2, X8}$	2.11

步骤 2：通过极限学习机预测方法预测 $X14$ 发生报警时刻后 3min（采样间隔为 6s，共 30 个时刻） $X4$ 和 $X13$ 的变量值，可得其扰动变化率见表 6.17，对各变量数据进行预处理，各变量预处理后的时间序列数据拟合曲线如图 6.17 所示。

表 6.17　各下级变量的扰动变化率 $\dot{a}_i$ 及影响因数 Ri

路径	下级变量	下级变量描述	$\dot{a}_i$（ $\times 10^2$ ）	R_i
$X14 \rightarrow X4$	$X4$	分馏塔顶压力	0.46	0.51
$X14 \rightarrow X13$	$X13$	顶循抽出温度	0.44	0.49
$X4 \rightarrow X6$	$X6$	分馏塔顶温度	0.33	0.35
$X4 \rightarrow X9$	$X9$	柴油馏出温度	0.11	0.13
$X4 \rightarrow X13$	$X13$	顶循抽出温度	0.44	0.53
$X13 \rightarrow X6$	$X6$	分馏塔顶温度	0.33	0.39
$X6 \rightarrow X5$	$X5$	分馏塔顶油气分离器液位	0.05	0.06

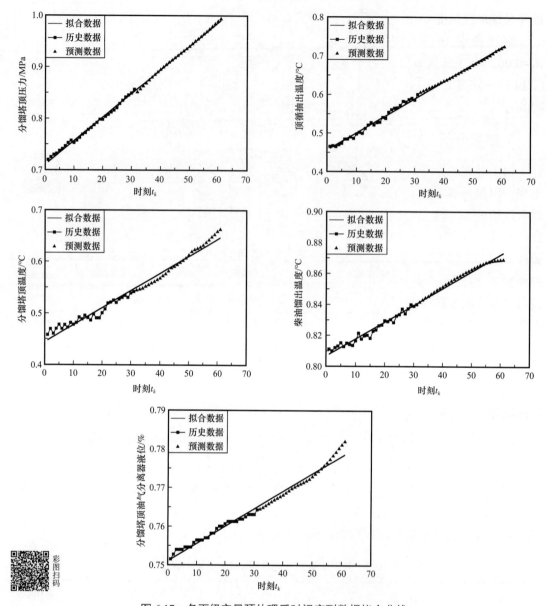

图 6.17　各下级变量预处理后时间序列数据拟合曲线

步骤 3：计算 $X4$ 和 $X13$ 的影响因数如表 6.17 所示，通过比较 $X4$ 和 $X13$ 的影响因数，其最大值为 $X4$ 的影响因数值 $R_4=0.51$，大于阈值 R_{th}（这里设为 0.3），故将分馏塔顶压力（$X4$）作为下级影响变量。

步骤 4：继续搜索 $X4$ 的下级变量包括分馏塔顶温度（$X6$）、柴油馏出温度（$X9$）和顶循抽出温度（$X13$）。可得其扰动变化率及影响因数如表 6.17 所示，通过比较各相关下级变量的影响因数，其最大值为 0.53，对应 $X13$，大于阈值 R_{th}，因此将该最大值对应的下级变量顶循抽出温度（$X13$）作为下级影响变量。

继续搜索 $X13$ 的下级变量为分馏塔顶温度（$X6$），其影响因数 $R_6=0.39$，大于阈值 R_{th}，故将分馏塔顶温度（$X6$）作为下级影响变量。

继续搜索 $X6$ 的下级变量分馏塔顶油气分离器液位（$X5$），因 $X5$ 的影响因数值 $R_5=0.06$，小于阈值 R_{th}，故搜索结束。所辨识的风险传播路径为：顶循返塔温度超高（$X14$）→分馏塔顶压力升高（$X4$）→顶循抽出温度升高（$X13$）→分馏塔顶温度升高（$X6$）。

3. 结果分析

（1）经现场人员调查分析，该顶循返塔温度超高报警发生原因为调节顶循空冷时操作不当，引起分馏塔顶压力升高，逼近报警线；顶循抽出温度和塔顶温度随之升高，若不及时采取措施，可能引起分馏塔顶部发生冲塔，造成塔顶温度失控，粗汽油干点超标，严重影响产品质量。本节方法所得结论与现场异常工况发展过程一致，从而验证了该方法的有效性，有助于操作人员及时采取预控措施，避免风险的发展及关联报警的产生。此外，通过所提方法分析，亦可推理得到柴油馏出温度（$X9$）升高等与实际情况相符的过程信息，及与分馏塔相关联的设备塔顶油气分离器的液位变化趋势信息，有助于操作人员在规避潜在风险的同时及时掌握全面的过程发展动态。

（2）采用所提方法进行过程风险传播路径分析，不仅考虑了存在风险的设备分馏塔本身，还分析了分馏单元内与分馏塔存在关联的其他设备，避免遗漏某些可能受风险影响的过程变量。若仅考虑分馏塔独立设备本身，采用传递熵分析法可得到如图 6.18 所示的过程风险传播推绎模型。

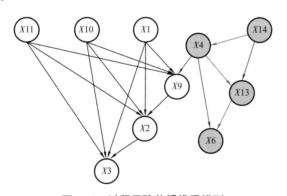

图 6.18　过程风险传播推绎模型

与从分馏单元层面建立的推绎模型相比，该模型在推理过程中无法捕捉轻柴油汽提塔、回炼油罐及塔顶油气分离器等其他设备有关风险的变化趋势信息。如本案例中塔顶油气分离器液位的变化趋势，随着过程风险的不断发展，若得不到及时监控，可能引起塔顶油气分离器液位发生超高报警，甚至影响汽油产品质量。因此，在分析过程风险传播路径时，除了分析与风险直接相关的设备外，还应综合考虑与过程风险存在关联的其他设备，避免遗漏某些可能受风险影响的过程变量，从而导致关联报警的产生。

（3）现有的 Petri 网建模、模糊逻辑推理等方法在因果关系推理上多存在主观性及不确定性因素，方法的合理性易受专家经验水平及置信度等参数设置的影响，在过程知识不足的情况下，这些方法往往难以得到良好的实际应用效果。为此，本节综合考虑各过程变量间的关联程度及变化趋势信息，提出了一种基于 KELM 的风险传播自适应搜索方法，量化过程风险因果推理机制，有助于现场操作人员在知识经验不足的情况下及时把握风险传播动态。

4. 分析与小结

（1）为了避免关联报警的产生及过程报警泛滥现象的出现，基于现有因果推理方法大多存在主观性及不确定性因素、缺乏自适应量化推理机制等难点问题，结合过程设备间连接性及变量间复杂的因果关联关系，提出了一种过程风险传播路径自适应分析方法。

首先基于传递熵方法分析不同过程变量间的关联关系及传播方向，建立过程风险传播推绎模型，展示了风险在过程中传播的可能途径。为了量化过程风险因果推理机制，基于各过程变量间的关联程度及变化趋势信息，提出一种风险传播自适应搜索方法，利用历史数据及预测数据捕捉风险关联变量的变化趋势信息，并依据变量间关联程度及变化趋势的大小，提出一种影响因数的计算方法，通过影响因数的大小确定风险传播方向，实现风险传播路径的自适应辨识，从而有助于及时通过预控策略防止关联报警的相继发生和报警泛滥的出现。

（2）以某一由调节分馏塔顶循空冷引起的顶循返塔温度超高风险过程为例，对本节提出的风险传播路径自适应分析方法进行验证，分析结果准确辨识了过程风险的传播路径，证明了所提方法的可行性。与仅基于风险设备进行因果推绎分析相比，所提方法综合考虑了轻柴油汽提塔、回炼油罐及塔顶油气分离器等其他设备有关该过程风险的变化趋势信息，避免遗漏某些可能受风险影响的过程变量，以防止关联报警的产生。

此外，与传统的 Petri 网建模及模糊逻辑推理等方法相比，所提方法综合考虑各过程变量间的关联程度及变化趋势信息，量化了过程风险因果推理机制，避免了上述方法在因果推理分析上的主观性及不确定性，降低了专家经验水平、过程知识不足及置信度等参数设置对推理结果产生的影响，有助于现场操作人员在知识经验不足的情况下及时把握风险传播动态，防止关联报警及报警泛滥现象的发生，以提高报警系统的有效性和工业生产过程的安全性。

参 考 文 献

［1］沈桂龙，宋方钊.FDI与城乡收入差距关系的实证检验：基于多模型测算比较的研究［J］.经济体制改革.2012，29（5）：33-37.

［2］Granger W J. Investigating causal relations by econometric models and cross-spectral methods［J］. Econometrica: Journal of the Econometric Society. 1969，37（3）：424-438.

［3］曹永福.格兰杰因果性检验评述［J］.数量经济技术经济研究.2006，23（1）：155-160.

［4］杨渺.格兰杰因果关系的多元推广及应用研究［D］.四川：西南财经大学，2002.

［5］Huang G B, Zhu Q Y, Siew C K. Extreme learning machine: theory and applications［J］.

Neurocomputing，2006，70（1）：489-501.

［6］Zhao X，Shang P，Lin A. Transfer mutual information：A new method for measuring information transfer to the interactions of time series［J］. Physica A：Statistical Mechanics and its Applications，2017，467：517-526.

［7］Huang G B，Zhou H，Ding X，et al. Extreme learning machine for regression and multiclass classification［J］. IEEE Transactions on Systems，Man，and Cybernetics，Part B（Cybernetics），2012，42（2）：513-529.

［8］Nguyen T，Mirza B. Dual-layer kernel extreme learning machine for action recognition［J］. Neurocomputing，2017，260：123-130.

［9］Huang G B. An insight into extreme learning machines：random neurons，random features and kernels［J］. Cognitive Computation，2014，6（3）：376-390.

第 7 章

页岩气大规模压裂异常工况溯源典型案例

7.1　引言

就现有页岩气压裂技术而言，操作人员对施工时压力的变化规律认识较少，且随着压裂作业的开展，无法得知地层变化，导致在压裂施工中难免出现砂堵、沉砂等异常工况。因此，对异常工况溯源，并提出相应的对策，对减少同类异常的发生、高效利用页岩气资源及提高压裂作业成功率具有重要意义。

传统异常溯源分析方法认为，系统异常状态是由影响因素有序发生或是多个潜在异常事件的层级叠加导致的。但对于页岩气压裂过程，异常状态的发生原因十分复杂，压裂过程因素的复杂交互、紧密耦合导致了砂堵、沉砂等异常状态。显然，传统方法无法准确识别出压裂异常工况的发生过程及根本原因。

功能共振事故模型（Functional Resonance Accident Model，FRAM）从系统整体的角度对异常进行溯源分析，通过分析系统功能网络结构图，考虑了系统异常因素的复杂交互与紧密耦合，识别出功能性能波动及其影响因素，避免了异常分析结果的片面性。然而，传统 FRAM 对压裂异常工况溯源存在以下几点问题：（1）无法对影响因素进行风险排序。（2）无法分析出影响因素的直接后果，导致错失采取补救措施的机会。

针对上述问题，本章提出基于贝叶斯网络和功能共振事故模型（Bayesian Network-Functional Resonance Accident Model，BN-FRAM）的页岩气压裂过程异常工况溯源方法，制定了页岩气压裂异常工况溯源分析的功能模块划分方法、共同性能条件的评价语言及标准、功能模块波动判别标准并构建了功能共振网络结构图，得到异常工况的功能共振机理及影响因素。并运用贝叶斯网络对 FRAM 分析得出的影响因素进行风险排序及直接后果分析，根据结果提出降低异常发生概率的应急措施。

7.2　功能共振事故模型

7.2.1　基本理论概述

FRAM 是基于共振理论的事故原因分析方法。该方法认为，事故发生的根本原因是在系统正常工作中，某些因素发生了突变。而传统事故分析方法（如 FTA、动态故障树等）认为事故是由于异常影响因素有序发生而导致的。从这个角度对事故进行溯源分析，FRAM 认为对事故进行溯源分析，需从系统整体的角度出发，识别出功能性能波动及其影响因素（包括组织、技术及人的波动），通过这种方式，可打破传统方法通过分解系统内部结构及致因因素分析的局限，避免了事故分析结果的片面性。

　　FRAM 的基本原理是首先找出系统组织、技术及人员的性能波动（可能对系统的正常运行产生影响），根据这些性能波动的相关性，判断系统功能共振，识别出导致事故发生的失效功能连接及其影响因素，并制订防控措施。

7.2.2　模型分析步骤

　　FRAM 分析过程具体包括以下 4 个步骤。

　　步骤 1：构建系统基本功能模块并描述各维度含义。根据系统的特点划分系统功能模块，并描述每个功能模块的六个基本特征（输入，输出，时间，控制，前提和资源），如图 7.1 及表 7.1 所示。

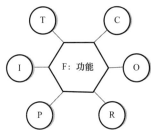

图 7.1　六角功能模块表示图

表 7.1　FRAM 功能模块的各维度说明

名称	说明
输入（I）	该功能单元的运行起始，连接前一个功能单元的某个或几个维度
时间（T）	该功能的时间限制，包括开始、结束时间点及时间间隔
控制（C）	对该功能单元的监控，比如运行程序、指导方针、规定或计划等
输出（O）	该功能单元的作用结果，可连接后一个功能单元的某个或几个维度
资源（R）	该功能需要使用的资源，比如人力、电子设备、工具或钱财等
前提（P）	该功能单元可开始运行的必备条件

　　步骤 2：对各功能单元的潜在性能波动进行评价。

　　为了衡量每个功能单元的性能波动情况，使用 11 个常见的共同性能条件（Common Performance Conditions，CPCs）来评价 FRAM 功能单元的潜在变化（主要引起功能模块发生变化的影响因素）：（1）人员及设备的可用性。（2）培训，准备，能力。（3）沟通质量。（4）人机交互，业务支持。（5）可用性程序。（6）工作条件。（7）目标、数量和冲突。（8）可用时间。（9）昼夜节律，应力。（10）团队合作。（11）组织品质。这些 CPCs 描述了人员、技术和组织方面的关系。共同性能条件评价等级及说明见表 7.2。

　　根据表 7.2 可以得出每个功能单元的性能变化情况，状态变化从大到小表示为：随机、机会、战术和战略。其中，评价结果为机会或者随机的功能单元，是发生功能共振的源头，需进行深入探讨和分析。

表 7.2 共同性能条件评价等级

评价等级	说明
稳定或可变但充分	该共同性能条件运行十分稳定，可能会发生轻微的波动，波动范围处于可以控制的范围之内，不影响系统的稳定性
稳定或可变但不充分	该共同性能条件运行稳定，可能会发生波动，波动范围大致处于可以控制的范围之内，可能会影响系统性能，只要采取适当的操作就可以消除影响，可能超过系统控制或不能及时进行操作，对系统运行的稳定性有轻微的影响
无法确定	该共同性能条件运行不稳定，极有可能影响系统性能，应急措施进行困难或效果不佳，最终对系统运行的稳定性具有无法估计的影响

步骤 3：判断失效连接，识别所有功能共振的模块及影响因素。首先，构建功能模块链接网络，将功能单元之间的直接或间接的影响以网络连接图的方式表示，一般地，上一级的输出（O）可连接其他功能单元的输入（I）、控制（C）、资源（R）或前提（P）等。根据所建网络结构及步骤 2 的评价结果，寻找可能失效的连接，并识别出影响功能共振的影响因素。

步骤 4：性能波动的管理（制定保护屏障）。

这步包括预防和管理功能模块的性能变化。根据前面步骤分析，性能变化可能导致正面或者负面的结果。最富有成效的策略包括放大正面效应，即促进正面波动的发生（在控制范围之内），阻止负面波动的影响，消除和预防它们的发生。对人员、组织及技术的设置控制或监督行为，可能导致系统发生本质性的改变或是永久性的变化。简单地说，防控行为有助于创建障碍来保护系统并消除危害系统正常运行的因素。

根据步骤 3 识别出的功能共振单元及其影响因素，分别制订防范措施，以控制和预防有害的影响因素。根据屏障的存在形式和结构，将防范措施分成表 7.3 中的几种类别。

表 7.3 控制与预防措施的类别及具体描述

屏障类别	描述
功能屏障	监督功能模块的执行和提供功能执行的前提，如加强纪律管理等
无形屏障	不能以物理形态呈现，由操作者的知识或思想发挥，如计划、程序等
象征屏障	可以提醒操作者的解释性或警告性标志物，如路灯、交通标志等
物理屏障	以物理形态存在，防止事故发生的实体物质，如障碍物、设备

7.3 贝叶斯网络风险评价方法

7.3.1 基本理论概述

贝叶斯网络（Bayesian Network，BN）是一种利用贝叶斯概率公式计算事件发生概率，并以图形表示事件间致因关系的安全评价方法，贝叶斯概率公式见式（7.1）：

$$P(A|B) = \frac{P(B|A)P(A)}{P(B)} \tag{7.1}$$

贝叶斯网络结构的构建是基于事故树的分析，但有别于 FTA 仅能正向推理，贝叶斯网络可进行反向推理，并构建条件概率表（Conditional Probability Table，CPT）、节点的故障概率及任意节点的条件概率。Bayesian Network 是由事件节点及连接事件节点的有向边组成的有向无环图（Directed Acyclic Graph）。其中，Bayesian Network 中的节点表示随机变量，比如事件、压力及温度等，可以是离散型的，也可以是连续型的。节点间的交互关系，则由事件节点之间的有向边表示，并由 CPT 表示交互程度，比如，CPT 可用来表示根节点的概率分布，也可用来表示父亲节点及中间节点之间的交互程度，如图 7.2 所示。

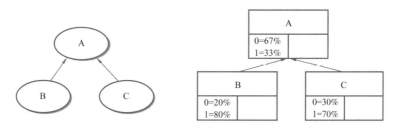

图 7.2　贝叶斯网络简化图

图 7.2 中，节点 B、C 表示根节点，节点 A 为子节点。因此，它们的概率分布则由 CPT 表示，而节点 A 的概率则可通过节点 B 和 C 的条件概率计算得出。

7.3.2　建模步骤

Bayesian Network 安全评价方法由定性分析及定量分析组成。其中定性分析为构建 Bayesian Network 的网络结构图（节点和连接），定量分析为根据式（7.1）及 CPT 和先验概率计算各个节点的概率分布。

按 Bayesian Network 确定定性及定量分析的方法划分，BN 的建模方式主要分为三种：通过学习建模的方式；手动建模方式；学习与手动混合建模的方式。而本节所用 BN 建模方法主要是手动建模的方法。

BN 手动建模的网络图构建全部依赖于专家经验及专业知识，并通过调研资料或经验建立 CPT 及先验概率。

BN 手动建模的基本步骤如下。

步骤 1：确定网络节点。首先对系统（事故）进行危险源辨识，厘清事故发生的机理，将单位事件作为 BN 的节点。

步骤 2：构建贝叶斯网络图（网络连接）：根据步骤 1 推理出的事故发生机理，建立 BN（节点与节点之间的联系）。

步骤 3：根据专家经验或者资料调研，构建 CPT 及节点的先验概率。

步骤 4：根据需求，分别计算各个节点的发生概率。

7.4 基本理论

本节以 FRAM 为基础，提出一种基于 BN-FRAM 的页岩气压裂异常工况溯源方法，划分压裂作业功能模块、制定共同性能条件的评价语言及标准、构造功能模块波动判别等级及功能共振网络结构图，运用贝叶斯网络对影响因素进行风险排序及直接后果分析，最终提出风险脆弱点的防范屏障及弥补措施。

7.4.1 压裂系统功能模块划分

本节根据页岩气压裂工艺过程的特点及对系统进行功能层次分解，按功能划分为压裂前的地层条件及工况条件的调查，生产工作和设备维护工作。工况调查包括井斜、地层岩石杨氏模量、储层水敏性、地层微裂缝、隔层的薄厚、是否存在断层或不渗透边界等地层因素；生产工作包括压裂液体系的选择、射孔工艺、施工参数设置、施工动态监测技术等；设备维护包括压裂地面系统设备维护、井筒系统设备及其他压裂设备的维护。

功能模块划分结果及含义见表 7.4，并依据 FRAM 的功能模块六角图给每个功能模块进行了定义，结果见表 7.5～表 7.11。

表 7.4 压裂作业 FRAM 的功能模块的内容

功能模块（F）	功能内容
工况调查 F1	压裂之前对地层条件特征的调查，包括地层裂缝的发育情况、地层岩石的杨氏模量、储层水敏性、隔层性质、地层温度、井斜及目的井附近断层或不渗透边界情况等，并进行微型压裂实验测试
选取压裂方案 F2	压裂工艺的选择（如选择水力压裂）、施工规模、施工设备性能、施工排量、入井材料的选择（射孔直径和颗粒大小的设定）、前置液用量、砂比、顶替液用量及加砂程序等
压裂工艺流程 F3	压裂工艺的主要工序包括施工准备、施工及排液与测试。其中施工准备包括：井场准备、压裂地面系统设备准备、井筒系统及井下工具准备、入井材料准备、循环、试压及试挤；施工过程包括：顶替、封隔器坐封、压裂（包括高压泵注）、替挤、关井、交井及反洗或活动管柱等；排液与测试包括：排液管理、压后测试及试生产管理
施工参数监测 F4	施工参数监测系统（仪表车），包括对油压的监测、井筒压力的监测及井内温度的监测等
事故预测 F5	压裂异常工况预测、预警系统（通过压力值预测、曲线斜率预测对各类压裂异常工况进行预警）
决策制定 F6	根据施工参数监测 F4 的结果及事故预测 F5 的预测结果，进行决策，制订决策方案及调整方案（应急方案的制订），同时进行信息的反馈
维护工作 F7	对设备而言，对压裂过程所需要用到的所有设备进行检修与维护，并制订系统设备状态维护方案；对人而言，加强安全教育，定期对操作人员及班组的压裂技能进行培训与更新；对环境而言，制订环境保护方案及井的保护方案（防止井经过压裂后完全报废）等

表 7.5　工况调查 F1 六角功能模块具体描述

维度名称	内容	具体描述
输入（I）	地层条件	地层本身裂缝的发育情况、地层岩石的杨氏模量、储层水敏性、隔层的性质、地层温度、井斜及目的井附近的断层或不渗透边界情况等地层条件的调研，进行微型压裂实验测试
输出（O）	决策变量	是否适合进行压裂操作，压裂工艺的选择（比如该井选择的是进行水力压裂工艺）、其他压裂方案的制订（施工规模、射孔大小与携砂液颗粒大小、施工参数、压裂液组的优选、各阶段的压裂液的用量等）、压裂工艺流程的选择和制订的理论依据
资源（R）	软件 / 专家	测井软件、测井设备等地质勘查仪器和软件，领域专家、操作人员等
时间（T）	时间	调研时间
控制（C）	调查计划	由专家、项目负责人制订勘查计划
前提（P）	专业素质	勘查人员的专业素质及技术水平

表 7.6　选取压裂方案 F2 六角功能模块具体描述

维度名称	内容	具体描述
输入（I）	决策变量	是否适合进行压裂操作，压裂工艺的选择、其他压裂方案的制订（施工规模、射孔大小与携砂液颗粒大小、施工参数、压裂液组的优选、各阶段的压裂液用量等制订的理论依据）
输出（O）	方案	压裂工艺的选择（比如本节案例中选择的是水力压裂工艺）、施工规模大小、入井材料的选择结果（包括入井设备、压裂液组）、各压裂阶段施工排量的制订结果、其他压裂方案的制订结果（射孔大小与携砂液颗粒大小的设定、各阶段的压裂液的用量、加砂程序等）
资源（R）	软件 / 专家	测井软件、测井设备等地质勘查仪器和软件
时间（T）	时间	方案制订时间
控制（C）	制订计划	方案制订计划
前提（P）	可进行压裂	该井可进行压裂

表 7.7　压裂工艺流程 F3 六角功能模块具体描述

维度名称	内容	具体内容
输入（I）	决策变量	压裂工艺流程的选择和制订依据及压裂的具体方案选择结果
输出（O）	工艺过程	流程产生的油压、套管压力等压裂施工参数的变化信息及压裂施工过程中产生的操作问题
资源（R）	软件 / 专家	压裂地面系统、井筒系统、监控系统等压裂施工设备、领域专家及操作人员

维度名称	内容	具体内容
时间（T）	时间	每个压裂施工过程所需要的时间
控制（C）	施工方案	包括施工准备、施工及排液与测试。其中施工包括循环、试压、试挤、压裂、替挤（最容易发生砂堵的步骤）、关井、交井及活动管柱等操作
前提（P）	设备正常	压裂地面系统、井筒系统及射孔系统的正常运行

表 7.8　施工参数监测 F4 六角功能模块具体描述

维度名称	内容	具体内容
输入（I）	数据信号	从压裂施工开始至压裂结束，每个流程产生的油压、套管压力等压裂施工参数的变化信号
输出（O）	参数值	压裂施工曲线及其他压裂过程可监测到的参数
资源（R）	软件/设备	仪表车、监控系统、传感系统等压裂系统，科学先进的监测算法等
时间（T）	时间	数据采集时间（是否采集和显示及时）
控制（C）	监测算法	监测参数的算法
前提（P）	设备正常	压裂监测系统的正常运行

表 7.9　事故预测 F5 六角功能模块具体描述

维度名称	内容	具体内容
输入（I）	参数值	从压裂施工开始至压裂结束，每个流程产生的油压、套管压力等压裂施工参数的变化信号
输出（O）	决定变量	预测的参数值及事故预测结果
资源（R）	软件/专家	预测软件及参加预测、决策的专家
时间（T）	时间	预测时间（是否及时得到预测结果）
控制（C）	预测算法	科学准确的预测算法及预测事故模型（由监测到的参数值变化趋势决定预测算法）
前提（P）	设备正常	预测设备正常运行

表 7.10　决策制定 F6 六角功能模块具体描述

维度名称	内容	具体内容
输入（I）	决定变量	压裂施工曲线及其他压裂过程可监测到的参数值，参数预测值及事故预测结果
输出（O）	决策	根据预测结果，调节（增加或者减小）施工参数（砂比、排量及加砂程序等），为设备的维护计划提供制订依据

续表

维度名称	内容	具体内容
资源（R）	软件/专家	经验丰富的决策专家及操作人员、决策软件
时间（T）	时间	决策小组制订决定所需要的时间或者需要在有限的时间内作出决定
控制（C）	应急预案	决策小组事先制订的应急预案、决策计划及决策流程等
前提（P）	经验与技术	决策小组的成员或专家需要具有丰富的经验及较高的压裂技术水平

表 7.11　维护工作 F7 六角功能模块具体描述

维度名称	内容	具体内容
输入（I）	失效设备	存在隐患的设备单元、设备及系统（需要维护检修），已经失效的设备单元、设备；环境隐患及环境污染；操作不规范、合作质量低及纪律差等人的不安全行为
输出（O）	维护	设备维护方案、技术更新方案、关于班组及个人的规范制度、培训计划、环境保护计划
资源（R）	专家/工具	安全工程师、具有丰富经验及专业技术的压裂专家、班组纪律委员等及所需要用到的工具
时间（T）	时间	维护时间
控制（C）	风险评价	各个影响因素的风险评估方案与技术
前提（P）	决策	专家具有丰富的经验及熟练的操作技术

7.4.2　共同性能条件的评价语言及标准

本节依据常见压裂异常工况原因的调查及对页岩气压裂的过程特点分析，制订了压裂异常溯源模型的每个共同性能条件与人员（H）、技术（T）和组织（O）功能间的关系及说明，见表 7.12。由于每一种共同性能条件具有不同的评价语言，因此给出共同性能条件评价语言及标准结果，见表 7.13。其中，Ⅰ级表示性能波动稳定，Ⅱ级表示可能发生性能波动，Ⅲ级表示性能波动较大。

表 7.12　共同性能条件及说明

序号	共同性能条件	H，T 和 O	说明
1	可用的设备、人员（物资）	H，T	操作设备是否齐全、是否正常运行，是否定期维护，可用的员工人数是否充足
2	培训、准备和能力	H	工作团队是否经过技术训练和安全知识训练，是否具有工作经验
3	交流的质量	H，T	工人之间的信息交换是否及时、准确

序号	共同性能条件	H，T和O	说明
4	人机交互质量	T	工作人员与操作设备、工具之间的交互（如：是否可以准确及时得到警报信息等）
5	有序的程序和方法	H	工作团队是否严格按照制订的计划和程序进行操作
6	工作条件	O，T	团队工作环境及条件
7	生理节律和压力	H	工作团队是否身心健康，休息得当
8	可用的时间	H	是否有充足的时间进行操作
9	工作纪律	H	工作人员是否在工作期间交流与工作无关的内容，工作人员的责任心
10	组织支持的质量	O	每个工作人员是否分工明确，组织指导较好
11	团队合作质量	H	工作团队是否有过合作经验，团队协作默契与质量

表 7.13　共同性能条件评价等级及说明

序号	共同性能条件	评价语言	等级	说明
1	生理节律和压力	合适	I	员工身心健康，休息得当，精力充沛，工作压力适中
		超过	II	员工存在生理或心理的小问题（如：小感冒或因为个人原因不开心），工作上存在超过适中水平的压力（但可以进行自我调节）
		过度	III	员工身心存在较大的健康问题（一定会影响工作），工作存在过大的压力（很难进行自我调节）
2	可用的时间	充足	I	员工的操作具有充足的时间
		可调节	II	时间不够充沛，可以进行调节
		缺少	III	操作时间完全不够
3	工作纪律	优秀	I	工作人员工作认真负责，不做与工作无关的事和谈论无关的话题
		良好	II	工作人员存在偷懒和谈论无关话题的情况，但不是非常频繁
		恶劣	III	工作人员偷懒人数过多，对待工作无责任心，并且在工作时间内频繁讨论工作内容以外的事情
4	团队合作质量	优秀	I	团队合作经验丰富，角色转换迅速，配合十分默契
		良好	II	团队合作经验较少，角色转换速度较慢，配合度一般
		差	III	团队无合作经验，角色转换十分慢，配合度十分低

续表

序号	共同性能条件	评价语言	等级	说明
5	有序的程序和方法	完全	I	工作团队严格按照制订的计划和程序进行操作
		基本	II	基本按照制订的计划和操作进行（有些操作未严格执行）
		偏离	III	存在严重偏离正常程序的操作行为
6	培训、准备和能力	优秀	I	工作团队均按时进行技术训练和安全知识训练，操作人员均具有丰富的操作经验及成熟的技术水平
		良好	II	工作团队经历过若干技术培训和安全知识训练，但时间间隔较长；存在经验较少的工作人员与技术水准一般的工作人员
		差	III	工作团队未及时进行技术培训和未加强安全教育；工作人员工作经验及技术水准参差不齐，甚至存在无经验的新人进行关键操作
7	可用的设备、人员（物资）	充足	I	所需要的操作设备齐全及运行正常，均进行定期维护，可用的员工人数充足
		暂时缺少	II	操作设备与员工的数量暂时缺少（可补足）
		缺少	III	操作设备与员工数量不能满足压裂操作
8	交流的质量	高效	I	信息传递无障碍，可及时、有效进行
		暂时低效	II	信息传递存在暂时性的困难
		低效	III	信息传递长期处于低效的状态
9	工作条件	优秀	I	环境、建筑、天气均十分有利于压裂操作
		良好	II	环境、建筑、天气可进行压裂操作
		恶劣	III	环境、建筑、天气均不利于压裂操作
10	组织支持的质量	优秀	I	每个工作人员分工明确，组织指导较好
		良好	II	工作任务存在暂时性的分配不均，一人处理多项操作，组织管理存在细微的缺陷
		差	III	工作任务严重分配不均，一人处理多项关键性的操作，组织管理存在严重的缺陷
11	人机交互	充足	I	操作人员与压裂系统交互充足
		暂时缺少	II	操作人员与压裂系统交互暂时缺少
		缺少	III	操作人员与压裂系统的交互非常缺失

7.4.3 功能模块波动判别等级

由于传统 FRAM 没有明确的功能模块波动判别等级，为了适用于压裂异常工况的溯源分析，本节结合专家意见及常见异常工况历史情况的调查及统计，制订适用于压裂异常工况溯源模型的功能模块性能变化状态及说明见表 7.14。

表 7.14 功能模块性能变化状态及说明

性能变化状态	等级划分	状态说明
战略	无Ⅲ级，且至多存在 2 个Ⅱ级	功能模块性能不变（按原定战略计划进行）
战术	无Ⅲ级，存在 3 或 4 个Ⅱ级	功能模块性能基本不发生变化，波动较小基本可以忽略（基本按原定计划进行）
机会	存在 1-3 个Ⅲ级，至少存在 2 个Ⅰ级，或无Ⅲ，存在 5 个Ⅱ级以上	功能模块性能发生变化，波动较大，无法忽略，可能会发生偏离，容易引起功能共振，需要深入分析
随机	其他情况	功能模块性能发生大的变化，波动很大，无法忽略，很有可能发生偏离，十分容易引起功能共振，需要进行分析

7.4.4 功能共振网络结构图

依据页岩气压裂的过程特点和每个功能模块的主要功能及六角图的含义，构建了页岩气压裂过程的功能共振网络结构图，如图 7.3 所示。其中根据学者提出的共同性能条件的六角维度划分，稍做调整，得出影响因素见表 7.15。

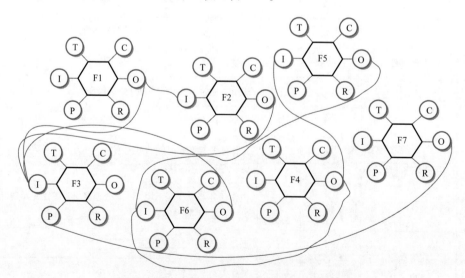

图 7.3 页岩气压裂过程的功能共振网络结构图

表 7.15　共同性能模块与维度的关系

维度	共同性能模块
C	有序的程序和方法
	工作条件
	工作纪律
	培训、准备和压力
	组织支持的质量
R	人机交互质量
	可用的设备、人员（物资）
P	生理节律和压力
	团队合作质量
	交流的质量
T	可用的时间

7.4.5　基于 BN 的风险排序及直接后果分析

根据 7.4.4 分析结果，针对共振功能模块及其影响因素，建立贝叶斯网络，以表示功能模块与影响因素之间的间接原因，及其与影响因素之间的关系。其中功能共振影响因素作为直接原因，由它直接导致的后果为可补偿的因素，处于"随机"状态下的功能共振模块作为父亲节点。由于贝叶斯安全评价方法只能对单个事件之间的发生关系或者潜在发生关系进行推演，且模型依赖性大，因此不适用于对整个压裂系统的异常进行溯源分析。可补偿的因素是指该因素可能没有造成异常工况，可通过后期的补偿，解除危机，从而降低压裂系统的异常发生率，因此，这步的分析是具有实际意义的。

风险排序方法见 BN 概率的计算方法，根据专家经验建立条件概率表，求出当已知功能模块发生共振的情况下，影响因素发生的概率。当概率越大，风险性就越高，排名越靠前。

7.5　页岩气压裂异常工况溯源分析方法基本步骤

7.5.1　方法步骤

步骤 1：划分页岩气压裂系统功能模块。针对压裂系统，根据各过程的功能，对涉及的所有设备、人员、技术及资源进行功能识别及描述，明确各功能单位的六角功能模块及其影响因素。

步骤 2：评价页岩气压裂过程功能单元的共同性能条件。对每个压裂功能单元的各个共同性能条件分别进行安全性评价，评价语言和对应的等级见表 7.13。

步骤 3：获得每个页岩气压裂功能模块的性能波动结果。根据步骤 2 得出每个压裂功能模块的各个共同性能条件的波动情况，获得每个压裂模块的性能波动结果，评价准则见表 7.14。

步骤 4：得出所有发生共振的页岩气压裂功能模块，并归纳影响其共振的因素。构建压裂功能模块链接网络如图 7.3 所示，得出处于"随机或机会"状态的压裂功能模块，及其直接或间接相连的功能模块（其中"随机"功能共振为高级功能共振，随机和机会共同作用的功能共振为中级功能共振，战术和战略不考虑），高级功能共振发生概率最大，中级功能共振模块有一定的概率发生共振。然后，确定其他压裂功能模块是否有发生功能共振的可能性及影响因素。一般情况下处于Ⅲ级的性能波动最容易导致功能模块发生功能共振。影响因素与共同性能条件的关系见表 7.15。

步骤 5：压裂功能共振影响因素风险排序及可补偿的因素分析。根据步骤 4 得出的可能发生功能共振的压裂功能模块及其影响因素，构建 BN，可以得出影响因素的直接后果，作为可以补偿的因素。并运用 BN 评价方法，计算出每个影响因素的概率（即在已知某压裂功能模块共振的情况下，根据条件概率表，求出每个影响因素的概率），对结果进行归一化处理，并对处于"随机"状态下各个压裂功能共振模块的影响因素进行风险排序，得出页岩气压裂作业系统的薄弱环节。

步骤 6：制订影响因素的保护屏障及可补偿因素的应急措施。对步骤 4 得出的处于"随机"状态下的压裂功能共振模块，根据找出的影响因素，构建保护屏障及选择放置位置，并根据步骤 5 提出可补偿因素的应急措施（各种屏障的说明见表 7.3）。

7.5.2　方法流程图

基于 BN-FRAM 的压裂异常工况溯源分析流程图如图 7.4 所示。

7.6　应用实例

本节运用基于 BN-FRAM 的页岩气压裂异常工况溯源分析方法对现场的案例进行原因分析，并分别与认知可靠性与和失误分析方法（Coginitive Reliability and Error Analysis Method，CREAM）、BN 模型、传统 FRAM 分析进行方法效果比对。

7.6.1　实例分析

图 7.5 为某气井第 16 段压裂的压裂施工曲线，大约在 40min 时，出现异常工况。现对此次异常工况运用 BN-FRAM 进行溯源分析，识别异常的发生过程，并对危险因素进行风险排序，最后制订出防范措施。

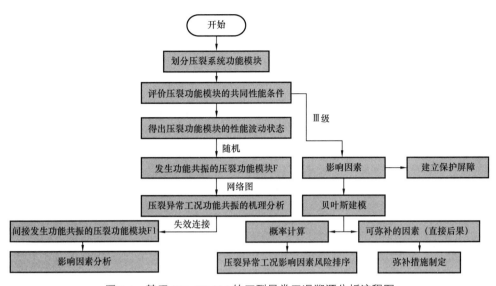

图 7.4　基于 BN-FRAM 的压裂异常工况溯源分析流程图

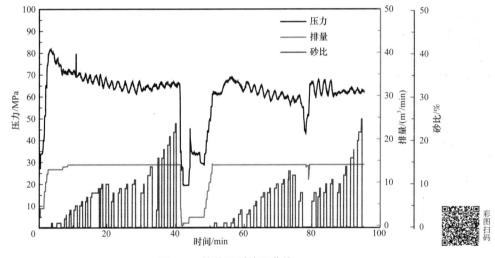

图 7.5　某井压裂施工曲线

步骤 1：对该页岩气压裂过程进行功能划分的结果见表 7.4，对涉及的所有设备、人员、技术及资源进行功能识别及描述，明确各功能单位的六角功能模块及其影响因素，建立的设备单元及六角功能模块见表 7.5～表 7.11。

步骤 2：根据制订的压裂异常工况溯源模型的评价语言，对各个压裂功能模块的各个性能条件进行评价，结果见表 7.16～表 7.22，共同性能条件评价标准及评价语言见表 7.13。

步骤 3：根据步骤 2 得出的结果，可以获得该压裂系统各功能单位的性能波动结果。根据表 7.14 的评价等级划分，得出各个功能模块的功能状态见表 7.23。从表 7.23 中可以得出，工况调查 F1、压裂工艺流程 F3、事故预测 F5 处于随机状态，说明这 3 个模块发生共振的概率很高，很有可能成为失效功能。

表 7.16 工况调查 F1 共同性能条件评价

序号	共同性能条件	影响因素	评价结果
1	可用的设备、人员（物资）	测井、传感器等检测设备齐全且正常运行，考察团队人数足够	I
2	培训、准备和能力	考察团队经历过若干技术培训和安全知识训练，但不是每个人都参加过近期培训，同时存在经验较少的考察人员与技术水准一般的工作人员	II
3	交流的质量	考察团队之间的信息传递无障碍，可及时有效地进行传递	I
4	人机交互质量	考察团队测井人员与测井设备暂时缺少交互	II
5	有序的程序和方法	未进行足够的压裂微型测试实验	III
6	工作条件	考察环境恶劣，导致考察结果不够全面	III
7	生理节律和压力	某些考察人员身心存在较大的健康问题（一定会影响工作），工作存在过大的压力（很难进行自我调节）	III
8	可用的时间	考察人员的考察工作具有充足的时间	I
9	工作纪律	部分考察人员存在偷懒，并偶尔谈论无关话题	II
10	组织支持的质量	考察任务存在暂时性的分配不均，某些成员进行多项较困难的操作，团队管理存在细微的缺陷	II
11	团队合作质量	该考察团队是由两个地质考察小组及其他功能小组组建而成，地质考察小组之间仅合作过 1 次，角色转换速度较慢，配合度一般	II

表 7.17 选取压裂方案 F2 共同性能条件评价

序号	共同性能条件	影响因素	评价结果
1	可用的设备、人员（物资）	制订方案的专家人数充足，但由于我国压裂作业刚起步，可参考的压裂方案资料暂时缺少，不能方方面面考虑周到	II
2	培训、准备和能力	制订方案的项目小组经历过若干技术培训和安全知识训练，但时间间隔较长	II
3	交流的质量	制订方案的专家之间信息传递无障碍，可及时有效地进行传递	I
4	人机交互质量	方案制订小组与压裂系统交互在讨论方案时暂时缺失	II
5	有序的程序和方法	基本按照制订的计划进行（有些决策直接根据经验确定）	II
6	工作条件	环境、建筑、天气均十分有利于进行压裂方案制定行为	I
7	生理节律和压力	某些方案制订的专家有感冒症状，工作上存在超过适中水平的压力（但可以进行自我调节）	II
8	可用的时间	方案制订时间充足	I

续表

序号	共同性能条件	影响因素	评价结果
9	工作纪律	方案制订期间，存在讨论与工作无关的话题，不是特别频繁	Ⅱ
10	组织支持的质量	方案制订人员分工不够明确，因此决策存在若干分歧	Ⅱ
11	团队合作质量	该方案制订小组的组员和组长是第二次进行合作，合作经验较少，存在不服从现象	Ⅱ

表 7.18　压裂工艺流程 F3 共同性能条件评价

序号	共同性能条件	影响因素	评价结果
1	可用的设备、人员（物资）	压裂操作设备齐全，但若干设备未及时进行维护，性能不佳，如密封器的老化等	Ⅱ
2	培训、准备和能力	不是所有的操作人员都在当地进行过压裂操作工作，技术也未及时进行培训与更新，安全意识未得到及时加强	Ⅲ
3	交流的质量	存在报警信息未及时传递的现象	Ⅲ
4	人机交互质量	操作人员与压裂系统交互暂时缺少	Ⅱ
5	有序的程序和方法	压裂开发现场缺乏全面的操作规程，且若干操作未按照已有规范进行	Ⅱ
6	工作条件	地层岩石杨氏模量较大、地层裂缝发育较好（多裂缝），隔层性质一般，且天气状况为小雨，不利于操作	Ⅲ
7	生理节律和压力	有员工身心存在较大的健康问题（严重睡眠不足，连续加班导致疲劳工作）	Ⅲ
8	可用的时间	操作时间充足	Ⅰ
9	工作纪律	存在一个班组在工作过程中频繁地谈论与工作无关的话题	Ⅲ
10	组织支持的质量	若干操作人员工作任务存在暂时性的分配不均，一人处理多项操作	Ⅱ
11	团队合作质量	该压裂班合作经验较少，存在指令不服从，组员之间配合不佳的问题	Ⅱ

表 7.19　施工参数监测 F4 共同性能条件评价

序号	共同性能条件	影响因素	评价结果
1	可用的设备、人员（物资）	传感设备、监测设备正常运行，均进行定期维护，员工人数充足	Ⅰ
2	培训、准备和能力	监测小组均按时进行技术训练和安全知识培训，技能满足监测参数工作的要求	Ⅰ

序号	共同性能条件	影响因素	评价结果
3	交流的质量	监测信息传递无障碍，可及时有效地进行信息传递	I
4	人机交互质量	操作人员与压裂系统交互充足	I
5	有序的程序和方法	基本按照制订的计划和操作进行	II
6	工作条件	环境、建筑、天气均十分有利于监测操作	I
7	生理节律和压力	由于压裂参数监测是倒班制工作，存在部分监测人员处于欠睡眠状态，但基本都保持精力充沛	II
8	可用的时间	操作时间充足	I
9	工作纪律	监测人员工作责任心强，但偶尔会谈论与工作无关的事项，不频繁	II
10	组织支持的质量	每个监测人员分工明确	I
11	团队合作质量	该监测小组团队合作经验多，配合度高	I

表 7.20　事故预测 F5 共同性能条件评价

序号	共同性能条件	影响因素	评价结果
1	可用的设备、人员（物资）	缺少预测事故的专家与软件算法，仅有少量经验人员	III
2	培训、准备和能力	预测小组人员未经过培训，仅有少量懂得预测异常方法的专家	III
3	交流的质量	信息传递存在暂时性的困难	II
4	人机交互质量	预测人员与预测系统的交互非常缺失	III
5	有序的程序和方法	无有序的程序和方法，存在严重偏离正常程序和计划的操作行为	II
6	工作条件	环境、建筑、天气均有利于预测操作	I
7	生理节律和压力	若干预测人员疲劳、睡眠不足，存在较大的工作压力	III
8	可用的时间	时间不够充沛	II
9	工作纪律	预测人员存在偷懒和谈论无关话题的情况，但不是非常频繁	II
10	组织支持的质量	预测工作任务严重分配不够合理，组织管理存在严重的缺陷	III
11	团队合作质量	该预测小组无合作经验，建组方式随机性较大，配合度十分低	III

表 7.21　决策制定 F6 共同性能条件评价

序号	共同性能条件	影响因素	评价结果
1	可用的设备、人员（物资）	决策小组专家人数暂时缺少（可补足）	Ⅱ
2	培训、准备和能力	决策小组定期进行安全培训，但专业技能未及时更新，缺乏某些专业知识或经验不足	Ⅲ
3	交流的质量	决策小组信息存在暂时性的困难（决策信息有时未及时传达）	Ⅱ
4	人机交互质量	决策小组与系统交互质量高	Ⅰ
5	有序的程序和方法	对预测结果的反馈操作未制订合适的决策计划与方案	Ⅲ
6	工作条件	环境、建筑、天气均十分有利于决策操作	Ⅰ
7	生理节律和压力	决策小组虽无疲劳问题，存在较大的工作压力	Ⅲ
8	可用的时间	有时决策时间不足	Ⅱ
9	工作纪律	决策小组人员存在偷懒和谈论无关话题的情况，但不是非常频繁	Ⅱ
10	组织支持的质量	决策小组人员分工不够明确，存在一人同时进行多种决策的工作，现象不是特别普遍	Ⅱ
11	团队合作质量	决策小组团队合作经验较少，配合度低	Ⅱ

表 7.22　维护工作 F7 共同性能条件评价

序号	共同性能条件	影响因素	评价结果
1	可用的设备、人员（物资）	设备维护系统稳定运行，维修工人数量足够	Ⅰ
2	培训、准备和能力	维护团队均按时进行技术训练和安全知识训练，维护人员均具有丰富的操作经验及成熟的技术水平	Ⅰ
3	交流的质量	维护小组信息传达存在暂时性的困难	Ⅱ
4	人机交互质量	维护小组与维修设备之间交互质量良好	Ⅰ
5	有序的程序和方法	维护计划与应急预案制订不够完善，但基本按照已有的方案进行	Ⅱ
6	工作条件	现场维护人员操作困难，因为现场条件一般，在夜间操作不易	Ⅱ
7	生理节律和压力	维护人员身心健康，工作压力适中	Ⅰ
8	可用的时间	有时维护操作时间不足	Ⅱ
9	工作纪律	维护人员工作认真负责，不做与工作无关的事和谈论无关的话题	Ⅰ
10	组织支持的质量	维护小组人员分工不够明确，存在一人同时进行多种维护工作的现象，但不普遍	Ⅱ
11	团队合作质量	维护小组团队合作经验较多，配合度较高	Ⅰ

表 7.23　各功能的性能变化评估结果

功能模块 F	I	II	III	功能状态
工况调查 F1	3	5	3	随机
选取压裂方案 F2	3	8	0	战术
压裂工艺流程 F3	1	5	5	随机
施工参数监测 F4	8	3	0	战术
事故预测 F5	1	4	6	随机
决策制定 F6	2	6	3	机会
维护工作 F7	6	5	0	机会

步骤 4：构建功能模块链接网络，识别处于"随机"或"机会"状态的功能模块及其直接或间接联系的其他功能模块，判断是否会产生功能共振，并得出影响共振的因素。由于工况调查、压裂工艺流程及事故预测处于"随机"状态，因此，根据图 7.3 所建立的 FRAM 链接网络，以 F1、F3、F5 为起始分析点，分析出所有失效连接及间接共振模块，II 级失效功能共振在这里不再列举，分析结果见表 7.24。

表 7.24　功能共振单位及其影响因素

功能共振单位	影响因素	失效连接
工况调查 F1	F1（C）：有序的程序和方法	F1（O）—F2（I） F1（O）—F3（I）
	F1（C）：工作条件	
	F1（C）：生理节律和压力	
选取压裂方案 F2	F1（C）：有序的程序和方法	F2（O）—F3（I）
	F1（C）：工作条件	
	F1（C）：生理节律和压力	
压裂工艺流程 F3	F1（C）：有序的程序和方法	—
	F1（C）：工作条件	
	F1（C）：生理节律和压力	
	F3（C）：工作纪律	
	F3（P）：交流的质量	
	F3（C）：工作条件	
	F3（P）：生理节律和压力	
	F3（C）：培训、准备和能力	

续表

功能共振单位	影响因素	失效连接
压裂工艺流程 F3	F5（R）：人机交互质量	—
	F5（R）：可用的设备、人员（物资）	
	F5（C）：组织支持的质量	
	F5（C）：培训、准备和能力	
	F5（P）：生理节律和压力	
	F5（P）：团队合作质量	
事故预测 F5	F5（R）：人机交互质量	F5（O）—F6（I）
	F5（R）：可用的设备、人员（物资）	
	F5（C）：组织支持的质量	
	F5（C）：培训、准备和能力	
	F5（P）：生理节律和压力	
	F5（P）：团队合作质量	
决策制定 F6	F5（R）：人机交互质量	F6（O）—F3（I）
	F5（R）：可用的设备、人员（物资）	
	F5（C）：组织支持的质量	
	F5（C）：培训、准备和能力	
	F5（P）：生理节律和压力	
	F5（P）：团队合作质量	

　　由于 F1（C）的波动引起了 F1 发生功能共振，由图 7.3 可知，F1（O）连接 F2（I）失败，同时连接 F3（I）失败，因此导致 F2（O）与 F3（I）之间的连接失效。再者，F3（P）与 F3（C）的波动，引起了 F3 发生功能共振；而 F5（R）、F5（C）、F5（P）的性能波动，导致 F5 发生功能共振；F5（O）与 F6（I）之间的连接失效，导致 F6 发生功能共振，因此，致使 F6（O）连接 F3（I）失败。失效连接如图 7.6 所示。

　　步骤 5：影响因素风险排序及可补偿因素分析。对功能性能波动为"随机"的模块建立贝叶斯网络模型如图 7.7 所示，分析可补偿的因素，并计算直接原因的概率，比如：已知在 F1 模块共振的情况下，根据条件概率表计算得出 F111、F121、F122 的发生概率。并进行归一化处理，计算过程通过软件 BayesiaLab 计算得到，概率计算结果见表 7.26。然后，根据概率计算结果对各个功能模块的直接原因进行风险排序，所得结果见表 7.26，其中可以补偿的因素为 F13、F12、F51，各节点的意义见表 7.25。

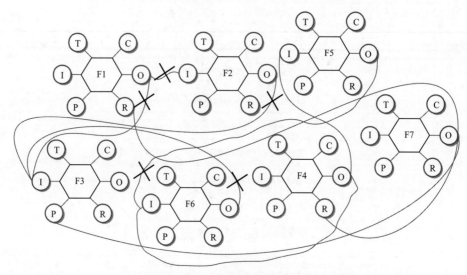

图 7.6 高级失效连接图

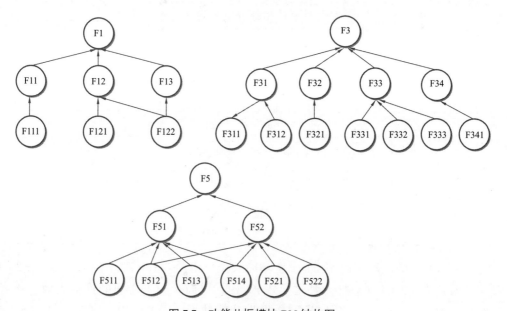

图 7.7 功能共振模块 BN 结构图

表 7.25 贝叶斯网络节点意义

功能模块	可补偿的因素	直接原因	影响因素
F1	无法分析压裂液的实际滤失情况 F11	未进行足够的压裂微型测试实验 F111	F1（C）：有序的程序和方法
	岩石的杨氏模量测量出现偏差 F12	测井工作人员心理压力过大 F122	F1（C）：生理节律和压力
	伽马测井曲线误差 F13	测井工作人员心理压力过大 F122	F1（C）：生理节律和压力

续表

功能模块	可补偿的因素	直接原因	影响因素
F3	砂比未及时降低，存在砂堵风险 F31	班组在工作过程中频繁地谈论与工作无关的话题 F311	F3（C）：工作纪律
	地质原因导致部分裂缝过窄 F32	地层岩石杨氏模量较大、隔层性质差 F321	F3（C）：工作条件
	射孔大小略微不达标 F33	天气下雨 F331	F3（C）：工作条件
	射孔大小略微不达标 F33	射孔操作人员技术差 F332	F3（C）：培训、准备和能力
	砂比未及时降低，存在砂堵风险 F31	降低砂比的信息未及时传递给加砂工人 F312	F3（P）：交流的质量
	泵注压力不达标，造成裂缝过窄 F34	压裂车操作人员睡眠不足，疲劳工作 F341	F3（P）：生理节律和压力
	射孔大小略微不达标 F33	射孔工人睡眠不足疲劳工作 F333	F3（P）：生理节律和压力
F5	预测不及时 F51	预测专家在同一时间有 2 项职责：预测及指导压裂车操作 F511	F5（C）：组织支持的质量
	预测准确率低 F52	预测专家的预测知识未及时更新 F521	F5（C）：培训、准备和能力
	预测不及时 F51	预测专家压力过大 F512	F5（P）：生理节律和压力
	预测准确率低 F52		
	预测不及时 F51	两位预测专家指导意见不一致，产生决策矛盾 F513	F5（P）：团队合作质量
	预测准确率低 F52	预测专家和预测算法不交互，全凭经验预测 F514	F5（R）：人机交互质量
	预测不及时 F51		
	预测准确率低 F52	缺乏准确的预测算法 F522	F5（R）：可用的设备、人员（物资）

表 7.26　各功能模块影响因素风险排序结果

功能模块	影响因素	概率	风险排序
F1	F111	0.45	F111＞F122＞F121
	F121	0.23	
	F122	0.32	
F3	F311	0.11	F312＞F321＞F332＞F311＞F333＝F341＞F331
	F312	0.35	

续表

功能模块	影响因素	概率	风险排序
F3	F321	0.17	F312＞F321＞F332＞F311＞F333＝F341＞F331
	F331	0.07	
	F332	0.12	
	F333	0.09	
	F341	0.09	
F5	F511	0.18	F514＞F511＞F522＞F512＞F521＞F513
	F512	0.14	
	F513	0.08	
	F514	0.30	
	F521	0.13	
	F522	0.17	

步骤 6：制订影响因素的保护屏障及可补偿因素的应急措施。由步骤 3、步骤 4 得出，F1、F3、F5 的功能共振，致使该次异常工况的发生。因此，需要这三个共振单位，制订出保护屏障措施，防止性能波动及控制波动蔓延，减少异常的发生，见表 7.27、表 7.28 和表 7.29。根据步骤 5 得出的可以补偿的因素及应急预案，见表 7.30。

表 7.27　工况调查 F1 影响因素屏障

屏障类型	屏障因素	性能变化监测措施
功能屏障	F1（C）：未进行足够的压裂微型测试实验	严格执行考察计划，明确表明要进行足够的压裂微型测试实验
	F1（C）：考察期间天气下雨	加强考察团队的安全教育培训，避免在下雨天进行考察
	F1（C）：测井工作人员心理压力过大	考察人员身心健康，多与其进行交流

表 7.28　压裂工艺流程 F3 影响因素屏障

屏障类型	屏障因素	性能变化监测措施
物理屏障	F3（C）：射孔操作人员技术差	定期对所有的操作人员及指挥人员进行技能培训
	F3（P）：调节工况的信息传递不及时	加强通信设备或提高通信设备的质量
功能屏障	F3（C）：天气下雨	定期进行安全培训，加强工人安全意识，避免在下雨天进行考察，制订下雨天压裂应急预案
	F3（P）：操作工人高度疲劳	体察考察人员身心健康，保障他们的休息时间，提高医疗保险
	F3（C）：班组在工作过程中频繁地谈论与工作无关的话题	制定规章和奖惩制度，严禁在工作时间讨论工作内容以外的内容

表 7.29　事故预测 F5 影响因素屏障

屏障类型	屏障因素	性能变化监测措施
物理屏障	F5（R）：缺乏准确的预测算法	配备一套压裂事故预测的软件
	F5（P）：预测专家发生预测决策矛盾	增加他们的交流机会，多举办小组的单位活动
	F5（R）：人机交互质量	严格制定预测操作规范，来合理分配每一位成员的工作
功能屏障	F5（C）：预测专家的预测知识未及时更新	定期对专家的技能进行培训
	F5（P）：预测专家压力过大	定期进行心理辅导，开展活动，交谈工作
无形屏障	F5（C）：预测专家在同一时间有 2 项职责	严格制定预测操作规范，来合理分配每一位成员的工作

表 7.30　可补偿因素的应急预案

功能模块	可补偿的因素	应急预案
F1	伽马测井曲线误差 F13	派测井人员重新进行测量，通过最新准确的测量结果，及时调整压裂液方案，可以有效减少异常工况的发生概率
	岩石的杨氏模量测量出现偏差 F12	
F5	预测不及时 F51	及时向预测小组反映这个现象，引起警觉，及时进行调整

7.6.2　方法比对

对于页岩气压裂过程发生异常工况的溯源分析运用基于 BN-FRAM 溯源模型方法进行原因分析，并分别与传统 FRAM、CREAM 方法、BN 模型进行对比。

1）CREAM 方法

仅能分析出各个功能模块关于人、组织与技术的失误类型，无法得出各个功能模块之间的功能共振关系。无法正确推理出异常工况发生过程。只能得出表 7.16～表 7.22 的结果，无法进一步进行推理，而 BN-FRAM 可以得出表 7.24 的结果，不仅考虑了人、组织与技术的失误情况，也能找出异常工况发生的功能共振机理。

2）BN 模型

（1）虽能分析事故节点之间直接或间接的关系如图 7.7 所示，但两个节点关系为线性连接，而压裂异常工况情况的发生原因极其复杂，是人员、技术及组织等交互作用的结果。比如上述案例中步骤 4 的分析结果，若要构建所有可能发生的异常连接，费时费劲，不利于系统薄弱环节的查找及原因分析。

（2）BN 的构建中节点的确定及节点之间的连接关系需要对整个压裂系统进行危险源辨识，很可能出现危险源的错误识别或者遗漏，且节点之间的有向弧易构建错误。而 BN-FRAM 则根据功能模块的划分进行推理，能更快地辨识出异常发生过程及功能共振机理。

（3）贝叶斯网络模型节点之间的扰动关系，需依靠概率进行衡量，我国页岩气压裂技术缺乏足够多的实践经验，对压裂异常工况的研究还不成熟，并且，每口压裂井发生异常工况的原因及表象千差万别，因此，无法准确构建出大部分节点的条件概率表。

3）对于压裂异常工况的溯源分析

传统 FRAM 与 BN-FRAM 的运用存在以下几个不同点：

（1）传统 FRAM 无完全适用于压裂异常工况溯源分析的功能模块划分规则，BN-FRAM 则将压裂系统划分成 7 个功能模块见表 7.4～表 7.11，并对功能模块的具体内容和各维度的含义进行了具体说明。

（2）传统 FRAM 对 11 个共同性能条件没有设置评价语言，BN-FRAM 进行了设置，见表 7.12。

（3）传统 FRAM 对功能模块的性能波动没有设置标准，比如共同性能条件几个处于"无法确定"的情况下是处于"随机"，BN-FRAM 根据压裂系统的特点、异常工况发生的历史事件及专家经验设置了评价等级。

（4）传统 FRAM 在识别出人、技术与组织的失误类型后，没有向前进一步分析，即未分析出共同性能条件波动直接导致的原因，而造成了功能模块功能共振。因为在压裂这个特殊的工序中，即使人、技术与组织的原因造成共同性能条件的波动，也可以根据对后一步原因进行分析，对这个波动进行干扰，使其变回正常情况，这样做可以减少异常发生，而这些原因可以根据 BN-FRAM 分析得出。

（5）传统 FRAM 没有对共同性能条件的影响因素进行定量分析，不能比较出最薄弱的因素和最不易发生扰动的因素，而 BN-FRAM 加入了 BN 的概率计算，解决了 FRAM 无法进行风险排序的问题。

综上所述，见表 7.31，针对压裂异常工况，新方法比传统 FRAM、CREAM 及贝叶斯网络模型更能准确分析出异常工况的发生过程及根本原因。

表 7.31　方法比对总结

溯源方法	现成的压裂异常工况溯源模型	难易程度及准确率（花费时间）	定量分析	历史数据需求
CREAM	—	无法分析出异常发生过程及机理	可以	不需要
BN	—	1. 模型构建费时费力； 2. 可能错误识别危险源及遗漏危险源； 3. 有向弧构建错误	可以	需求量大（需要大量历史数据得出节点的先验概率及条件概率表）
传统 FRAM	—	构建相对简单，且准确	不能	不需要
BN-FRAM 压裂异常工况溯源方法	有	构建相对简单，且准确	可以	少量

7.7　本章小结

（1）针对传统方法无法准确描述压裂异常工况发生过程及建模困难的问题，本节提出基于BN-FRAM的页岩气压裂异常工况溯源方法。首先，以FRAM为基础，针对压裂过程，将其划分成7个功能模块，制定页岩气压裂异常工况溯源分析的共同性能模块评价语言及评价等级，给出了功能共振的评价依据。针对传统FRAM无法对影响因素进行风险排序，以及未对影响因素进行直接后果分析，导致错失减少异常发生机会的问题，运用BN对影响因素进行直接后果分析并通过概率计算对影响因素进行了风险排序。

（2）应用实例中，将基于BN-FRAM的页岩气压裂异常工况方法运用于实际场景之中。结果表明，该异常工况是由于F1、F3、F5发生了功能共振，导致了功能模块F2和F6的连接失效，并找出了影响功能模块的共振因素，得出了异常发生过程。影响因素风险排序结果指出，F1模块风险最大的是"未进行足够的压裂微型测试实验"，F3模块风险最大的是"降低砂比的信息未及时传达给工人"，F5模块风险最大的是"预测专家和预测算法不交互，全凭经验预测"。BN分析结果得出了3条可补偿的因素，并制订了11条保护屏障和2条应急预案。

（3）将该模型与CREAM、BN及传统FRAM进行比对，可以发现，CREAM无法分析出模块之间的互相作用；BN存在建模困难、需要较多历史数据及容易出现错误分析或遗漏风险等缺点，不适用于压裂异常工况的溯源；传统FRAM无法比较影响因素风险大小，并且极易错过采取补偿措施的机会。而本节提出的基于BN-FRAM的溯源模型能准确地分析出异常工况的可能原因及发生过程。

参 考 文 献

［1］Smith D，Veitch B，Khan F，et al. Understanding industrial safety：Comparing Fault tree，Bayesian network，and FRAM approaches［J］. Journal of Loss Prevention in the Process Industries，2017，45：88-101.

［2］Herrera I A，Woltjer R. Comparing a multi-linear（STEP）and systemic（FRAM）method for accident analysis［J］. Reliability Engineering & System Safety，2010，95（12）：1269-1275.

［3］Patriarca R，Di Gravio G，Costantino F. A Monte Carlo evolution of the Functional Resonance Analysis Method（FRAM）to assess performance variability in complex systems［J］. Safety Science，2017，91：49-60.

［4］甘旭升，崔浩林，吴亚荣. 基于功能共振事故模型的航空事故分析［J］. 中国安全科学学报，2013，23（7）：67-72.

［5］程雨. 基于贝叶斯网络的列控系统故障诊断研究［D］. 北京：北京交通大学，2014.

［6］宋毅. 压裂风险分析与风险控制研究及实践［D］. 成都：成都理工大学，2009.

［7］Lundblad K，Speziali J，Woltjer R，et al. FRAM as a risk assessment method for nuclear fuel transportation［C］. Crete：International Conference Working on Safety，2008.

第 8 章

加氢装置异常工况识别与溯源典型案例

8.1 基于慢特征分析的异常工况识别方法

8.1.1 引言

随着加氢装置向规模化、大型化发展，生产过程中监测变量多，动态特性复杂，设备和系统之间的结构复杂度也不断提高，并且加氢生产中普遍存在闭环控制过程，由于控制器的校正作用引起的干扰也给过程监控增加了困难。目前已有的异常工况识别模型，在构建监控模型时，由于监控指标动态和静态信息耦合，难以提取关键过程信息，导致模型的监测性能降低，容易产生误报警的问题。

本章针对现有模式识别方法对闭环控制系统与生产过程之间的作用关系研究不足，容易混淆新稳态和异常状态，造成误报警的问题，提出基于慢特征分析的异常工况识别方法。通过慢特征分析提取数据中缓慢变化的成分，分别构建静态指标 T_d^2 和 S_d^2，动态监控统计指标 T_e^2 和 S_e^2，当监测到和系统性能相关的异常时，分析各变量的贡献度，确定对异常贡献最大的变量。

8.1.2 异常工况识别方法基本理论

1. 慢特征分析方法

慢特征分析（SFA）方法可以对输入数据进行合理变换，并提取一组随时间变化较慢的特征变量。SFA 方法的具体实施过程如下。

给定一组输入数据 $x(t) = \{x_1(t), x_2(t), \cdots, x_m(t)\}$，其中，$m$ 代表输入数据的维度，每个变量 $x_i(t)$ 具有 n 个观测样本，定义输入数据 $x(t)$ 的慢度见式（8.1）：

$$\Delta(x) = \langle x(\dot{i})^2 \rangle_t \tag{8.1}$$

其中 $\langle \cdot \rangle_t$ 代表对具有 n 个观测样本的数据求平均值 $\{x(t)\}_{t=1}^n$。$x(t) = x(\dot{i}) - x(t-1)$ 表示输入数据的一阶导数，因此可以将 $\Delta(\cdot)$ 的值看作序列 $x(t)$ 随时间变化的速度。

SFA 分析是为了找到一组映射函数 $g(\cdot) = \{g_1(\cdot), g_2(\cdot), \cdots, g_m(\cdot)\}$，将原始

输入数据 $x(t)$ 代入映射函数 $g(\cdot)$ 中得到一组慢特征变量 $s(t) = \{s_1(t), s_2(t), \cdots, s_m(t)\}$，其中 $s_i(t) = g_i[x(t)]$，映射函数使得慢特征 $s(t)$ 随时间变化尽可能地慢，见式（8.2）：

$$\min_{g(\cdot)} \Delta(s_i) = \left\langle \dot{s}_i^2 \right\rangle_t \tag{8.2}$$

慢特征的约束条件见式（8.3）、式（8.4）和式（8.5）：

$$\left\langle s_i \right\rangle_t = 0 \tag{8.3}$$

$$\left\langle s_i^2 \right\rangle_t = 1 \tag{8.4}$$

$$\forall i \neq j, \left\langle s_i s_j \right\rangle_t = 0 \tag{8.5}$$

式（8.3）和式（8.4）保证得到的慢特征具有零均值和单位方差的性质，这样可以避免产生非零解问题。另外，由于所有慢速特征都按比例缩放，因此具有单位静态方差，可以实现慢度 $\Delta(\cdot)$ 的合理比较。式（8.5）可以去除所有慢特征的相关性，确保不同的慢特征 s_i 保存不同的信息，并且根据 $\Delta(\cdot)$ 的值对慢特征进行排序，其中 s_1 是所有慢特征中变化最慢的，随着 i 的增加，s_i 变化程度依次加快。

对于线性 SFA 方法，任意一个慢特征都可以表示为输入变量的线性组合，$s_i = g_i[x(t)] = w_i^T x(t)$，具体构造见式（8.6）：

$$S(t) = x(t) w \tag{8.6}$$

其中 $W = [w_1, w_2, \cdots, w_m]$ 是通过 SFA 不断优化得到的系数矩阵，当 $x(t)$ 的每一维变量都归一化为零均值时，就可以满足式（8.3）的约束。

等式中的优化问题，可以通过两次奇异值分解（SVD）来解决，首先在原始输入变量的协方差矩阵 $\boldsymbol{R} = \left\langle x(t)x(t)^T \right\rangle_t$ 上执行第一次 SVD 分解，也称为白化过程，可用来消除输入变量之间的所有互相关性。第一次 SVD 分解见式（8.7）：

$$\left\langle x(t)x(t)^T \right\rangle_t = U \Lambda U^T \tag{8.7}$$

然后输入数据被白化，见式（8.8）：

$$z = \Lambda^{-1/2} U^T x = \boldsymbol{Q} x \tag{8.8}$$

其中 $\boldsymbol{Q} = \Lambda^{-1/2} U^T$ 是白化矩阵，并且通过推导可以得出 $\left\langle zz^T \right\rangle_t = Q \left\langle xx^T \right\rangle_t Q^T = I_m$，且 $\left\langle z \right\rangle_t = 0$，白化以后，线性 SFA 的目的是找到一个矩阵 $\boldsymbol{P} = WQ^{-1}$，使得 $\left\langle \dot{s}_i^2 \right\rangle_t$ 最小化，通过约束式（8.3）和式（8.4），可以推导出 $\left\langle ss^T \right\rangle_t = I_m$，进而得到式（8.9）。

$$\left\langle ss^T \right\rangle_t = \boldsymbol{P} \left\langle zz^T \right\rangle_t \boldsymbol{P}^T = \boldsymbol{P} \boldsymbol{P}^T = I_m \tag{8.9}$$

因此，矩阵 $\boldsymbol{P}$ 是一个正交矩阵，$\left\langle \dot{s}_i^2 \right\rangle_t$ 可以改写为式（8.10）：

$$\left\langle \dot{s}_i^2 \right\rangle_t = p_i^T \left\langle \dot{z}\dot{z}^T \right\rangle_t p_i \tag{8.10}$$

由于实际生产过程中，数据采样是不连续的，因此 $\dot{z}_i(t)$ 可以近似为式（8.11）：

$$\dot{z}_i(t) \approx \frac{z_i(t) - z_i(t - \Delta t)}{\Delta t} \tag{8.11}$$

其中 Δt 是采样间隔时间，然后在白化后的数据 z 的一阶导数的协方差矩阵上进行第二次 SVD 分解，见式（8.12）：

$$\left\langle \dot{z}\dot{z}^T \right\rangle_t = \boldsymbol{P}^T \boldsymbol{\Omega} \boldsymbol{P} \tag{8.12}$$

此时 $\boldsymbol{P}$ 代表特征值向量，$\boldsymbol{\Omega} = \operatorname{diag}(\omega_1, \omega_2, \cdots, \omega_m)$ 是具有广义特征值的对角矩阵，通过推导得出式（8.13）和式（8.14）：

$$\left\langle \dot{s}_i^2 \right\rangle_t = p_i^T \left\langle \dot{z}\dot{z}^T \right\rangle_t p_i = \omega_i \tag{8.13}$$

$$\left\langle \dot{s}\dot{s}^T \right\rangle_t = \boldsymbol{\Omega} \tag{8.14}$$

式（8.3）到式（8.5）中的约束条件成立，见式（8.15）、式（8.16）和式（8.17）：

$$\left\langle s_i \right\rangle_t = p_i^T \left\langle z \right\rangle_t = 0 \tag{8.15}$$

$$\left\langle s_i^2 \right\rangle_t = p_i^T \left\langle zz^T \right\rangle_t p_i = p_i^T p_i = 1 \tag{8.16}$$

$$\forall i \neq j, \left\langle s_i s_j \right\rangle_t = p_i^T \left\langle zz^T \right\rangle_t p_j = p_i^T p_j = 0 \tag{8.17}$$

最终通过变换得到系数矩阵 $\boldsymbol{W}$，见式（8.18）：

$$\boldsymbol{W} = \boldsymbol{P}\Lambda^{-1/2} U^T \tag{8.18}$$

对计算得到的慢特征按其变化的缓慢程度进行排序，由于慢度的不同，s 可以分为两个部分，如式（8.19）所示：

$$s = \left[s_d, \ s_e \right] \tag{8.19}$$

其中 s_d 代表系统的慢速特征，可以用来测量时间序列的慢速变化，并描述过程变化的总体趋势，s_e 是快速变化的残差，可以将其视为噪声。

2. 过程监控指标和贡献度分析方法

通过 SFA 分析得到的慢特征，可以分别设计两个监控指标，首先，将变化最缓慢的一部分特征设为主要特征，假定其具有 M_d 个变量，则剩下的特征数量为 $M_e = m - M_d$。对于

一个特定的输入 $x_i(t)$，它的慢度 $\Delta(x_i)$ 可以表示为 $\Delta(s_j)$，$1 \leqslant j \leqslant m$ 的加权平均值，见式（8.20）：

$$\Delta(x_i) = \sum_j a_{ij} \Delta(s_j), \quad \sum_j a_{ij} = 1, \quad a_{ij} \geqslant 0 \tag{8.20}$$

通过式（8.20）可以得出，对于得到的慢特征，其中有一部分比 $\Delta(x_i)$ 的平均值慢，另一部分则比 $\Delta(x_i)$ 的平均值快，因此可以设 M_e 为比所有输入 $x_i(t)$（$1 \leqslant i \leqslant m$）都快的慢特征的数量，因为这些慢特征更多地表现为噪声。这样就可以将慢特征分为两组，$s_d = [s_1, s_2, \cdots, s_{M_d}]^T$，$s_e = [s_{M_d+1}, s_{M_d+2}, \cdots, s_m]^T$，其中 s_d 中的 M_d 个最慢特征可以反映过程缓慢变化时的趋势，s_e 中包含的慢特征能够反映过程变化的短期波动性。根据 s_d 和 s_e 的统计特性，可以为反映输入数据 $x(t)$ 的稳定变化构造第一对统计量，见式（8.21）和式（8.22）：

$$T_d^2 = s_d^T s_d \tag{8.21}$$

$$T_e^2 = s_e^T s_e \tag{8.22}$$

同时，构造反映 $x(t)$ 随时间变化的第二对统计量，见式（8.23）式（8.24）：

$$S_d^2 = \dot{s}_d^T \Omega_d^{-1} \dot{s}_d \tag{8.23}$$

$$S_e^2 = \dot{s}_e^T \Omega_e^{-1} \dot{s}_e \tag{8.24}$$

其中 $\Omega_d = \mathrm{diag}(\omega_1, \omega_2, \cdots, \omega_{M_d})$，$\Omega_e = \mathrm{diag}(\omega_{M_d+1}, \omega_{M_d+2}, \cdots, \omega_m)$，表 8.1 中给出了四个监测指标对应的控制限。在实际监测过程中，使用 T_d^2 和 T_e^2 识别与设计操作点的稳态偏差，使用 S_d^2 和 S_e^2 监测过程动态特性的变化。如果 T_d^2 和 T_e^2 检测到稳态偏差后，S_d^2 和 S_e^2 也超过其控制极限，则认为生产过程受到某种故障的影响，应立即采取控制措施。如果当 T_d^2 或 T_e^2 超过阈值后，T_d^2 和 T_e^2 首先超过阈值，然后又都恢复正常，则认为扰动对过程动力学没有影响，即不影响最终的产品性能，尽管系统产生了新的稳定运行状态，但是和质量相关的变量都得到了有效控制。

表 8.1　SFA 模型的监控指标和控制限

指标	公式	控制限
T_d^2	$s_d^T s_d$	$\chi^2_{M_d, \alpha}$
T_e^2	$s_e^T s_e$	$\chi^2_{M_e, \alpha}$
S_d^2	$\dot{s}_d^T \Omega_d^{-1} \dot{s}_d$	$\dfrac{M_d(N^2 - 2N)}{(N-1)(N-M_d-1)} F_{M_d, N-M_d-1, \alpha}$
S_e^2	$\dot{s}_e^T \Omega_e^{-1} \dot{s}_e$	$\dfrac{M_e(N^2 - 2N)}{(N-1)(N-M_e-1)} F_{M_e, N-M_e-1, \alpha}$

其中 χ_q^2 表示具有 q 个自由度的卡方分布，$F_{p,\,q}$ 表示具有 p 和 q 自由度的 F 分布，α 是置信度。

在过程监控中，可以通过评估每个变量对监控指标的贡献度来判断当前时刻占主导的变量，由于在一般情况下，不同的变量会产生不同的贡献度，对于 m 个输入变量，也应相应得出 m 个单独的控制极限，这为解释变量贡献度带来了麻烦，为了使得不同变量产生的贡献度具有可比性，采用相对贡献度作为分析依据，使得诊断结果解释起来更加容易，见式（8.25）：

$$r\mathrm{RBC}_i^{\mathrm{index}} = \frac{\left(\xi_i^T Mx\right)^2}{\xi_i^T MSM\xi_i} \tag{8.25}$$

其中 $r\mathrm{RBC}$ 表示变量的贡献度，ξ_i 代表 m 维单位矩阵的第 i 列，$M = W^{\mathrm{T}}\Omega^{-1}W$，$S$ 是 x 的协方差矩阵。当第 i 个变量对监控指标有较高的贡献度时，表明第 i 个过程变量具有明显偏离基准操作条件的行为。

8.1.3 基于慢特征分析的异常工况识别方法步骤和准确度指标

1. 加氢装置异常工况识别方法实施步骤

步骤 1：获取加氢装置历史数据经 $X(t) = \{x_1(t),\ x_2(t),\ \cdots,\ x_m(t)\} \in R^{n \times m}$，其中 m 表示变量个数，n 表示每个变量的样本数。

步骤 2：对数据 $X(t)$ 进行标准化处理得到 $X(t)'$，使其具有零均值和单位方差，避免变量的量纲对分析结果造成影响，如式（8.26）所示，其中 $X(t)_{\mathrm{mean}} = \dfrac{1}{n}\sum\limits_{i=1}^{n} X(t)_i$，

$S = \sqrt{\dfrac{1}{n-1}\sum\limits_{i=1}^{n}\left[X(t)_i - X(t)_{\mathrm{mean}}\right]}$。

$$X(t)' = \frac{X(t) - X(t)_{\mathrm{mean}}}{S} \tag{8.26}$$

步骤 3：将 SFA 算法应用到标准化处理后的数据 $X(t)'$ 上，得到一组慢特征 $S(t) = \{s_1(t),\ s_2(t),\ \cdots,\ s_m(t)\}$，$S(t)$ 中的元素按照慢度升序排列，$s_1(t)$ 变化最慢，$s_m(t)$ 变化最快。

步骤 4：选择合适的 M_{d}，将慢特征 $S(t)$ 划分为两个子集 s_{d} 和 s_{e}，其中 $s_{\mathrm{d}} = \{s_1(t),\ s_2(t),\ \cdots,\ s_{M_{\mathrm{d}}}(t)\}$，$s_{\mathrm{e}} = \{s_{M_{\mathrm{d}}+1}(t),\ s_{M_{\mathrm{d}}+2}(t),\ \cdots,\ s_m(t)\}$，，并且 s_{d} 中的任一元素变化都比原始输入数据慢，即 $\Delta(s_{M_{\mathrm{d}}}) \leqslant \max\left[\Delta(x_i)\right]$，$1 \leqslant i \leqslant m$。

步骤 5：根据式（8.21）到式（8.24）构建监控指标 T_{d}^2、T_{e}^2、S_{d}^2 和 S_{e}^2，根据表 8.1 计算四个指标的控制限。

步骤 6：获取在线采集数据 $X(t)_{\mathrm{test}}$，并对其进行标准化处理得到 $X(t)_{\mathrm{test}}'$，根据步骤 3 中得到的系数矩阵 $W = [w_1,\ w_2,\ \cdots,\ w_m]$，进一步得到在线数据的慢特征 $S(t)_{\mathrm{test}} =$

$WX(t)_{test}$。

步骤 7：根据步骤 4 中确定的 M_d，将 $S(t)_{test}$ 划分为 $S_{test,d}$ 和 $S_{test,e}$，并计算四个监控指标 $T^2_{test,d}$、$T^2_{test,e}$、$S^2_{test,d}$ 和 $S^2_{test,e}$，与步骤 5 中计算的控制限进行对比，判断系统当前运行状态是否异常。

步骤 8：当系统存在异常时，使用式（8.25）计算各变量对当前监控指标异常的贡献度，选择贡献度最大的变量作为此次异常的直接原因。

2. 准确度指标

为了评估所提方法的异常工况监测性能，选择误报率（False Alarm Rate，FAR）和故障检测率（Fault Detection Rate，FDR）作为两种定量评估指标，并且将模型对异常工况的可解释性（Interpretability of Anomalies，IOA）作为一种定性的评价指标。

误报率（False Alarm Rate，FAR）指的是在一段监测时间内，模型将正常工作状态错误诊断为异常状态的比率，见式（8.27）：

$$FAR = \frac{监测时间内正常工况误诊为异常工况样本数}{监测时间内正常工况样本总数} \times 100\% \qquad （8.27）$$

FDR 指的是在发生故障后，直到故障结束的这段时间内，监测模型从故障总数目中正确检测到的故障比率，见式（8.28）：

$$FDR = \frac{监测时间内正确识别的异常工况样本数}{监测时间内异常工况样本总数} \times 100\% \qquad （8.28）$$

误报率可以反映监测模型对正常工况的识别能力，当模型误报率低时，可以解决监测过程中报警泛滥的问题，减少工作人员的异常处理负担。故障检测率可以反映监测模型对异常工况的识别能力，当故障检测率高时，可以准确识别系统运行过程中的异常状态，帮助操作人员及时采取控制措施。

IOA 表示当系统发生异常时，模型能否合理解释这种异常进一步对系统运行性能方面产生的影响。因为当系统某些操作条件偏离基准时，由于控制回路的存在，会进行干扰补偿，在这种情况下，系统会进入到新的稳定运行状态，保证产品质量不受到影响。由于新稳态中某些操作变量会偏离基准值，导致监测模型识别系统中一直存在异常，这样会影响操作人员的判断，因此 IOA 指标也可以从侧面反映监测模型的误报率。

8.1.4　案例分析

1. 田纳西—伊斯曼过程仿真异常工况识别

田纳西—伊斯曼过程（Tennessee Eastman Process，TEP）是一个基于实际复杂工业生产过程的测试仿真平台，最早由 Downs 和 Vogel 提出，在过程监测和数据驱动等方面广泛应用。其工艺流程如图 8.1 所示，该过程由五个主要的操作单元组成：反应器、冷凝器、压缩机、分离器和汽提器。在反应器中共进行着四种不可逆的放热反应，其中A，C，D和E是气态物质，B是惰性物质，F是液态的反应副产物，G和H是液态的反应产物。反应产物与未完全反应的组分一起，以蒸气的形式离开反应器，通过冷凝器降温后进入气液分离器。惰性物质和副产物主要以气体的形式从气液分离器排出，剩余物质进入汽提塔，然后未反应的组分从汽提塔底部分离出来。

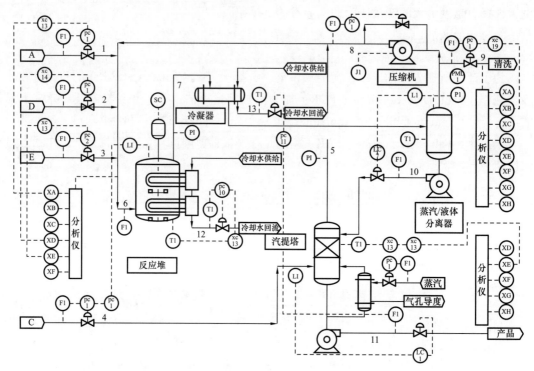

图 8.1　田纳西—伊斯曼工艺流程图

本次分析选取故障 4（反应器冷却水入口温度发生变化）进行分析，当故障 4 发生时，对应的反应器冷却水注入温度会产生阶跃变化，在此情况下，反应器温度会异常升高，控制回路通过增加反应器冷却水流量作出快速反应，很快将反应器温度恢复到设定值。在本次故障中，虽然反应器冷却水流量的增加表示系统运行状态出现了偏差，但由于控制回路的存在，这种干扰可以得到很好的补偿，并且使系统运行在新的稳定状态下，产品质量并未受到影响。

选取 52 个相关参数进行分析，其中包含 41 个过程测量变量和 11 个过程控制变量，训练数据包含 500 个正常样本，测试数据包含 960 个样本，其中前 160 个是正常样本，后800 个是故障样本。使用 SFA 算法进行分析，选择 M_d=1.5，置信度为 99%，分析结果如图 8.2 所示。为了对比本节提出的 SFA 模型监测性能，使用 PCA、KPCA 和 ICA 三种方法对训练样本和测试样本进行建模分析，作为对比实验，结果如图 8.3 至图 8.5 所示。

从图 8.3 至图 8.5 中可以看出，PCA、KPCA 和 ICA 三种方法指标全部超过控制限，监测到系统存在异常状态，其中 PCA 和 KPCA 的 T^2 指标在异常发生之后，仍有大量样本低于控制限，三种方法从故障开始发生就一直显示异常，并未准确反映由于控制回路的补偿作用使得反应器温度回到正常时，系统运行恢复正常这一状态。SFA 方法提供了与实际情况相符的监测结果，从图 8.2 中可以看出，当反应器温度突然升高，控制回路增加反应器冷却水流量时，监测指标 T_d^2 超过控制限，并稳定运行在控制限上方，说明系统运行条件发生了变化，而指标 S_d^2 和 S_e^2 统计量在阶跃扰动超过控制限后又迅速回到控制限下方，这意味着，虽然系统受到反应器冷却水注入温度的阶跃扰动后，运行条件发生了变化，但是由于控制回路的存在，及时降低了扰动的影响，系统过程动力学并未受影响，所以通过 SFA 方法得到故障 4 的干扰本质上是操作条件下的正常变化。

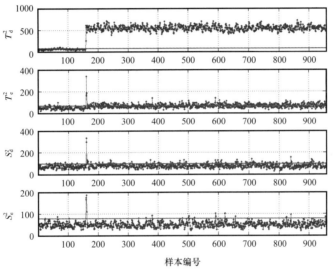

图 8.2　故障 4 SFA 监测结果

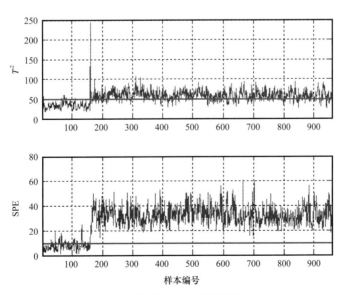

图 8.3　故障 4 PCA 监测结果

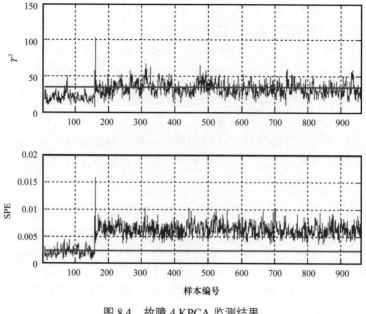

图 8.4　故障 4 KPCA 监测结果

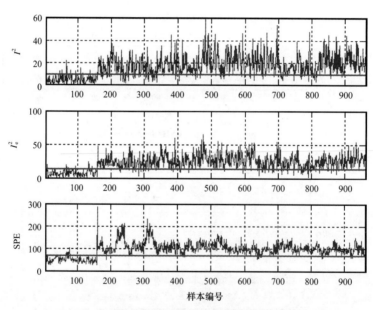

图 8.5　故障 4 ICA 监测结果

　　采用式（8.25）进行各变量贡献度分析，选取贡献度最大的 8 个变量，结果如图 8.6 所示，可以看出反应器冷却水流量（变量 51）的贡献度最大，数值为 12.76，反应器温度（变量 9）的贡献度为 9.91，因此可以确定此次故障的直接影响变量是反应器冷却水流量，这和实际情况相符合。因为反应器温度异常升高后，控制回路通过增加反应器冷却水流量作出补偿，所以反应器温度快速恢复到设定值，但此时反应器冷却水流量一直超过正常运行范围，处于异常工作状态。

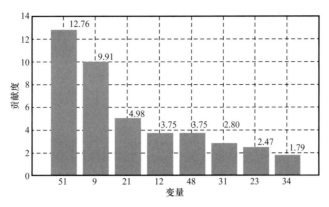

图 8.6　变量贡献度分析结果

　　为了对比四种方法在故障 4 中的监测性能，分别计算每个模型不同监控指标的误报率（FAR）和故障检测率（FDR），并且对同一模型计算平均误报率和平均故障检测率，其中对于 SFA 模型，不计算 S_d^2 和 S_e^2 的故障检测率，因为这两个指标在系统运行条件发生变化且影响系统动力学时，才会超限，因此 T_d^2 和 T_e^2 是反映系统运行异常的关键指标，仅计算 T_d^2 和 T_e^2 的故障检测率和平均故障检测率。四种模型的计算结果见表 8.2，可以看出，PCA 模型和 KPCA 模型的 SPE 指标误报率较高，分别为 29.11% 和 33.54%，SFA 模型的平均误报率最小，仅为 8.38%，其中 T_e^2 指标的故障检测率较低，但是这不影响对异常状态的识别，因为在判断异常时，当 T_d^2 和 T_e^2 其中一个指标或者两个指标都超限时，都可以认为系统运行条件发生变化。四种模型中，仅有 SFA 模型可以成功解释故障 4 的异常不会影响产品最终的质量，该故障仅是由于控制回路的作用，导致系统进入新的稳定运行状态。

表 8.2　模型的监测性能

方法		误报率（FAR）	平均误报率	故障检测率（FDR）	平均故障检测率
PCA	T^2	5.70%	17.41%	76.68%	88.22%
	SPE	29.11%		99.75%	
KPCA	T^2	2.53%	18.03%	36.91%	68.33%
	SPE	33.54%		99.75%	
ICA	I^2	11.39%	12.66%	57.98%	70.49%
	I_e^2	12.66%		54.24%	
	SPE	13.92%		99.25%	
SFA	T_d^2	12.66%	8.38%	100.00%	75.00%
	T_e^2	9.49%		50.00%	
	S_d^2	8.86%		—	
	S_e^2	2.53%		—	

2. 脱丙烷系统异常工况识别

脱丙烷系统是气体分馏工艺中的重要组成环节，主要根据精馏原理，利用原料中各组分相对挥发度的不同，将脱除硫化氢和硫醇的液化气进行不同组分的切割分离，获得多种化工原料。工艺流程如图 8.7 所示，经过脱硫醇系统后的催化液化气，进入脱丙烷塔原料缓冲罐（V-4201），然后通过脱丙烷塔进料泵（P-4201）从原料缓冲罐抽出，经原料预热器（V-4200）加热后，以泡点状态进入脱丙烷塔（T-4204）第 34 层塔板。塔顶蒸出的碳二、碳三馏分经脱丙烷塔顶冷凝器（E-4206）冷凝冷却后进入脱丙烷塔顶回流罐（V-4204），冷凝液自脱丙烷塔顶回流罐抽出，一部分用脱丙烷塔顶回流泵（P-4205）送入塔顶第 60 层塔板上作为塔顶回流，另一部分送入脱乙烷塔第 36 层作为进料。脱丙烷塔底用塔底重沸器（E-4207）加热，热源是压力为 1.0MPa 的蒸汽，塔底碳四馏分通过脱丙烷塔和脱戊烷塔压差自行压入脱戊烷塔。

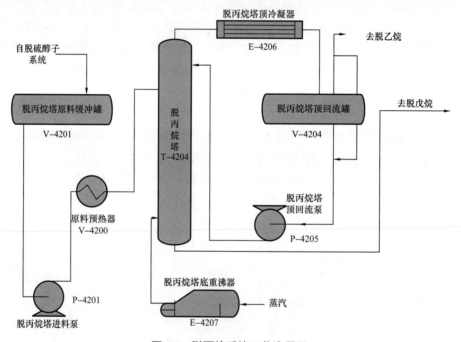

图 8.7　脱丙烷系统工艺流程图

选取脱丙烷塔单元为研究对象，该单元总共涉及 15 个参数，具体变量名和运行范围见表 8.3。在装置运行期间某一时刻，丙烷塔原料缓冲罐液位超过运行控制上限［图 8.8（a）中第 6461 个数据点］所示，图中红色和绿色线分别代表控制上限和控制下限，总共持续 3932 个数据点，共计约 328s，在此期间，其他 14 个监控参数并未超过运行控制限，使用 SFA 模型对此阶段脱丙烷系统进行分析，训练样本 6000，测试样本 3000，选择 $M_d=4$，置信度为 99%，分析结果如图 8.9 所示。为了对比本节提出的 SFA 模型监测性能，使用 PCA、KPCA 和 ICA 三种方法对训练样本和测试样本进行建模分析，作为对比实验，结果如图 8.10 至图 8.12 所示。

表 8.3　变量名称

变量描述	下限	上限	单位
V-4201 顶压力	0.3	1.3	MPa
T-4204 顶温度	45.006	49.7	℃
T-4204 底温度	66.996	82.015	℃
T-4204 进料温度	0	100	℃
T-4204 底液温度	15.018	135.018	℃
T-4204 顶压控	1.71	1.82	MPa
T-4204 进料	12.585	32	t/h
T-4204 回流量	3	27	t/h
T-4204 底液位	45.006	54.994	%
V-4204 顶压控	0.9	2.1	MPa
V-4204 底液位	45.006	54.994	%
E-4207 气烃返塔温度	15.018	135.018	℃
E-4207 蒸汽流量	1.001	9.001	t/h
脱丙烷塔原料缓冲罐液位	55.116	65.006	%
冷后温度	10.012	90.012	℃

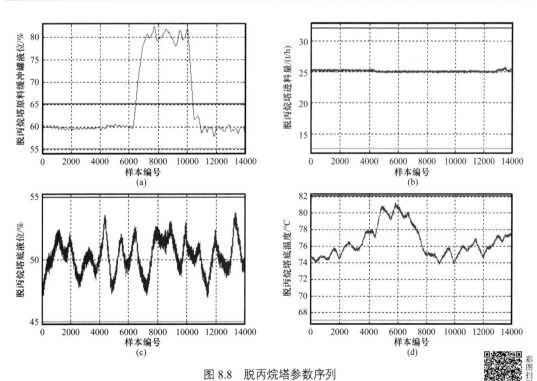

图 8.8　脱丙烷塔参数序列

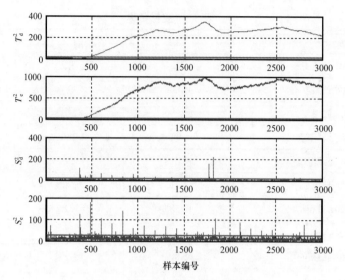

图 8.9　脱丙烷系统 SFA 监测结果

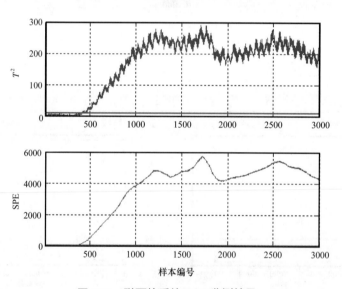

图 8.10　脱丙烷系统 PCA 监测结果

从图 8.10 至图 8.12 中可以看出，PCA、KPCA 和 ICA 三种方法的指标全部超过控制限，成功识别系统存在异常，但是从这三种方法的监测结果中，无法分辨出这种干扰是否会进一步导致系统性能恶化，相反，基于 SFA 的方法可以提供合理的监视结果。从图 8.12 中可以看出，当脱丙烷塔原料缓冲罐液位超过运行控制上限时，监测指标 T_d^2 和 T_e^2 超过控制限，说明系统运行条件发生了变化，但是指标 S_d^2 和 S_e^2 在超过控制限后又迅速回到控制限下方，并且在后续生产过程中，基本处于控制限下方，说明此故障并未影响到脱丙烷系统运行性能，不影响产品最终的质量。这与实际情况相符合，因为在图 8.8 中，当脱丙烷塔原料缓冲罐液位超限时，脱丙烷塔进料量、脱丙烷塔底部液位和脱丙烷塔底温度等重要参数并未超过其自身控制限，即系统动力学并未受到影响。

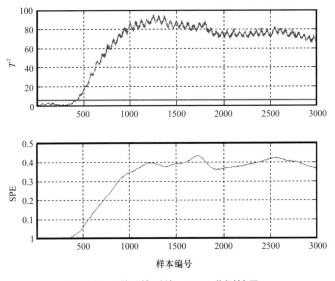

图 8.11　脱丙烷系统 KPCA 监测结果

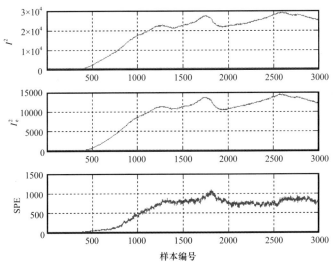

图 8.12　脱丙烷系统 ICA 监测结果

采用式（8.25）进行各变量贡献度分析，结果如图 8.13 所示，可以看出丙烷塔原料缓冲罐液位（变量 14）的贡献度最大，数值为 3.19，因此可以确定此次故障的直接影响变量是烷塔原料缓冲罐液位，这和实际情况相符合。

四种模型的误报率（FAR）、故障检测率（FDR）、平均误报率和平均故障检测率计算结果见表 8.4，可以看出，PCA 模型 SPE 指标误报率高达 72.00%，KPCA 模型 SPE 指标误报率高达 51.43%，SFA 模型的 T_d^2 和 T_e^2 误报率为 0，并且 SFA 模型的平均误报率是最低的，仅为 2.43%。四种模型的故障检测率和平均故障检测率都为 100%，表明当异常发生后，四种模型都准确识别了系统操作条件发生改变，但是仅有 SFA 模型可以成功解释丙烷塔原料缓冲罐液位超过运行控制上限后，系统动力学并未受到影响，塔顶馏出组分稳定，符合生产要求，因为当 T_d^2 和 T_e^2 超过控制限，指标 S_d^2 和 S_e^2 稳定运行在控制限下方。

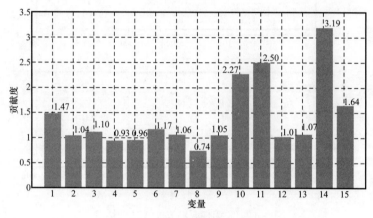

图 8.13　变量贡献度分析结果

表 8.4　模型的监测性能

方法		误报率（FAR）	平均误报率	故障检测率（FDR）	平均故障检测率
PCA	T^2	0.29%	36.15%	100.00%	100.00%
	SPE	72.00%		100.00%	
KPCA	T^2	0.00%	25.72%	100.00%	100.00%
	SPE	51.43%		100.00%	
ICA	I^2	9.71%	9.62%	100.00%	100.00%
	I_e^2	9.71%		100.00%	
	SPE	9.43%		100.00%	
SFA	T_d^2	0.00%	2.43%	100.00%	100.00%
	T_e^2	0.00%		100.00%	
	S_d^2	6.00%		—	
	S_e^2	3.71%		—	

3. 脱乙烷系统异常工况识别

　　脱乙烷塔接收来自脱丙烷塔顶回流罐的冷凝液，工艺流程如图 8.14 所示。塔顶蒸出的碳二，碳三馏分经脱乙烷塔顶冷凝器（E-4201）部分冷凝冷却后进入脱乙烷塔回流罐（V-4202），未冷凝的气体主要是乙烷和部分丙烯、丙烷，由回流罐上部经压控阀放至液化气站作为民用液化气外销，也可进入高压瓦斯管网。冷凝液从脱乙烷塔顶回流罐用脱乙烷塔回流泵（P-4202）抽出送入塔顶 57 层塔板上作回流。脱乙烷塔底用塔底重沸器（E-4202）加热，热源为 0.8MPa 蒸汽加热或三催装置提供的 97℃热媒水。

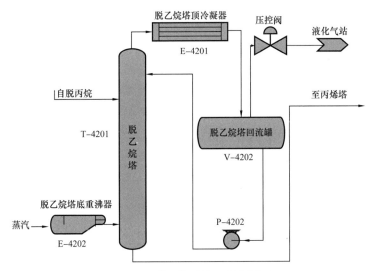

图 8.14　脱乙烷系统工艺流程图

以脱乙烷系统为研究对象，该单元总共涉及 8 个参数，具体变量名和运行范围见表 8.5。在装置运行期间某一时刻，脱乙烷塔底压力超过运行控制下限［图 8.15（a）中第 1093 个数据点］，并且快速下降到 0MPa，在第 1216 个数据点，回到正常范围，总共持续 615s，如图 8.15（a）所示，在此期间，其他 7 个监控参数并未超过运行控制限，使用 SFA 算法对此阶段脱乙烷系统进行分析，训练样本 1017，测试样本 175，选择 $M_d=3$，置信度为 99%，分析结果如图 8.16 所示。为了对比本节提出的 SFA 模型监测性能，使用 PCA、KPCA 和 ICA 三种方法对训练样本和测试样本进行建模分析，作为对比实验，结果如图 8.17 至图 8.19 所示。

表 8.5　变量名称

变量描述	下限	上限	单位
T-4201 底压力	1.6	2.88	MPa
T-4201 顶温度	37.509	68.01	℃
T-4201 底温控	15.018	135.018	℃
T-4201 进料温度	10.012	90.012	℃
V-4202 液位	45.006	55.751	%
E-4202 气烃返塔温度	12.015	72	℃
脱乙烷塔顶压力	2.7	2.773	MPa
脱乙烷塔底液位	45.006	54.994	%

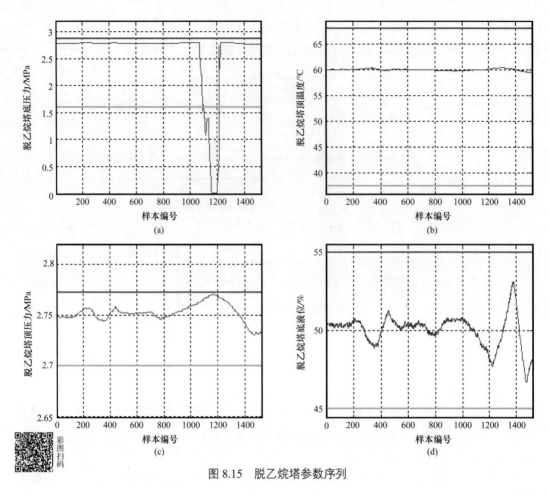

图 8.15 脱乙烷塔参数序列

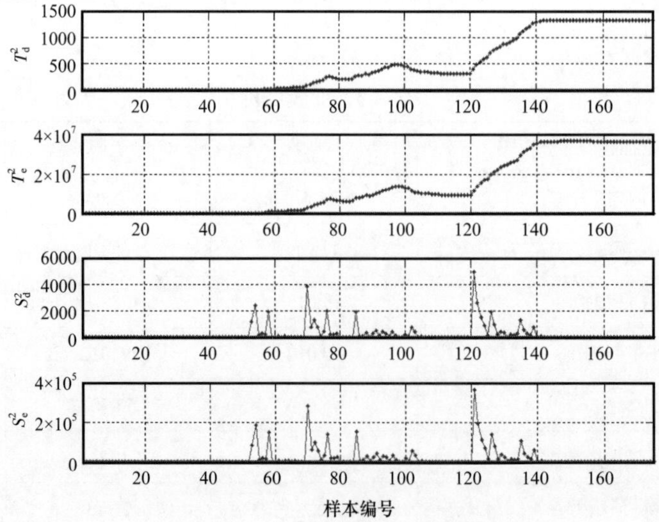

图 8.16 脱乙烷系统 SFA 监测结果

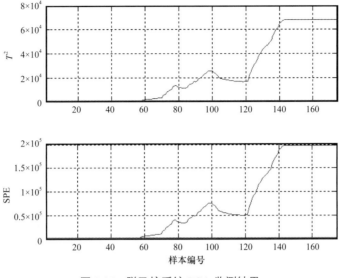

图 8.17　脱乙烷系统 PCA 监测结果

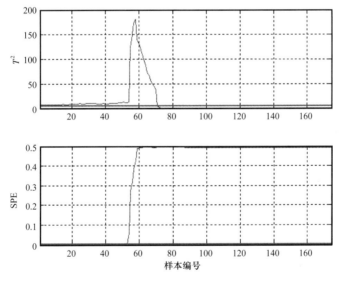

图 8.18　脱乙烷系统 KPCA 监测结果

　　如图 8.17 至图 8.19 所示，当异常发生后，PCA 和 ICA 的所有监控指标都运行在控制限上方，表明系统工作状态出现了异常，KPCA 的 SPE 指标一直超过控制限，T^2 指标在异常未发生阶段就显示系统出现异常，并且在异常发生后不久回到控制限下方，PCA 和 ICA 两种方法都无法判断此时系统性能是否受到影响，KPCA 的 T^2 指标在开始阶段显示了大量误报警。相反，SFA 方法表现出良好的诊断性能。如图 8.19 所示，当脱乙烷塔底压力快速下降时，监测指标 T_d^2 和 T_e^2 超过监控限，说明系统稳态运行条件发生了变化，并且指标 S_d^2 和 S_e^2 不断地超过控制限，说明此时脱乙烷系统运行性能已经受到影响。如图 8.16 所示，当脱乙烷塔底压力快速下降时，脱乙烷塔顶压力不断升高并接近上限，由于脱

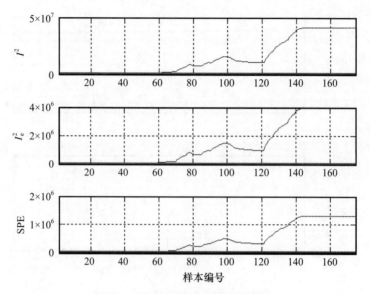

图 8.19　脱乙烷系统 ICA 监测结果

乙烷塔顶压力对塔顶馏出物组分均匀程度有影响，因此 SFA 算法 S_d^2 和 S_e^2 指标显示出系统存在和质量相关的异常，这与实际情况相符合。如图 8.15 所示，当脱乙烷塔底压力降为 0 时，脱乙烷塔顶压力达到最大值，随后逐渐降低恢复正常，即在本故障中，使用脱乙烷塔底压力调节脱乙烷塔顶压力，避免塔顶压力超限，影响物料平衡和气液平衡。

采用式（8.25）进行各变量贡献度分析，结果如图 8.20 所示，可以看出脱乙烷塔底压力（变量 1）的贡献度最大，数值为 1.76，脱乙烷塔顶压力（变量 7）的贡献度为 1.12，在图 8.15 中，虽然脱乙烷塔顶压力缓慢上升，但是并未超过其控制上限，因此根据变量贡献度分析结果可以确定此次故障的直接影响变量是脱乙烷塔底压力，这和本次异常中涉及的变量相吻合。

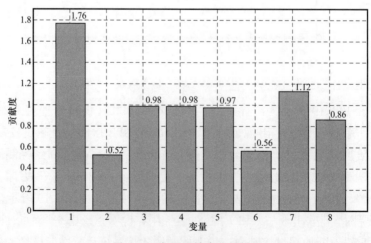

图 8.20　变量贡献度分析结果

　　四种模型的误报率（FAR）、故障检测率（FDR）、平均误报率和平均故障检测率计算结果见表 8.6，可以看出，KPCA 模型各监控指标的平均误报率最高，达到 83.96%，PCA 模型的平均误报为 56.60%，SFA 模型和 ICA 模型在系统正常运行阶段的监测性能较好，SFA 模型的平均误报率最小，仅为 3.30%。KPCA 模型的 T^2 指标的故障检测率最低，为 23.77%，除此外，四种模型的其他指标故障检测率都为 100%，表明当异常发生后，四种模型都能够检测到系统操作条件的改变，但是仅有 SFA 模型可以成功解释脱乙烷塔底压力超过运行控制下限后，系统动力学发生偏离，因为此时脱乙烷塔顶压力的稳定上升，导致塔顶馏出组分受到影响，所以当 T_d^2 和 T_e^2 超过控制限，指标 S_d^2 和 S_e^2 也不断地超过监控限。

表 8.6　模型的监测性能

方法		误报率（FAR）	平均误报率	故障检测率（FDR）	平均故障检测率
PCA	T^2	22.64%	56.60%	100.00%	100.00%
	SPE	90.57%		100.00%	
KPCA	T^2	100.00%	83.96%	23.77%	61.89%
	SPE	67.92%		100.00%	
ICA	I^2	11.32%	9.43%	100.00%	100.00%
	I_e^2	9.43%		100.00%	
	SPE	7.55%		100.00%	
SFA	T_d^2	0.00%	3.30%	100.00%	100.00%
	T_e^2	11.32%		100.00%	
	S_d^2	1.89%		—	
	S_e^2	0.00%		—	

8.1.5　小结

　　（1）针对加氢生产过程中监测变量多、动态特性复杂、导致动态和静态信息耦合，加之反馈控制系统引起的干扰容易造成误报警的问题，提出了基于慢特征分析的异常工况识别方法。通过慢特征分析提取数据中缓慢变化的成分，分别构建静态指标 T_d^2 和 S_d^2，动态监控统计指标 T_e^2 和 S_e^2，当监测到和系统性能相关的异常时，分析各变量的贡献度，确定此次故障影响变量。

　　（2）通过对 TEP 仿真中反应器冷却水注入温度阶跃变化的故障进行 SFA 模型分析，监测指标 T_d^2 准确识别到了和反应器冷却水流量相关的异常，同时指标 S_d^2 和 S_e^2 反映系统动力学并未受到影响。与 PCA、KPCA 与 ICA 等模型进行对比，监测误报率平均降低 7.65%，并且 SFA 模型能够合理解释这种异常对系统动力学未产生影响，表明系统仍然正常运行。通过各变量贡献度分析得出此故障是由于反应器温度的异常导致反应器冷却水流量偏离正常范围。

（3）通过对脱丙烷系统故障和脱乙烷系统故障使用 SFA 模型进行分析，合理得出脱丙烷塔原料缓冲罐液位超上限时，脱丙烷塔各参数处于设定范围，系统依然正常运行。通过各变量贡献度分析得出，此故障是由脱丙烷塔原料缓冲罐液位超限引起的。当脱乙烷塔底压力超下限时，由于脱乙烷塔顶压力不断升高并接近上限，指标 S_d^2 和 S_e^2 正确显示出系统存在和质量相关的异常，通过各变量贡献度分析得出此故障是由脱乙烷塔底压力过低引起的。使用 PCA、KPCA 与 ICA 等模型进行监测时，并不能合理解释异常发生时系统性能是否受到影响，并且 SFA 模型误报率平均降低约 65%。

8.2 基于直接传递熵的时序因果分析及溯源方法研究

8.2.1 引言

随着加氢装置规模的不断扩大，导致生产系统之间的连接越来越复杂，耦合性也更强。当某个子系统由于操作条件的改变而出现异常工况时，不但会影响该子系统的安全平稳运行，而且会根据装置之间的连通关系，将异常影响传递到其他系统，产生连锁反应。从大量的报警信息中筛选出有用信息，并确定报警根原因是企业安全管理过程中的一大难点。因此，研究生产系统中控制变量之间的因果关系，总结异常扰动的传播规律和路径，从而在报警事件发生后及时对相关变量采取安全调控措施，以避免异常在生产系统内部传递和蔓延，对企业安全生产，以及为操作人员确定异常根原因等都具有重要意义。

加氢生产涉及的工艺变量繁多，在运行过程中，由于系统之间存在相互扰动、监测传感器质量问题及外界环境变化等因素，导致监测数据具有含噪、非线性强和动态波动等特征。在使用格兰杰（Granger）因果分析、互信息、灰色关联分析等传统分析方法时，由于变量间关联特性弱和数据非线性强等问题，导致计算过程中相关参数难以估计，使得计算结果与真实因果关系相差过大，且随着数据维度的增加，计算复杂度也大幅增加。而且，上述传统分析方法仅适用于双变量分析，并不能给出两个变量之间的因果关系是直接的还是间接的，这对于研究大型复杂化工系统因果网络图来说，无疑是致命的。传递熵分析方法，是一种非参数模型方法，将传递熵理论扩展到多维数据领域后，可以有效地分析中间变量所带来的影响。

本节针对加氢生产变量繁多、关联特性弱、非线性强所造成的直接间接因果关系难以区分的问题，提出基于直接传递熵的时序因果分析及溯源方法。首先通过传递熵分析方法得出系统任意两个变量之间的因果关系，然后通过路径搜索算法，获得任意两个变量之间的所有间接路径，进而根据直接传递熵方法，分析两个变量之间是否存在直接因果关系，并建立系统的因果网络图。当监测到系统出现异常时，分析各变量的贡献度，确定此次故障影响变量，然后根据构建的因果网络图，查找异常根原因，为操作人员制定决策提供依据。

8.2.2　时序因果分析方法基本理论

1. 传递熵方法

信息理论中最重要的一个概念见式（8.29）：

$$H(I) = -\sum_i p(i)\log_2 p(i) \tag{8.29}$$

对于先验概率分布为 $p(i)$ 的离散变量 I，通过式（8.29）可以得出准确描述变量 I 所需的平均比特数大小，其中 i 代表变量 I 所有可能观测到的状态，$p(i)$ 代表状态 i 出现的概率。

当 $q(i)$ 和 $p(i)$ 是离散变量 I 取值的两个概率分布时，$q(i)$ 的编码通过来自 $p(i)$ 的样本平均所需的额外的比特数由 Kullback 熵给出，见式（8.30）：

$$D(p\|q) = \sum_i p(i)\lg\frac{p(i)}{q(i)} \tag{8.30}$$

通常情况下，式（8.30）中 $p(i)$ 表示数据的真实分布，$q(i)$ 表示数据的理论分布，并且 Kullback 熵是非对称的，即 $D(p\|q) \neq D(q\|p)$。

对于单个状态 j，对式（8.30）进行变形可以得到式（8.31），随后将式（8.31）乘以 $p(j)$ 并对 j 求和可得式（8.32）：

$$K_j = \sum_i p(i|j)\lg\frac{p(i|j)}{q(i|j)} \tag{8.31}$$

$$K_{I|J} = \sum_{i,j} p(i,j)\lg\frac{p(i|j)}{q(i|j)} \tag{8.32}$$

通常，对于涉及两个不同序列之间的"关系"时，多使用互信息来进行描述，它可以理解为随机变量 X 中包含的关于另一个随机变量 Y 的信息量。当随机变量 X 和 Y 的联合概率分布为 $p(x, y)$，两个边缘分布分别为 $p(x)$ 和 $p(y)$ 时，互信息定义见式（8.33）：

$$H(X;Y) = -\sum_{x,y} p(x,y)\lg\frac{p(x,y)}{p(x)p(y)} \tag{8.33}$$

当 X 和 Y 相互独立时，$p(x, y) = p(x)p(y)$，此时互信息 $H(X; Y) = 0$，因此互信息可以用来量化两个过程之间的独立性。需要注意的是，互信息是对称的，即 $H(X; Y) = H(Y; X)$，因此，通过互信息理论无法识别驱动和响应变量，因为它不包含任何方向信息。

为了产生一个更合理的方法来测量信息传输，并能够体现方向性和动态性，可以使用转移概率来替换静态概率。对于一个可以用 k 阶平稳马尔可夫过程近似的系统 X，在 $t+1$

时刻处于状态 x_{t+1} 的条件概率可以表示为式（8.34）：

$$p\left(x_{t+1}|x_t,\cdots,x_{t-k+1}\right)=p\left(x_{t+1}|x_t,\cdots,x_{t-k}\right) \tag{8.34}$$

当系统 X 的所有历史状态已知时，则编码 X 的一个额外状态所需的平均比特数由式（8.35）给出，将式（8.35）推广到二元情况可得式（8.36）：

$$h_X\left(k\right)=-\sum_x p\left[x_{t+1},x_t^{(k)}\right]\lg p\left[x_{t+1}|x_t^{(k)}\right] \tag{8.35}$$

$$h_{XY}\left(k,l\right)=-\sum_x p\left[x_{t+1},x_t^{(k)},y_t^{(l)}\right]\lg p\left[x_{t+1}|x_t^{(k)},y_t^{(l)}\right] \tag{8.36}$$

结合式（8.32）和式（8.36），在真实情况下，x_{t+1} 受 X 变量前 k 个状态和 Y 变量前 l 个状态的影响，其中 k 和 l 根据实验数据确定。假设系统 Y 对系统 X 的转移概率没有影响，为了量化这种不正确性带来的额外比特数，提出变量 Y 到变量 X 的传递熵定义见式（8.37）：

$$T_{Y\to X}=\sum p\left[x_{t+1},x_t^{(k)},y_t^{(l)}\right]\lg\frac{p\left[x_{t+1}|x_t^{(k)},y_t^{(l)}\right]}{p\left[x_{t+1}|x_t^{(k)}\right]} \tag{8.37}$$

其中 $x_t^{(k)}=\{x_t,\cdots,x_{t-k+1}\}$ 和 $y_t^{(l)}=\{y_t,\cdots,y_{t-l+1}\}$ 分别表示变量 X 和变量 Y 的历史序列，k 和 l 为序列长度。当 X 与 Y 之间相互独立时，$p\left[x_{t+1}|x_t^{(k)}\right]=p\left[x_{t+1}|x_t^{(k)},y_t^{(l)}\right]$，此时 $T_{Y\to X}=0$。与互信息相比，传递熵的优点在于其被设计为忽略了由于共同的历史或共同的输入信号而产生的静态相关性，并着重考虑转移概率所包含的动态相关性。从公式中得知，双向信息流是不对称的，根据这种不对称，可以有效地区分驱动因素和响应因素，并检测子系统之间相互作用的不对称性。

2. 直接传递熵方法

传递熵方法测量的是变量 x 对变量 y 所传递的信息量，其结果可以用来表示 x 对 y 的总因果影响，但是当存在中间变量时，很难区分这种影响是直接的还是间接的。为了区分信息传递路径的类型，下面引入直接传递熵的相关理论。

假设某个系统涉及三个随机离散变量 X、Y 和 Z，设其在时刻 t 对应的值分别为 x_t、y_t 和 z_t，其中 $t=1,2,\cdots,N$，N 为变量长度，每对变量之间的因果关系可以通过式（8.37）来计算，具体见式（8.38）、式（8.39）和式（8.40）：

$$T_{X\to Y}=\sum p\left[y_{t+h_1},y_t^{(k_1)},x_t^{(l_1)}\right]\lg\frac{p\left[y_{t+h_1}|y_t^{(k_1)},x_t^{(l_1)}\right]}{p\left[y_{t+h_1}|y_t^{(k_1)}\right]} \tag{8.38}$$

$$T_{X \to Z} = \sum p\left[z_{t+h_2}, z_t^{(m_1)}, x_t^{(l_2)}\right] \lg \frac{p\left[z_{t+h_2}\left|z_t^{(m_1)}, x_t^{(l_2)}\right.\right]}{p\left[z_{t+h_2}\left|z_t^{(m_1)}\right.\right]} \tag{8.39}$$

$$T_{Z \to Y} = \sum p\left[y_{t+h_3}, y_t^{(k_2)}, z_t^{(m_2)}\right] \lg \frac{p\left[y_{t+h_3}\left|y_t^{(k_2)}, z_t^{(m_2)}\right.\right]}{p\left[y_{t+h_3}\left|y_t^{(k_2)}\right.\right]} \tag{8.40}$$

其中 y_{t+h_1} 为变量 y 在时刻 $t+h_1$ 的值，$x_t^{(l_1)} = \left\{x_t, x_{t-\tau_1}, \cdots, x_{t-(l_1-1)\tau_1}\right\}$ 和 $y_t^{(k_1)} = \left\{y_t, y_{t-\tau_1}, \cdots, y_{t-(k_1-1)\tau_1}\right\}$ 分别表示由变量 X 和变量 Y 的历史序列组成的嵌入向量，l_1 和 k_1 为变量 X 和变量 Y 的嵌入维数，τ_1 为延迟时间。通常情况下，参数可设置为 $k_1 \leqslant 3$，$l_1 \leqslant 3$，$h_1 = \tau_1 \leqslant 4$。$p\left(y_{t+h_1}, y_t^{(k_1)}, x_t^{(l_1)}\right)$ 表示联合概率，$p\left(y_{t+h_1}\left|y_t^{(k_1)}, x_t^{(l_1)}\right.\right)$ 表示条件概率，即当 $y_t^{(k_1)}, x_t^{(l_1)}$ 已知的情况下，y 在时刻 $t+h_1$ 的值为 y_{t+h_1} 的可能性大小，同理可得 $z_t^{(m_1)} = \left\{z_t, z_{t-\tau_2}, \cdots, z_{t-(m_1-1)\tau_2}\right\}$，$x_t^{(l_2)} = \left\{x_t, x_{t-\tau_2}, \cdots, x_{t-(l_2-1)\tau_2}\right\}$，$y_t^{(k_2)} = \left\{y_t, y_{t-\tau_3}, \cdots, y_{t-(k_2-1)\tau_3}\right\}$，$z_t^{(m_2)} = \left\{z_t, z_{t-\tau_3}, \cdots, z_{t-(m_2-1)\tau_3}\right\}$。

当 $T_{X \to Y}$、$T_{X \to Z}$ 和 $T_{Z \to Y}$ 均远大于 0 时，为了确定从 $X \to Y$ 的因果关系是否是直接的，定义 $X \to Y$ 的直接传递熵（DTE）见式（8.41）：

$$\mathrm{DTE}_{X \to Y} = \sum p\left[y_{t+h}, y_t^{(k)}, z_{t+h-h_3}^{(m_2)}, x_{t+h-h_1}^{(l_1)}\right] \lg \frac{p\left[y_{t+h}\left|y_t^{(k)}, z_{t+h-h_3}^{(m_2)}, x_{t+h-h_1}^{(l_1)}\right.\right]}{p\left[y_{t+h}\left|y_t^{(k)}, z_{t+h-h_3}^{(m_2)}\right.\right]} \tag{8.41}$$

其中 $h = \max(h_1, h_3)$，当 $h = h_1$ 时，$y_t^{(k)} = y_t^{(k_1)}$，当 $h = h_3$ 时，$y_t^{(k)} = y_t^{(k_2)}$。嵌入向量 $z_{t+h-h_3}^{(m_2)} = \left\{z_{t+h-h_3}, z_{t+h-h_3-\tau_3}, \cdots, z_{t+h-h_3-(m_2-1)\tau_3}\right\}$，表示变量 Z 的历史值为预测 y_{t+h} 所能提供的有用信息。嵌入向量 $x_{t+h-h_1}^{(l_1)} = \left\{x_{t+h-h_1}, x_{t+h-h_1-\tau_1}, \cdots, x_{t+h-h_1-(l_1-1)\tau_1}\right\}$ 表示变量 X 的历史值为预测 y_{t+h} 所能提供的有用信息。式（8.41）中的所有参数均由式（8.38）到式（8.40）的计算确定，以保证结果的一致性。

直接传递熵可以理解为当切断 Z 到 Y 的信息传递路径时，X 变量的历史值是否能够提供有用信息来预测未来时刻 Y 的值。当 $\mathrm{DTE}_{X \to Y}$ 的值大于 0 时，认为 $X \to Y$ 存在直接因果关系，否则为间接因果关系。需要强调的是，这里所说的直接因果关系是一个相对的概念，在现实世界中，由于系统复杂程度高，导致无法测量全部的过程变量，在这种情况下，即使 X 变量和 Y 变量之间存在间接变量 Z，只要当变量 Z 未被观测记录时，仍然认为 $X \to Y$ 存在直接因果关系。

当计算完 $\mathrm{DTE}_{X \to Y}$ 后，如果 $X \to Y$ 存在直接因果关系，还需要进一步确定 $Z \to Y$ 的因果关系的真实性，因为有可能在真实情况下，变量 Z 和变量 Y 之间并没有因果关系，但

是由于变量 X 同时传递信息给变量 Z 和变量 Y，导致变量 Z 和变量 Y 之间存在虚假因果关系。因此需要计算 $Z \rightarrow Y$ 的直接传递熵，见式（8.42）所示：

$$\mathrm{DTE}_{Z \rightarrow Y} = \sum p\left[y_{t+h}, y_t^{(k)}, x_{t+h-h_1}^{(l_1)}, z_{t+h-h_3}^{(m_2)}\right] \lg \frac{p\left[y_{t+h} \middle| y_t^{(k)}, x_{t+h-h_1}^{(l_1)}, z_{t+h-h_3}^{(m_2)}\right]}{p\left[y_{t+h} \middle| y_t^{(k)}, x_{t+h-h_1}^{(l_1)}\right]} \tag{8.42}$$

当 $\mathrm{DTE}_{Z \rightarrow Y}$ 的值大于 0 时，认为 Z 和 Y 之间存在直接因果关系，否则 Z 和 Y 之间的因果关系是虚假的。

由于式（8.37）和式（8.41）仅适用于离散随机变量系统，为了将其扩展到连续随机变量系统，定义微分传递熵和微分直接传递熵见式（8.43）和式（8.44）：

$$T_{X \rightarrow Y(\mathrm{diff})} = \int f\left[y_{t+h_1}, y_t^{(k_1)}, x_t^{(l_1)}\right] \lg \frac{f\left[y_{t+h_1} \middle| y_t^{(k_1)}, x_t^{(l_1)}\right]}{f\left[y_{t+h_1} \middle| y_t^{(k_1)}\right]} \mathrm{d}w$$

$$= H^c\left[y_{t+h_1} \middle| y_t^{(k_1)}\right] - H^c\left[y_{t+h_1} \middle| y_t^{(k_1)}, x_t^{(l_1)}\right] \tag{8.43}$$

$$\mathrm{DTE}_{X \rightarrow Y(\mathrm{diff})} = \int f\left[y_{t+h}, y_t^{(k)}, z_{t+h-h_3}^{(m_2)}, x_{t+h-h_1}^{(l_1)}\right] \cdot \lg \frac{f\left[y_{t+h} \middle| y_t^{(k)}, z_{t+h-h_3}^{(m_2)}, x_{t+h-h_1}^{(l_1)}\right]}{f\left[y_{t+h} \middle| y_t^{(k)}, z_{t+h-h_3}^{(m_2)}\right]} \mathrm{d}v \tag{8.44}$$

其中 $f\left[y_{t+h_1}, y_t^{(k_1)}, x_t^{(l_1)}\right]$ 代表联合概率密度函数，$f(\cdot | \cdot)$ 表示条件概率密度函数，$H^c\left[y_{t+h_1} \middle| y_t^{(k_1)}\right]$ 和 $H^c\left[y_{t+h_1} \middle| y_t^{(k_1)}, x_t^{(l_1)}\right]$ 代表微分条件熵。w 代表随机向量 $\left[y_{t+h_1}, y_t^{(k_1)}, x_t^{(l_1)}\right]$，当假定 w 的元素为 w_1，w_2，$\cdots$，w_s 时，$f(\cdot)\mathrm{d}w = \int_{-\infty}^{\infty} \cdots \int_{-\infty}^{\infty} (\cdot) \mathrm{d}w_1 \cdots \mathrm{d}w_s$。同理 v 代表随机向量 $\left[y_{t+h}, y_t^{(k)}, z_{t+h-h_3}^{(m_2)}, x_{t+h-h_1}^{(l_1)}\right]$。

由于加氢生产往往通过均匀采样的方法从连续过程中获得测量数据，为了简化计算，对式（8.43）和式（8.44）近似估算见式（8.45）和式（8.46）：

$$T_{X \rightarrow Y(\mathrm{diff})} = E\left\{\lg \frac{f\left[y_{t+h_1} \middle| y_t^{(k_1)}, x_t^{(l_1)}\right]}{f\left[y_{t+h_1} \middle| y_t^{(k_1)}\right]}\right\} \approx \frac{1}{N-h_1-r+1} \sum_{t=r}^{N-h_1} \lg \frac{f\left[y_{t+h_1} \middle| y_t^{(k_1)}, x_t^{(l_1)}\right]}{f\left[y_{t+h_1} \middle| y_t^{(k_1)}\right]} \tag{8.45}$$

$$\mathrm{DTE}_{X \rightarrow Y(\mathrm{diff})} = E\left\{\lg \frac{f\left[y_{t+h} \middle| y_t^{(k)}, z_{t+h-h_3}^{(m_2)}, x_{t+h-h_1}^{(l_1)}\right]}{f\left[y_{t+h} \middle| y_t^{(k)}, z_{t+h-h_3}^{(m_2)}\right]}\right\} \approx \frac{1}{N-h-j+1} \sum_{t=j}^{N-h} \lg \frac{f\left[y_{t+h} \middle| y_t^{(k)}, z_{t+h-h_3}^{(m_2)}, x_{t+h-h_1}^{(l_1)}\right]}{f\left[y_{t+h} \middle| y_t^{(k)}, z_{t+h-h_3}^{(m_2)}\right]}$$

$$\tag{8.46}$$

其中 N 为变量长度，$r=\max\{(k_1-1)\tau_1+1,\ (l_1-1)\tau_1+1\}$，$j=\max\{(k_1-1)\tau_1+1,\ (k_2-1)\tau_3+1,\ -h+h_3+(m_2-1)\tau_3+1,\ -h+h_1+(l_1-1)\tau_1+1\}$，概率密度函数可以通过核密度估计（Kernel Density Estimation）方法获得。

当 $X \to Y$ 之间存在多个中间变量 $Z=[Z_1,\ Z_2,\ \cdots,\ Z_q]$ 时，式（8.44）可拓展为多维微分直接传递熵，见式（8.47）：

$$\mathrm{DDT}_{X \to Y(\mathrm{diff})} = \int f\left[y_{t+h}, y_t^{(k)}, z_{1,i_1}^{(s_1)}, \cdots, z_{q,i_q}^{(s_q)}, x_{t+h-h_1}^{(l_1)}\right] \cdot \lg \frac{f\left[y_{t+h}\left|y_t^{(k)}, z_{1,i_1}^{(s_1)}, \cdots, z_{q,i_q}^{(s_q)}, x_{t+h-h_1}^{(l_1)}\right.\right]}{f\left[y_{t+h}\left|y_t^{(k)}, z_{1,i_1}^{(s_1)}, \cdots, z_{q,i_q}^{(s_q)}\right.\right]} \mathrm{d}\xi \quad (8.47)$$

其中 $s_1,\ \cdots,\ s_q$ 和 $i_1,\ \cdots,\ i_q$ 可通过分别计算 $z_1,\ \cdots,\ z_q$ 到 y 的传递熵获得，ζ 代表随机向量 $\left[y_{t+h}, y_t^{(k)}, z_{1,i_1}^{(s_1)}, \cdots, z_{q,i_q}^{(s_q)}, x_{t+h-h_1}^{(l_1)}\right]$。当 $\mathrm{DDT}_{X \to Y(\mathrm{diff})}=0$ 时，表示 $X \to Y$ 之间没有直接的因果关系，其信息是通过 $[Z_1,\ Z_2,\ \cdots,\ Z_q]$ 等中间变量来传递的，当 $\mathrm{DDT}_{X \to Y(\mathrm{diff})}$ 远大于 0 时，表示 $X \to Y$ 之间存在直接的因果关系。

8.2.3　基于直接传递熵的时序因果分析及溯源方法步骤和准确度指标

1. 基于数据重排序的时序自相关分析方法步骤

从式（8.37）中可以看出其包含 x_{t+1} 和 $x_t^{(k)}$ 两部分，因此在做变量自相关分析的时候，当自相关延迟 $\tau=1$ 时，式（8.37）的结果将趋近于 0，无法判断从 x_t 到 x_{t+1} 是否有信息传递，为了解决上述问题，提出基于数据重排序的时序自相关分析方法，具体步骤如下：

步骤 1：获得原始数据序列 $X=\{x_1,\ x_2,\ x_3,\ x_4,\ \cdots,\ x_{N-2},\ x_{N-1},\ x_N\}$，首先令自相关延迟 $\tau=1$，然后创建序列 $a=\{22,\ 12,\ 19,\ 36,\ \cdots,\ N-62,\ N-43,\ N-19\}$，它是 $N-\tau$ 个互不相同且介于 $[1,\ N-\tau]$ 的随机序列。

步骤 2：根据序列 a 可以得到三组新的数据序列，见式（8.48）、式（8.49）和式（8.50）：

$$X_t=\{x_{22},\ x_{12},\ x_{19},\ x_{36},\ \cdots,\ x_{N-62},\ x_{N-43},\ x_{N-19}\} \quad (8.48)$$

$$X_{t+\tau}=\{x_{22+\tau},\ x_{12+\tau},\ x_{19+\tau},\ x_{36+\tau},\ \cdots,\ x_{N-62+\tau},\ x_{N-43+\tau},\ x_{N-19+\tau}\} \quad (8.49)$$

$$Y_t=\{x_{22},\ x_{12},\ x_{19},\ x_{36},\ \cdots,\ x_{N-62},\ x_{N-43},\ x_{N-19}\} \quad (8.50)$$

从 X_t 和 $X_{t+\tau}$ 中可以看出，任意相邻两个变量的下标之间并无规律，为了方便计算，令 k 和 l 分别等于 1，此时根据式（8.37）即可计算 $T_{Y \to X}$，见式（8.51）：

$$T_{Y \to X} = \sum p\left(X_{t+\tau}, X_t, Y_t\right) \lg \frac{p\left(X_{t+\tau}\left|X_t, Y_t\right.\right)}{p\left(X_{t+\tau}\left|Y_t\right.\right)} \quad (8.51)$$

根据 $T_{Y \to X}$ 值大小进而判断当延迟 $\tau=1$ 时，变量 X 是否存在自相关。

步骤 3：通过改变自相关延迟 τ 的值，并重复步骤 1 和步骤 2，即可计算一组 $\{T_{X_t \to X_{t+1}}, T_{X_t \to X_{t+2}}, \cdots, T_{X_t \to X_{t+\tau-1}}, T_{X_t \to X_{t+\tau}}\}$，然后确定序列 X 的自相关延迟大小。

2. 基于直接传递熵的时序因果分析及溯源方法步骤

针对加氢生产过程变量繁多，监测数据具有含噪、非线性强和动态波动等特征，导致直接间接因果关系难以区分的问题，提出基于直接传递熵的时序因果分析方法。可以在离线状态下对特定故障下的历史数据进行分析，得出影响该故障的根原因，也可以实时在线采集数据，分析目标变量的影响因素，进而帮助操作人员确定报警原因，并及时采取控制措施。具体步骤如下。

步骤 1：确定要分析的系统或子系统，采集其过去一段时间内的监测数据作为分析样本 $S = \{X_1, X_2, X_3, X_4, \cdots, X_{M-1}, X_M\}$，其中 $X_v = (x_{1,v}, x_{2,v}, x_{3,v}, x_{4,v}, \cdots, x_{N-1,v}, x_{N,v})$，$v \in 1, 2, \cdots, M$，传感器每次采集的数据作为一个样本，$N$ 为每个变量的样本总数，M 为系统监测变量的个数。

步骤 2：首先对样本进行标准化处理，然后选择 X_1 和 X_2 作为待计算变量，为了方便计算，令 k 和 l 分别等于 1，根据传递熵公式（8.37）分别确定，见式（8.52）和式（8.53）：

$$T_{X_1 \to X_2} = \sum p\left(X_{t+\tau,2}, X_{t,2}, X_{t,1}\right) \lg \frac{p\left(X_{t+\tau,2} \mid X_{t,2}, X_{t,1}\right)}{p\left(X_{t+\tau,2} \mid X_{t,2}\right)} \tag{8.52}$$

$$T_{X_2 \to X_1} = \sum p\left(X_{t+\tau,1}, X_{t,1}, X_{t,2}\right) \lg \frac{p\left(X_{t+\tau,1} \mid X_{t,1}, X_{t,2}\right)}{p\left(X_{t+\tau,1} \mid X_{t,1}\right)} \tag{8.53}$$

其中 $\tau = 1, 2, \cdots, 20$，计算不同延迟下的 $T_{X_1 \to X_2}$ 和 $T_{X_2 \to X_1}$，选择最大值作为最终结果，并记录得到最大值时的延迟 $\tau_{X_1 \to X_2}$ 和 $\tau_{X_2 \to X_1}$。

步骤 3：通过改变待计算变量，重复步骤 2，分别计算两两变量之间的传递熵值，得到多组计算结果，随后使用 8.2.3 中的"基于数据重排序的时序自相关分析方法"步骤，计算变量的自相关性，并以矩阵形式保存，定义传递熵矩阵 S_T 和延迟矩阵 S_τ 见式（8.54）和式（8.55）：

$$S_T = \begin{bmatrix} T_{X_1 \to X_1}, T_{X_1 \to X_2}, T_{X_1 \to X_3}, \cdots, T_{X_1 \to X_M} \\ T_{X_2 \to X_1}, T_{X_2 \to X_2}, T_{X_2 \to X_3}, \cdots, T_{X_2 \to X_M} \\ \vdots \qquad \vdots \qquad \vdots \qquad \vdots \\ T_{X_M \to X_1}, T_{X_M \to X_2}, T_{X_M \to X_3}, \cdots, T_{X_M \to X_M} \end{bmatrix} \tag{8.54}$$

$$S_\tau = \begin{bmatrix} \tau_{X_1 \to X_1}, \tau_{X_1 \to X_2}, \tau_{X_1 \to X_3}, \cdots, \tau_{X_1 \to X_M} \\ \tau_{X_2 \to X_1}, \tau_{X_2 \to X_2}, \tau_{X_2 \to X_3}, \cdots, \tau_{X_2 \to X_M} \\ \vdots \qquad \vdots \qquad \vdots \qquad \vdots \\ \tau_{X_M \to X_1}, \tau_{X_M \to X_2}, \tau_{X_M \to X_3}, \cdots, \tau_{X_M \to X_M} \end{bmatrix} \tag{8.55}$$

步骤 4：对步骤 3 计算得到的传递熵矩阵 $\boldsymbol{S}_T$，使用深度优先搜索算法（DFS），确定任意两个传递熵不为 0 的变量之间是否存在间接因果路径，如果存在，则保存在间接因果路径矩阵 $\boldsymbol{S}_R$ 中，见式（8.56）：

$$\boldsymbol{S}_R = \begin{bmatrix} R_{X_1 \to X_1}, R_{X_1 \to X_2}, R_{X_1 \to X_3}, \cdots, R_{X_1 \to X_M} \\ R_{X_2 \to X_1}, R_{X_2 \to X_2}, R_{X_2 \to X_3}, \cdots, R_{X_2 \to X_M} \\ \vdots \qquad \vdots \qquad \vdots \qquad \vdots \\ R_{X_M \to X_1}, R_{X_M \to X_2}, R_{X_M \to X_3}, \cdots, R_{X_M \to X_M} \end{bmatrix} \qquad （8.56）$$

步骤 5：以 $R_{X_1 \to X_2}$ 为例，假设 $R_{X_1 \to X_2} = X_1 \to X_5 \to X_2$，并且 $T_{X_1 \to X_2}$ 远大于 0，令 $h_1 = \tau_{X_1 \to X_2}$，$h_3 = \tau_{X_5 \to X_2}$，并且 $h = \max(h_1, h_3)$，$k = m_2 = l_1 = 1$，对变量 X_1 和 X_2 计算 $DT_{X_1 \to X_2}$，见式（8.57）。根据 $DT_{X_1 \to X_2}$ 的大小确定是否真正存在直接因果关系，进而得到系统整体的因果网络图。

$$DT_{X_1 \to X_2} = \sum p\left(X_{t+h,2}, X_{t,2}, X_{t+h-h_3,5}, X_{t+h-h_1,1}\right) \lg \frac{p\left(X_{t+h,2} \middle| X_{t,2}, X_{t+h-h_3,5}, X_{t+h-h_1,1}\right)}{p\left(X_{t+h,2} \middle| X_{t,2}, X_{t+h-h_3,5}\right)} \qquad （8.57）$$

步骤 6：使用 8.1.3 所述步骤，当监测到系统出现异常状态时，通过分析各变量的贡献度，确定此次故障影响变量，然后根据上述构建的因果网络图，查找异常根原因，在警报发生时，为操作人员制定决策提供理论指导。

3. 准确度指标

利用传递熵分析结果构建的系统因果图中包含真实因果关系、虚假因果关系和间接因果关系，使用直接传递熵方法可以有效地判断间接因果关系的真实性，以减少因果网络中的虚假连接。为了判断因果分析结果的准确性，构建真实连接率和相对真实连接率两个指标，假设变量之间有因果关系为正例，变量之间没有因果关系为负例，并且定义：

（1）TN：模型分析为负例（N），实际上也是负例（N）的数量，代表模型分析正确；

（2）FP：模型分析为正例（P），实际上是负例（N）的数量，代表模型分析错误；

（3）FN：模型分析为负例（N），实际上是正例（P）的数量，代表模型分析错误；

（4）TP：模型分析为正例（P），实际上也是正例（P）的数量，代表模型分析正确。

所以验真率和验假率定义见式（8.58）和式（8.59）：

$$验真率 = \frac{TP}{FN + TP} \times 100\% \qquad （8.58）$$

$$验假率 = \frac{TN}{FP + TN} \times 100\% \qquad （8.59）$$

真实连接率是通过因果分析方法得到的验真率和验假率复合后得到的一个指标，对于真实连接率来说，只有当验真率和验假率二者都非常高时，真实连接率才会高。真实连接率定义见式（8.60）：

$$\text{TCR} = 2 \times \frac{\text{验真率} \times \text{验假率}}{\text{验真率} + \text{验假率}} \times 100\% \tag{8.60}$$

相对真实连接率定义见式（8.61）：

$$\text{RTCR} = \frac{\text{TP}}{\text{FP} + \text{TP}} \times 100\% \tag{8.61}$$

以下面两幅图为示例，具体解释真实连接率和相对真实连接率在案例分析中的计算过程。假设有一个系统包含五个变量，该系统实际因果图如图 8.21 所示，通过模型分析得到的因果图如图 8.22 所示。在图 8.22 中，红色线段代表的是分析得到的虚假因果连接。

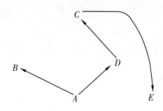
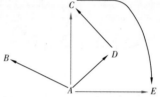

图 8.21　真实因果图　　　　　　图 8.22　基于 TE 分析的因果图

由于分析过程中包含 5 个变量，假设不考虑变量的自相关，两两变量计算一次，则共可以得到 20 个结果，所以 TN=14，FP=2，FN=0，TP=4，验真率 $= \frac{4}{4} \times 100\% = 100\%$，验假率 $= \frac{14}{2+14} \times 100\% = 87.5\%$，$\text{TCR} = 2 \times \frac{1 \times 0.875}{1 + 0.875} \times 100\% \approx 93.33\%$，$\text{RTCR} = \frac{4}{2+4} \times 100\% \approx 66.67\%$。

在具体分析过程中，如果单看一个指标来评价分析模型的好坏，可能会得出错误的结论，例如当上面示例中通过模型分析得到的因果图如图 8.23 所示时，TP=16，FP=0，FN=2，TP=2，验真率 $= \frac{2}{2+2} \times 100\% = 50\%$，验假率 $= \frac{16}{0+16} \times 100\% = 100\%$，$\text{TCR} = 2 \times \frac{1 \times 0.5}{1 + 0.5} \times 100\% \approx 66.67\%$，RTCR= $\frac{2}{0+2} \times 100\% = 100\%$。如果单看相对真实连接率，会错误地认为模型分析结果非常好，因为分析只得到了两个正例，并且这两个正例都是正确的，但是该分析结果遗漏掉了两个真实的正例。

图 8.23　基于 TE 分析的因果图

8.2.4　案例分析

1. 测试算例时序因果分析及溯源

1）向量自回归模型

选择向量自回归（VAR）模型生成四组序列 x_t、y_t、z_t 和 m_t，见式（8.62）：

$$\begin{cases} x_t = a_1 x_{t-1} + b_1 y_{t-4} + \varepsilon_{x,t} \\ y_t = a_2 y_{t-1} + b_2 m_{t-5} + \varepsilon_{y,t} \\ z_t = a_3 z_{t-1} + b_3 x_{t-1} + c_1 y_{t-4} + \varepsilon_{z,t} \\ m_t = a_4 m_{t-1} + \varepsilon_{m,t} \end{cases} \quad (8.62)$$

其中，$a_1 \sim a_4$、$b_1 \sim b_3$ 和 c_1 是回归系数，$\varepsilon_{x,t}$，$\varepsilon_{y,t}$，$\varepsilon_{z,t}$，$\varepsilon_{m,t}$，是随机项，服从均值为 0、方差为 1 的高斯分布。

根据式（8.62），设 $a_1=0.8$、$a_2=0.6$、$a_3=0.5$、$a_4=1.2$、$b_1=0.65$、$b_2=0.6$、$b_3=-0.65$、$b_4=-0.7$、$c_1=-0.55$。模拟生成 100 组数据，每组包含 4 个长度各为 3000 的序列，然后根据 8.2.3 中的"基于数据重排序的时序自相关分析方法步骤"，对每组数据重排序处理，然后使用传递熵方法对处理后的数据进行自相关分析，得到 100 组计算结果，由于设 $\tau=1$，2，…，19，20，因此每组包括 20 个计算结果，每个 τ 对应 100 个计算结果，对每个 τ 上的数据求平均，得到最终结果，并使用传递熵方法对未经过重排序的原始数据进行自相关分析，与所提方法进行对比，结果如图 8.24 至图 8.27 所示。

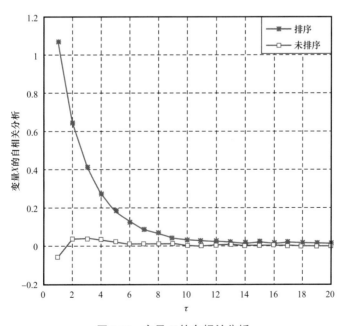

图 8.24　变量 X 的自相关分析

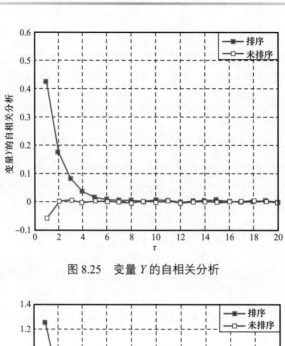

图 8.25　变量 Y 的自相关分析

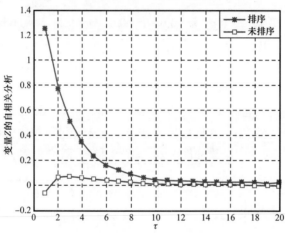

图 8.26　变量 Z 的自相关分析

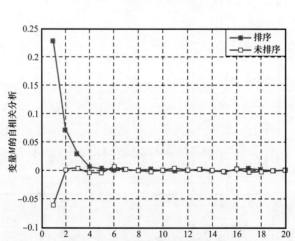

图 8.27　变量 M 的自相关分析

如图 8.24 至图 8.27 所示，对于构建的向量自回归模型，当 $\tau=1$ 时，直接使用传递熵模型对未排序的模拟数据进行自相关分析时，四组序列 x_t、y_t、z_t 和 m_t 的传递熵计算结果均小于 0，无法分析出变量是否具有自相关性，且当 $\tau>1$ 时，计算结果非常接近于 0。对于经过重排序以后的数据，在进行传递熵分析时，当 $\tau=1$ 时，其自相关性最大，可以判断出此时四个变量都具有自相关性。

以图 8.24 为例，可以看出，使用传递熵对重排序后的原始数据进行自相关分析时，虽然在 $\tau=1$ 时，其自相关性最大，但是对于 τ 分别等于 2、3、4 时，传递熵计算结果依然远大于 0.1，因此，仅根据图 8.24 中结果，会认为变量 X 在延迟 τ 分别等于 2、3、4 时，依然具有自相关性，这一分析结果与式（8.62）是不相符的，因为在式（8.62）中，仅存在 x_{t-1} 到 x_t 的直接信息传递途径。之所以产生上述错误的结果，是因为 x_{t-2} 与 x_{t-1} 之间有信息传递，而 x_{t-1} 与 x_t 之间又有信息传递，因此，x_{t-2} 可以通过 x_{t-1} 将信息传递给 x_t，同理 x_{t-4} 可以通过 x_{t-3} 和 x_{t-2} 将信息传递给 x_t，即在自相关分析过程中，由于存在间接变量，产生了虚假的自相关性。

为了进一步探究 $\tau \leqslant 20$ 时，变量 X 自相关分析结果的真实性，使用直接传递熵方法对变量 X 重排序后的原始数据进行分析，来判断其自相关分析中是否存在虚假因果关系。具体操作如下，使用式（8.47）计算 $x_{n-\tau}$ 与 x_n 之间的直接传递熵时，将 $[x_{n-\tau+1}, x_{n-\tau+2}, \cdots, x_{n-1}]$ 作为中间变量组，其中 τ 从 2 开始，依次增加。为了使计算结果更加明显，将 $\tau=1$ 时变量 X 的自相关分析结果加到图中，同理分析变量 Y、Z 和 M 的自相关分析结果真实性检验，最终结果如图 8.28 所示。

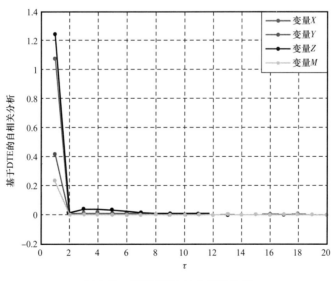

图 8.28　基于 DTE 的自相关分析

从图 8.28 中可以看出，仅当 $\tau=1$ 时，式（8.62）中四个变量的传递熵计算结果远大于 0.1，当 $\tau \geqslant 2$ 时，计算结果都非常接近于 0，即变量不存在自相关性，这与式（8.62）中构建的数学模型是相符合的，因此使用直接传递熵方法对变量重排序后的原始数据进行分

析后，可以有效地解决由于间接变量所导致的虚假自相关性的问题。

其中，以传递熵方法对重排序后的原始数据进行自相关分析为例，指出如何得到表8.7中计算结果，首先计算传递熵的真实连接率（TCR），从图8.28中可以看出，当$\tau \leqslant 6$时，变量X自相关分析结果大于0.1，即检测得到具有因果连接的有6个，其中只有1个是真的，同理变量Y、Z和M检测得到的连接分别为2个、7个和1个，对应的真实连接都为1个。所以，验真率为$\frac{4}{4} \times 100\% = 100\%$，验假率为$\frac{14+18+13+19}{19 \times 4} \times 100\% = 84.21\%$，因此真实连接率$\text{TCR} = 2 \times \frac{100\% \times 84.21\%}{100\% + 84.21\%} = 91.43\%$，相对真实连接率$\text{RTCR} = \frac{4}{6+2+7+1} \times 100\% = 25\%$，同理可得直接传递熵的TCR和RTCR均为100%，相比于传递熵方法，分别提高8.57%和75%，显示出了良好的分析性能。

表8.7 向量自回归模型自相关分析准确度指标结果

方法	真实连接率 （TCR）	相对真实连接率 （RTCR）
传递熵	91.43%	25%
直接传递熵	100%	100%

2）三元耦合 Hénon 映射模型

厄农映射（Hénon map）是一种可以产生混沌现象的离散时间动态系统，在动力学系统中被广泛研究，三元耦合 Hénon 映射的表达式见式（8.63）：

$$\begin{cases} x_n = 1.4 - x_{n-1}^2 + 0.3x_{n-2} \\ y_n = 1.4 - cx_{n-1}y_{n-1} - (1-c)y_{n-1}^2 + 0.3y_{n-2} \\ z_n = 1.4 - cy_{n-1}z_{n-1} - (1-c)z_{n-1}^2 + 0.3z_{n-2} \end{cases} \quad (8.63)$$

根据式（8.63），设$C=0.3$，模拟生成100组数据，每组包含3个长度各为3000的序列，延迟τ从1变化到20。然后根据8.2.3中的"基于数据重排序的时序自相关分析方法步骤"，得到的变量自相关分析结果如图8.29至图8.31所示。

从图8.29至图8.31中可以看出，对于三元耦合 Hénon 映射模型，当直接使用传递熵进行变量的自回归分析时，在$\tau=1$时，传递熵计算结果均接近于0，表明此条件下变量自身并无信息传递，这与式（8.63）是不相符的，当使用8.2.3中的分析步骤，对原始数据进行重排序处理后，得到的传递熵计算结果，可以表明在$\tau=1$时，三个变量是具有自相关性的，且自相关性最大。

以图8.29为例，可以看出进行重排序后的变量X，在$\tau=7$时，其自相关分析结果也非常接近0.2。通过观察式（8.63）就可以理解为何会产生这种结果，因为在式（8.63）

中，x_n 与 x_{n-1} 和 x_{n-2} 具有直接的信息传递过程，在此基础上，x_{n-2} 也可以通过 x_{n-1} 将信息传递给 x_n，即此时 x_{n-1} 作为 x_{n-2} 和 x_n 信息传递过程中的一个中间变量。当然，在式（8.63）中，也有从 x_{n-2} 直接到 x_n 的信息传递，所以 x_{n-2} 到 x_n 的直接因果关系是真实存在的。同理，x_{n-1} 与 x_{n-2} 可以作为 x_{n-3} 与 x_n 信息传递过程中的两个中间变量，但是此时 x_{n-3} 到 x_n 的直接因果关系是虚假的，因此在变量 X 的自相关分析过程中，由于间接变量的存在，可能导致虚假的自相关性。

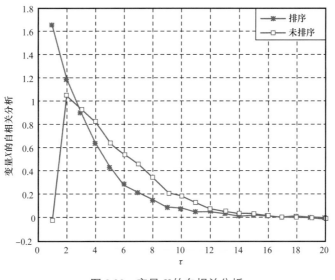

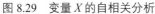

图 8.29　变量 X 的自相关分析

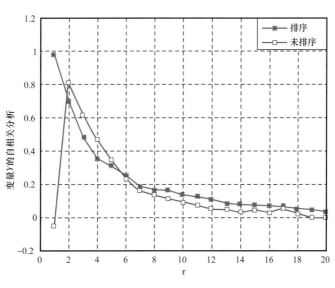

图 8.30　变量 Y 的自相关分析

为了进一步探究 $\tau \leqslant 20$ 时，变量 X 自相关分析结果的真实性，使用直接传递熵方法对变量 X 重排序后的原始数据进行分析，来判断其自相关分析中是否存在虚假因果关系。具体操作如下，使用式（8.47）计算 $x_{n-\tau}$ 与 x_n 之间的直接传递熵时，将 $[x_{n-\tau+1}, x_{n-\tau+2}, \cdots, x_{n-1}]$ 作为中间变量组，其中 τ 从 2 开始，依次增加。同理分析变量 Y、Z 和 M 的自相关分析结果真实性检验，具体计算结果如图 8.32 所示。

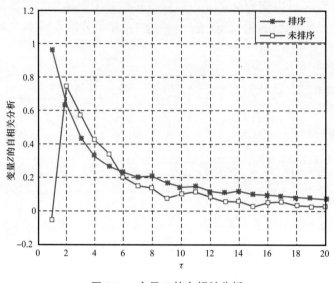

图 8.31　变量 Z 的自相关分析

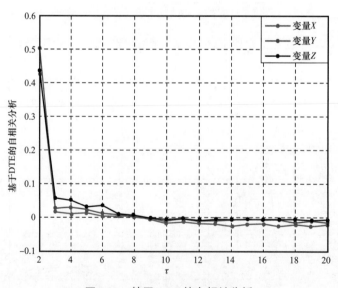

图 8.32　基于 DTE 的自相关分析

从图 8.32 中可以看出，仅当 $\tau=2$ 时，式（8.63）中三个变量的直接传递熵计算结果远大于 0.1，当 $\tau \geqslant 3$ 时，计算结果都非常接近于 0，即变量不存在自相关性，当 $\tau=1$、2 时，三个变量存在自相关性，这与式（8.63）中构建的数学模型是相符的。从表 8.8 中准确度指标计算结果中可以看出，传递熵方法的真实连接率（TCR）和相对真实连接率（RTCR）分别为 66.67% 和 18.18%，直接传递熵方法的真实连接率（TCR）和相对真实连接率（RTCR）分别均为 100%，相比于传递熵方法，分别提高 33.33% 和 81.82%，因此使用直接传递熵方法，可以得到更真实的因果图。

表 8.8　三元耦合 Hénon 映射模型自相关分析准确度指标结果

方法	真实连接率 （TCR）	相对真实连接率 （RTCR）
传递熵	66.67%	18.18%
直接传递熵	100%	100%

3）三元线性随机模型

假设一个三元线性相关的连续随机系统如式（8.64）所示：

$$\begin{cases} z_{t+1} = 1.2x_t + \varepsilon_{1t} \\ y_{t+1} = 0.8z_t + \varepsilon_{2t} \end{cases} \tag{8.64}$$

其中 $x_t \sim N(0, 1)$，ε_{1t}，$\varepsilon_{2t} \sim N(0, 0.1)$，令 $z(0) = 2.6$，序列长度设为 3000，延迟 τ 从 0 变化到 20。经过 100 次模拟，分别计算两两变量之间的传递熵平均值，结果见表 8.9。

表 8.9　三元线性随机模型 TE 计算结果

$\text{TE}_{\text{row} \to \text{column}}$	x	z	y
x	0.0037	1.3619，1	0.9223，2
z	0.0046，1	0.0021	1.1909，1
y	0.0035，2	0.01055，1	0.0048

注：表中（a，b），其中 a 代表传递熵值，b 代表所对应的延迟时间 τ。

从表 8.9 中可以看出，x 到 z 的传递熵为 1.3619，x 到 y 的传递熵为 0.9223，z 到 y 的传递熵为 1.1909，因此信息传递方向为 $x \to z$，$z \to y$，$x \to y$。由于三个方向对应的传递熵值远大于 0，x 和 y 之间具有两条传递路径，分别为 $x \to y$ 和 $x \to z \to y$，所以根据传递熵结果无法判断 $x \to y$ 方向是直接传递还是间接传递。

为了进一步确定是否存在 $x \to y$ 的直接因果关系，需要根据式（8.44）计算 x 和 y 之间的直接传递熵，结果为 0.0188，因此，可以得知，并不存在 $x \to y$ 的直接因果关系，即 $x \to y$ 的信息传递是通过中间变量 z 来实现的。从表 8.10 中准确度指标计算结果可以看出，传递熵方法的真实连接率（TCR）和相对真实连接率（RTCR）分别为 85.71% 和 66.67%，直接传递熵方法的真实连接率（TCR）和相对真实连接率（RTCR）分别均为 100%，相比于传递熵方法，分别提高 14.29% 和 33.33%，因此使用直接传递熵方法，可以得到更真实的因果图。

表 8.10　三元线性随机模型因果分析准确度指标结果

方法	真实连接率 （TCR）	相对真实连接率 （RTCR）
传递熵	85.71%	66.67%
直接传递熵	100%	100%

4）三元非线性随机模型

假设一个三元非线性随机模型见式（8.65）：

$$\begin{cases} z_{t+1} = 1.2 - 2.5 \left| 0.4 - 0.6x_t - 0.35\sqrt{|z_t|} \right| + \varepsilon_{1t} \\ y_{t+1} = 6\left(z_t + 6.8\right)^2 + 10\sqrt{|x_t|} + \varepsilon_{2t} \end{cases} \qquad (8.65)$$

其中 $x_t \sim U(4, 5)$，ε_{1t}，$\varepsilon_{2t} \sim N(0, 0.1)$，令 $z(0) = 2.8$，序列长度设为 3000，延迟 τ 从 0 变化到 20。经过 100 次模拟，分别计算两两变量之间的传递熵平均值，结果见表 8.11。

表 8.11　三元非线性随机模型 TE 计算结果

$TE_{row \to column}$	x	z	y
x	0.0018	0.8186，1	0.2952，1 0.2238，2
z	0.0017，1	0.4961，1	0.7492，1
y	0.0007，1 0.0022，2	0.0045，1	0.0023

注：表中（a，b），其中 a 代表传递熵值，b 代表所对应的延迟时间 τ。

从表 8.11 中可以看出，x 到 z 的传递熵为 0.8186；x 到 y 的传递熵有两个结果，当 $\tau=1$ 时，为 0.2952，当 $\tau=2$ 时，为 0.2238；z 到 y 的传递熵为 0.7492，且 z 具有自相关性。信息传递方向为 $x \to z$，$z \to y$，$z \to z$，$x \to y$，并且四个方向对应的传递熵值远大于 0，其中 $x \to y$ 方向上，当延迟为 1 和 2 时所对应的传递熵值都大于 0.1，即存在 $x \to y$ 和 $x \to z \to y$ 两条路径。为了进一步确定是否存在 $x \to y$ 的直接因果关系，首先计算当延迟为 1 时，x 和 y 之间的直接传递熵为 0.7169，所以此时存在 $x \to y$ 的直接因果关系。当延迟为 2 时，x 和 y 之间的直接传递熵为 0.0066，远小于 0.1，所以此时不存在 $x \to y$ 的直接因果关系，这一结果符合式（8.65）。其次计算当延迟为 1 时，z 和 y 之间的直接传递熵为 1.1269，所以存在 $z \to y$ 的直接因果关系。从表 8.12 中准确度指标计算结果中可以看出，传递熵方法的真实连接率（TCR）和相对真实连接率（RTCR）分别为 88.89% 和 66.67%，直接传递熵方法的真实连接率（TCR）和相对真实连接率（RTCR）分别均为 100%，相比于传递熵方法，分别提高 11.11% 和 33.33%，因此使用直接传递熵方法得到的因果图更加准确。

表 8.12　三元非线性随机模型因果分析准确度指标结果

方法	真实连接率 （TCR）	相对真实连接率 （RTCR）
传递熵	88.89%	66.67%
直接传递熵	100%	100%

5）四元线性模型

构建的数学模型见式（8.66）：

$$\begin{cases} z_{t+1} = 0.8x_t + \varepsilon_{1t} \\ m_{t+1} = 1.8z_t + 1.2x_t + \varepsilon_{2t} \\ y_{t+1} = 1.2m_t + \varepsilon_{3t} \end{cases} \qquad (8.66)$$

其中 $x_t \sim U$（4，5），ε_{1t}，ε_{2t}，$\varepsilon_{3t} \sim N$（0，0.1），令 z（0）=0.7，m（0）=1.6，序列长度设为 10000，延迟 τ 从 0 变化到 20。经过 100 次模拟，分别计算两两变量之间的传递熵平均值，结果见表 8.13。

表 8.13　四元线性模型 TE 计算结果

$TE_{row \to column}$	x	z	m	y
x	0.0061	0.4031，1	0.1305，1 0.1664，2	0.1448，2 0.1580，3
z	0.0172，1	0.0122	0.5486，1	0.4711，2
m	0.0128，1 0.0095，2	0.0173，1	0.0057	1.3339，1
y	0.0173，2 0.0119，3	0.0523，1	0.0137，1	0.0104

注：表中（a，b），其中 a 代表传递熵值，b 代表所对应的延迟时间 τ。

从表 8.13 中可以看出，x 到 z 的传递熵为 0.4031，x 到 m 的传递熵有两个结果，当 τ=1 时，为 0.1305，当 τ=2 时，为 0.1664；x 到 y 的传递熵有两个结果，当 τ=2 时，为 0.1448，当 τ=3 时，为 0.1580；z 到 m 的传递熵为 0.5486；z 到 y 的传递熵为 0.4711；m 到 y 的传递熵为 1.3339；因此 x 到 m、x 到 y 和 z 到 y 既存在直接路径又存在间接路径。

从图 8.33 中可以看出，从 x 到 y 共有四条因果路径，分别为 $x \to y$；$x \to z \to y$；$x \to m \to y$；$x \to z \to m \to y$；既包含直接路径，又包含多种间接路径，此时计算到 x 和 y 之间的直接传递熵时，当选择 $x \to z \to y$ 路径，x 和 y 之间的延迟为 2 时，计算结果 $DTE_{x \to y}$=0.4301，说明存在 $x \to y$ 的直接因果路径，这一结果和式（8.66）中的数学模型是相违背的，原因在于 $z \to y$ 不存在直接的因果关系（$DTE_{z \to y}$=0.002），即 $x \to z \to y$ 这条路径是虚假的，不能使用直接传递熵方法计算。因此计算直接传递熵时，所选取的路径中相邻两个变量之间必须保证其存在直接因果关系，否则有可能得出错误的因果关系。

对表 8.13 中结果进一步分析，分别计算 x 到 m、x 到 y 和 z 到 y 之间的直接传递熵，计算结果见表 8.14。

表 8.14　四元线性模型 DTE 计算结果

$\text{TE}_{\text{row} \to \text{column}}$	x	z	m	y
x	0	\	0.5393，1 0.0034，2	0.0087，2 0.0075，3
z	0	0	\	0.0020，2
m	0	0	0	\
y	0	0	0	0

注：符号"\"表示变量之间不存在间接因果路径，因此未计算其直接传递熵值。

根据表 8.14 中结果可知，当延迟为 1 时，x 到 m 的直接传递熵为 0.5393，此时 $x \to m$ 存在直接因果关系。当延迟为 2 时，x 到 m 的直接传递熵为 0.0034，即此时 $x \to m$ 不存在直接因果关系。同理可得 x 和 y 之间不存在因果关系，z 和 y 之间不存在直接因果关系。以上分析结果与式（8.64）中数学模型是相符合的，所以更新后的因果路径图如图 8.34 所示。

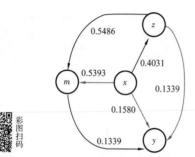

图 8.33　基于 TE 的因果图

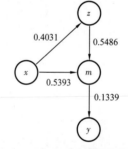

图 8.34　基于 DTE 的因果图

从表 8.15 中准确度指标计算结果中可以看出，传递熵方法的真实连接率（TCR）和相对真实连接率（RTCR）分别为 80% 和 50%，直接传递熵方法的真实连接率（TCR）和相对真实连接率（RTCR）分别均为 100%，相比于传递熵方法，分别提高 20% 和 50%，因此使用直接传递熵方法得到的因果图更加准确。

表 8.15　四元线性模型因果分析准确度指标结果

方法	真实连接率 （TCR）	相对真实连接率 （RTCR）
传递熵	80%	50%
直接传递熵	100%	100%

2. 田纳西—伊斯曼过程仿真时序因果分析及溯源

具体工艺流程介绍如 8.2.4 中 1 所述，田纳西—伊斯曼过程仿真数据可以直接从网上下载，首先选择故障 4 进行分析，故障 4 是由于反应器冷却水注入温度的阶跃变化而引起的，根据图 8.35 和图 8.36 可以看出，当反应器冷却水注入温度升高时，反应器温度也会随之升高，但是由于控制器的存在，通过加大反应器冷却水流量，使反应器温度迅速回到正常值。

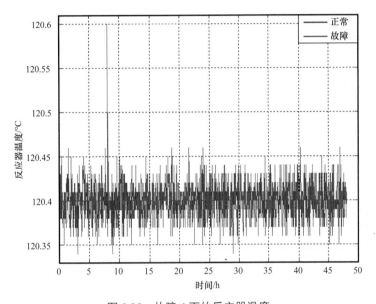

图 8.35　故障 4 下的反应器温度

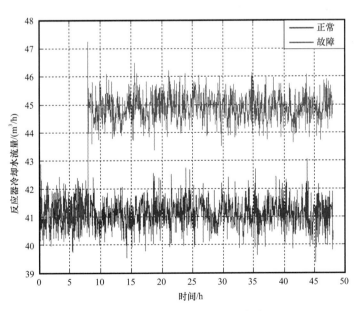

图 8.36　故障 4 下的反应器冷却水流量

变量选择见表 8.16，使用传递熵方法，选取引入故障前后的数据点（140~180）进行分析，分析结果如图 8.37 所示。

表 8.16　变量名称

变量号	变量描述	单位
XMEAS（6）	反应器进料流量（流6）	km^3/h
XMEAS（7）	反应器压力	kPa
XMEAS（8）	反应器液位	%
XMEAS（9）	反应器温度	℃
XMV（10）	反应器冷却水流量	m^3/h

从图 8.37 中可以看出，反应器温度到反应器冷却水流量的传递熵为 0.1351，反应器进料流量到反应器液位的传递熵为 0.1606，反应器液位到反应器进料流量的传递熵为 0.1438，因此得出反应器温度影响反应器冷却水流量。这可以理解为当反应器温度升高时，会促使控制系统作出反应，以增加反应器冷却水流量，促使反应器温度回到正常工作范围，并且反应器进料流量和反应器液位之间具有相互影响的关系。图 8.37 中两条红色线条所连接的变量对，不仅存在直接因果路径，而且存在间接因果路径，因此无法判断其是否具有因果关系，使用 8.2.3 中所述方法步骤，进一步判断是否存在直接因果关系，分析结果如图 8.38 所示。从图 8.38 中可以看出，反应器冷却水流量与反应器进料流量并不存在直接因果关系，反应器温度与反应器液位也不存在直接因果关系。因此对比图 8.37 和图 8.38 可以发现，使用本文提出的基于直接传递熵的时序因果分析方法，可以很好地检测出变量间虚假的直接因果关系。为了确定此次异常的根原因，通过各变量贡献度分析可以得知，在故障 4 中，反应器冷却水流量的贡献度最大，从图 8.38 中可以得到，反应器冷却水流量的下级影响因素是反应器温度，即由于反应器温度的异常进而导致反应器冷却水流量偏离正常范围，这和故障 4 的情况相吻合。

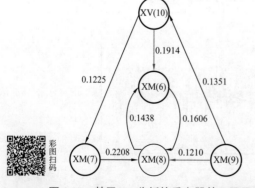

图 8.37　基于 TE 分析的反应器单元因果图

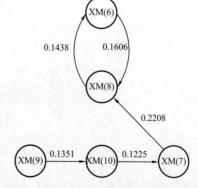

图 8.38　基于 DTE 分析的反应器单元因果图

从表 8.17 中准确度指标计算结果中可以看出，传递熵方法的真实连接率（TCR）和相对真实连接率（RTCR）分别为 92.3% 和 57.14%，直接传递熵方法的真实连接率（TCR）和相对真实连接率（RTCR）分别为 97.56% 和 80%，相比于传递熵方法，分别提高 5.26% 和 22.86%，因此使用直接传递熵方法得到的因果图更加准确。

表 8.17　反应器单元因果分析准确度指标结果

方法	真实连接率 （TCR）	相对真实连接率 （RTCR）
传递熵	92.3%	57.14%
直接传递熵	97.56%	80%

由于与反应器相邻的单元是冷凝器，且反应产物与未完全反应的组分冷却降温后会进入气液分离器，因此对气液分离器单元进行因果分析。变量选择见表 8.18，使用传递熵方法，选取引入故障前后的数据点（140～180）进行分析，分析结果如图 8.39 所示。

表 8.18　变量名称

变量号	变量描述	单位
XMEAS（11）	气液分离器温度	℃
XMEAS（12）	气液分离器液位	%
XMEAS（13）	气液分离器压力	kPa
XMEAS（14）	气液分离器底部流量（流 10）	m³/h
XMEAS（22）	气液分离器冷却水出口温度	℃
XMV（11）	冷凝器冷却水流量	m³/h

由于反应器温度上升后，通过增加反应器冷却水流量使得反应器温度迅速回到正常范围，所以反应器单元的故障并未传递到下游单元，从图 8.39 中可以看出，气液分离器温度到气液分离器冷却水出口温度的传递熵为 0.2373。基于此计算结果，会得出气液分离器温度和气液分离器冷却水出口温度之间存在相互影响，但这一结论是不正确的，因为气液分离器温度并未异常波动，也不会促使气液分离器冷却水出口温度产生波动。图 8.39 中还有其他标红的线条，例如气液分离器液位到气液分离器冷却水出口温度（传递熵为 0.1774），气液分离器压力到气液分离器液位（传递熵为 0.1782）等都是由于存在间接路径，无法确定是否存在直接的因果关系。使用 8.2.3 中所述方法步骤，进一步判断是否存在直接因果关系，分析结果如图 8.40 所示。从图 8.40 中可以看出，并不存在从气液分离器温度到气液分离器冷却水出口温度之间的因果路径，这与实际情况是相符的。

从表 8.19 中准确度指标计算结果中可以看出，传递熵方法的真实连接率（TCR）和相对真实连接率（RTCR）分别为 90.91% 和 54.55%，直接传递熵方法的真实连接率

（TCR）和相对真实连接率（RTCR）分别为 98.31% 和 85.71%，相比于传递熵方法，分别提高 7.4% 和 31.16%，因此使用直接传递熵方法得到的因果图更加准确。

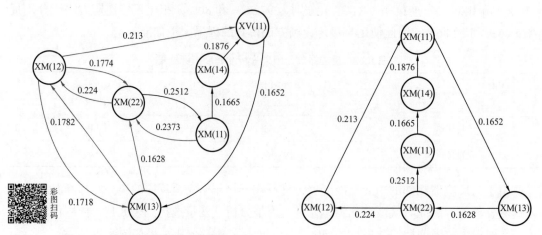

图 8.39　基于 TE 分析的冷凝器和气液　　　　图 8.40　基于 DTE 分析的冷凝器和气液
　　　　　分离器单元因果图　　　　　　　　　　　　　　分离器单元因果图

表 8.19　冷凝器和气液器单元因果分析准确度指标结果

方法	真实连接率（TCR）	相对真实连接率（RTCR）
传递熵	90.91%	54.55%
直接传递熵	98.31%	85.71%

选择故障 5 进行因果路径分析，在该故障下，冷凝器冷却水入口处温度产生大幅波动，造成冷却效率不足，这将使气液分离器的温度增加（图 8.41），从而导致气液分离器冷却水出口温度增加（图 8.42），系统将通过闭环控制回路进行补偿，使冷凝器冷却水流量增加（图 8.43），使气液分离器的温度达到正常值。

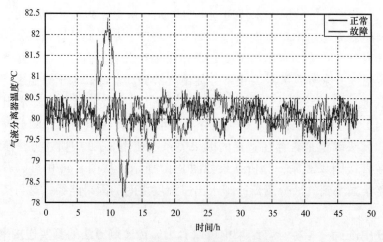

图 8.41　故障 5 下的气液分离器温度

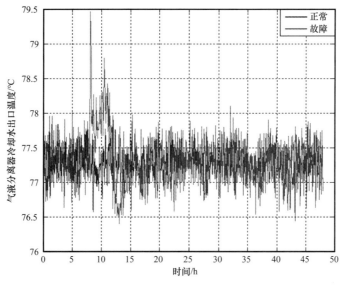

图 8.42　故障 5 下的气液分离器冷却水出口温度

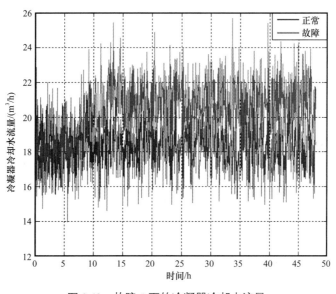

图 8.43　故障 5 下的冷凝器冷却水流量

变量选择见表 8.20，选取引入故障前后的数据点（140～180）进行分析，分析结果如图 8.44 所示。

从图 8.44 中可以看出，在故障 5 的情况下，气液分离器温度到气液分离器冷却水出口温度的传递熵为 0.2013，气液分离器温度到冷凝器冷却水流量的传递熵为 0.1786，即气液分离器温度的升高，会使气液分离器冷却水出口温度也随之升高，因此二者之间具有因果关系。由于控制回路的作用，当气液分离器温度升高时，会增加上游冷凝器冷却水流量，使进入气液分离器的物质温度降低，因此气液分离器温度与冷凝器冷却水流量之间也存在因果关系。图 8.44 中标红的是气液分离器温度到气液分离器液位的路径（直接传递熵为 0.1693）和气液分离器压力到冷凝器冷却水流量的路径（直接传递熵为 0.1544），这两条路径会导致错误的因果关系。使用 8.2.3 中所述方法步骤，进一步判断这两条路径是否为真，结果如图 8.45 所示，从图 8.45 中可以看出，上述两条因果路径并不存在，这也符合实际情况。

表 8.20　变量名称

变量号	变量描述	单位
XMEAS（11）	气液分离器温度	℃
XMEAS（12）	气液分离器液位	%
XMEAS（13）	气液分离器压力	kPa
XMEAS（14）	气液分离器底部流量（流 10）	m³/h
XMEAS（22）	气液分离器冷却水出口温度	℃
XMV（11）	冷凝器冷却水流量	m³/h

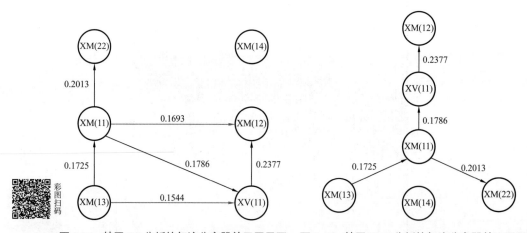

图 8.44　基于 TE 分析的气液分离器单元因果图　图 8.45　基于 DTE 分析的气液分离器单元因果图

从表 8.21 中准确度指标计算结果中可以看出，传递熵方法的真实连接率（TCR）和相对真实连接率（RTCR）分别为 96.77% 和 66.67%，直接传递熵方法的真实连接率（TCR）和相对真实连接率（RTCR）均为 100%，相比于传递熵方法，分别提高 3.23% 和 33.33%，因此使用直接传递熵方法得到的因果图更加准确。

表 8.21　气液分离器单元因果分析准确度指标结果

方法	真实连接率（TCR）	相对真实连接率（RTCR）
传递熵	96.77%	66.67%
直接传递熵	100%	100%

　　由于与气液分离器相邻的单元是汽提塔，气液分离器底部的剩余物质会进入汽提塔，当气液分离器温度异常时，也会影响汽提塔的正常工作。因此，对汽提塔单元进行因果分析。变量选择见表 8.22，选取引入故障前后的数据点（150～180）进行分析，分析结果如图 8.46 所示。

表 8.22　变量名称

变量号	变量描述	单位
XMEAS（11）	气液分离器温度	℃
XMEAS（14）	气液分离器底部流量（流 10）	m³/h
XMEAS（15）	汽提塔液位	%
XMEAS（16）	汽提塔压力	kPa
XMEAS（17）	汽提塔底部流量（流 11）	m³/h
XMEAS（18）	汽提塔温度	℃

　　从图 8.46 中可以看出，汽提塔液位到汽提塔底部流量（流 11）的传递熵为 0.1509，气液分离器温度到汽提塔温度的直接传递熵为 0.1871，得到汽提塔液位影响汽提塔底部流量（流 11），气液分离器温度影响汽提塔温度。因为气液分离器底部（流 10）中的物质会将热量带到汽提塔中，所以汽提塔和气液分离器两个单元可以通过气液分离器温度变量建立因果联系。图 8.46 中标红的是存在错误的因果关系连接，使用 8.2.3 中所述方法步骤，进一步判断，结果如图 8.47 所示，从图 8.47 中可以看出，汽提塔压力和气液分离器温度之间不存在直接因果关系，气液分离器底部流量（流 10）和汽提塔底部流量（流 11）不存在直接因果关系，汽提塔压力和汽提塔温度之间存在直接因果关系。

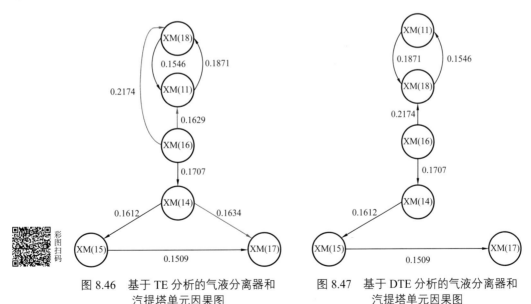

图 8.46　基于 TE 分析的气液分离器和　　　图 8.47　基于 DTE 分析的气液分离器和
　　　　　　汽提塔单元因果图　　　　　　　　　　　　　　汽提塔单元因果图

从表 8.23 中准确度指标计算结果中可以看出，传递熵方法的真实连接率（TCR）和相对真实连接率（RTCR）分别为 96.5% 和 75%，直接传递熵方法的真实连接率（TCR）和相对真实连接率（RTCR）均为 100%，相比于传递熵方法，分别提高 3.5% 和 25%，因此使用直接传递熵方法得到的因果图更加准确。

表 8.23　气液分离器和汽提塔单元因果分析准确度指标结果

方法	真实连接率 （TCR）	相对真实连接率 （RTCR）
传递熵	96.5%	75%
直接传递熵	100%	100%

3. 脱丙烷系统时序因果分析及溯源

具体工艺流程介绍如 8.2.4 中 2 所述，本次分析选择变量见表 8.24，使用传递熵方法，输入历史监测数据进行分析，分析结果如图 8.48 所示。

表 8.24　变量名称

变量号	变量描述	单位
PI4201	V4201 塔顶压力	MPa
TI4232	T4204 顶温度	℃
TI4234	T4204 底温度	℃
TI4231	T4204 进料温度	℃
TI4235	T4204 底液温度	℃
PI4232	T4204 顶压控	MPa
FI4202	T4204 进料	t/h
FI4231	T4204 回流量	t/h
LI4232	T4204 底液位	%
PI4234	V4204 顶压控	MPa
LI4233	V4204 底液位	%
TI4236	E4207 气烃返塔温度	℃
FI4232	E4207 蒸气流量	t/h
LIC4201	丙烷塔原料缓冲罐液位	%
TIC4237	冷后温度	℃

从图 8.48 中可以看出，对于脱丙烷系统，丙烷塔原料缓冲罐液位影响脱丙烷塔底液位（传递熵为 0.1709），脱丙烷塔底液位（T4204）影响脱丙烷塔顶回流罐液位（V4204）（传递熵为 0.1211），塔顶回流罐压控影响脱丙烷塔回流量（传递熵为 0.1265）。图中两条红色线条表示不确定的直接因果关系，为了进一步分析塔底重沸器气烃返塔温度与脱丙烷塔底温度之间、丙烷塔原料缓冲罐液位与脱丙烷塔底温度之间是否存在直接因果关系，使用 8.2.3 中所述方法步骤，得到的结果如图 8.49 所示，从图 8.49 中可以看出丙烷塔原料缓冲罐液位与脱丙烷塔底温度之间不具有直接因果关系，塔底重沸器气烃返塔温度和脱丙烷塔底温度之间不具有直接因果关系。

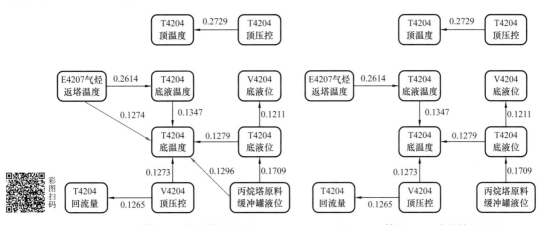

图 8.48　基于 TE 分析的因果图　　　图 8.49　基于 DTE 分析的因果图

在 8.2.4 中对于丙烷塔原料缓冲罐液位超限异常案例分析，通过计算各变量贡献度可以得知，丙烷塔原料缓冲罐液位的贡献度最大，从图 8.49 中可以得到，丙烷塔原料缓冲罐液位不具有下级影响因素，因此本次故障根原因就是丙烷塔原料缓冲罐液位超限。

从图 8.50 中可以看出，脱丙烷塔底液位和脱丙烷塔顶回流罐底液位之间大致存在负相关关系，即当 T4204 底液位升高时，V4204 底液位会降低。

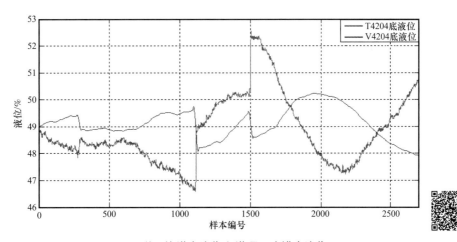

图 8.50　脱丙烷塔底液位和塔顶回流罐底液位图

从表 8.25 中准确度指标计算结果中可以看出，传递熵方法的真实连接率（TCR）和相对真实连接率（RTCR）分别为 99.3% 和 70%，直接传递熵方法的真实连接率（TCR）和相对真实连接率（RTCR）分别为 99.77% 和 87.5%，相比于传递熵方法，TCR 大致相等，RTCR 提高了 17.5%，因此使用直接传递熵方法得到的因果图更加准确。

表 8.25　脱丙烷系统因果分析准确度指标结果

方法	真实连接率 （TCR）	相对真实连接率 （RTCR）
传递熵	99.3%	70%
直接传递熵	99.77%	87.5%

4. 脱乙烷系统时序因果分析及溯源

具体工艺流程介绍如 8.2.4 所述，本次分析选择变量见表 8.26，使用传递熵方法，输入历史监测数据进行分析，分析结果如图 8.51 所示。

表 8.26　变量名称

变量号	变量描述	单位
PI4203	T-4201 底压力	MPa
TI4202	T-4201 塔顶温度	℃
TI4203	T-4201 塔底温控	℃
TI4220	T4201 进料温度	℃
LI4203	V4202 液位	%
TI4206	E4202 汽烃返塔	℃
PIC4202	脱乙烷塔顶压力	MPa
LIC4202	脱乙烷塔底液位	%

从图 8.51 中可以看出，脱乙烷塔底重沸器汽烃返塔温度和脱乙烷塔进料温度之间相互影响，脱乙烷塔底压力影响脱乙烷塔底液位，并且影响脱乙烷塔顶压力，脱乙烷塔顶压力影响脱乙烷塔顶温度。图中红色箭头代表不确定脱乙烷塔底压力和脱乙烷塔顶温度之间是否具有直接因果关系，使用 8.2.4 中所述方法步骤，得到的结果如图 8.52 所示，从图 8.52 中可以看出，脱乙烷塔底压力和脱乙烷塔顶温度之间不具有直接因果关系，该虚假因果关系是由于脱乙烷塔顶压力充当间接变量产生的。在 8.2.4 中，脱乙烷塔底压力超过运行控制下限异常案例分析，通过计算各变量贡献度可以得知，脱乙烷塔底压力的贡献度最大，从图 8.52 中可以得到，脱乙烷塔底压力不具有下级影响因素，因此本次故障根原因就是脱乙烷塔底压力过低。

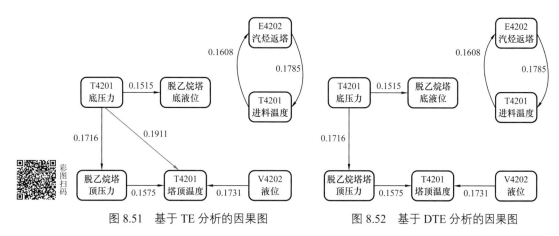

图 8.51　基于 TE 分析的因果图　　　　图 8.52　基于 DTE 分析的因果图

从表 8.27 中准确度指标计算结果中可以看出，传递熵方法的真实连接率（TCR）和相对真实连接率（RTCR）分别为 98.23 和 71.43%，直接传递熵方法的真实连接率（TCR）和相对真实连接率（RTCR）分别为 99.15% 和 83.33%，相比于传递熵方法，分别提高了 0.92% 和 11.9%，因此使用直接传递熵方法得到的因果图更加准确。

表 8.27　脱乙烷系统因果分析准确度指标结果

方法	真实连接率 （TCR）	相对真实连接率 （RTCR）
传递熵	98.23%	71.43%
直接传递熵	99.15%	83.33%

8.2.5　小结

（1）针对加氢装置工艺参数非线性强，系统间的结构复杂度高，变量与变量之间随时间的动态关联特性复杂，导致模型不能准确区分直接和间接因果关系的问题，提出了基于直接传递熵的时序因果分析及溯源方法。通过传递熵分析方法得出系统任意两个变量之间的因果关系，然后通过路径搜索算法，获得任意两个变量之间的所有间接路径，进而根据直接传递熵方法，分析两个变量之间是否存在直接因果关系，并建立系统的因果网络图。当监测到异常时，分析各变量的贡献度，确定此次故障影响变量，然后根据构建的因果网络图，查找异常根原因，为操作人员制定决策提供依据。

（2）通过线性模型、非线性模型及田纳西—伊斯曼过程仿真模型的分析，验证直接传递熵方法能够准确识别变量之间的信息流向，并确定信息传递的延迟时间，在区分直接因果关系和间接因果关系方面效果显著。准确识别出 18 条虚假的直接因果连接关系，其中真实连接率（TCR）平均提高 11.16%，相对真实连接率（RTCR）平均提高 41%。

（3）通过脱丙烷系统和脱乙烷系统案例分析，得出直接传递熵方法在现场生产系统中因果分析效果显著，准确识别出脱丙烷塔进料温度和脱丙烷塔顶温度之间并不存在直接的因果关系，脱乙烷塔底压力和脱乙烷塔顶温度之间不存在直接因果关系，提高了因果图的真实性。其中真实连接率（TCR）平均提高 0.69%，相对真实连接率（RTCR）平均提高 14.42%。根据构建的因果路径图，准确识别出 8.2.4 中脱丙烷系统异常根原因为丙烷塔原料缓冲罐液位超限，脱乙烷系统异常根原因为脱乙烷塔底压力过低。

8.3 基于 LSTM 模型的时序趋势预测方法

8.3.1 引言

在加氢装置运行过程中，警报系统是企业安全生产智能化体系中的重要组成部分，它能够实时监控过程运行状态，可以帮助操作人员及时发现故障，然后针对故障状况选择合适的处理措施，以阻止故障的进一步发展和传播。目前报警系统普遍采取阈值报警方式，即对重要参数设定合理的阈值范围，当监测参数运行在阈值范围之外时，报警系统会以声和光的形式向操作人员传达故障信息。随着加氢装置规模不断扩大，生产系统所涉及的监测变量也逐渐增多，即使系统在平稳状态下正常运行，也会由于监测变量阈值设置不合理而造成系统报警过多甚至报警泛滥的问题，严重干扰操作人员执行重要操作的注意力，导致操作人员无法及时有效地应对故障，从而错过最佳处置时间。

目前加氢生产企业都有配套的监控与数据采集系统，并积累了大量的历史监测数据，这些历史数据中包含了丰富的过程信息，能够反映系统运行过程中的状态，并体现监控指标随时间动态变化的趋势。因此本节提出基于 LSTM 模型的时序趋势预测方法，首先根据研究内容，确定预测参数的影响因素和延迟时间，随后调整历史数据顺序，通过历史数据训练 LSTM 模型，然后根据当前监测数据预测关键指标在未来一段时间内的变化趋势，通过及时捕捉异常趋势，并将此异常信息传达给操作人员，从而提高操作员成功接收和处理警报的可能性，间接地减少报警泛滥的问题，提高安全管理效率和安全管理水平。

8.3.2 时序趋势预测方法基本理论

长短期记忆模型（Long Short-Term Memory，LSTM）是在循环神经网络（RNN）的基础上改进得到的一种模型，通过加入存储单元以便解决 RNN 中梯度消失和爆炸的问题。与传统的 RNN 相比，LSTM 可以更好地处理数据中存在的长期依赖性，即 LSTM 可以记住并连接以前的有用信息，因此 LSTM 模型也适用于处理和预测具有间隔和延迟事件的时间序列。

1. RNN 模型

循环神经网络（RNN）是一种改进的多层感知器网络，它包括输入层，隐藏层和输出层，其最早由 John Hopfield 提出，后经 Michael I. Jordan 和 Jeffrey L. Elman 等人的研究，形成了最简单的包含单个自连接节点的 RNN 模型。

传统的神经网络模型没有考虑数据之间的关联性，网络的输出只和当前时刻网络的输入有关，然而在现实世界中，很多实际问题所涉及的序列在时间上具有强的关联性，也就是说当前网络的输出不但与当前的输入有关，还与之前某一时间或某一时间段的输出有关。所以传统的神经网络并不能很好地处理具有时间关联性的序列，因为它没有记忆存储功能，网络的每层节点之间是互不相连的，造成模型之前的输出不能传递到后面的时刻，这样可能导致模型在训练过程中丢失某些重要的有用信息。基于上述问题，研究人员提出了循环神经网络（RNN），它是一种在时间上进行线性递归的神经网络，可以很好地挖掘序列在时间上的关联性。

图 8.53 展示了循环神经网络所具有的结构，共有三层，包括输入层、输出层和隐藏层，其中 x_t 是时刻 t 的输入，o_t 是时刻 t 的输出，s_t 是隐藏层的输出，保存在记忆单元中，它将和 x_{t+1} 一起作为下一时刻的输入，U、W 和 V 分别是不同层之间的权重矩阵。传统的深度神经网络在每一层使用不同的参数，但是在 RNN 算法中，每一层的权重矩阵都是一样的，所以显著降低了计算量。

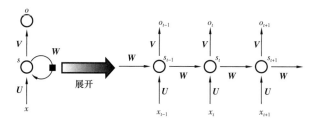

图 8.53　RNN 模型结构图

前向传播算法，当前节点根据网络连接状态和权重矩阵对输入数据进行运算，并将隐藏层的输出结果传给下一节点。其中 $s_j(t)$ 是隐藏层在时刻 t 的输出，其计算公式见式（8.67）：

$$s_j(t) = f\left[\sum_i^l x_i(t)v_{ji} + \sum_h^m s_h(t-1)u_{jh} + b_j\right] \tag{8.67}$$

上式中 $\sum_i^l x_i(t)v_{ji}$ 是输入层在 t 时刻的输入数据，$\sum_h^m s_h(t-1)u_{jh} + b_j$ 是隐藏层在（$t-1$）时刻的输入，b_j 是偏置，$f(\cdot)$ 是隐藏层的激活函数，通常为非线性函数，例如 $\tanh$ 函数和 ReLU 函数。

假设一个长度为 T 的序列 x，输入到 RNN 模型中，该 RNN 模型的输入层个数为 I、隐藏层个数为 H，输出层个数为 K，设 x_i^t 是第 i 个输入单元在时刻 t 的输入值，a_h^t 是第 h 个隐藏单元在时刻 t 的输入值，b_h^t 是第 h 个隐藏单元在时刻 t 的激活函数，对于隐藏层单元有式（8.68）：

$$a_h^t = \sum_{i=1}^l \omega_{ih}x_i^t + \sum_{h'=1}^l \omega_{h'h}b_{h'}^{t-1} \tag{8.68}$$

激活函数 $b_h^t = \theta_h(a_h^t)$，网络的输入到输出单元计算见式（8.69）：

$$a_k^t = \sum_{h=1}^{H} \omega_{hk} b_h^t \tag{8.69}$$

通过反向传播算法（BPTT）可以有效地拟合 RNN 网络中的权重参数，其优点在于，BPTT 算法在训练 RNN 网络时，不但考虑了损失函数对当前输出层的影响，还考虑了损失函数对下一时刻的隐藏层的影响。见式（8.70）：

$$\delta_n^t = \theta'\left(a_h^t\right) \sum_{k=1}^{K} \delta_k^t \omega_{hk} + \sum_{h'=1}^{H} \delta_{h'}^{t+1} \omega_{hh'} \tag{8.70}$$

设 $\delta_j^t \stackrel{\text{def}}{=\!=} \dfrac{\partial L}{\partial a_j^t}$，然后对整个序列求和，得到网络权重的导数，见式（8.71）：

$$\frac{\partial L}{\partial \omega_{ij}} = \sum_{t=1}^{T} \frac{\partial L}{\partial a_j^t} \frac{\partial a_j^t}{\partial \omega_{ij}} = \sum_{t=1}^{T} \delta_j^t b_i^t \tag{8.71}$$

虽然 RNN 模型考虑了序列在时间上的关联性，但是对于深度较大的网络来说，使用反向传播算法拟合权重时，容易造成梯度消失和梯度爆炸问题。

2. LSTM 模型

为了解决 RNN 模型的短期依赖性问题，学者提出了长短期记忆模型，使其能够处理具有长期依赖性的序列。如图 8.54 所示，RNN 和 LSTM 都具有重复的链式结构，区别在于 LSTM 的重复单元内部有四个网络层，而标准 RNN 只有一个网络层。LSTM 模型通过引入门控装置（遗忘门、输入门、输出门），来处理记忆单元的记忆 / 遗忘、输入程度、输出程度的问题，使其能够自主记住序列中某些重要信息，并遗忘掉不重要的信息。从图 8.55 中可以看出，LSTM 模型每一层都具有 cell state（细胞态，存储当前时刻 t 及前面所有时刻的混合信息），它是贯穿在整个网络结构中，因此可以保证信息从最开始的网络层一直传递下去，通过门控装置，可以很容易地在 cell state 中添加或删除某些信息，因此在逐层传递过程中，模型会有选择地剔除掉那些无用信息，提高预测精度。图中 X 表示输入，h 表示隐层处理状态。

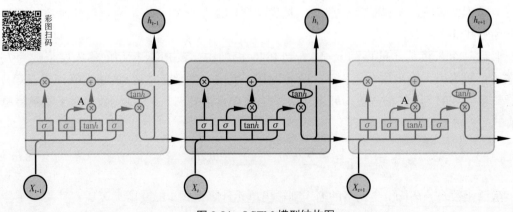

图 8.54　LSTM 模型结构图

LSTM 的门控装置包含 3 种控制门:
遗忘门、输入门、输出门。遗忘门结构
如图 8.56 所示,对应的输入为 x_t 和上一
节点传入的 h_{t-1},输出为 f_t。这一过程主
要决定 cell state 中哪些信息需要丢弃掉,
f_t 的结果为 $0\sim1$ 的值,0 代表完全遗忘,
1 代表完全保留。

接下来需要做的是给 cell state 添加新
的信息,这一过程通过输入门来完成,其

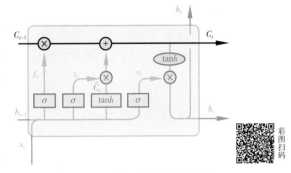

图 8.55　LSTM 循环单元的状态信息

结构如图 8.57 所示,该过程分为两个步骤,首先通过 x_t 和 h_{t-1} 得到 i_t,然后通过 x_t 和 h_{t-1} 得到
新的 cell state,记为 $\tilde{C}_t$,利用 i_t 决定添加 $\tilde{C}_t$ 中的哪些信息到 C_t 中。

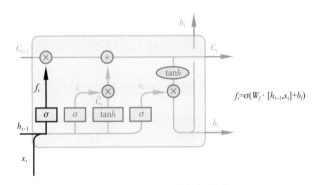

$$f_t = \sigma(W_f \cdot [h_{t-1}, x_t] + b_f)$$

图 8.56　LSTM 遗忘门结构

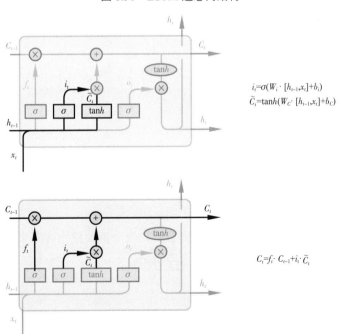

$$i_t = \sigma(W_i \cdot [h_{t-1}, x_t] + b_i)$$
$$\tilde{C}_t = \tanh(W_C \cdot [h_{t-1}, x_t] + b_C)$$

$$C_t = f_t \cdot C_{t-1} + i_t \cdot \tilde{C}_t$$

图 8.57　LSTM 输入门结构

最后通过输出门来确定当前节点的输出特征 h_t，具体结构如图 8.58 所示，通过 x_t 和 h_{t-1} 得到判断条件 o_t，将当前节点的 C_t 通过 tanh 函数得到一个介于 $-1 \sim 1$ 的向量，然后结合判断条件 o_t 就可以得到当前节点的输出特征 h_t。

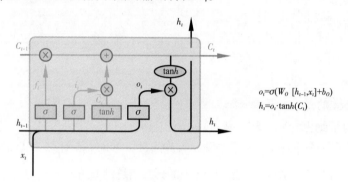

$$o_t = \sigma(W_O \ [h_{t-1}, x_t] + b_O)$$
$$h_t = o_t \cdot \tanh(C_t)$$

图 8.58　LSTM 输出门结构

8.3.3　基于 LSTM 模型的时序趋势预测方法步骤和准确度指标

1. 基于 LSTM 模型的时序趋势预测方法步骤

步骤 1：选择要预测的关键参数 Y，根据 8.2.3 中基于直接传递熵的时序因果分析及溯源方法步骤，确定影响预测参数 Y 的参数集合 $\{x_1, x_2, \cdots, x_m\}$ 和对应的延迟时间 $\{\tau_{x1 \to Y}, \tau_{x2 \to Y}, \cdots, \tau_{xm \to Y}\}$。

步骤 2：根据步骤 1 中确定的参数集合与预测参数之间的延迟时间，调整集合 $\{x_1, x_2, \cdots, x_m\}$ 中各参数的序列顺序，为了保证调整后的序列下标不会出现负数的情况，令 $\tau' = \max(\tau_{x1 \to Y}, \tau_{x2 \to Y}, \cdots, \tau_{xm \to Y})$，其中每一列代表一个参数，$n$ 为序列长度，见式（8.72）：

$$X = \begin{bmatrix} x_{11}, x_{21}, \cdots, x_{m1} \\ x_{12}, x_{22}, \cdots, x_{m2} \\ \vdots \quad \vdots \quad \vdots \quad \vdots \\ x_{1n}, x_{2n}, \cdots, x_{mn} \end{bmatrix} \to X' = \begin{bmatrix} x_{1(1-\tau_{x1})}, x_{2(1-\tau_{x2})}, \cdots, x_{m(1-\tau_{xm})} \\ x_{1(2-\tau_{x1})}, x_{2(1-\tau_{x2})}, \cdots, x_{m(1-\tau_{xm})} \\ \vdots \qquad \vdots \qquad \vdots \qquad \vdots \\ x_{1(n-\tau_{x1})}, x_{2(1-\tau_{x2})}, \cdots, x_{m(1-\tau_{xm})} \end{bmatrix} \quad (8.72)$$

步骤 3：将调整后的参数序列 X' 和待预测参数 Y 划分为训练集和测试集，训练集用来构建 LSTM 预测模型，然后使用测试集验证预测效果，并通过调整相应参数获得预测误差较小的模型。

步骤 4：使用步骤 3 中获得的 LSTM 模型，在线分析关键指标未来一段时间的变化趋势，并结合预设阈值，及时判断指标异常趋势状态。

2. 准确度指标

为了评估模型的预测性能，选择均方误差（MSE），均方根误差（RMSE），平均绝对误差（MAE）和决定系数（R-square）作为评估指标，可用于案例分析中，对比不同模型在预测结果中的性能。

MSE（Mean Squared Error）均方误差，可用来度量真实值和预测结果的差别，数学表达式如下，其中 y_i 表示实际值，$\hat{y}_i$ 表示对应的预测值，n 为预测样本数，MSE 的值越小，说明预测模型描述实验数据具有更好的精确度，见式（8.73）：

$$\text{MSE} = \frac{1}{n}\sum_{i=1}^{n}\left(y_i - \hat{y}_i\right)^2 \tag{8.73}$$

RMSE（Root Mean Squard Error）均方根误差，也叫作标准误差，RMSE 使得预测值和真实值之间的量纲保持一致，可以更好地描述预测误差。由于均方根误差对离群数据非常敏感，因此当预测结果和实际值差异大时，计算所得均方根误差就会很大，数学表达式见式（8.74）：

$$\text{RMSE} = \sqrt{\frac{1}{n}\sum_{i=1}^{n}\left(y_i - \hat{y}_i\right)^2} \tag{8.74}$$

MAE（Mean Absolute Deviation）平均绝对值误差，是预测值和观测值之间绝对误差的平均值，平均绝对误差可以避免误差正负相互抵消的问题，因而可以准确反映实际预测误差的大小，因而可以准确反映实际预测误差的大小，数学表达式见式（8.75）：

$$\text{MAE} = \frac{1}{n}\sum_{i=1}^{n}\left|y_i - \hat{y}_i\right| \tag{8.75}$$

R-square 决定系数，又叫拟合优度，反映模型输入变量对预测变量 y 的解释能力，可用来描述非线性或者有两个及两个以上自变量的相关关系。决定系数越接近于 1，说明模型数据拟合得越好，越接近 0，则模型拟合得越差。数学表达式见式（8.76），其中分子部分表示真实值与预测值的平方差之和，等于 n 倍的均方误差；分母部分表示真实值与其均值的平方差之和，等于 n 倍的方差。

$$R^2 = 1 - \frac{\sum\limits_{i=1}^{n}\left(y_i - \hat{y}_i\right)^2}{\sum\limits_{i=1}^{n}\left(y_i - \overline{y}\right)^2} \tag{8.76}$$

一般来说，当构建的预测模型性能好时，MSE，RMSE 和 MAE 的值会很低，且决定系数接近于 1。

8.3.4　案例分析

1. 测试算例预测

构建的数学模型见式（8.77）：

$$\begin{cases} z_t = 0.8x_{t-4} + \varepsilon_{1t} \\ m_t = 1.8z_{t-6} + 1.2x_{t-3} + \varepsilon_{2t} \\ y_t = 1.2m_{t-7} + 1.8a_{t-6} + 1.5b_{t-9} + \varepsilon_{3t} \end{cases} \quad (8.77)$$

其中 x_t，a_t，$b_t \sim U(4, 5)$，ε_{1t}，ε_{2t}，$\varepsilon_{3t} \sim N(0, 0.1)$，令 $z(0) = 0.7$，$m(0) = 1.6$，序列长度设为 10000，延迟 τ 从 0 变化到 20。经过 100 次模拟，分别计算两两变量之间的传递熵平均值，结果见表 8.28。

表 8.28　模型 TE 计算结果

$TE_{row \to colum}$	x	z	m	a	b	y
x	0.0147	0.3449，4	0.1464，3 0.1971，10	0	0	0.0770，10 0.1178，17
z	0	0.0035	0.5578，6	0	0	0.2532，13
m	0	0	0.0262	0	0	0.8499，7
a	0	0	0	0.0012	0	0.1154，6
b	0	0	0	0	0.0073	0.1057，9
y	0	0	0	0	0	0.0217

注：表中（p，q），p 代表传递熵值，q 代表所对应的延迟时间 τ。

从表 8.28 中可以看出，x 到 z 的传递熵为 0.3449；x 到 m 的传递熵有两个结果，当 $\tau=3$ 时，为 0.1464，当 $\tau=10$ 时，为 0.1971；x 到 y 的传递熵为 0.0770；z 到 m 的传递熵为 0.5578；z 到 y 的传递熵为 0.2532；m 到 y 的传递熵为 0.8499；a 到 y 的传递熵为 0.1154；b 到 y 的传递熵为 0.1057。因此可以得出 x 到 m、x 到 y 和 z 到 y 既存在直接路径又存在间接路径，如图 8.59 所示。对表 8.28 中结果进一步分析，分别计算 x 到 m、x 到 y 和 z 到 y 之间的直接传递熵，结果见表 8.29。根据表 8.29 中结果可知，当 $\tau=3$ 时，x 到 m 的直接传递熵为 0.584，x 到 y 和 z 到 y 的直接传递熵非常接近于 0，因此得到 x 到 y 和 z 到 y 之间并不存在直接因果关系，x 到 m 既存在直接因果关系，又存在间接因果关系。以上分析结果和式（8.77）中数学模型是相符合的，所以更新后的因果路径图如图 8.60 所示。

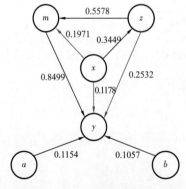

图 8.59　基于 TE 分析的因果图

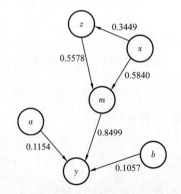

图 8.60　基于 DTE 分析的因果图

表8.29 模型 DTE 计算结果

TE$_{\text{row} \to \text{column}}$	x	z	m	a	b	y
x	\	\	0.5840，3 0.0003，10	\	\	0.0032，10 0.0047，17
z	\	\	\	\	\	0.0020，13
m	\	\	\	\	\	\
a	\	\	\	\	\	\
b	\	\	\	\	\	\
y	\	\	\	\	\	\

注：符号"\"表示变量之间不存在间接因果路径，因此未计算其直接传递熵值。

使用对比实验，分析时序调整和变量选择对预测结果的影响，类别如下：

（1）y 为预测变量，m、a 和 b 为自变量。

（2）y 为预测变量，y 的历史值为自变量。

（3）y 为预测变量，m、a 和 b 为自变量，并且根据延迟 τ 调整自变量数据顺序。

在以上三类分析中，分别使用预测模型进行 1～9 步预测，设置训练数据为 200 个样本，测试数据为 60 个样本，并计算预测结果的准确度指标。

在第一类中，分析未使用延迟 τ 调整数据集的顺序时，LSTM 模型的预测性能，其中进行第 i 步预测时，使用 $m(t-i)$，$a(t-i)$ 和 $b(t-i)$ 预测 $y(t)$，误差分析见表 8.30，预测序列与真实序列对比如图 8.61 所示。可以看出，当预测步长为 6 时，模型的均方误差（MSE）为 0.3434，均方根误差（RMSE）为 0.586，平均绝对误差（MAE）为 0.4345，决定系数为 0.8105，此时构建的预测模型性能较好，预测序列与真实序列最接近，这是由于当预测步长为 6 时，刚好等于变量 a 和 y 的延迟 $\tau_{a \to y}$，即序列顺序被调整，提高了 LSTM 模型预测性能。

表8.30 未调序时 LSTM 模型的预测性能

方法	预测步长	均方误差 （MSE）	均方根误差 （RMSE）	平均绝对误差 （MAE）	决定系数 （R^2）
LSTM	1	2.2345	1.4948	1.2794	−0.2331
	2	2.2519	1.5006	1.2459	−0.2427
	3	2.6337	1.6229	1.3588	−0.4534
	4	2.1239	1.4573	1.2045	−0.172
	5	1.4508	1.2045	0.9518	0.1994
	6	0.3434	0.586	0.4345	0.8105
	7	0.5991	0.774	0.6052	0.6694
	8	2.7476	1.6576	1.315	−0.5163
	9	2.1085	1.4521	1.185	−0.1636

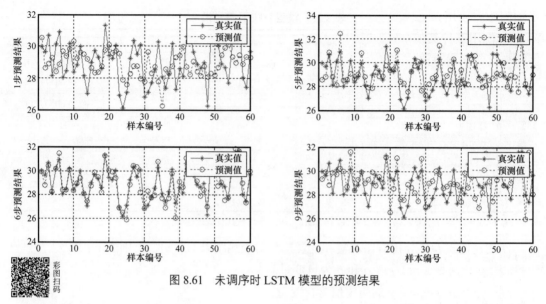

图 8.61　未调序时 LSTM 模型的预测结果

在第二类中，分析仅使用变量 y 的历史值时，LSTM 模型的预测性能，其中进行第 i 步预测时，使用 $y(t-i)$ 预测 $y(t)$，误差分析见表 8.31，预测序列与真实序列对比如图 8.62 所示。预测模型在不同步长下的均方误差（MSE）均值为 1.975，均方根误差（RMSE）均值为 1.4038，平均绝对误差（MAE）均值为 1.1603，决定系数为 -0.09。可以看出，不论预测步长如何变化，模型的预测误差都非常大，这是因为变量 y 本身不具有自相关性。

表 8.31　仅使用 y 的历史值时 LSTM 模型的预测性能

方法	预测步长	均方误差 （MSE）	均方根误差 （RMSE）	平均绝对误差 （MAE）	决定系数 （R^2）
LSTM	1	2.2059	1.4852	1.2396	−0.2173
	2	1.7666	1.3291	1.1117	0.0251
	3	1.7489	1.3225	1.1063	0.0349
	4	1.8173	1.3481	1.1236	−0.0029
	5	2.2313	1.4938	1.2048	−0.2313
	6	2.165	1.4714	1.2218	−0.1948
	7	1.8373	1.3555	1.0928	−0.0139
	8	1.8647	1.3655	1.1452	−0.029
	9	2.1411	1.4633	1.1968	−0.1816

在第三类中，根据上述因果关系分析得到的 $\tau_{m \to y}=7$，$\tau_{a \to y}=6$ 和 $\tau_{b \to y}=9$，调整输入序列的时序，在第 1~6 步预测中，使用 $m(t-7)$，$a(t-6)$ 和 $b(t-9)$ 预测 $y(t)$。在第 7

步预测中，使用 $m(t-7)$ 和 $b(t-9)$ 预测 $y(t)$，在 8～9 步预测中，使用 $b(t-9)$ 预测 $y(t)$。使用五种其他神经网络的预测结果作对比，各神经网络预测误差见表 8.32，预测序列与真实序列对比如图 8.63～图 8.68 所示。

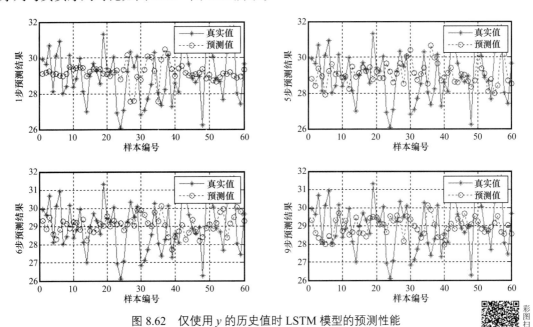

图 8.62　仅使用 y 的历史值时 LSTM 模型的预测性能

表 8.32　调序后 LSTM 模型的预测性能

方法	预测步长	均方误差（MSE）	均方根误差（RMSE）	平均绝对误差（MAE）	决定系数（R^2）
LSTM	1～6	0.0367	0.1915	0.1527	0.9671
	7	0.3154	0.5616	0.4659	0.8275
	8～9	0.9398	0.9694	0.7784	0.0145
RBF	1～6	0.1484	0.3852	0.2245	0.8668
	7	0.3942	0.6279	0.5154	0.7844
	8～9	1.0201	1.01	0.8039	−0.0698
SVM	1～6	0.0942	0.3068	0.2308	0.9155
	7	0.6268	0.7917	0.6523	0.6572
	8～9	0.9365	0.9677	0.776	0.0179
BP	1～6	0.1055	0.3249	0.2583	0.9052
	7	0.4214	0.6491	0.5253	0.7696
	8～9	0.9353	0.9671	0.7823	0.0192

续表

方法	预测步长	均方误差 （MSE）	均方根误差 （RMSE）	平均绝对误差 （MAE）	决定系数 （R^2）
GRNN	1～6	0.1784	0.4224	0.3483	0.8398
	7	0.5029	0.7091	0.5828	0.725
	8～9	0.9806	0.9903	0.7952	−0.0284
Elman	1～6	0.1311	0.362	0.2802	0.8823
	7	0.3765	0.6136	0.5099	0.7941
	8～9	0.935	0.9669	0.7843	0.0195

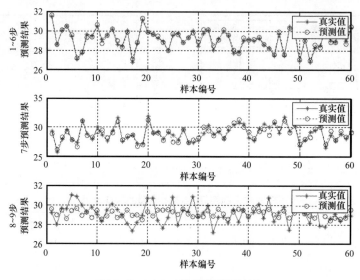

图 8.63　LSTM 模型的预测结果

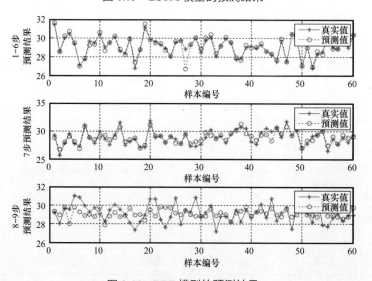

图 8.64　RBF 模型的预测结果

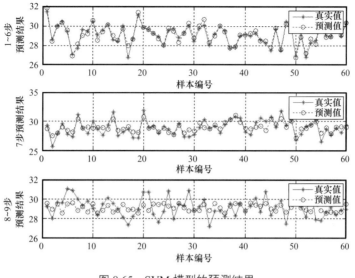

图 8.65 SVM 模型的预测结果

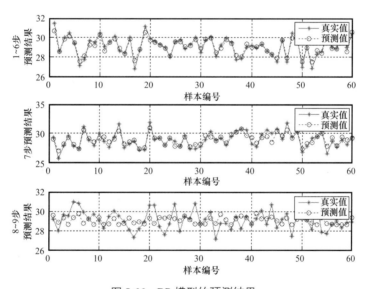

图 8.66 BP 模型的预测结果

从表 8.32 中可以看出，当预测步长为 1～6 时，各神经网络的预测误差都是最小的，其中 LSTM 模型的均方误差（MSE）为 0.0367，均方根误差（RMSE）为 0.1915，平均绝对误差（MAE）为 0.1527，决定系数为 0.9671，此时构建的预测模型性能较好，预测序列与真实序列最接近。随着预测步长从 7 增加到 9，由于输入变量的减少，导致模型预测性能急剧下降，综合来看，本文提出的 LSTM 模型预测性能是最佳的，当预测步长为 1～7 时，对应的决定系数是最高的，表明预测模型能够很好地拟合变量 y，因此最佳预测步长为 7。对比类别 1 和类别 3 下 LSTM 模型不同步长下的预测误差，可以看出，在对序列进行因果分析以后，选择和预测变量相关的变量，并根据变量之间的延迟调整数据结构，可以极大地提高预测精度。

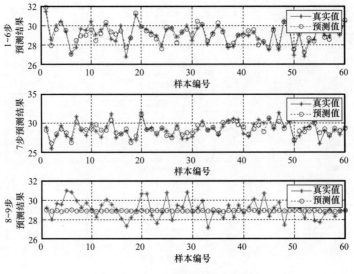

图 8.67　GRNN 模型的预测结果

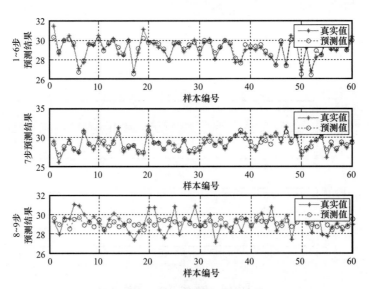

图 8.68　Elman 模型的预测结果

根据式（8.77）可以得到式（8.78）：

$$y_{t+6}=1.2m_{t-1}+1.8a_t+1.5b_{t-3}+\varepsilon_{3t} \qquad (8.78)$$

从式（8.78）可以看出，在当前时刻 t 下，为了保证模型预测误差较小，可预测的未来时刻最多为 $t+6$，即最大预测长度为自变量与预测变量之间的最小延迟，类似于"木桶效应"，根据表 8.32 中统计的误差，当预测步长小于等于自变量与预测变量之间的最小延迟时，误差很小，并且预测值和实际值非常接近，当预测步长大于自变量与预测变量之间的最小延迟时，预测误差也在不断增加，预测结果逐渐偏离真实值。比如当预测步长为 7 时，式（8.78）中对应的是 a_{t+1}，由于 a_{t+1} 是不知道的，因此训练模型时，变量 a 就不可用。

2. 脱丙烷系统——顶温度预测

选取脱丙烷塔单元为研究对象，并选择脱丙烷塔 T4204 顶温度为预测目标，从 8.2.4 中 3 的因果分析中得知，与 T4204 顶温度相关的变量为 T4204 顶压控，具体传递熵计算结果及对应的延迟见表 8.33。

表 8.33　脱丙烷塔单元部分变量传递熵计算结果

$TE_{row \to column}$	T4204 顶压控	T4204 顶温度
T4204 顶压控	0	0.2729，23
T4204 顶温度	0	0

使用对比实验，分析时序调整和变量选择对预测结果的影响，类别如下：

（1）T4204 顶温度为预测变量，T4204 顶压控为自变量。

（2）T4204 顶温度为预测变量，T4204 顶温度的历史值为自变量。

（3）T4204 顶温度为预测变量，T4204 顶压控为自变量，并且根据延迟 τ 调整自变量数据顺序。

在以上三类分析中，选择 T4204 顶温度上升阶段数据，分别使用预测模型进行多步预测，设置训练数据为 900 个样本，测试数据为 90 个样本，并计算预测结果的准确度指标。

在第一类中，分析未使用延迟 τ 调整数据集的顺序时，LSTM 模型的预测性能，设 T4204 顶温度为变量 y，T4204 顶压控为变量 x，其中进行第 i 步预测时，使用 $x(t-i)$ 预测 $y(t)$，误差分析见表 8.34，预测序列与真实序列对比如图 8.69 所示。可以看出，当预测步长为 23 时，模型的均方误差（MSE）为 0，均方根误差（RMSE）为 0.0042，平均绝对误差（MAE）为 0.0028，决定系数为 0.9768。此时构建的预测模型性能较好，预测序列与真实序列最接近，这是由于当预测步长为 23 时，刚好等于变量 x 和 y 的延迟 $\tau_{x \to y}$，即序列顺序被调整，提高了 LSTM 模型预测性能。

表 8.34　未调序时 LSTM 模型的预测性能

方法	预测步长	均方误差（MSE）	均方根误差（RMSE）	平均绝对误差（MAE）	决定系数（R^2）
LSTM	1	0.0003	0.0167	0.0121	0.3822
	3	0.0002	0.0152	0.0112	0.484
	6	0.0002	0.0157	0.0114	0.4522
	10	0.0002	0.0124	0.0093	0.6557
	15	0.0001	0.0119	0.0099	0.6856
	22	0.0001	0.0085	0.007	0.8387
	23	0	0.0042	0.0028	0.9768
	24	0.0001	0.0115	0.0094	0.7042
	25	0.0002	0.0156	0.0127	0.461

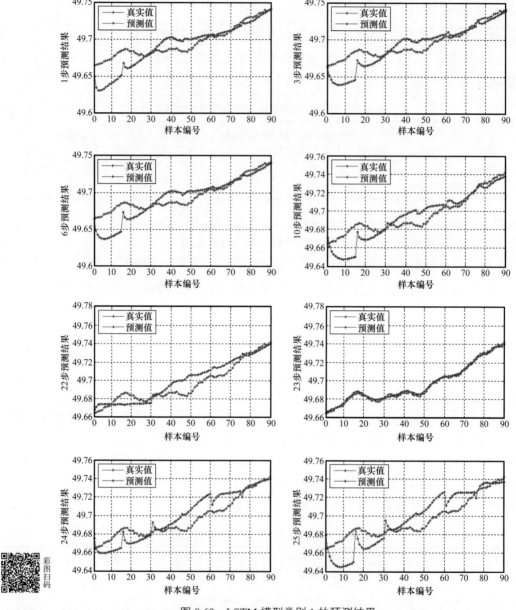

图 8.69　LSTM 模型类别 1 的预测结果

在第二类中，分析仅使用 T4204 顶温度的历史值时，LSTM 模型的预测性能，其中进行第 i 步预测时，使用 $y(t-i)$ 预测 $y(t)$，误差分析见表 8.35，预测序列与真实序列对比如图 8.70 所示。预测模型在不同步长下的均方误差（MSE）均值为 0.0048，均方根误差（RMSE）均值为 0.0536，平均绝对误差（MAE）均值为 0.033，决定系数为 −9.5875。可以看出，不论预测步长如何变化，T4204 顶温度的预测误差都非常大，因此通过 T4204 顶温度的历史值并不能准确预测其未来变化趋势，这是因为从 8.2.4 中脱丙烷系统因果分析可以得知，T4204 顶温度并不具有自相关性。

表 8.35　仅使用 y 的历史值时 LSTM 模型的预测性能

方法	预测步长	均方误差（MSE）	均方根误差（RMSE）	平均绝对误差（MAE）	决定系数（R^2）
LSTM	1	0.0009	0.0298	0.0267	−0.9672
	3	0.0012	0.0352	0.0209	−1.7471
	6	0.0017	0.0414	0.034	−2.8113
	10	0.0191	0.1382	0.0727	−41.4734
	15	0.0002	0.0139	0.0105	0.5689
	22	0.0008	0.0287	0.018	−0.8294
	23	0.0158	0.1258	0.0677	−34.1445
	24	0.0002	0.0155	0.0131	0.4695
	25	0.0029	0.0535	0.0331	−5.3531

在第三类中，根据 8.2.4 中直接传递熵分析得到的 $\tau_{x \to y}=23$，调整自变量的时序，当预测步长 i 为 1～23 步预测中，使用 $x(t-23+i)$ 预测 $y(t+i)$。当预测步长 i 大于 23 时，使用 $x(t)$ 预测 $y(t+i)$，使用五种其他神经网络的预测结果作对比，各神经网络预测误差见表 8.36，预测序列与真实序列对比如图 8.71～图 8.76 所示。

表 8.36　调序后 LSTM 模型的预测性能

方法	预测步长	均方误差（MSE）	均方根误差（RMSE）	平均绝对误差（MAE）	决定系数（R^2）
LSTM	1～23	0	0.0042	0.0028	0.9768
	24	0.0002	0.0144	0.0127	0.7261
	25	0.0006	0.0254	0.0165	0.1512
RBF	1～23	0.0001	0.0103	0.009	0.8607
	24	0.0003	0.0162	0.0132	0.6519
	25	0.0023	0.0484	0.0378	−2.0882
SVM	1～23	0.0001	0.0078	0.0061	0.9189
	24	0.0002	0.0156	0.0121	0.677
	25	0.0006	0.025	0.0186	0.1737
BP	1～23	0.0001	0.0087	0.0071	0.9
	24	0.0003	0.0171	0.0151	0.6159
	25	0.001	0.0321	0.0286	−0.3623
GRNN	1～23	0.0002	0.014	0.0107	0.7433
	24	0.0006	0.0246	0.0224	0.2021
	25	0.0007	0.026	0.0237	0.1076

方法	预测步长	均方误差 （MSE）	均方根误差 （RMSE）	平均绝对误差 （MAE）	决定系数 （R^2）
Elman	1～23	0.0001	0.0092	0.0071	0.8886
	24	0.0005	0.0212	0.0201	0.4049
	25	0.0012	0.0345	0.031	−0.5658

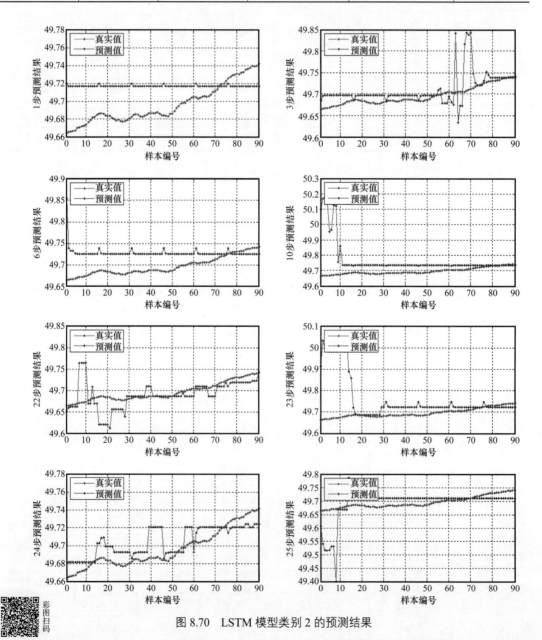

图 8.70　LSTM 模型类别 2 的预测结果

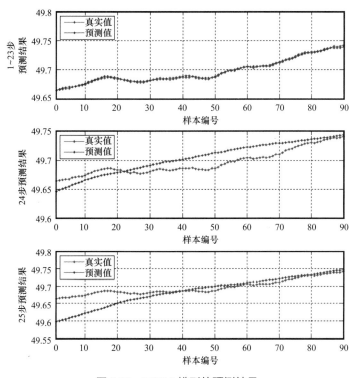

图 8.71　LSTM 模型的预测结果

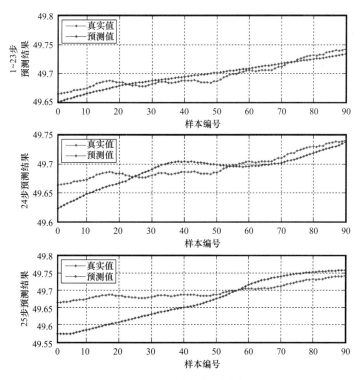

图 8.72　RBF 模型的预测结果

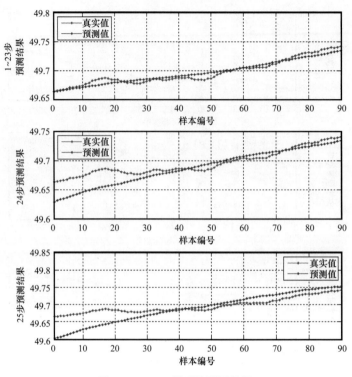

图 8.73　SVM 模型的预测结果

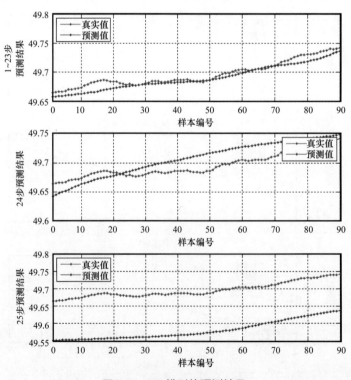

图 8.74　BP 模型的预测结果

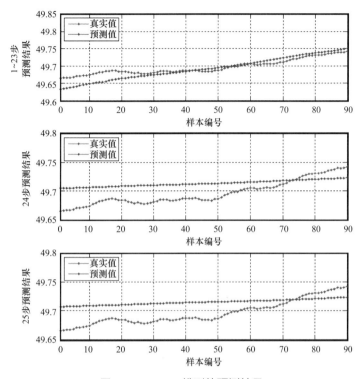

图 8.75　GRNN 模型的预测结果

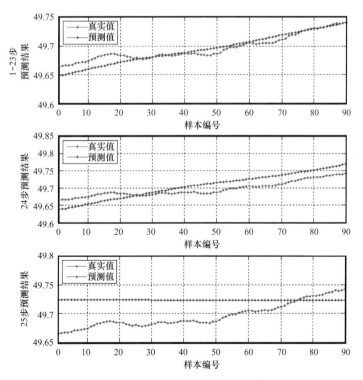

图 8.76　Elman 模型的预测结果

从表 8.36 中可以看出，当预测步长为 1~23 时，各神经网络的预测误差都是最小的，其中 LSTM 模型的均方误差（MSE）为 0，均方根误差（RMSE）为 0.0042，平均绝对误差（MAE）为 0.0028，决定系数为 0.9768，此时构建的预测模型性能较好，预测序列与真实序列最接近。随着预测步长大于 23 时，模型预测结果计算的决定系数显著下降，综合来看，LSTM 模型预测性能是最佳的，T4204 顶温度的工作范围在 42.63~49.7℃，当温度超过 49.7℃时，会引起 DCS 系统报警，通过 LSTM 模型，可以提前 23 个数据点预测到温度异常，即最佳预测步长为 23。脱丙烷系统工作时，数据采样间隔为 5s，即通过该预测模型，可以提前 115s 预知异常事件发生。

3. 脱丙烷系统——底液温度预测

选取脱丙烷塔单元为研究对象，并选择脱丙烷塔 T4204 底液温度为预测目标，从 8.2.4 中的因果分析得知，与 T4204 底液温度相关的变量为 E4207 气烃返塔温度，具体传递熵计算结果及对应的延迟见表 8.37。

表 8.37 脱丙烷塔单元部分变量传递熵计算结果

$TE_{row \rightarrow column}$	E4207 气烃返塔温度 /℃	T4204 底液温度 /℃
E4207 气烃返塔温度 /℃	0	0.2614, 10
T4204 底液温度 /℃	0	0

使用对比实验，分析时序调整和变量选择对预测结果的影响，类别如下：

（1）T4204 底液温度为预测变量，E4207 气烃返塔温度为自变量。

（2）T4204 底液温度为预测变量，T4204 底液温度的历史值为自变量。

（3）T4204 底液温度为预测变量，E4207 气烃返塔温度为自变量，并且根据延迟 τ 调整自变量数据顺序。

在以上三类分析中，选择 T4204 底液温度上升阶段数据，分别使用预测模型进行多步预测，设置训练数据为 1000 个样本，测试数据为 225 个样本，并计算预测结果的准确度指标。

在第一类中，分析未使用延迟 τ 调整数据集的顺序时，LSTM 模型的预测性能，设 T4204 底液温度为变量 y，E4207 气烃返塔温度为变量 x，其中进行第 i 步预测时，使用 $x(t-i)$ 预测 $y(t)$，误差分析见表 8.38，预测序列与真实序列对比如图 8.77 所示。可以看出，当预测步长为 10 时，模型的均方误差（MSE）为 0.0001，均方根误差（RMSE）为 0.009，平均绝对误差（MAE）为 0.0071，决定系数为 0.9954，此时构建的预测模型性能较好，预测序列与真实序列最接近。这是由于当预测步长为 10 时，刚好等于变量 x 和 y 的延迟 $\tau_{x \rightarrow y}$，即序列顺序被调整，提高了 LSTM 模型预测性能。

在第二类中，分析仅使用 T4204 底液温度的历史值时，LSTM 模型的预测性能，其中进行第 i 步预测时，使用 $y(t-i)$ 预测 $y(t)$，误差分析见表 8.39，预测序列与真实序列对比如图 8.78 所示。预测模型在不同步长下的均方误差（MSE）均值为 0.1327，均方根误差（RMSE）均值为 0.3139，平均绝对误差（MAE）均值为 0.2776，决定系数为 −6.5718。可以看出，不论预测步长如何变化，T4204 底液温度的预测误差都非常大，因此通过 T4204 底液温度的历史值并不能准确预测其未来变化趋势，这是因为从 8.2.4 中脱丙烷系统因果分析可以得知，T4204 底液温度并不具有自相关性。

表 8.38　未调序时 LSTM 模型的预测性能

方法	预测步长	均方误差（MSE）	均方根误差（RMSE）	平均绝对误差（MAE）	决定系数（R^2）
LSTM	1	1.1439	1.0695	1.0004	−64.303
	2	0.0193	0.1388	0.1101	−0.1006
	3	0.0101	0.1006	0.0851	0.4223
	5	0.0139	0.118	0.0948	0.2047
	7	0.0035	0.0592	0.0502	0.8002
	9	0.0004	0.0203	0.0152	0.9765
	10	0.0001	0.009	0.0071	0.9954
	11	0.0021	0.0462	0.0399	0.878
	12	0.0095	0.0977	0.0872	0.4549

表 8.39　仅使用 y 的历史值时 LSTM 模型的预测性能

方法	预测步长	均方误差（MSE）	均方根误差（RMSE）	平均绝对误差（MAE）	决定系数（R^2）
LSTM	1	0.0183	0.1354	0.1093	−0.0467
	2	0.0178	0.1335	0.1145	−0.0171
	3	0.2166	0.4654	0.4455	−11.3643
	5	0.0178	0.1333	0.114	−0.0141
	7	0.2611	0.511	0.4678	−13.904
	9	0.1564	0.3954	0.3794	−7.9258
	10	0.0184	0.1355	0.1093	−0.0488
	11	0.0747	0.2732	0.2406	−3.2622
	12	0.4128	0.6425	0.5179	−22.5629

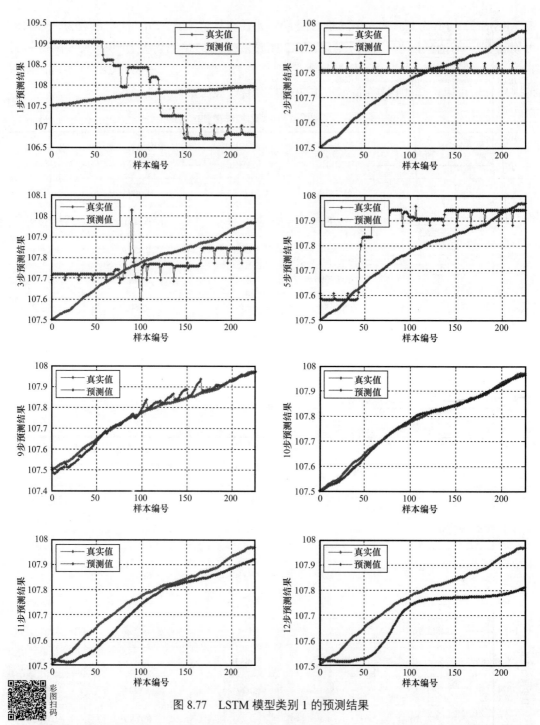

图 8.77　LSTM 模型类别 1 的预测结果

在第三类中，根据 8.2.4 直接传递熵分析得到的 $\tau_{x \to y} = 10$，调整自变量的时序，当预测步长 i 为 1 到 10 步预测中，使用 $x(t-10+i)$ 预测 $y(t+i)$。当预测步长 i 大于 10 时，使用 $x(t)$ 预测 $y(t+i)$，使用五种其他神经网络的预测结果作对比，各神经网络预测误差见表 8.40，预测序列与真实序列对比如图 8.79～图 8.84 所示。

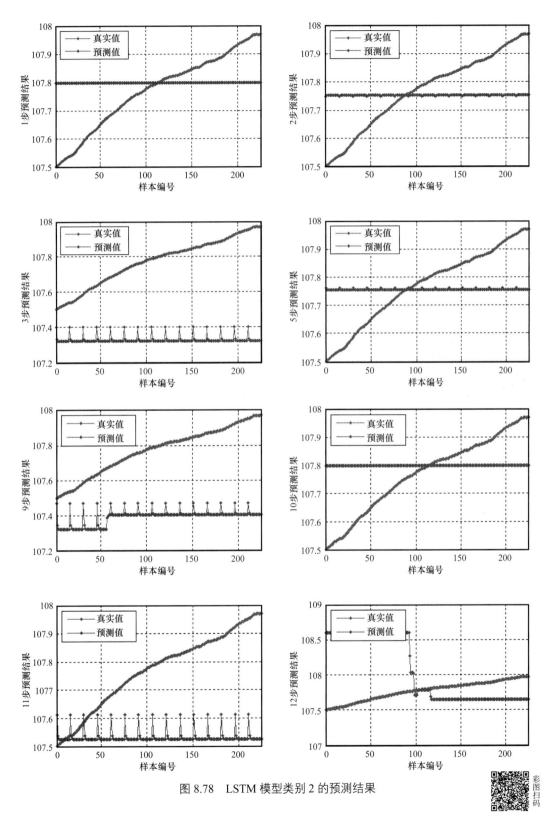

图 8.78　LSTM 模型类别 2 的预测结果

表 8.40　调序后 LSTM 模型的预测性能

方法	预测步长	均方误差（MSE）	均方根误差（RMSE）	平均绝对误差（MAE）	决定系数（R^2）
LSTM	1～10	0.0001	0.009	0.0071	0.9954
	11	0.0026	0.0506	0.0399	0.8539
	12	0.0058	0.0759	0.0586	0.6713
RBF	1～10	0.0011	0.0333	0.0263	0.9366
	11	0.0031	0.0557	0.0457	0.8229
	12	0.0214	0.1461	0.1391	−0.2191
SVM	1～10	0.0017	0.0415	0.0367	0.9018
	11	0.0032	0.0567	0.0499	0.8164
	12	0.0103	0.1014	0.0903	0.4132
BP	1～10	0.0015	0.0385	0.0356	0.9156
	11	0.0037	0.0608	0.0534	0.7889
	12	0.009	0.0949	0.0828	0.4861
GRNN	1～10	0.0267	0.1635	0.143	−0.5267
	11	0.0292	0.1709	0.1523	−0.6668
	12	0.0367	0.1915	0.1731	−1.0927
Elman	1～10	0.0018	0.0427	0.0372	0.8958
	11	0.0039	0.0621	0.0592	0.78
	12	0.0183	0.1354	0.1152	−0.0472

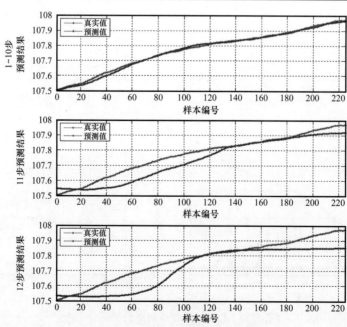

彩图扫码

图 8.79　LSTM 模型的预测结果

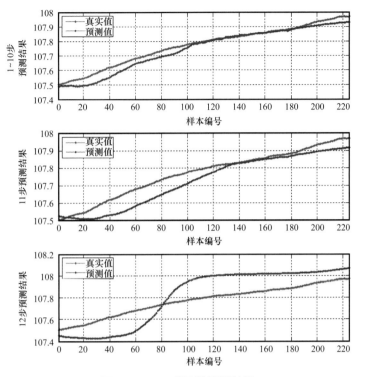

图 8.80　RBF 模型的预测结果

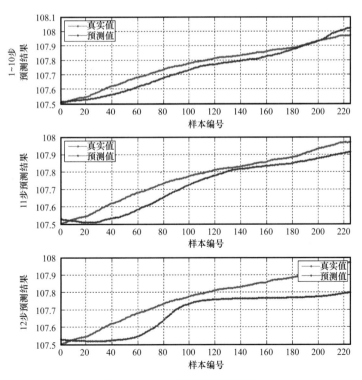

图 8.81　SVM 模型的预测结果

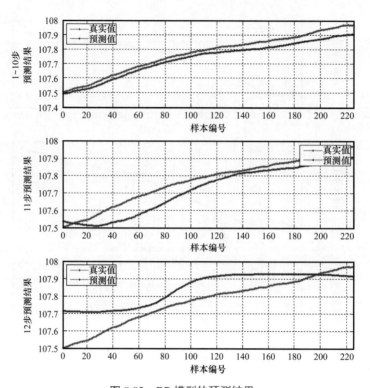

图 8.82　BP 模型的预测结果

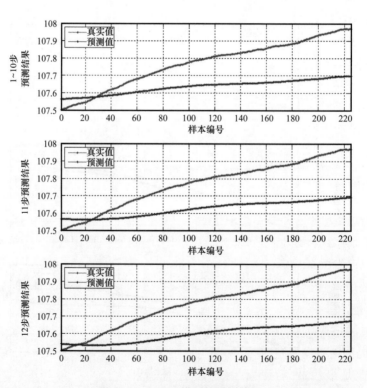

图 8.83　GRNN 模型的预测结果

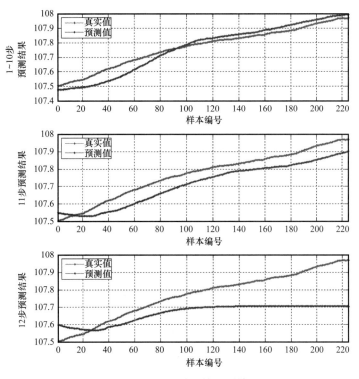

图 8.84　Elman 模型的预测结果

　　从表 8.40 中可以看出，当预测步长为 1～10 时，除过 GRNN 神经网络以外，各神经网络的预测误差都是最小的，其中 LSTM 模型的均方误差（MSE）为 0.0001，均方根误差（RMSE）为 0.009，平均绝对误差（MAE）为 0.0071，决定系数为 0.9954，此时构建的预测模型性能较好，预测序列与真实序列最接近。随着预测步长大于 10 时，模型预测结果计算的决定系数显著下降，在本案例分析中，GRNN 神经网络的预测效果最差。综合来看，LSTM 模型预测性能是最佳的，且最佳预测步长为 10。使用 LSTM 模型，可以提前 10 个数据点预测到 T4204 底液温度的变化趋势，为操作人员提供 50s 的处置时间。

8.3.5　小结

　　（1）针对加氢生产监测变量繁多且具有长期依赖性，构建趋势预测模型时，很难提取变量之间的长期序列特征，造成趋势预测效果差的问题，提出了基于长短期记忆模型的趋势预测方法。首先根据基于直接传递熵的时序因果分析方法，确定关键指标的影响因素和延迟时间，随后调整自变量历史数据顺序，通过历史数据训练 LSTM 模型，然后根据当前监测数据预测关键指标在未来一段时间内的变化趋势。

　　（2）通过测试算例的分析，得出使用根据变量之间延迟调序后的数据预测目标变量时，会显著提高 LSTM 模型的预测精度，并且和其他五种预测模型对比，长短期记忆模型在性能上是最优的，其中均方根误差（RMSE）平均降低 46.84%、平均绝对误差（MAE）平均降低 43.11%、决定系数平均提高 9.66%。

（3）通过脱丙烷系统案例分析得到，塔顶温度的最佳预测步长为 23，能够提前 115s 预测到塔顶温度超压，T4204 底液温度的最佳预测步长为 10，能够提前 50s 预测到底液温度的变化趋势。相比其他五种预测模型，LSTM 模型能更准确地预测到异常趋势的发生，具有较好的拟合效果，其中均方根误差（RMSE）平均降低 72%、平均绝对误差（MAE）平均降低 76%、决定系数平均提高 36.32%。

参 考 文 献

［1］Venkatasubramanian V，Rengaswamy R，Yin K，et al. A review of process fault detection and diagnosis：Part Ⅰ：Quantitative model-based methods［J］. Computers & Chemical Engineering，2003，27（3）：293-311.

［2］Venkatasubramanian V，Rengaswamy R，Kavuri S N. A review of process fault detection and diagnosis：Part Ⅱ：Qualitative models and search strategies［J］. Computers & Chemical Engineering，2003.

［3］Venkatasubramanian V，Rengaswamy R，Kavuri S N，et al. A review of process fault detection and diagnosis Part Ⅲ：Process history based methods［J］. Computers & Chemical Engineering，2003，27（3）：293-311.

［4］Frank P M. Fault diagnosis in dynamic systems using analytical and knowledge-based redundancy：A survey and some new results［J］. Automatica，1990，26（3）：459-474.

［5］Michèle Basseville，Nikiforov I V. Detection of Abrupt Change Theory and Application［M］. Prentice Hall，1993.

［6］Gertler J，Singer D. A new structural framework for parity equation-based failure detection and isolation［J］. Automatica，1990，26（2）：381-388.

［7］Kewen，Yin. Minimax methods for fault isolation in the directional residual approach［J］. Chemical Engineering Science，1998.

［8］Shiozaki J，Matsuyama H，O"Shima E，et al. An improved algorithm for diagnosis of system failures in the chemical process［J］. Computers & Chemical Engineering，1985，9（3）：285-293.

［9］Kramer M A，Palowitch B L. A rule-based approach to fault diagnosis using the signed directed graph［J］. AIChE Journal，1987，33（7）：1067-1078.

［10］Oyeleye O O，Kramer M A. Qualitative simulation of chemical process systems：Steady-state analysis［J］. AIChE JOURNAL，1988，34（9）：1441-1454.

［11］Neuman C P，Bonhomme N M. Evaluation of Maintenance Policies Using Markov Chains and Fault Tree Analysis［J］. IEEE Transactions on Reliability，1975，R-24（1）：37-44.

［12］Duraisamy V，Devarajan N，Somasundareswari D，et al. Neuro fuzzy schemes for fault detection in power transformer［J］. Applied Soft Computing Journal，2007，7（2）：534-539.

［13］肖应旺，黄业安，杨军，等.基于故障子空间与 PCA 监测模型的故障可检测性研究［J］.计算机与应用化学，2014（11）：65-69.

［14］贾冬妮，谢彦红，赵欣，等.PCA 与 SVDD 方法在过程故障监测中的应用研究［J］.无线互联科技，2017（4）：137-138.

［15］Ningyun L U，Gao F，Wang F. Sub-PCA modeling and on-line monitoring strategy for batch processes［J］. AIChE JOURNAL，2010，50（1）：255-259.

［16］宋凯，王海清，李平.PLS 质量监控及其在 Tennessee Eastman 过程中的应用［J］.浙江大学学报（工学版），2005（05）：53-58.

［17］王锡昌，王普，高学金，等．一种新的基于 MKPLS 的间歇过程质量预测方法［J］．仪器仪表学报，2015（05）：197-204.

［18］王培良，葛志强，宋执环．基于迭代多模型 ICA-SVDD 的间歇过程故障在线监测［J］．仪器仪表学报，2009（07）：9-14.

［19］袁路生，何东，龚锦红，等．基于分布式 ICA-PCA 模型的工业过程故障监测［J］．化工学报，2015（11）．

［20］Stubbs S，Zhang J，Morris J. Fault detection of dynamic processes using a simplified monitoring-specific CVA state space approach［J］. Computers & Chemical Engineering，2012，41（1）：77-87.

［21］石怀涛，刘建昌，谭帅，等．基于混合 KPLS-FDA 的过程监控和质量预报方法［J］．控制与决策，2013（01）：144-149.

［22］肖应旺，刘冬杰，杨军，等．基于 FDA-KDE 间歇过程在线监控［J］．计算机与应用化学，2014（9）．

［23］Yu J，Ding B，He Y. Rolling bearing fault diagnosis based on mean multigranulation decision-theoretic rough set and non-naive Bayesian classifier［J］. Journal of Mechanical Science and Technology，2018，32（11）：5201-5211.

［24］孙兴华，房克峰，王贵宾，等．基于贝叶斯分类器的电网变压器状态评估研究［J］．电网与清洁能源，2017（5）．

［25］庞强，邹涛，丛秋梅，等．基于高斯混合模型与主元分析的多模型切换方法［J］．化工学报，2013（08）：235-243.

［26］李元，孙健．基于高斯混合模型和变量重构组合法的故障诊断与分离［J］．南京航空航天大学学报，2011（B07）：207-210.

［27］Choi S W，Lee I B. Nonlinear dynamic process monitoring based on dynamic kernel PCA［J］. Chemical Engineering Science，2004，59（24）：5897-5908.

［28］Stefatos G，Hamza A B. Dynamic independent component analysis approach for fault detection and diagnosis［J］. Expert Systems with Applications，2010，37（12）：8606-8617.

［29］王振雷，江伟，王昕．基于多块 MICA-PCA 的全流程过程监控方法［J］．控制与决策，2018（2）：269-274.

［30］王德政，张益农，杨帆．基于 MapReduce 的并行 PLS 过程监控算法实现［J］．计算机工程与应用，2018，54（24）：66-70.

［31］王魏，柴天佑，赵立杰．带有稳定学习的递归神经网络动态偏最小二乘建模［J］．控制理论与应用，2012（03）：67-71.

［32］Wen Q，Ge Z，Song Z. Multimode Dynamic Process Monitoring Based on Mixture Canonical Variate Analysis Model［J］. Industrial & Engineering Chemistry Research，2015，54（5）：1605-1614.

［33］Cai L，Tian X，Chen S. Monitoring Nonlinear and Non-Gaussian Processes Using Gaussian Mixture Model-Based Weighted Kernel Independent Component Analysis［J］. IEEE Transactions on Neural Networks and Learning Systems，2015，28（1）：122-135.

［34］Granger C W J. Investigating Causal Relations by Econometric Models and Cross-spectral Methods［J］. Econometrica，1969，37（3）：424-438.

［35］Granger C W J. Testing For Causality：A Personal Viewpoint［J］. Journal of Economic Dynamics and Control，1980，2（1）：329-352.

［36］Landman R，Kortela J，Sun Q，et al. Fault propagation analysis of oscillations in control loops using data-driven causality and plant connectivity［J］. Computers & Chemical Engineering，2014，71：446-456.

第 9 章

油气生产装备可信
智能故障诊断典型案例

9.1 装备智能故障诊断

  油气生产系统流程复杂、运行条件苛刻，并伴有高温、高压等极端条件，极易引发各种装备故障与失效，在很大程度上影响着油气生产安全。油气生产过程中存在大量的旋转机械装备，通常包括齿轮、轴承、转子等关键部件。这些关键部件的退化失效，往往会引发系统级故障，严重影响油气生产系统的可靠和安全运行。因此，开展油气生产装备的状态监测与故障诊断关键技术研究，对保障油气生产系统的安全性和经济性具有重要意义。传统的装备故障诊断主要利用物理信息、专家知识和信号处理方法提取轴承故障特征频率、齿轮啮合频率等故障敏感特征，对装备故障进行监测和预警。这个过程需要人工进行特征设计和提取，并需要诊断专家具有丰富的先验知识和对目标装备的深入了解。此外，由于装备故障机理的复杂性，往往难以建立通用有效的故障敏感特征。

  随着工业互联网和人工智能技术的快速发展，基于数据驱动和机器学习算法的故障预测和健康管理技术（Prognostic and Health Management，PHM）得到越来越广泛的研究和实践。在缺乏装备物理故障机理信息的情况下，数据驱动方法具有更高的可用性和灵活性。特别是基于深度学习的 PHM 方法在装备故障诊断问题中具有很强的故障特征自适应学习能力，大大降低了对专家经验的依赖。因此，近年来深度学习的 PHM 方法逐渐成为主流，引起了工业界和学术界的高度关注。Lei 等综述了深度学习在装备故障诊断中的应用，并给出了该领域的技术路线图。Fink 等对深度学习 PHM 的潜力、挑战和未来发展方向进行了全面评估。Rezaeianjouybari 等系统综述了 PHM 中不同类型深度学习模型的优势。

9.1.1 基于确定性深度学习的装备健康管理

  目前的深度学习 PHM 方法通常是假设部署场景中的测试数据和训练数据遵循相同的分布，并用同一分布的测试数据来评估模型性能，称为分布内（In-Distribution，ID）数据。然而，这种假设在实际的工业应用场景中很难满足。当训练好的模型部署到生产现场时，输入到模型的测试数据的分布往往与模型构建阶段使用的训练数据的分布不同。造成这些差异的原因可能是：（1）训练数据和测试数据之间的协变量偏移，如工作条件变化和仪器测量误差。（2）由于故障样本的稀缺和经验知识的缺乏，可能导致模型部署阶段出现未知故障类型对应的测试数据。（3）针对智能决策系统的对抗性攻击也会导致测试数据和训练数据的不同分布。

现有的深度学习 PHM 方法对训练阶段未提供的测试数据作出不切实际的预测，称为分布外（Out-of-Distribution，OOD）问题。如图 9.1 所示，以轴承故障诊断模型部署到实际生产现场为例。如果数据输入和模型训练数据分布一致，模型将给出预期的故障诊断结果。然而，当输入不相关的随机生成数据时，模型仍然盲目地判断为轴承的任一故障状况。因此，深度学习模型无法处理在模型训练阶段未呈现数据，不满足高安全应用的要求。

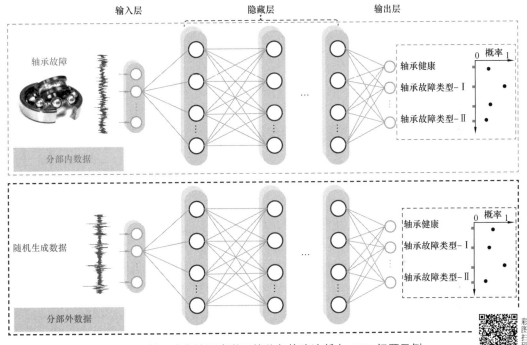

图 9.1　基于确定性深度学习的装备故障诊断中 OOD 问题示例

在故障诊断应用中，目前的研究主要采用迁移学习的方法，实现分布内数据到 OOD 数据的外推，以提高深度学习模型在未知场景下的鲁棒性。然而，这些研究仍然存在两个主要缺陷，制约了它们在高安全应用中的部署：（1）假设分布内数据和 OOD 数据之间的联系是已知的。然而，OOD 数据相关的先验知识通常是不存在的，相关假设会引入安全风险。（2）使用常规或确定性深度学习模型，即网络参数均为确定值，最终预测只能提供点估计，不能表征诊断结果的可信度。这种方法往往给出过于自信的诊断结果，可能使得决策判断错误导致安全风险。

9.1.2　基于不确定性感知深度学习的装备健康管理

值得注意的是，实际部署场景中的测试数据分布与训练数据分布不同，会导致相应的故障诊断结果不确定性较大。因此，可以将故障诊断结果的不确定性作为其可信度的指标，帮助决策者理解故障诊断结果，进而制定更合理的决策措施。一般来说，故障诊断过程中的不确定性来源有两个：（1）随机不确定性主要是由各种不可观测因素引起的，如工作中噪声的影响、传感器数据采集中由于仪器测量问题而产生的影响，导致数据具有较大的随机性。通过使用更可靠和有效的仪器测量技术，并通过识别一些对系统行为有显著影响的未观察变量，可以减少任意不确定性。（2）认知不确定性主要是由于认知有限造成的，如有限的训练数据不能代表所有可能的工作状态或故障现象。可以通过额外的实验和模拟来收集更多的信息，以更好地理解系统行为，来减少认知不确定性。

不确定性对于建立可信故障诊断和处理 OOD 问题至关重要。一般来说，深度学习模型的不确定性可以通过 Bootstrap 神经网络、集成神经网络和贝叶斯深度学习等方法进行量化，其中贝叶斯深度学习是最常用的方法。贝叶斯理论为深度学习中的认知不确定性建模提供了坚实的理论基础。贝叶斯深度学习的关键是将网络参数视为概率分布而不是确定值，从而达到量化和传播认知不确定性的目的。网络参数的后验分布可以通过贝叶斯推断方法学习。方法主要有三类：（1）基于采样的马尔可夫链蒙特卡洛（MCMC）及其变体。（2）结合模型本身和噪声优化方法进行不确定性量化的隐式变分推断，如蒙特卡洛（MC）Dropout。（3）将网络参数视为概率分布的显式变分推断，如贝叶斯反向传播算法。注意 MC dropout 是否符合贝叶斯理论还有争议，因此，本研究主要采用贝叶斯反向传播算法进行模型训练。

PHM 领域的学者越来越关注深度学习模型中的不确定性研究。在这里，我们综述了有关将贝叶斯深度学习应用于剩余使用寿命（RUL）预测和故障诊断的文献。根据目标任务、贝叶斯推断方法和基本网络架构，将文献分为 6 类。尽管它们都取得了一定的效果，但仍然存在一些不足之处，这些不足构成了本研究的主要动机。

绝大多数文献关注 RUL 预测，只考虑认知不确定性。Kim 等人使用 MC dropout 考虑认知不确定性，并通过假设随机不确定性和 RUL 之间的单调递减关系，使用前馈神经网络对随机不确定性进行建模。Li 等人采用 MC dropout 考虑认知不确定性，并根据 RUL 各种可能的概率分布，使用概率输出层对随机不确定性进行建模。Kraus 等人使用概率输出层来考虑 RUL 随机不确定性，同时使用朴素贝叶斯反向传播算法对认知不确定性进行建模。Carces 等人使用基于 Flipout 方法的变分推理对认知不确定性进行建模，并通过遵循高斯分布的概率输出层考虑随机不确定性。

使用贝叶斯深度学习进行故障诊断的文献相对较少。值得注意的是，这些文献均采用 MC dropout 对认知不确定性进行建模，并将其应用于裂纹检测、化工过程故障检测和离心式水冷冷水机组故障检测。因此，目前基于贝叶斯深度学习的故障诊断研究存在以下两个不足：（1）只考虑认知不确定性，需要对认知不确定性和偶然不确定性进行综合处理。（2）都使用 MC dropout，由于 MC dropout 方法的缺陷，无法保证故障诊断结果不确定性量化的合理性。因此，应推荐显式变分推断方法。

以上文献均遵循训练数据和测试数据独立同分布的假设。目前还没有关于贝叶斯深度学习如何有效处理 PHM 中 OOD 问题的研究。

针对上述问题，下文提出一种基于不确定性感知能力的可信故障诊断方法，通过构建概率贝叶斯卷积神经网络（PBCNN）来量化故障诊断结果的不确定性，然后利用诊断结果的不确定性来检测 OOD 数据，可以更好地帮助决策者了解故障诊断结果，形成可信的故障诊断方法，支撑高安全系统决策。提出了四种不确定性测度以衡量故障诊断结果的不确定性，并构建了风险—覆盖曲线来表征模型预测风险与不确定性阈值之间的关系，支撑所述方法的实际应用。利用随机数据、传感器故障和未知故障三种 OOD 数据类型开展大量数值实验验证了所述方法。研究表明，该方法不仅可以准确识别属于已知训练数据分布的故障，还可以通过诊断结果的不确定性有效识别未知数据类型，满足高安全系统的应用需求，同时也为深度学习方法的实际工程应用提供了方法参考。

9.2 基于不确定性感知的可信故障诊断方法

提出了一种基于不确定性感知的可信故障诊断方法。整体流程如图 9.2 所示，具体为：（1）构建 PBCNN 模型对认知不确定性和偶然不确定性进行量化。（2）基于平均信息或逐类信息构建故障诊断的不确定性测度。（3）将故障诊断结果不确定性以预测风险的形式更直观地传达给决策者。（4）指导决策者在 OOD 检测和故障诊断中确定可接受的预测风险阈值。最后，PBCNN 模型对低于风险阈值的样本（即可信样本）输出故障状态预测结果，筛选出超过预测风险阈值的样本（即不可信样本）并交给专家进行检查。这大大降低了作出错误决策的风险，提高了整个故障诊断过程的可信度，满足高安全应用的需求。

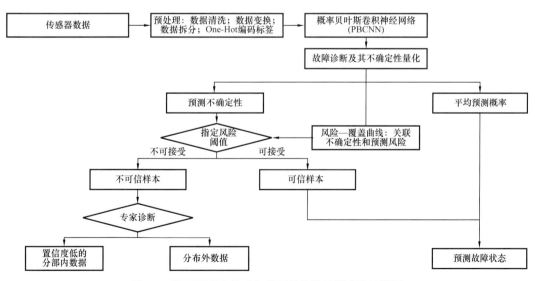

图 9.2　基于不确定性感知的可信故障诊断方法流程图

9.2.1 基于概率贝叶斯卷积神经网络的故障诊断模型构建

1. 网络结构设计

首先对装备状态监测数据及标签进行预处理：（1）采用 One-Hot 方案对数据标签进行编码。（2）将传感器监测数据划分成若干样本，每个样本具有同等数量的数据点。利用时频变换方法将每个样本变换为频谱图，使得状态监测数据转换为一系列的图像数据。然后，将频谱图送入一系列贝叶斯卷积层和最大池化层进行特征提取，继而把提取的特征压平成一维的特征向量，接着通过一系列贝叶斯全连接层进行特征分类。输出概率层的神经元个数等于装备健康状况的数量，被用来表征 One-Hot 分类分布。详细的网络结构如图 9.3 所示。通过构建贝叶斯卷积层和贝叶斯密集层对认知不确定性进行建模。具体来说，贝叶斯网络层参数被视为高斯分布而不是确定值，其参数的后验分布将捕获认知不确定性。另一方面，构建服从 One-Hot 分类分布的概率输出层，通过不断学习 One-Hot 分类分布参数来考虑随机不确定性。

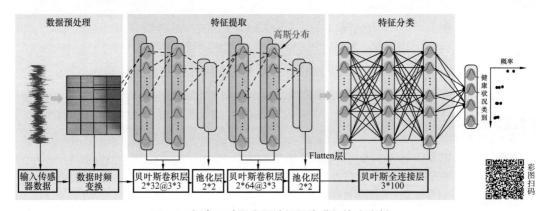

图 9.3　概率贝叶斯卷积神经网络进行故障诊断

2. 网络训练

网络训练数据表示为 $D = \{(x_1, y_1), \cdots, (x_i, y_i), \cdots, (x_N, y_N)\}$，其中 x_i 和 y_i 分别代表第 i 个训练样本及其标签。假设装备有 $M+1$ 个可能的健康状况，其中 $m=0$ 表示健康模式，故障模式分别表示为 $m=1$，$\cdots$，M。网络训练的目标是获得表征用于故障诊断的 PBCNN 模型 $f_\omega(\cdot)$ 的最优参数。ω 先验参数分布 $p(\omega)$ 通常采用平均场高斯分布。数据似然为 $L(D|\omega) = \prod\limits_{i=1}^{N} p(y_i|x_i, \omega)$，其中 $p(y_i|x_i, \omega)$ 为 One-Hot 分类分布的概率质量函数。根据贝叶斯定理，可以估计参数 ω 的后验分布，见式（9.1）：

$$p(\omega|D) = \frac{L(D|\omega)p(\omega)}{\int p(\omega)L(D|\omega)\mathrm{d}\omega} \tag{9.1}$$

考虑到神经网络中模型参数量较大，通常使用变分推断进行网络训练，即估计后验分布 $p(\omega|D)$。变分推断的思想是使用一个简单的变分分布 $q(\omega|\theta)$ 去近似后验分布 $p(\omega|D)$。通过最小化 $q(\omega|\theta)$ 和 $p(\omega|D)$ 之间的 Kullback–Leibler（KL）散度，可以学习到最优变分参数 θ 完成网络训练。相应的代价函数通常被称为 ELBO，如式（9.2）所示，其中第一项计算变分分布 $q(\omega|\theta)$ 和先验分布 $p(\omega)$ 的之间的 KL 散度来衡量复杂性成本、第二项通过计算数据似然的期望值来衡量似然成本。

$$\text{ELBO}(D,\theta) = KL\big[q(\omega|\theta)|p(\omega)\big] - E_{q(\omega|\theta)}\big[\lg p(D|\omega)\big] \qquad (9.2)$$

通过重新排列复杂性成本项，ELBO 可以改写为式（9.3）：

$$\text{ELBO}(D,\theta) = E_{q(\omega|\theta)}\big[\lg q(\omega|\theta)\big] - E_{q(\omega|\theta)}\big[\lg p(\omega)\big] - E_{q(\omega|\theta)}\big[\lg p(D|\omega)\big] \qquad (9.3)$$

通过蒙特卡洛方法得到 ELBO 函数的无偏估计，其中 w_j 表示由变分分布 $q(\omega|\theta)$ 生成的第 j 个蒙特卡洛样本。采用 Flipout 方法实现权重摄动和重参数化技巧生成蒙特卡洛样本。这使得通过反向传播计算变分参数 θ 的梯度成为可能。通过基于梯度的优化算法更新 θ，见式（9.4）：

$$\text{ELBO}(D,\theta) \approx \frac{1}{J}\sum_{j=1}^{J}\lg q(w_j|\theta) - \lg p(w_j) - \lg p(D|w_j) \qquad (9.4)$$

9.2.2　故障诊断的不确定性量化

上述模型训练完成可得到表征 PBCNN 模型的最优参数 ω^*。基于蒙特卡洛法，将待诊断的数据样本 x^* 输入 PBCNN 模型 f_{ω^*} 进行 K 次前向传播，据此估计不同健康状况的不确定性。假设第 k 次前向传播得到的健康状况概率表示为 $f_\omega^k(x^*) = \big[p_0^k, p_1^k, \cdots, p_m^k, \cdots, p_M^k\big]$，其中 p_m^k 为健康状况 m 对应的概率值。最后，计算各健康状况的平均预测概率，即 $p^* = \big[p_0^*, p_1^*, \cdots, p_m^*, \cdots, p_M^*\big]$，其中 $p_m^* = \frac{1}{K}\sum_{k=1}^{K}p_m^k$。使用预测熵和总标准差两种不确定性测度计算故障诊断结果的不确定性见式（9.5）和式（9.6）：

$$H_{\text{T}} = -\sum_{m=0}^{M+1}p_m^* \lg\big(p_m^*\big) \qquad (9.5)$$

$$V_{\text{T}} = \sqrt{\sum_{m=0}^{M+1}\frac{1}{k-1}\sum_{k=1}^{K}[p_m^k - p_m^*]^2} \qquad (9.6)$$

如图 9.4 所示，预测熵和总标准差是通过对每类健康状况概率求平均后再计算得到的，只能代表诊断结果整体不确定性的平均效应，无法刻画每类健康状况分别对应的不确定性，称为逐类不确定性。因此，同时计算每类健康状况概率的离散度，然后使用它们的最大值来表征逐类不确定性。式（9.7）和式（9.8）代表另外两种不确定性测度，即逐类标准差和逐类极差：

$$V_c = \max\left\{\sqrt{\frac{1}{K-1}\sum_{k=1}^{K}[p_m^k - p_m^*]^2} : m = 0,1,\cdots,M\right\} \tag{9.7}$$

$$R_c = \max\left\{\max\left(p_m^k\right) - \min\left(p_m^k\right) : m = 0,1,\cdots,M, k = 1,\cdots,K\right\} \tag{9.8}$$

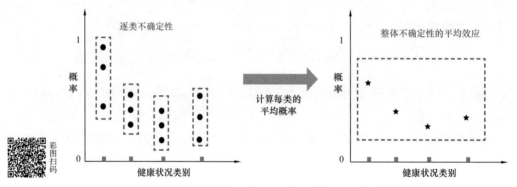

图 9.4　故障诊断结果的不确定性量化

9.2.3　利用预测风险水平进行不确定性沟通

OOD 数据的先验知识往往是无法获得的，如何确定一个合理的不确定性阈值来区分 OOD 数据变得尤为重要。由于大多数决策者不具备较高的统计技能，直接使用上述不确定性测度并不能帮助决策者理解诊断结果。因此如何将结果的不确定性估计更有效地传达给决策者也是至关重要的。为了解决上述问题，通过建立不确定性和预测风险之间的关系，既能帮助决策者确定不确定性阈值，又能帮决策者更容易理解诊断结果。直观地看，在不确定性阈值较大的情况下，人们会使用更多不确定性较大的样本进行模型训练，这对模型性能是不利的，将提高模型预测风险水平。

使用较大的不确定性阈值会从两个方面造成高风险水平。一方面，模型倾向于将更多的 OOD 样本错误归类为分布内样本，导致 OOD 检测性能较差。另一方面，训练过程中使用更多不确定性较大的分布内样本，也可能降低模型在故障诊断中的性能。

在不确定性阈值较小的情况下，只有少数样本被认为对模型构建是可信的。这样的样本具有相对较小的不确定性，因此模型对预测更有信心，具有更好的准确性，并达到低风险水平。

因此，我们提出基于数据覆盖率（即不确定性低于阈值的可信样本的比例）和预测误差（即基于相应可信样本评估模型的分类误差）之间的关系将不确定性和预测风险联系起来。图 9.5 展示了一个风险—覆盖曲线，该曲线可以通过三个步骤使用验证数据构建：（1）将验证数据排序为不确定性上升的序列，并计算相应的数据覆盖率作为验证数据中可信样本的部分。（2）筛选出不确定性测度大于给定阈值的样本，利用剩余的可信样本基于分类误差对模型性能进行评价，以此表示故障诊断的风险。（3）建立以不确定性阈值为条件的预测风险与数据覆盖率之间的关系。

风险水平可以用来同时表征模型在 OOD 检测和故障诊断中的预测风险。虽然风险—覆盖曲线是根据分布内数据的故障诊断风险建立的，它也可以反映 OOD 检测的风险。较高的故障诊断风险对应着较大的不

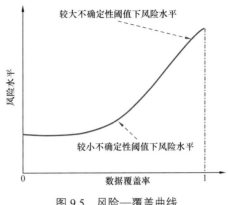

图 9.5　风险—覆盖曲线

确定性阈值，导致模型倾向于将更多的 OOD 数据识别为分布内数据，从而加大 OOD 检测的风险。因此，可以通过指定不同的风险水平值来控制模型性能，这也使得模型性能在不同的不确定性度量之间具有可比性。

9.2.4　性能评估

模型需要首先筛选出 OOD 数据样本，进而准确判断分布内数据所对应的故障类型。因此，在用户指定的风险水平下，依次使用受试者工作特征曲线（Receiver Operating Characteristic Curve，ROC）和精确率—召回率对模型性能进行评估。

1. OOD 检测性能

模型在 OOD 检测中的性能分别用式（9.9）和式（9.10）中的真阳性率（TPR）和假阳性率（FPR）进行评估。其中，阳性样本指的是来自分布内数据的样本，阴性样本指的是来自 OOD 数据的样本。

$$TPR = \frac{TP}{TP + FN} \tag{9.9}$$

式中 TPR 指的是识别出的分布内样本占所有分部内样本的比例，TP 为被正确识别的分布内样本的数量，FN 为被错误识别为 OOD 的分布内样本的数量。

$$FPR = \frac{FP}{FP + TN} \tag{9.10}$$

式中 FPR 指的是被错误识别为分布内样本的 OOD 样本占所有 OOD 样本的比例，FP 是被错误识别为分布内样本的 OOD 样本的数量，TN 是被正确识别的 OOD 样本的数量。

OOD 检测中的性能也可以通过使用接收者操作特征曲线下的面积（Area Under the Receiver Operating Characteristic Curve，AUROC）来评估。AUROC 是一种与不确定性阈值无关的指标。AUROC 越高，OOD Detection 的模型性能越好。更高的风险水平对应更

高的不确定性阈值，倾向于将更多的 OOD 样本错认为是分部内样本，导致更高的 TPR 和 FPR。

2. 故障诊断性能评估

对上述识别出的分布内数据进行健康状况诊断。由于主要关注模型是否能正确识别故障样本的能力，因此使用准确率和召回率来评估模型故障诊断的性能。其中，正样本为任意故障模式下的分布内样本，负样本为健康模式下的分布内样本。在多故障诊断场景中，我们将各个故障模式的贡献进行聚合，分别计算式（9.11）、式（9.12）和式（9.13）中的微平均精确率、微平均召回率和微平均 F 值。

$$\text{Precision}_{\mu} = \frac{\sum_{m=1}^{M} \text{TP}_m}{\sum_{m=1}^{M} \left(\text{TP}_m + \text{FP}_m^{\text{ID}} + \text{FP}_m^{\text{OOD}} \right)} \qquad (9.11)$$

式中 Precision_{μ} 为微平均精确率，TP_m 为被正确识别为 m^{th} 故障状态的样本数量，FP_m^{ID} 为被错误识别为 m^{th} 故障状态的分布内样本数量，FP_m^{OOD} 为被错误识别为 m^{th} 故障状态的 OOD 样本数量。

$$\text{Recall}_{\mu} = \frac{\sum_{m=1}^{M} \text{TP}_m}{\sum_{m=1}^{M} \left(\text{TP}_m + \text{FN}_m \right)} \qquad (9.12)$$

式中 Recall_{μ} 为微平均召回率，FN_m 是属于 m^{th} 故障状态但被错误识别为健康状态的样本数量。最后，利用 Precision_{μ} 和 Recall_{μ} 计算微平均 F 值 F_{μ}。微平均 F 值越高，模型性能越好。

$$F_{\mu} = \frac{2 \times \text{Precision}_{\mu} \times \text{Recall}_{\mu}}{\text{Precision}_{\mu} + \text{Recall}_{\mu}} \qquad (9.13)$$

9.3　案例分析

本节以渥太华大学公布的转子轴承故障数据为例，对所述方法的实用性和有效性进行说明。总体流程包括：（1）对轴承测试过程及其振动监测数据采集过程进行概述。（2）对轴承数据的预处理和 PBCNN 模型构建进行说明。（3）使用由随机数据、传感器故障和未知故障类型引起的三种 OOD 场景来验证模型的有效性。基于 Python 语言环境、TensorFlow 深度学习框架，结合 TensorFlow Probability 工具包，搭建基于不确定性感知的可信故障诊断模型。

9.3.1　轴承数据介绍

根据轴承故障位置不同可分为 5 种健康状况，见表 9.1。轴承的振动监测数据通过采样频率为 20000Hz 的加速度计采集，如图 9.6 所示。每种健康状况分别在 4 种不同转速下进行测试，其中包括：增加转速、减少转速、先增加转速再减少转速、先减少转速再增加转速，构成 20 种不同的实验设置。为了确保实验数据的真实性，每种实验设置重复做 3 次，最终共采集到 60 组实验数据。每组实验采集一段持续时间为 10s 的振动数据以捕捉轴承健康状况信息。因此，最终共采集到 60 段振动监测数据，且每段有 2000000 个数据点。

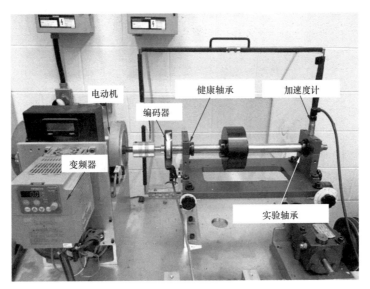

电动机　　健康轴承　　加速度计

编码器

变频器

实验轴承

彩图扫码

图 9.6　轴承试验台

表 9.1　轴承的 5 种健康状况

健康状况标签	状况描述
0	健康模式，无任何缺陷
1	具有内部圈缺陷的故障模式
2	带有外部圈缺陷的故障模式
3	带球缺陷的故障模式
4	前三个位置缺陷组合的故障模式

9.3.2　数据预处理和模型构建

将每段振动数据按照每 2048 个数据点划分为一个样本，共计得到 11712 个样本。然后，通过 Hanning 窗口的短时傅里叶变换（STFT）将每个样本转换为 65×65 大小的频谱图，如图 9.7 所示，其中窗口长度为 128，重叠点数为 96。继而将每张频谱图的像素缩放到 [−1，1] 的范围内，并将健康状况标签进行 One-hot 编码。最终，每段振动数据被转化为一批形状为 [11712，65，65，1] 的图像数据。

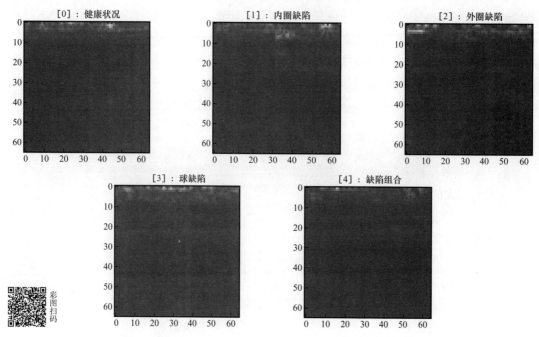

图 9.7 对 5 种健康状况下的原始传感器数据进行短时傅里叶变换后得到的频谱图

PBCNN 网络结构与常用的 CNN 网络结构类似，主要区别是把每个网络权重都表示为高斯分布，进而将常用的卷积层、全连接层扩展为贝叶斯卷积层、贝叶斯全连接层。本节中的 PBCNN 模型有 4 个贝叶斯卷积层，其核尺寸分别为 {32×1，32×1，64×1，64×1}，核数分别为 {16，32，32，64}。在每个贝叶斯卷积层后添加一个 2×2 的最大池化层。经过卷积和池化操作后，提取的特征被压平，作为贝叶斯全连接层的输入。贝叶斯全连接层部分包括 2 个隐含层和 1 个输出层。两个隐含层的神经元个数均为 100。输出概率层的神经元个数为 4，对应四种不同的健康状况。输出层采用的激活函数为 Softmax 函数，其他隐含层均采用 ReLU 函数。在变分推断过程中，采用 Flipout 方法训练贝叶斯全连接层和贝叶斯卷积层，实现网络权重的后验分布估计，其中先验分布使用标准高斯分布。训练过程选择 Adam 优化器，学习率为 0.001。训练批次大小为 32。PBCNN 模型训练完成后，基于蒙特卡洛方法，将测试数据输入 PBCNN 模型中进行前向传播 100 次，据此估计轴承不同健康状况下的概率及不确定性。

9.3.3 随机 OOD 数据验证

本节以随机数引起的 OOD 数据类型为例，详细介绍所述方法的基本过程，包括：（1）生成分布内数据和 OOD 数据。（2）在决策者可接受风险阈值内，确定相应的不确定性阈值。（3）评估 PBCNN 模型的 OOD 检测性能和故障诊断性能。

1. OOD 数据生成

将表 9.1 中所有健康状况下的振动监测数据用于模型构建，共计 58560 个样本。将其中 70% 的数据作为训练数据，其余用于测试数据，进而将训练数据按照 7∶3 的比例划分为训练集和验证集。所有这些训练、验证和测试数据都遵循相同的分布。在模型测试阶段，将包含 17568 个样本的测试数据用作分布内数据，并加入同等数量且形状为［65，65，1］的随机 OOD 数据，最终形成一个集分布内数据和 OOD 数据的混合数据集，用于 PBCNN 模型性能评估。假设各像素值服从［-1，1］范围的均匀分布进行随机数据生成。

2. 故障诊断风险阈值

基于验证数据和训练好的 PBCNN 模型构建风险—覆盖曲线如图 9.8 所示。由此可见，当采用较大的不确定性阈值时，会用到更多不确定性较大的样本，对应较大的数据覆盖率，相应的 OOD 检测和故障诊断的风险水平也会增加。在同一风险水平下，逐类极差的数据覆盖率略低于其他不确定性测度。总体来说，预测熵、总标准差和逐类标准差的风险覆盖曲线几乎完全重叠，且 4 个不确定性测度的最大风险水平也十分接近。在 PBCNN 模型实际应用时，需要在指定风险水平对应的不确定性阈值下，开展 OOD 检测和故障诊断。因此，可通过分析不同风险水平下 PBCNN 模型的 OOD 检测和故障诊断性能变化，验证模型的有效性。表 9.2 给出了 7 个风险阈值下 4 种不确定性测度对应的不确定性阈值。风险率值指的是占最大风险水平的比例，风险阈值定义为最大风险水平与风险率的乘积。

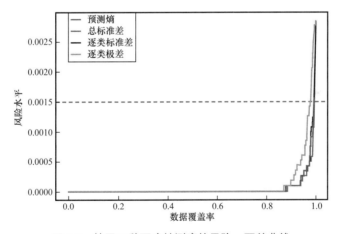

图 9.8　基于四种不确定性测度的风险—覆盖曲线

表 9.2　7 个不同风险阈值对应的不确定性阈值

风险率	风险阈值	不确定度阈值			
		预测熵	总标准差	逐类标准差	逐类极差
0.1	0.28×10^{-3}	0.401	0.235	0.167	0.791
0.2	0.57×10^{-3}	0.741	0.340	0.245	0.943
0.3	0.85×10^{-3}	0.931	0.397	0.260	0.977

风险率	风险阈值	不确定度阈值			
		预测熵	总标准差	逐类标准差	逐类极差
0.4	1.14×10^{-3}	0.981	0.434	0.290	0.989
0.5	1.42×10^{-3}	1.030	0.458	0.318	0.993
0.6	1.71×10^{-3}	1.074	0.483	0.340	0.996
0.7	1.99×10^{-3}	1.101	0.509	0.359	0.999

3. 模型性能评估

将一个随机 OOD 样本输入 FCNN 和 PBCNN 模型，相应故障诊断结果如图 9.9 所示。由此可见，FCNN 模型只能对每类健康状况的概率提供点估计值，并很确信地误以为随机 OOD 样本属于外圈故障。PBCNN 模型结果显示每类健康状况的概率对应的不确定性都非常大，表明该随机 OOD 样本不属于任何已知健康状况类型。综上，FCNN 模型无法识别 OOD 数据，但 PBCNN 模型可以通过量化故障诊断结果不确定性，帮助决策者筛选出 OOD 数据，提高故障诊断的可信度。

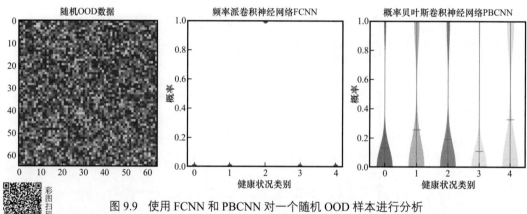

图 9.9　使用 FCNN 和 PBCNN 对一个随机 OOD 样本进行分析

考虑到随机数生成和 PBCNN 模型预测过程的随机性，图 9.10 比较了分布内数据和随机 OOD 数据预测结果的不确定性分布。在四种不确定性测度中，OOD 数据相应的不确定性总体都远远高于分布内数据的不确定性。因此，选取适当的不确定性阈值可以有效地区分分布内数据和由随机 OOD 数据。

图 9.11 采用 ROC 曲线进一步量化 PBCNN 模型的 OOD 检测性能。四个不确定性测度对应的 ROC 曲线都非常接近左上角，这表明所有不确定性测度的 OOD 检测性能接近完美。预测熵、总标准差、逐类标准差和逐类极差相应 AUROC 值分别为 0.999、1.000、1.000 和 0.994，充分说明了 PBCNN 模型在 OOD 检测方面的有效性。注意图中黑色虚线表示的是采用随机分类器进行 OOD 检测的结果。

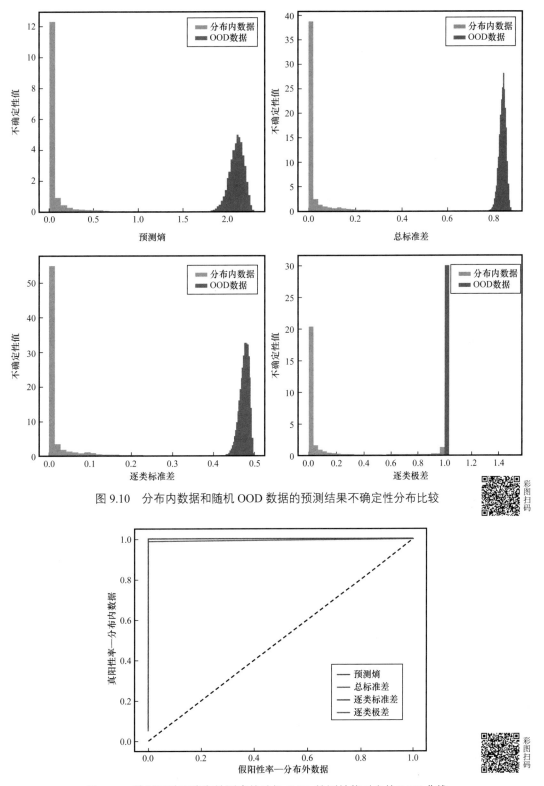

图 9.10 分布内数据和随机 OOD 数据的预测结果不确定性分布比较

图 9.11 基于四种不确定性测度的随机 OOD 检测性能对应的 ROC 曲线

根据表 9.2 中风险阈值，开展 PBCNN 模型的 OOD 检测和故障诊断性能敏感性分析。模型性能评估结果如图 9.12 所示，其中第一行对应 OOD 检测的性能，第二行对应故障诊断的性能。通过对比分析图 9.12 中的结果可以得到以下几点结论。

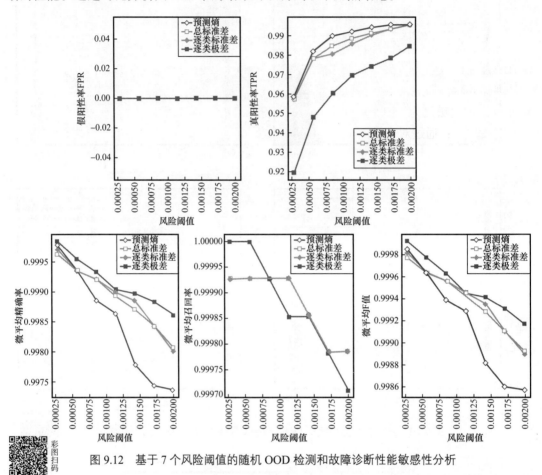

图 9.12　基于 7 个风险阈值的随机 OOD 检测和故障诊断性能敏感性分析

（1）在 OOD 检测中，四种不确定性测度的 FPR 都为 0，表明采用任意不确定性测度都可以正确识别出所有随机 OOD 数据。逐类极差的 TPR 略低，其他三种不确定性测度的 TPR 很接近，意味着使用逐类极差可能会导致较高的误报率。

（2）在故障诊断中，所有不确定性测度的性能指标都接近 1。预测熵的微平均精确率和微平均 F 值略低于其他三种不确定性测度，意味着使用预测熵可能会导致较高的漏报率。

（3）随着风险阈值的提高，故障诊断时的微平均精确率、微平均召回率和微平均 F 值都呈现降低趋势。

需要注意的是，表征 OOD 检测性能的 TPR 和表征故障诊断性能的微平均召回率都只取决于风险阈值和分布内数据，与 OOD 数据类型无关。因此，在传感器故障和未知故障 OOD 数据分析，TPR 和微观平均召回率将保持不变。

9.3.4　传感器故障 OOD 数据验证

本节以传感器偏置故障、漂移故障、缩放故障和精度退化产生的 OOD 数据为例，评估 PBCNN 模型性能。通过模拟传感器故障特征，改变正常测量数据来生成相应的 OOD 数据，具体过程如下。

偏置故障：通过向正常测量数据中添加一定的偏移量。偏移量大小由正常测量数据峰峰值的百分比 τ_b 决定，并向 τ_b 添加信噪比为 5dB 的高斯白噪声进行随机化。

漂移故障：通过向正常测量数据中引入线性增长趋势。趋势大小由漂移斜率 τ_d 指定，并向 τ_d 添加信噪比为 5dB 的高斯白噪声进行随机化。

缩放故障：通过对正常测量数据进行缩放模拟相应故障特征。缩放的程度由缩放因子 τ_s 决定，并向 τ_s 添加信噪比为 5dB 的高斯白噪声进行随机化。

精度退化故障：通过向正常测量数据中添加高斯噪声，模拟传感器精度退化导致的测量方差增大的特征。假定高斯噪声的均值为 0，标准差 τ_p 为峰峰值的百分比。

通过设置 $\tau_b=0.5$、$\tau_d=8$、$\tau_s=3$ 和 $\tau_p=1$ 生成传感器故障 OOD 数据，如图 9.13 所示。与正常传感器数据相比：偏置故障数据的测量值呈现正偏移；漂移故障数据呈现线性增长趋势；缩放故障数据整体被放大；精度退化数据的整体方差增大。同样按照本节的分析步骤，向分布内数据注入传感器故障生成 OOD 数据，最后对 PBCNN 模型的 OOD 检测性能进行评估，见表 9.3。PBCNN 模型在检测精度退化故障时表现最好，其次是漂移故障、偏置故障和缩放故障。对于同一传感器故障，总标准差和逐类标准差总体性能相近；各不确定性测度在精度退化检测时表现都近乎完美；在检测偏置故障、漂移故障和尺度故障时，预测熵性能最差。

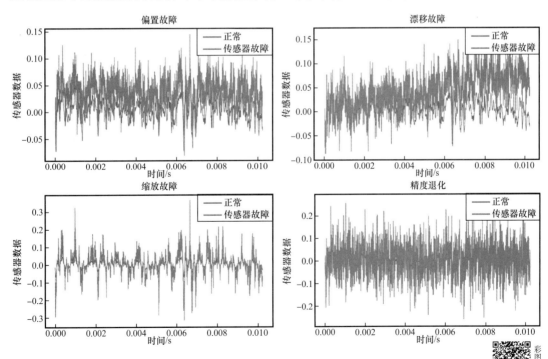

图 9.13　模拟传感器偏置、漂移、缩放和精度退化故障生成的 OOD 数据

表 9.3　基于 4 种不确定性测度的传感器故障 OOD 检测 AUROC 指标

不确定性测度 / 传感器故障	AUROC			
	偏置故障	漂移故障	缩放故障	精度退化
预测熵	0.948	0.962	0.905	1.000
总标准差	0.953	0.967	0.917	1.000
逐类标准差	0.953	0.966	0.916	1.000
逐类极差	0.951	0.965	0.920	0.994

对 PBCNN 模型在 7 个风险阈值下的传感器故障 OOD 检测和故障诊断性能评估见表 9.4，可得到如下结论。

表 9.4　基于 7 个风险阈值的传感器故障 OOD 检测和故障诊断性能敏感性分析

传感器故障	风险阈值	FPR				微平均精确率				微平均 F 值			
		U–1	U–2	U–3	U–4	U–1	U–2	U–3	U–4	U–1	U–2	U–3	U–4
偏置故障	0.28×10^{-3}	0.19	0.17	0.17	0.10	0.80	0.82	0.82	0.88	0.89	0.90	0.90	0.94
	0.57×10^{-3}	0.33	0.26	0.27	0.15	0.70	0.75	0.75	0.84	0.83	0.86	0.85	0.91
	0.85×10^{-3}	0.44	0.33	0.29	0.18	0.64	0.70	0.73	0.81	0.78	0.83	0.84	0.89
	1.14×10^{-3}	0.48	0.39	0.35	0.22	0.62	0.67	0.69	0.77	0.77	0.80	0.82	0.87
	1.42×10^{-3}	0.53	0.43	0.42	0.25	0.60	0.65	0.65	0.75	0.75	0.79	0.79	0.86
	1.71×10^{-3}	0.58	0.48	0.49	0.30	0.58	0.62	0.62	0.72	0.73	0.77	0.76	0.84
	1.99×10^{-3}	0.61	0.55	0.58	0.39	0.57	0.59	0.58	0.67	0.72	0.74	0.73	0.80
漂移故障	0.28×10^{-3}	0.16	0.14	0.14	0.07	0.82	0.85	0.85	0.91	0.90	0.92	0.92	0.95
	0.57×10^{-3}	0.29	0.23	0.23	0.11	0.73	0.77	0.77	0.87	0.84	0.87	0.87	0.93
	0.85×10^{-3}	0.40	0.29	0.26	0.15	0.66	0.73	0.75	0.84	0.80	0.84	0.86	0.91
	1.14×10^{-3}	0.44	0.34	0.31	0.18	0.64	0.70	0.72	0.81	0.78	0.82	0.84	0.89
	1.42×10^{-3}	0.48	0.39	0.37	0.21	0.62	0.67	0.68	0.79	0.77	0.80	0.81	0.88
	1.71×10^{-3}	0.53	0.43	0.44	0.25	0.60	0.65	0.64	0.76	0.75	0.78	0.78	0.86
	1.99×10^{-3}	0.55	0.49	0.52	0.32	0.59	0.62	0.60	0.71	0.74	0.76	0.75	0.83
缩放故障	0.28×10^{-3}	0.34	0.30	0.30	0.19	0.71	0.73	0.73	0.80	0.83	0.85	0.85	0.89
	0.57×10^{-3}	0.47	0.40	0.40	0.24	0.65	0.68	0.68	0.78	0.78	0.81	0.81	0.87
	0.85×10^{-3}	0.56	0.45	0.42	0.27	0.61	0.66	0.67	0.76	0.76	0.79	0.80	0.86
	1.14×10^{-3}	0.59	0.49	0.46	0.30	0.60	0.64	0.65	0.74	0.75	0.78	0.79	0.85

续表

传感器故障	风险阈值	FPR				微平均精确率				微平均 F 值			
		U-1	U-2	U-3	U-4	U-1	U-2	U-3	U-4	U-1	U-2	U-3	U-4
缩放故障	1.42×10^{-3}	0.62	0.52	0.51	0.32	0.58	0.63	0.63	0.73	0.74	0.77	0.77	0.84
	1.71×10^{-3}	0.65	0.55	0.55	0.35	0.57	0.62	0.61	0.71	0.73	0.76	0.76	0.83
	1.99×10^{-3}	0.67	0.59	0.61	0.40	0.57	0.60	0.59	0.69	0.72	0.75	0.74	0.81
精度退化	0.28×10^{-3}	0.00	0.00	0.00	0.00	1.00	1.00	1.00	1.00	1.00	1.00	1.00	1.00
	0.57×10^{-3}	0.00	0.00	0.00	0.00	1.00	1.00	1.00	1.00	1.00	1.00	1.00	1.00
	0.85×10^{-3}	0.00	0.00	0.00	0.00	1.00	1.00	1.00	1.00	1.00	1.00	1.00	1.00
	1.14×10^{-3}	0.00	0.00	0.00	0.00	1.00	1.00	1.00	1.00	1.00	1.00	1.00	1.00
	1.42×10^{-3}	0.00	0.00	0.00	0.00	1.00	1.00	1.00	1.00	1.00	1.00	1.00	1.00
	1.71×10^{-3}	0.00	0.00	0.00	0.00	1.00	1.00	1.00	1.00	1.00	1.00	1.00	1.00
	1.99×10^{-3}	0.00	0.00	0.00	0.00	1.00	1.00	1.00	1.00	1.00	1.00	1.00	1.00

注：U-1 为预测熵，U-2 为总标准差，U-3 为逐类标准差，U-4 为逐类极差。

（1）基于任意不确定性测度，PBCNN 模型在精度退化检测时的灵敏度最高，其次是漂移故障、偏置故障和缩放故障。

（2）给定任意传感器故障，不确定性测度性能排序保持一致：逐类极差表现最好，其次是逐类标准差、总标准差和预测熵。

（3）各不确定性测度在传感器精度退化检测时表现相近。在传感器偏置、漂移和缩放故障检测时，逐类极差表现最佳，预测熵效果最差，即较高的 FPR、较低的微平均精确率和微平均 F 值。

（4）随着风险阈值的增大，针对传感器故障 OOD 检测和故障诊断的 PBCNN 模型性能也会变差。

9.3.5　未知故障 OOD 数据验证

本节采用交叉验证的思想，通过假定表 9.1 中任一种故障模式未知作为 OOD 数据，建立四种可能的 OOD 场景见表 9.5。当球缺陷故障模式未知时，模型构建使用健康状况、内圈缺陷、外圈缺陷和组合缺陷数据，总计 46848 个样本。同样按照 9.3.3 中模型性能评估的分析步骤，将球缺陷故障数据包括的 11712 个样本用作未知故障 OOD 数据，继而评估 PBCNN 模型的 OOD 检测和故障诊断性能。

四种不同场景下的未知故障 OOD 检测 AUROC 指标见表 9.6。可见 PBCNN 模型在外圈缺陷未知时表现最佳，其次是组合缺陷、内圈缺陷和球缺陷。四种不确定性测度的 AUROC 值均较高，其中总标准差和逐类标准差整体表现相近。预测熵在整体表现最佳，除了在检测内圈缺陷的未知故障时 AUROC 略低。

表 9.5　未知故障 OOD 场景设置

未知故障 OOD 场景	已知故障标签	未知故障标签
Hold−1	[0, 2, 3, 4]	[1]: 内圈缺陷
Hold−2	[0, 1, 3, 4]	[2]: 外圈缺陷
Hold−3	[0, 1, 2, 4]	[3]: 球缺陷
Hold−4	[0, 1, 2, 3]	[4]: 组合缺陷

表 9.6　基于四种不确定性测度的未知故障 OOD 检测 AUROC 指标

不确定性测度 \ 未知故障 OOD 场景	AUROC			
	Hold−1	Hold−2	Hold−3	Hold−4
预测熵	0.921	0.989	0.942	0.948
总标准差	0.935	0.983	0.929	0.950
逐类标准差	0.935	0.982	0.929	0.950
逐类极差	0.939	0.971	0.918	0.949

对 PBCNN 模型在 7 个风险阈值下的未知故障 OOD 检测性能敏感性分析见表 9.7，未知故障的故障诊断性能敏感性分析见表 9.8，可得到如下结论。

表 9.7　基于 7 个风险阈值的未知故障 OOD 检测性能敏感性分析

未知故障 OOD 场景	风险阈值	FPR				TPR			
		U−1	U−2	U−3	U−4	U−1	U−2	U−3	U−4
Hold−1	0.50×10^{-3}	0.26	0.23	0.23	0.17	0.94	0.95	0.95	0.94
	0.90×10^{-3}	0.38	0.33	0.32	0.23	0.97	0.97	0.97	0.96
	1.40×10^{-3}	0.47	0.39	0.39	0.25	0.98	0.98	0.98	0.97
	1.80×10^{-3}	0.54	0.43	0.43	0.27	0.99	0.99	0.99	0.98
	2.30×10^{-3}	0.56	0.47	0.46	0.31	0.99	0.99	0.99	0.98
	2.70×10^{-3}	0.60	0.50	0.51	0.33	0.99	0.99	0.99	0.99
	3.20×10^{-3}	0.63	0.54	0.55	0.35	1.00	0.99	0.99	0.99
Hold−2	0.20×10^{-3}	0.16	0.27	0.27	0.25	0.98	0.99	0.99	0.97
	0.50×10^{-3}	0.21	0.44	0.47	0.43	0.99	0.99	0.99	0.98
	0.70×10^{-3}	0.24	0.57	0.62	0.58	0.99	0.99	0.99	0.98
	0.90×10^{-3}	0.27	0.61	0.70	0.64	0.99	0.99	0.99	0.98
	1.20×10^{-3}	0.30	0.72	0.81	0.70	0.99	1.00	1.00	0.99

续表

未知故障 OOD 场景	风险阈值	FPR				TPR			
		U−1	U−2	U−3	U−4	U−1	U−2	U−3	U−4
Hold−2	1.40×10^{-3}	0.33	0.82	0.84	0.77	1.00	1.00	1.00	0.99
	1.60×10^{-3}	0.38	0.88	0.95	0.82	1.00	1.00	1.00	0.99
Hold−3	1.60×10^{-3}	0.15	0.15	0.15	0.13	0.88	0.88	0.88	0.85
	3.20×10^{-3}	0.25	0.28	0.27	0.27	0.93	0.92	0.92	0.91
	4.70×10^{-3}	0.34	0.40	0.38	0.39	0.95	0.95	0.94	0.93
	6.30×10^{-3}	0.43	0.52	0.51	0.49	0.96	0.96	0.96	0.94
	7.90×10^{-3}	0.49	0.63	0.63	0.59	0.97	0.97	0.97	0.95
	9.50×10^{-3}	0.53	0.72	0.73	0.68	0.98	0.98	0.98	0.96
	1.11×10^{-3}	0.58	0.79	0.80	0.74	0.99	0.98	0.98	0.97
Hold−4	0.40×10^{-3}	0.30	0.33	0.33	0.27	0.96	0.97	0.97	0.95
	0.80×10^{-3}	0.42	0.44	0.41	0.37	0.97	0.98	0.98	0.97
	1.10×10^{-3}	0.56	0.57	0.52	0.41	0.99	0.99	0.99	0.98
	1.50×10^{-3}	0.61	0.59	0.59	0.45	0.99	0.99	0.99	0.98
	1.90×10^{-3}	0.66	0.62	0.63	0.47	0.99	0.99	0.99	0.98
	2.30×10^{-3}	0.70	0.65	0.66	0.56	0.99	0.99	0.99	0.99
	2.60×10^{-3}	0.76	0.67	0.68	0.63	0.99	0.99	0.99	0.99

注：U−1 为预测熵，U−2 为总标准差，U−3 为逐类标准差，U−4 为逐类极差。

表 9.8　基于 7 个风险阈值的未知故障的故障诊断性能敏感性分析

未知故障 OOD 场景	风险阈值	微平均精确率				微平均召回率				微平均 F 值			
		U−1	U−2	U−3	U−4	U−1	U−2	U−3	U−4	U−1	U−2	U−3	U−4
Hold−1	0.50×10^{-3}	0.77	0.79	0.79	0.83	1.00	1.00	1.00	1.00	0.87	0.88	0.88	0.91
	0.90×10^{-3}	0.70	0.73	0.73	0.79	1.00	1.00	1.00	1.00	0.82	0.84	0.85	0.88
	1.40×10^{-3}	0.65	0.69	0.70	0.78	1.00	1.00	1.00	1.00	0.79	0.82	0.82	0.87
	1.80×10^{-3}	0.62	0.67	0.67	0.76	1.00	1.00	1.00	1.00	0.77	0.80	0.81	0.87
	2.30×10^{-3}	0.61	0.66	0.66	0.74	1.00	1.00	1.00	1.00	0.76	0.79	0.79	0.85
	2.70×10^{-3}	0.60	0.64	0.64	0.73	1.00	1.00	1.00	1.00	0.75	0.78	0.78	0.84
	3.20×10^{-3}	0.58	0.63	0.62	0.72	1.00	1.00	1.00	1.00	0.74	0.77	0.77	0.84

未知故障 OOD 场景	风险阈值	微平均精确率				微平均召回率				微平均 F 值			
		U-1	U-2	U-3	U-4	U-1	U-2	U-3	U-4	U-1	U-2	U-3	U-4
Hold-2	0.20×10^{-3}	0.89	0.83	0.83	0.84	1.00	1.00	1.00	1.00	0.94	0.91	0.91	0.91
	0.50×10^{-3}	0.86	0.75	0.74	0.75	1.00	1.00	1.00	1.00	0.93	0.86	0.85	0.86
	0.70×10^{-3}	0.85	0.70	0.68	0.69	1.00	1.00	1.00	1.00	0.92	0.82	0.81	0.82
	0.90×10^{-3}	0.83	0.68	0.65	0.67	1.00	1.00	1.00	1.00	0.91	0.81	0.79	0.80
	1.20×10^{-3}	0.82	0.65	0.62	0.65	1.00	1.00	1.00	1.00	0.90	0.79	0.77	0.79
	1.40×10^{-3}	0.81	0.62	0.61	0.63	1.00	1.00	1.00	1.00	0.89	0.76	0.76	0.77
	1.60×10^{-3}	0.78	0.60	0.58	0.62	1.00	1.00	1.00	1.00	0.88	0.75	0.74	0.76
Hold-3	1.60×10^{-3}	0.87	0.86	0.87	0.88	1.00	1.00	1.00	1.00	0.93	0.93	0.93	0.94
	3.20×10^{-3}	0.81	0.79	0.79	0.79	1.00	1.00	1.00	1.00	0.89	0.88	0.88	0.88
	4.70×10^{-3}	0.76	0.73	0.73	0.73	1.00	1.00	1.00	1.00	0.86	0.84	0.85	0.84
	6.30×10^{-3}	0.73	0.68	0.68	0.68	1.00	1.00	1.00	1.00	0.84	0.81	0.81	0.81
	7.90×10^{-3}	0.70	0.64	0.63	0.65	0.99	1.00	1.00	1.00	0.82	0.78	0.78	0.79
	9.50×10^{-3}	0.69	0.62	0.61	0.63	0.99	1.00	1.00	1.00	0.81	0.76	0.76	0.77
	1.11×10^{-2}	0.67	0.60	0.59	0.61	0.99	1.00	1.00	0.99	0.80	0.75	0.74	0.75
Hold-4	0.40×10^{-3}	0.74	0.72	0.73	0.76	1.00	1.00	1.00	1.00	0.85	0.84	0.84	0.86
	0.80×10^{-3}	0.68	0.67	0.68	0.70	1.00	1.00	1.00	1.00	0.81	0.80	0.81	0.83
	1.10×10^{-3}	0.61	0.61	0.63	0.68	1.00	1.00	1.00	1.00	0.76	0.76	0.77	0.81
	1.50×10^{-3}	0.59	0.60	0.60	0.66	1.00	1.00	1.00	1.00	0.74	0.75	0.75	0.80
	1.90×10^{-3}	0.57	0.59	0.59	0.65	1.00	1.00	1.00	1.00	0.73	0.74	0.74	0.79
	2.30×10^{-3}	0.56	0.58	0.57	0.61	1.00	1.00	1.00	1.00	0.72	0.73	0.73	0.76
	2.60×10^{-3}	0.54	0.57	0.57	0.59	1.00	1.00	1.00	1.00	0.70	0.73	0.72	0.74

注：U-1 为预测熵，U-2 为总标准差，U-3 为逐类标准差，U-4 为逐类极差。

在 OOD 检测中，四种不确定性测度都具有较高的 TPR，意味着使用任意不确定性测度都可以识别出所有分布内数据。随着风险阈值增加，FPR 整体也显著增大，表明 PBCNN 模型会将更多的 OOD 数据错误认为分布内数据。

在故障诊断中，四种不确定性测度的微平均召回率都接近 1，表明 PBCNN 模型能识别出大部分真实故障样本。随着风险阈值变化，微平均精确率和微平均 F 值也会显著降低，意味着 PBCNN 模型会将更多分布内数据的真实故障类型判断错误。

在 OOD 检测和故障诊断中，没有绝对最优的不确定性测度。当未知故障是外圈或球缺陷时，预测熵的效果最好。当未知故障是内圈缺陷或组合缺陷时，逐类极差的效果最好。

较高的风险阈值表明 PBCNN 模型在 OOD 检测和故障诊断方面性能的都会较低，导致较高的 FPR、较低的微平均精确率和微平均 F 值。

参 考 文 献

［1］段礼祥，张来斌，梁伟 . 压缩机故障现代诊断理论、方法及应用［M］. 北京：科学出版社，2019.

［2］Zhou T，Han T，Droguett EL. Towards trustworthy machine fault diagnosis：A probabilistic Bayesian deep learning framework［J］. Reliability Engineering and System Safety，2022，224：108525.

［3］Zhou T，Zhang L，Han T，et al. An uncertainty-informed framework for trustworthy fault diagnosis in safety-critical applications［J］. Reliability Engineering and System Safety，2022，229：108865.

［4］Caceres J，Gonzalez D，Zhou T，et al. A probabilistic Bayesian recurrent neural network for remaining useful life prognostics considering epistemic and aleatory uncertainties［J］. Structural Control and Health Monitoring，2021，28（10）：e2811.

［5］Silva JC，Saxena A，Balaban E，et al. A knowledge-based system approach for sensor fault modeling，detection and mitigation［J］. Expert Systems with Applications，2012，39（12）：10977-10989.

［6］Huang H，Baddour N . Bearing vibration data collected under time-varying rotational speed conditions［J］. Data in Brief，2018，21.

［7］Goodfellow I，Bengio Y，Courville A. Deep learning［M］. Cumberland：MIT Press，2016.

［8］Lei Y，Yang B，Jiang X，et al. Applications of machine learning to machine fault diagnosis：A review and roadmap［J］. Mechanical Systems and Signal Processing，2020，138：106587.

［9］Fink O，Wang Q，Svensen M，et al. Potential，challenges and future directions for deep learning in prognostics and health management applications［J］. Engineering Applications of Artificial Intelligence，2020，92：103678.

［10］Rezaeianjouybari B，Shang Y. Deep learning for prognostics and health management：State of the art，challenges，and opportunities［J］. Measurement，2020，163：107929.

［11］Nguyen A，Yosinski J，Clune J. Deep neural networks are easily fooled：High confidence predictions for unrecognizable images［C］. In Proceedings of the IEEE conference on computer vision and pattern recognition，2015.

［12］Frank SM，Lin G，Jin X，et al. Metrics and methods to assess building fault detection and diagnosis tools（No. NREL/TP-5500-72801）［M］. National Renewable Energy Lab（NREL），Golden，CO，2019.

［13］Kim M，Liu K. A Bayesian deep learning framework for interval estimation of remaining useful life in complex systems by incorporating general degradation characteristics［J］. IISE Transactions，2020，53（3）：326-340.

［14］Li G，Yang L，Lee CG，et al. A Bayesian deep learning RUL framework integrating epistemic and aleatoric uncertainties［J］. IEEE Transactions on Industrial Electronics，2021.

［15］Kraus M，Feuerriegel S. Forecasting remaining useful life：Interpretable deep learning approach via variational Bayesian inferences［J］. Decision Support Systems，2019，125：113100.

［16］Hendrycks D，Gimpel K. A baseline for detecting misclassified and out-of-distribution examples in neural networks［J/OL］. https：//arxiv.org/abs/1610.02136.

［17］Wilson AG，Izmailov P. Bayesian deep learning and a probabilistic perspective of generalization［J］. Advances in neural information processing systems，2020，33：4697-4708.

［18］Gal Y，Ghahramani Z. Dropout as a Bayesian approximation：Representing model uncertainty in deep learning［C］. Proceedings of The 33rd International Conference on Machine Learning（PMLR），2016，48：1050-1059.

［19］Blundell C，Cornebise J，Kavukcuoglu K，et al. Weight uncertainty in neural network［C］. Proceedings of the 32nd International Conference on Machine Learning（PMLR），2015，37：1613-1622.

［20］Osband I，Aslanides J，Cassirer A. Randomized prior functions for deep reinforcement learning［C］. 32nd Conference on Neural Information Processing Systems（NeurIPS 2018），2018.

［21］Miller AC，Foti NJ，D'Amour A，et al. Reducing reparameterization gradient variance［J/OL］. https：//arxiv.org/abs/1705.07880.

［22］Wen Y，Vicol P，Ba J，et al. Flipout：Efficient pseudo-independent weight perturbations on mini-batches［J/OL］. https：//arxiv.org/abs/1803.04386v2.

［23］El-Yaniv R. On the foundations of noise-free selective classification［J］. Journal of Machine Learning Research，2010，11（5）.